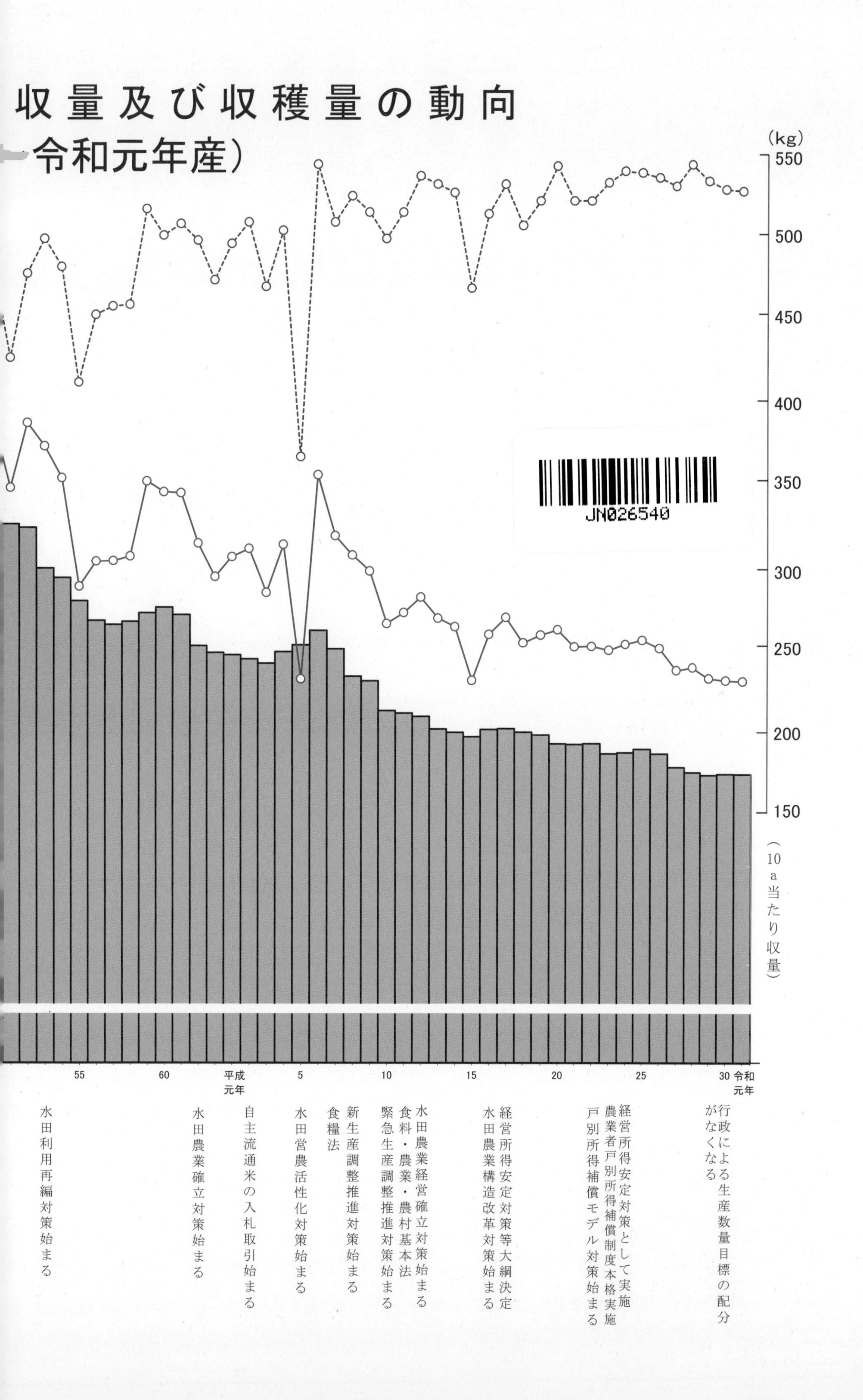

収量及び収穫量の動向
令和元年産）
(kg)
550
500
450
400
350
300
250
200
150
（10a当たり収量）
55
60
平成元年
5
10
15
20
25
30
令和元年
行政による生産数量目標の配分がなくなる
経営所得安定対策として実施
農業者戸別所得補償制度本格実施
戸別所得補償モデル対策始まる
経営所得安定対策等大綱決定
水田農業構造改革対策始まる
水田農業経営確立対策始まる
食料・農業・農村基本法
緊急生産調整推進対策始まる
新生産調整推進対策始まる
食糧法
水田営農活性化対策始まる
自主流通米の入札取引始まる
水田農業確立対策始まる
水田利用再編対策始まる

令和元年産

作物統計

（普通作物・飼料作物・工芸農作物）

大臣官房統計部

令和２年１１月

農林水産省

目　　　次

Ⅳ　累年統計表

利　用　者　の　た　め　に

1　調査の概要

(1)　調査の目的

本調査は、作物統計調査及び特定作物統計調査として実施し、調査対象作物の生産に関する実態を明らかにすることにより、食料・農業・農村基本計画における生産努力目標の策定及び達成状況検証、経営所得安定対策の交付金算定、作物の生産振興に資する各種事業（強い農業・担い手づくり総合支援交付金等）の推進、農業保険法（昭和22年法律第185号）に基づく農業共済事業の適切な運営等のための農政の基礎資料を整備することを目的としている。

(2)　調査の根拠

作物統計調査は、統計法（平成19年法律第53号）第９条第１項に基づく総務大臣の承認を受けて実施した基幹統計調査である。

また、特定作物統計調査は、同法第19条第１項に基づく総務大臣の承認を受けて実施した一般統計調査である。

(3)　調査の機構

調査は、農林水産省大臣官房統計部及び地方組織を通じて行った。

(4)　調査の体系（枠で囲んだ部分が本書に掲載する範囲）

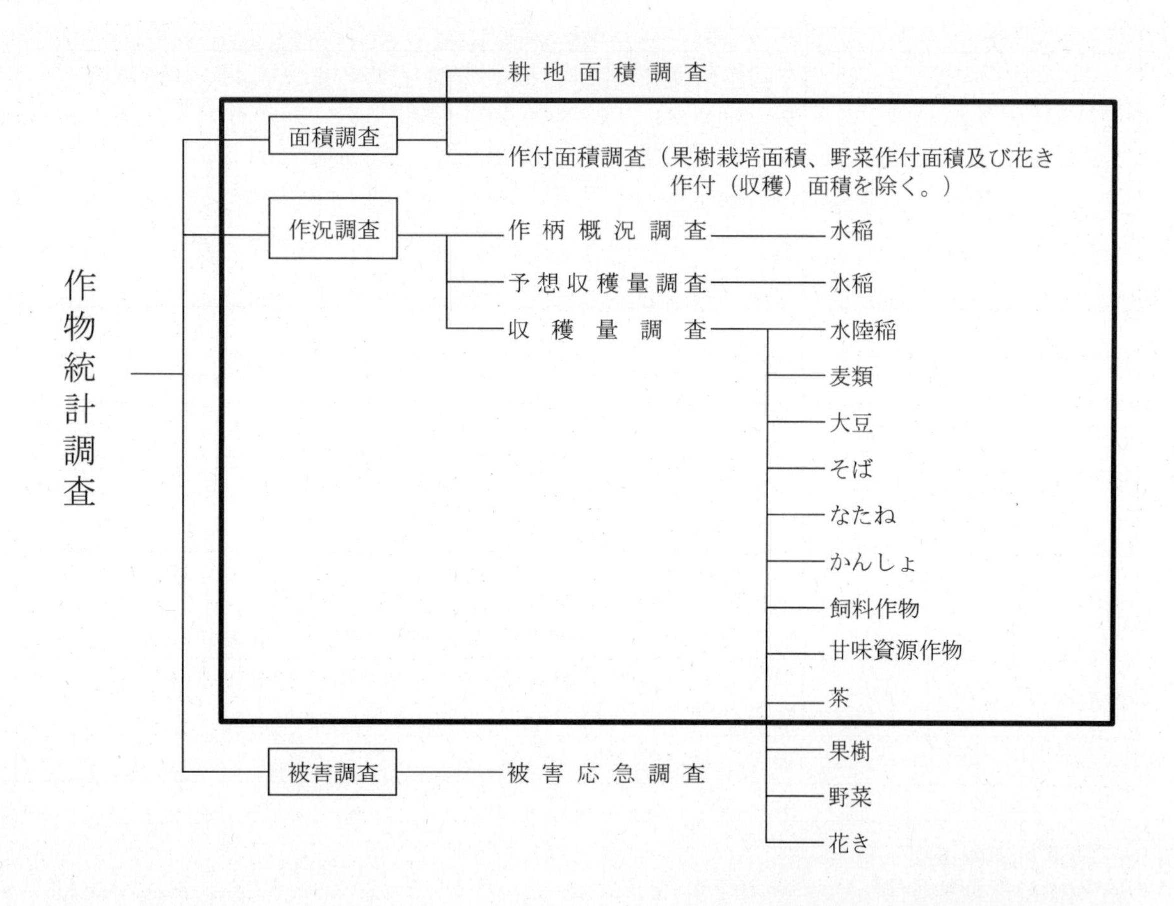

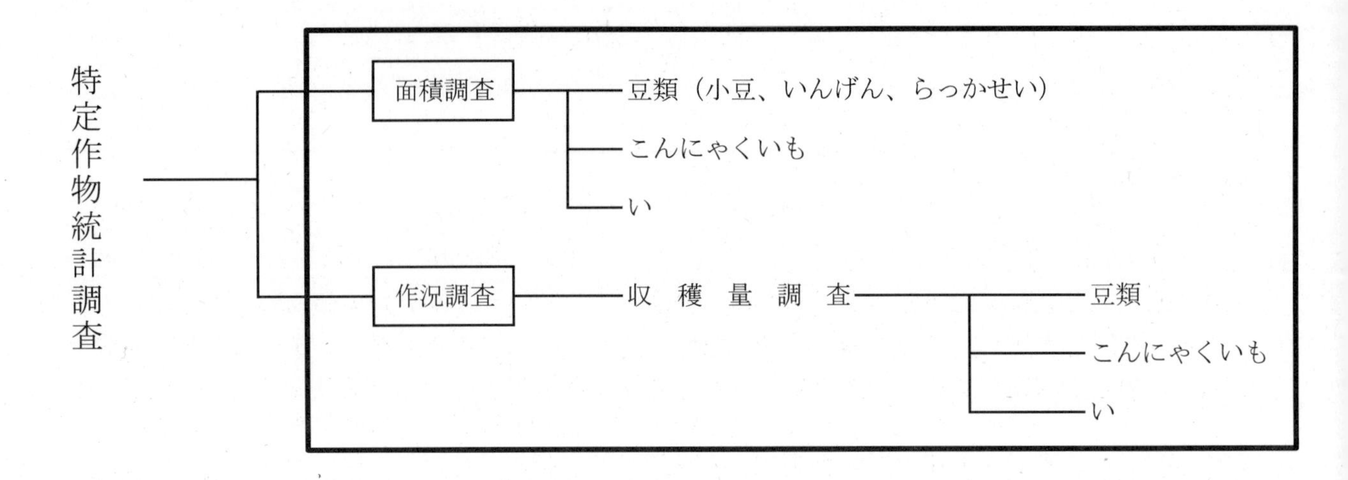

(5)　調査の対象

ア　調査の範囲

次表の左欄に掲げる作物について、それぞれ同表の中欄に掲げる区域のとおりである。

なお、全国の区域を範囲とする調査を３年ごと又は６年ごとに実施する作物について、当該周期年以外の年において調査の範囲とする都道府県の区域を主産県といい、令和元年産において主産県を調査の範囲として実施したものは同表の右欄に「○」を付した。

作　物	区　域	主産県調査（令和元年）
水稲、麦類（小麦、二条大麦、六条大麦及びはだか麦）、大豆、そば及びなたね	全国の区域	
陸稲及びかんしょ	全国作付面積のおおむね８割を占めるまでの上位都道府県の区域。ただし、作付面積調査は３年ごと、収穫量調査は６年ごとに全国の区域	○
飼料作物（牧草、青刈りとうもろこし及びソルゴー）	全国作付(栽培)面積のおおむね８割を占めるまでの上位都道府県又は農業競争力強化基盤整備事業のうち飼料作物に係るものを実施する都道府県の区域。ただし、作付面積調査は３年ごと、収穫量調査は６年ごとに全国の区域	○
てんさい	北海道の区域	
さとうきび	鹿児島県及び沖縄県の区域	
茶	全国栽培面積のおおむね８割を占めるまでの上位都道府県、強い農業・担い手づくり総合支援交付金による茶に係る事業を実施する都道府県及び畑作物共済事業を実施し半相殺方式を採用している都道府県の区域。ただし、６年ごとに全国の区域	○
豆類（小豆、いんげん及びらっかせい）	全国作付面積のおおむね８割を占めるまでの上位都道府県及び畑作物共済事業を実施する都道府県の区域。ただし、作付面積調査は３年ごと、収穫量調査は６年ごとに全国の区域	○
こんにゃくいも	栃木県及び群馬県の区域。ただし、作付面積調査は３年ごと、収穫量調査は６年ごとに全国の区域	○
い	福岡県及び熊本県の区域	

イ　調査対象の選定

(ア)　作付面積調査

a　水稲

水稲の栽培に供された全ての耕地

b　水稲以外の作物
調査対象作物を取り扱っている全ての農協等の関係団体
(イ)　収穫量調査
a　水稲
水稲が栽培されている耕地
b　てんさい及びさとうきび
全ての製糖会社、製糖工場等
なお、製糖会社において所有する複数の製糖工場の実績が把握できる場合には、製糖工場を調査対象とせず、当該製糖会社で一括して調査を実施した。
c　茶
荒茶工場
(a)　荒茶工場母集団の整備・補正
「荒茶工場母集団一覧表」を全国調査に合わせて６年周期で作成し、これを基に中間年については、市町村、普及センター、茶関係団体等関係機関からの情報収集により、荒茶工場の休業・廃止又は新設があった場合には削除又は追加をし、また、茶栽培面積、生葉の移出入等大きな変化があった場合には当該荒茶工場について母集団一覧表を整備・補正した。
(b)　階層分け
母集団一覧表の荒茶工場別の年間計荒茶生産量を指標とし、都道府県別の荒茶工場を一定生産量以上を有する全数調査階層と標本調査階層に区分した。
なお、標本調査階層にあっては、最大で３程度の階層に区分した。
(c)　標本数の算出
都道府県別の標本数は、全数調査階層の荒茶工場数と標本階層内の標本荒茶工場数を合計したものとし、標本調査階層については、都道府県別の荒茶生産量を指標とした目標精度（５％）が確保できるように必要な標本荒茶工場数を算出した。
(d)　標本調査階層内の標本配分及び抽出
都道府県別に算出された標本荒茶工場数を階層別に比例配分し、系統抽出法により抽出した。
d　い
「い」を取り扱っている全ての農協等の関係団体
e　ａからｄまでに掲げる作物以外の作物
調査対象作物を取り扱っている全ての農協等の関係団体
また、都道府県ごとの収穫量に占める関係団体の取扱数量の割合が８割に満たない都道府県については、併せて標本経営体調査を実施することとし、2015年農林業センサスにおいて、調査対象作物を販売目的で作付けし、関係団体以外に出荷した農林業経営体の中から作付面積に応じた確率比例抽出や等間隔に抽出する系統抽出により、調査対象経営体を選定した。

(6)　調査期日
ア　作付面積調査
(ア)　水稲及び茶　　　７月15日
(イ)　豆類　　　　　　９月１日
(ウ)　(ア)及び(イ)に掲げる作物以外の作物　　　収穫期
イ　水稲の作況調査
(ア)　作柄概況調査　　７月15日現在（注１）、８月15日現在及びもみ数確定期（注２）
注１：　徳島県、高知県、宮崎県及び鹿児島県の早期栽培並びに沖縄県の第一期稲を対象とした。
注２：　令和元年産調査は、９月15日現在で調査を実施した。
(イ)　予想収穫量調査　10月15日現在
(ウ)　収穫量調査　　　収穫期

ウ　水稲以外の作物の収穫量調査　収穫期

(7)　調査事項

ア　作付面積調査

調査対象作物の作付（栽培）面積

イ　収穫量調査

(ｱ)　水稲：生育状況、登熟状況、10ａ当たり収量、被害状況、被害種類別被害面積・被害量、耕種条件等

(ｲ)　関係団体調査

ａ　さとうきび及びこんにゃくいも：収穫面積及び集荷量

ｂ　茶：摘採実面積、摘採延べ面積、生葉集荷（処理）量及び荒茶生産量

ｃ　い：い生産農家数、畳表生産農家数、収穫量及び畳表生産量

ｄ　ａからｃまでに掲げる作物以外の作物：作付（栽培）面積及び集荷量

(ｳ)　標本経営体調査

ａ　飼料作物（牧草、青刈りとうもろこし及びソルゴー）：作付（栽培）面積及び収穫量

ｂ　こんにゃくいも：栽培面積、収穫面積、出荷量及び「自家用、無償の贈答の量」

ｃ　ａ及びｂに掲げる作物以外の作物：調査対象作物の作付面積、出荷量及び「自家用、無償の贈与、種子用等の量」

(8)　調査・集計方法

調査・集計方法は、以下により行った。

なお、集計は農林水産省大臣官房統計部及び地方組織において行った。

ア　作付面積調査

(ｱ)　水稲作付面積

ａ　母集団の編成

空中写真（衛星画像等）に基づき、全国の全ての土地を隙間なく区分した200ｍ四方（北海道にあっては、400ｍ四方）の格子状の区画のうち、耕地が存在する区画を調査のための「単位区」とし、この単位区（区画内に存する耕地の筆（けい畔等で区切られた現況一枚のほ場）について、面積調査用の地理情報システムにより、地目（田又は畑）等の情報が登録されている。）の集まりを母集団（全国約290万単位区）としている。

母集団は、ほ場整備、宅地への転用等により生じた現況の変化を反映するため、単位区の情報を補正することにより整備している。

ｂ　階層分け

調査精度の向上を図るため、母集団を各単位区内の耕地の地目に基づいて地目階層（「田のみ階層」、「田畑混在階層」及び「畑のみ階層」）に分類し、そのそれぞれの地目階層について、ほ場整備の状況、水田率等の指標に基づいて設定した性格の類似した階層（性格階層）に分類している。

階層分け模式図（例）

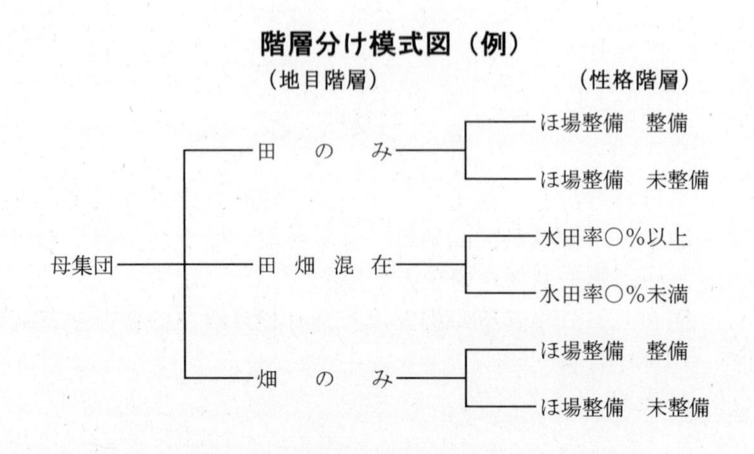

c　標本配分及び抽出

都道府県別の水稲作付面積が的確に把握できるよう階層ごとに調査対象数を配分し、系統抽出法により抽出する。

d　実査（対地標本実測調査）

抽出した標本単位区内の水稲が作付けされている全ての筆について、１筆ごとに作付けの状況及びその範囲を確認する。

e　推定

面積調査用の地理情報システムを使用して求積した「標本単位区の田台帳面積の合計」に対する「実査により得られた標本単位区の現況水稲作付見積り面積の合計」の比率を「母集団（全単位区）田台帳面積の合計」に乗じ、これに台帳補正率（田台帳面積に対する実面積の比率）を乗じることにより、全体の面積を推定している。

$$\text{推定面積} = \frac{\text{標本単位区の現況水稲作付見積り面積合計}}{\text{標本単位区の田台帳面積合計}} \times \text{全単位区の田台帳面積合計} \times \text{台帳補正率}$$

f　その他

遠隔地、離島、市街地等の対地標本実測調査が非効率な地域については、職員による巡回・見積り、情報収集によって把握している。

(ｲ)　てんさい

製糖会社に対する往復郵送調査又はオンライン調査により行った。集計は、製糖会社に対する調査結果を基に、職員による情報収集により補完している。

(ｳ)　さとうきび

製糖会社、製糖工場等に対する往復郵送調査又はオンライン調査により行った。栽培面積の集計は、製糖会社、製糖工場等に対する調査結果を基に、職員又は統計調査員による巡回・見積り及び職員による情報収集により補完している。

(ｴ)　こんにゃくいも

関係団体に対する往復郵送調査又はオンライン調査により行った。栽培面積の集計は、関係団体調査結果を基に、職員又は統計調査員による巡回・見積り及び職員による情報収集により補完している。

(ｵ)　(ｱ)から(ｴ)までに掲げる作物以外の作物

関係団体に対する往復郵送調査又はオンライン調査により行った。集計は、関係団体調査結果を基に、職員又は統計調査員による巡回・見積り及び職員による情報収集により補完している。

イ　作況調査

(ｱ)　水稲

a　母集団

アの(ｱ)のｂにより、「田のみ階層」及び「田畑混在階層」の地目階層に分類される単位区を母集団としている。

b　階層分け

都道府県別に地域行政上必要な水稲の作柄を表示する区域として、水稲の生産力（地形、気象、栽培品種等）により分割した区域を「作柄表示地帯」として設定し、この作柄表示地帯ごとに収量の高低、年次変動、収量に影響する条件等を指標とした階層分けを行っている。

c　標本配分及び抽出

都道府県別の標本数を階層別に水稲の作付面積に10ａ当たり収量の母標準偏差を乗じた積に比例して配分する。

階層別に配分された標本数を単位区の水稲作付面積（田台帳面積）に比例した確率で抽出する確率比例抽出法（具体的には単位区を水稲作付面積（田台帳面積）の小さい方から順に並べ、水稲作付面積（田台帳面積）の合計を標本数で除した値の整数倍の値を含む単位区を選ぶ方法）により標本単位区を抽出する。抽出された標本単位区内で、水稲が作付けされている筆から１筆を無作為に選定して実測調査を行う筆（以下「作況標本筆」という。）とする。

d　作況標本筆の実測

作況標本筆の対角線上の３か所を系統抽出法により調査箇所に選定し、株数、穂数、もみ数等の実測調査を行う。

e　10ａ当たり玄米重の算定

(a)　作柄概況調査及び予想収穫量調査

刈取りが行われる前に調査を実施するため、穂数、１穂当たりもみ数及び千もみ当たり収量のうち実測可能な項目については実測値、実測が不可能な項目については過去の気象データ、実測データ等を基に作成した予測式により算定した推定値を用いることとし、これらの数値の積により10ａ当たり玄米重を予測する。

(b)　収穫量調査

各作況標本筆について、一定株数（１㎡分×３か所の株数）の稲を刈り取り、脱穀・乾燥・もみすりを行った後に、飯用に供し得る玄米（農産物規格規程（平成13年２月28日農林水産省告示第244号）に定める三等以上の品位を有し、かつ、粒厚が1.70㎜以上であるもの）となるように選別し、10ａ当たり玄米重を決定する。

f　10ａ当たり収量の推定

各作況標本筆の10ａ当たり玄米重を基に、都道府県別の10ａ当たり玄米重平均値を推定し、これにコンバインのロス率（コンバインを使用して収穫する際に発生する収穫ロス）や被害データ等を加味して検討を行い、都道府県別の10ａ当たり収量を推定する。

さらに、作況基準筆（10ａ当たり収量を巡回・見積りにより把握する際の基準とするものとして有意に選定した筆をいう。）の実測結果及び特異な被害が発生した際に設置する被害調査筆の実測結果を基準とした巡回・見積り並びに情報収集による作柄及び被害の見積りによって推定値を補完する。

g　収穫量及び被害量

作況標本筆の刈取り調査結果から推定した10ａ当たり収量に作付面積を乗じて収穫量を求める。

被害量は、農作物に被害が発生した後、生育段階に合わせて被害の状況を巡回・見積りで把握する。また、特異な被害が発生した場合は、被害調査筆を設置して調査を実施し把握する。

(ｲ)　てんさい

製糖会社に対する往復郵送調査又はオンライン調査により行った。

収穫量の集計は、製糖会社に対する調査結果から得られた10ａ当たり収量に作付面積を乗じて算出し、必要に応じて職員による情報収集により補完している。

(ｳ)　さとうきび

製糖会社、製糖工場等に対する往復郵送調査又はオンライン調査により行った。

収穫面積の集計は、製糖会社、製糖工場等に対する調査結果を基に、必要に応じて職員又は統計調査員による巡回・見積り及び職員による情報収集により補完している。

収穫量の集計は、製糖会社、製糖工場等に対する調査結果から得られた10ａ当たり収量に収穫面積を乗じて算出し、必要に応じて職員又は統計調査員による巡回及び職員による情報収集により補完している。

(ｴ)　茶

標本荒茶工場に対する往復郵送調査又はオンライン調査により行った。

摘採面積、生葉収穫量及び荒茶生産量については、次の方法により集計した。

a　全数調査階層の集計値に標本調査階層の各階層の推定値を加えて算出し、必要に応じて職員又は統計調査員による巡回・見積り及び職員による情報収集により補完している。

なお、全数調査階層に欠測値がある場合は、標本調査階層と同様の推定方法により算出した。

b　標本調査階層の階層ごとの推定方法については、荒茶生産量（母集団リスト値）と荒茶生産量（調査結果）の相関係数、荒茶生産量（母集団リスト値）の変動係数及び荒茶生産量（調査結果）の変動係数について以下の式を満たす場合には比推定、それ以外の場合は単純推定により算出している。

$$\hat{r}i \geqq \frac{1}{2} \cdot \frac{Ciy}{\hat{C}ix}$$

上記の計算式に用いた記号等は次のとおり。

$\hat{r}i$：i階層の荒茶生産量（母集団リスト値）と荒茶生産量（調査結果）との相関係数の推定値

Ciy：i階層の荒茶生産量（母集団リスト値）の変動係数

$\hat{C}ix$：i階層の荒茶生産量（調査結果）の変動係数の推定値

c　標本調査階層の各階層において、荒茶生産量は以下の推定式を用いて算出した。

i階層の推定（年間計及び一番茶期別に推定）

なお、摘採面積（実面積）、摘採延べ面積（年間計のみ）及び生葉収穫量についても荒茶生産量と同様の推定方法により算出した（下記推定式の「x」部分を摘採面積（実面積）、摘採延べ面積及び生葉収穫量（調査結果）に置き換えて算出。））。

【単純推定の場合の推定式】

$$\hat{X}i = Ni\frac{\sum_{j=1}^{ni} x\,ij}{ni}$$

【比推定の場合の推定式】

$$\hat{X}i = \frac{\sum_{j=1}^{ni} x\,ij}{\sum_{j=1}^{ni} y\,ij}Yi$$

上記の計算式に用いた記号等は次のとおり。

Ni：i階層の母集団荒茶工場数

ni：i階層の標本荒茶工場数

$\hat{X}i$：i階層の荒茶生産量の推定値

xij：i階層のj標本工場の荒茶生産量（調査結果）

Yi：i階層の母集団荒茶工場の荒茶生産量（母集団リスト値）の合計値

yij：i階層のj標本工場の荒茶生産量（母集団リスト値）

(ｵ)　こんにゃくいも

関係団体に対する往復郵送調査又はオンライン調査及び標本経営体に対する往復郵送調査により行った。

収穫面積の集計は、関係団体調査結果を基に、必要に応じて職員又は統計調査員による巡回及び職員による情報収集により補完している。

収穫量の集計は、関係団体調査及び標本経営体調査結果から得られた10 a 当たり収量に収穫面積を乗じて算出し、必要に応じて職員又は統計調査員による巡回及び職員による情報収集により補完している。

(カ)　い

関係団体に対する往復郵送調査又はオンライン調査により行った。

収穫量の集計は、関係団体調査結果から得られた10ａ当たり収量に作付面積を乗じて算出し、必要に応じて職員又は統計調査員による巡回及び職員による情報収集により補完している。

(キ)　(ア)から(カ)までに掲げる作物以外の作物

関係団体に対する往復郵送調査又はオンライン調査及び標本経営体に対する往復郵送調査により行った。

収穫量の集計は、関係団体調査及び標本経営体調査結果から得られた10ａ当たり収量に作付面積を乗じて算出し、必要に応じて職員又は統計調査員による巡回及び職員による情報収集により補完している。

ウ　気象データの収集

気象庁から気温、日照時間、降水量等の気象データを収集し、収穫量調査の基礎資料としている。

(9)　全国値の推計方法

令和元年（産）の調査において、主産県を調査の対象とした陸稲、かんしょ、飼料作物（牧草、青刈りとうもろこし及びソルゴー）、茶、豆類（小豆、いんげん及びらっかせい）及びこんにゃくいもについては、直近の全国調査年（調査の範囲が全国の区域である年をいう。以下同じ。）の調査結果に基づき次により推計を行っている。

ア　作付面積調査

(ア)　陸稲、かんしょ、飼料作物（牧草、青刈りとうもろこし及びソルゴー）、茶、豆類（いんげん及びらっかせい）及びこんにゃくいも（栽培面積）

主産県の作付（栽培）面積の合計値に、推計により算出した主産県以外の都道府県（以下「非主産県」という。）の作付（栽培）面積の計を合計し算出した。

非主産県の作付（栽培）面積は、直近の全国調査年における非主産県の作付（栽培）面積の合計値に、令和元年（産）における主産県の作付（栽培）面積の合計値を直近の全国調査年における主産県の作付（栽培）面積の合計値で除して求めた変動率を乗じて算出した。

なお、直近の全国調査年を、茶は平成28年、陸稲、かんしょ及び飼料作物（牧草、青刈りとうもろこし及びソルゴー）は平成29年産、いんげん、らっかせい及びこんにゃくいもは平成30年産に実施した。

(イ)　小豆

主産県の作付面積の合計値に、推計により算出した非主産県の作付面積の計を合計し算出した。

非主産県の作付面積は、直近の全国調査年（平成30年産）における非主産県の作付面積の計と前々回の全国調査年（平成28年産）における非主産県の作付面積の計を用いて１年当たりの変動率を算出し、この変動率を直近の全国調査年からの経過年数（１年）に応じて非主産県の作付面積の計に乗じて算出した。

イ　収穫量調査

(ア)　こんにゃくいも（収穫面積）

主産県の収穫面積の合計値に、推計により算出した非主産県の収穫面積の計を合計し算出した。

非主産県の収穫面積は、アの(ア)により算出した非主産県の栽培面積に、主産県の収穫面積の合計値を主産県の栽培面積で除した率を乗じて算出した。

(イ)　陸稲、かんしょ、飼料作物（牧草、青刈りとうもろこし及びソルゴー）、豆類（いんげん及びらっかせい）及びこんにゃくいも（収穫量）

直近の全国調査年の全国の収穫量に、令和元年産における主産県の収穫量の合計値を直近の全国調査年における主産県の収穫量の合計値で除した変動率を乗じて算出した。

なお、直近の全国調査年を、陸稲、かんしょ及び飼料作物（牧草、青刈りとうもろこし及びソルゴー）は平成29年産、いんげん、らっかせい及びこんにゃくいもは平成30年産に実施した。

(ｳ) 茶

荒茶生産量の全国値＝主産県の荒茶生産量＋非主産県の荒茶生産量（x）

x＝10 a 当たり生葉収量の推定値（a）×摘採面積の推定値（b）×主産県の製茶歩留り（c）

a＝直近の全国調査年における非主産県の10 a 当たり生葉収量×当年産の主産県の10 a 当たり生葉収量÷直近の全国調査年における主産県の10 a 当たり生葉収量

b＝当年の非主産県の栽培面積の推定値（d）×直近の全国調査年における非主産県の摘採面積÷直近の全国調査年における非主産県の栽培面積

c＝当年産の主産県の荒茶生産量÷当年産の主産県の生葉収穫量

d＝直近の全国調査年における非主産県の栽培面積×（当年の主産県の栽培面積÷直近の全国調査年における主産県の栽培面積）

(ｴ) 小豆

次式により算出した非主産県の収穫量と主産県の収穫量を合計している。

非主産県の収穫量 ＝ 直近の全国調査年（平成30年産）における非主産県の10 a 当たり収量 × 主産県の10 a 当たり収量の比率(x) × 令和元年産の非主産県の作付面積(y)

x＝令和元年産の主産県 10 a 当たり収量÷全国調査年（平成 30 年産）の主産県 10 a 当たり収量
y＝アの(ｲ)により算出した非主産県の作付面積

(10) 調査の実績精度

ア 作付面積調査

(ｱ) 対地標本実測調査における水稲作付面積に係る標本単位区の数及び調査結果（全国）の実績精度を標準誤差率（標準誤差の推定値÷推定値×100）により示すと、次のとおりである。

区　分	標本単位区の数	標準誤差率（%）
水稲作付面積	39,411	0.35

(ｲ) (ｱ)以外の作物については、関係団体に対する全数調査結果等を用いて算出していることから、目標精度を設定していない。

イ 収穫量調査

(ｱ) 水稲作況調査の標本実測調査における標本筆数及び10 a 当たり玄米重に係る調査結果（全国）の実績精度を標準誤差率（標準誤差の推定値÷推定値×100）により示すと、次のとおりである。

区　分	標本筆数	標準誤差率（%）
10 a 当たり玄米重	10,178	0.15

(ｲ)　調査結果における有効回収数及び10ａ当たり収量に係る調査結果（全国）の実績精度を標準誤差率（標準誤差の推定値÷推定値×100）により示すと、次のとおりである。

なお、陸稲、茶、かんしょ、牧草、青刈りとうもろこし、ソルゴー、小豆、いんげん、らっかせい及びこんにゃくいもについては、主産県調査結果のものである。

品目	区分	標本の大きさ	標準誤差率（%）
陸稲	10ａ当たり収量	346	4.82
大豆	10ａ当たり収量	1,045	1.2
小豆	10ａ当たり収量	150	1.0
いんげん	10ａ当たり収量	136	3.4
らっかせい	10ａ当たり収量	470	3.4
そば	10ａ当たり収量	1,517	0.8
かんしょ	10ａ当たり収量	303	1.9
牧草	10ａ当たり収量	4,319	2.7
青刈りとうもろこし	10ａ当たり収量	4,319	2.1
ソルゴー	10ａ当たり収量	4,319	3.5
茶	荒茶生産量	743	2.8
こんにゃくいも	10ａ当たり収量	211	2.3

(ｳ)　麦類及びなたね

大部分の都道府県において関係団体の取扱数量の割合が８割を超え、標本経営体調査を行っていないことから、実績精度の算出は行っていない。

(ｴ)　てんさい、さとうきび及びい

全数調査結果を用いて算出していることから、目標精度を設定していない。

(11)　調査対象数

ア　作付面積調査

(ｱ)　水稲

標本単位区：39,411単位区

(ｲ)　水稲以外の作物

区分	関係団体調査		
	団体数 ①	回収数 ②	回収率 ③=②/①
	団体	団体	%
陸稲	17	17	100.0
麦類	630	627	99.5
大豆	627	611	97.4
小豆	112	108	96.4
いんげん	50	50	100.0
らっかせい	5	5	100.0
そば	406	401	98.8
かんしょ	60	60	100.0
飼料作物、えん麦	160	156	97.5
茶	70	69	98.6
なたね	76	65	85.5
てんさい	1) 3	1) 3	100.0
さとうきび	2) 85	2) 60	70.6
こんにゃくいも	12	12	100.0
い	3	3	100.0

注：1　1)の単位は、「製糖会社」である。

2　2)の単位は、「製糖会社、製糖工場等」である。

3　てんさい及びさとうきびにおいては、製糖会社において所有する複数の製糖工場の実績が把握できる場合には、製糖工場を調査対象とせず、当該製糖会社で一括して調査を実施している。

4　「飼料作物、えん麦」の「えん麦」は緑肥用であり、作付面積調査のみを実施している。
このため、えん麦（緑肥用）の作付面積については、「耕地及び作付面積統計」を参照。

イ　収穫量調査

(ア)　水稲

作況標本筆：10,178筆、作況基準筆：479筆

(イ)　水稲以外の作物

区分	関係団体調査			標本経営体調査				
	団体数 ①	有効回収数 ②	有効回収率 ③=②/①	母集団経営体数 ④	標本の大きさ ⑤	抽出率 ⑥=⑤/④	有効回収数 ⑦	有効回収率 ⑧=⑦/⑤
	団体	団体	%	経営体	経営体	%	経営体	%
陸稲	17	17	100.0	1,156	346	29.9	79	22.8
小麦	629	593	94.3	11,945	117	1.0	32	27.4
大麦・はだか麦				4,728	114	2.4	56	49.1
大豆	634	584	92.1	30,611	1,045	3.4	574	54.9
小豆	131	119	90.8	3,239	150	4.6	61	40.7
いんげん	73	41	56.2	931	136	14.6	29	21.3
らっかせい	5	4	80.0	2,202	470	21.3	212	45.1
そば	406	355	87.4	10,297	1,517	14.7	880	58.0
かんしょ	74	72	97.3	7,414	303	4.1	164	54.1
飼料作物	34	24	70.6	42,996	4,319	10.0	2,222	51.4
なたね	76	65	85.5	3,372	413	12.2	16	3.9
てんさい	1) 3	1) 3	100.0					
さとうきび	2) 85	2) 60	70.6					
こんにゃくいも	12	12	100.0	702	211	30.1	124	58.8
い	3	3	100.0					

注：1　有効回収数とは、集計に用いた関係団体及び標本経営体の数であり、回収はされたが、当年産において作付けがなかった団体及び経営体は含まれていない。

2　1)の単位は、「製糖会社」である。

3　2)の単位は、「製糖会社、製糖工場等」である。

4　てんさい及びさとうきびにおいては、製糖会社において所有する複数の製糖工場の実績が把握できる場合には、製糖工場を調査対象とせず、当該製糖会社で一括して調査を実施している。

区分	母集団荒茶工場数 ⑨	標本の大きさ ⑩	抽出率 ⑪=⑩/⑨	有効回収数 ⑫	有効回収率 ⑬=⑫/⑩
	工場	工場	%	工場	%
茶	3,986	743	18.6	605	81.4

注：　有効回収数とは、集計に用いた標本荒茶工場の数であり、回収はされたが、当年産において取り扱いがなかった荒茶工場は含まない。

(12)　統計の表章範囲

掲載した統計の全国農業地域及び地方農政局の区分とその範囲は、次表のとおりである。

ア　全国農業地域

全国農業地域名	所属都道府県名
北海道	北海道
東北	青森、岩手、宮城、秋田、山形、福島
北陸	新潟、富山、石川、福井
関東・東山	茨城、栃木、群馬、埼玉、千葉、東京、神奈川、山梨、長野
東海	岐阜、静岡、愛知、三重
近畿	滋賀、京都、大阪、兵庫、奈良、和歌山
中国	鳥取、島根、岡山、広島、山口
四国	徳島、香川、愛媛、高知
九州	福岡、佐賀、長崎、熊本、大分、宮崎、鹿児島
沖縄	沖縄

イ　地方農政局

地方農政局名	所属都道府県名
東北農政局	アの東北の所属都道府県と同じ。
北陸農政局	アの北陸の所属都道府県と同じ。
関東農政局	茨城、栃木、群馬、埼玉、千葉、東京、神奈川、山梨、長野、静岡
東海農政局	岐阜、愛知、三重
近畿農政局	アの近畿の所属都道府県と同じ。
中国四国農政局	鳥取、島根、岡山、広島、山口、徳島、香川、愛媛、高知
九州農政局	アの九州の所属都道府県と同じ。

注：　東北農政局、北陸農政局、近畿農政局及び九州農政局の結果については、全国農業地域区分における各地域の結果と同じであることから、統計表章はしていない。

2　定義及び基準

作付面積

　は種又は植付けをしてからおおむね１年以内に収穫され、複数年にわたる収穫ができない非永年性作物（水稲、麦等）を作付けしている面積をいう。けい畔に作物を栽培している場合は、その利用部分を見積もり、作付面積として計上した。

栽培面積

　茶、さとうきびなど、は種又は植付けの後、複数年にわたって収穫を行うことができる永年性作物を栽培している面積（さとうきびにあっては、当年産の収穫を意図するものに加え、苗取り用、次年産の夏植えの収穫対象とするもの等を含む。）をいう。けい畔に作物を栽培している場合は、その利用部分を見積もり、栽培面積として計上した。

摘採面積

　摘採（実）面積とは、茶を栽培している面積のうち、収穫を目的として茶葉の摘取りが行われた（実）面積をいい、摘採延べ面積とは、同一茶園で複数回摘採された場合の延べ面積をいう。

収穫面積

　こんにゃくいもにあっては、栽培面積のうち生子（種いも）として来年に植え付ける目的として収穫された面積を除いた面積をいう。

　さとうきびにあっては、当年産の作型（夏植え、春植え及び株出し）の栽培面積のうち実際に収穫された面積をいう。なお、その全てが収穫放棄されたほ場に係る面積は収穫面積には含めない。

年産区分

　収穫量の年産区分は収穫した年（通常の収穫最盛期の属する年）をもって表す。ただし、作業、販売等の都合により収穫が翌年に持ち越された場合も翌年産とせず、その年産として計上した。なお、さとうきびにあっては、通常収穫期が２か年にまたがるため、収穫を始めた年をもって表した。

収穫量

　収穫し、収納（収穫後、保存又は販売ができる状態にして収納舎等に入れること）がされた一定の基準（品質・規格）以上のものの量をいう。なお、収穫前における見込量を予想収穫量という。

　さとうきびにあっては、刈り取った茎からしょう頭部（さとうきびの頂上部分）及び葉を除去したものの量をいう。

　飼料作物にあっては、飼料用として収穫された生の状態の量をいう。

10ａ当たり収量　実際に収穫された10ａ当たりの収穫量をいう。

〃平年収量　作物の栽培を開始する以前に、その年の気象の推移、被害の発生状況等を平年並みとみなし、最近の栽培技術の進歩の度合い、作付変動等を考慮して、実収量のすう勢をもとに作成したその年に予想される10ａ当たり収量をいう。

〃平均収量　原則として直近７か年のうち、最高及び最低を除いた５か年の平均値をいう。

ただし、直近７か年全ての10ａ当たり収量が確保できない場合は、６か年又は５か年の最高及び最低を除いた平均とし、４か年又は３か年の場合は、単純平均である。なお、３か年に満たない場合は、作成していない。

〃平均収量対比　10ａ当たり平均収量に対する当年産の10ａ当たり収量の比率をいう。

作況指数　作柄の良否を表す指標のことをいい、10ａ当たり平年収量に対する10ａ当たり収量（又は予想収量）の比率をいう。

なお、平成26年産以前は1.70㎜のふるい目幅で選別された玄米を基に算出していたが、平成27年産からは、全国農業地域ごとに、過去５か年間に農家等が実際に使用したふるい目幅の分布において、大きいものから数えて９割を占めるまでの目幅以上に選別された玄米を基に算出した数値である（各全国農業地域の目幅は次表のとおり）。

全国農業地域名	所属都道府県名	農家等使用目幅
北海道	北海道	1.85㎜
東北	青森、岩手、宮城、秋田、山形、福島	1.85㎜
北陸	新潟、富山、石川、福井	1.85㎜
関東・東山	茨城、栃木、群馬、埼玉、千葉、東京、神奈川、山梨、長野	1.80㎜
東海	岐阜、静岡、愛知、三重	1.80㎜
近畿	滋賀、京都、大阪、兵庫、奈良、和歌山	1.80㎜
中国	鳥取、島根、岡山、広島、山口	1.80㎜
四国	徳島、香川、愛媛、高知	1.75㎜
九州	福岡、佐賀、長崎、熊本、大分、宮崎、鹿児島	1.80㎜
沖縄	沖縄	1.75㎜

子実用　主に食用（なたねについては、食用として搾油するもの）に供すること（子実生産）を目的とするものをいい、全体から「青刈り」を除いたものをいう。なお、「青刈り」とは、子実の生産以前に刈り取られて飼肥料用等として用いられるもの（稲発酵粗飼料用稲（ホールクロップサイレージ）、わら専用稲等を含む。）のほか、飼料用米及びバイオ燃料用米をいう。

乾燥子実　食用にすることを目的に未成熟（完熟期以前）で収穫されるもの（えだまめ、さやいんげん等）、景観形成を目的として作付けしたもの（そば）を除いたものをいう。

また、らっかせいはさやつきのものをいう。

（水稲）
作柄表示地帯　地域行政上必要な水稲の作柄を表示する区域として、都道府県を水稲の生産力（地形、気象、栽培品種等）により分割したものをいう。

水稲の二期作栽培　同一の田に年間２回作付けする栽培方法をいい、第１回の作付けを第一期稲、第２回の作付けを第二期稲という。

（さとうきび）

春植え　（令和元年産の場合）　平成31年２月から４月までに植え付けて、令和元年12月から令和２年４月までに収穫したものをいう。

夏植え　（令和元年産の場合）　平成30年７月から９月までに植え付けて、令和元年12月から令和２年４月までに収穫したものをいう。

株出し　（令和元年産の場合）　前年産として収穫した株から発芽させて、令和元年12月から令和２年４月までに収穫したものをいう。

（茶）

茶期区分　茶期は各地方によって異なっており、さらに、その年の作柄、被害、他の農作物等の関係もあってこれを明確に区分することは困難であるため、一番茶期の区分は通常その地域の慣行による茶期区分によることとした。

荒茶　茶葉（生葉）を蒸熱（じょうねつ）、揉（も）み操作、乾燥等の加工処理を行い製造したもので、仕上げ茶として再製する以前のものをいう。

（い）

「い」生産農家数　「い」を生産する全ての農家の数をいう。

畳表生産農家数　「い」の生産から畳表の生産まで一貫して行っている農家の数をいう。

畳表生産量　畳表生産農家が生産した畳表の生産枚数をいう。
なお、令和元年の畳表生産量は、平成30年７月から令和元年６月までの間に生産されたものである。

（被害）

被害　ほ場において、栽培を開始してから収納をするまでの間に、気象的原因、生物的原因その他異常な事象によって農作物に損傷を生じ、基準収量より減収した状態をいう。
なお、平成28年産以前は、水稲の被害面積及び被害量について、気象被害（６種類）、病害（３種類）、虫害（４種類）の被害種類別に調査を実施し、公表していたが、平成29年産からは、６種類（冷害、日照不足、高温障害、いもち病、ウンカ及びカメムシ）としている。

基準収量　農作物にある被害が発生したとき、その被害が発生しなかったと仮定した場合に穫れ得ると見込まれる収量をいう。

被害面積　農作物に損傷が生じ、基準収量より減収した面積をいう。

被害量　農作物に損傷を生じ、基準収量から減収した量をいう。

被害率　平年収量（作付面積×10ａ当たり平年収量）に対する被害量の割合（百分率）をいう。

3　利用上の注意

(1)　数値の四捨五入について

ここに掲載した統計数値は、下記の方法によって四捨五入しており、全国計と都道府県別数値の積上げ、あるいは合計値と内訳の計が一致しない場合がある。

原　　　数		7桁以上 (100万)	6桁 (10万)	5桁 (1万)	4桁 (1,000)	3桁以下 (100)
四捨五入する桁数 (下から)		3桁	2桁		1桁	四捨五入 しない
例	四捨五入する前 (原数)	1,234,567	123,456	12,345	1,234	123
	四捨五入した数値 (統計数値)	1,235,000	123,500	12,300	1,230	123

(2)　表中記号について

統計表中に使用した記号は以下のとおりである。

「0」「0.0」：単位に満たないもの又は増減がないもの（例：0.4ha→0ha）
「－」：事実のないもの
「…」：事実不詳又は調査を欠くもの
「x」：個人又は法人その他の団体に関する秘密を保護するため、統計数値を公表しないもの
「△」：負数又は減少したもの
「nc」：計算不能

(3)　秘匿措置について

統計調査結果について、生産者数が2以下の場合には、個人又は法人その他の団体に関する調査結果の秘密保護の観点から、当該結果を「x」表示とする秘匿措置を施している。

なお、全体（計）からの差引きにより、秘匿措置を講じた当該結果が推定できる場合には、本来秘匿措置を施す必要のない箇所についても「x」表示としている。

(4)　この統計表に記載された数値等を他に転載する場合は、『作物統計』（農林水産省）による旨を記載してください。

(5)　本統計の累年データについては、農林水産省ホームページの「統計情報」の分野別分類「作付面積・生産量、被害、家畜の頭数など」、品目別分類「米」、「麦」、「いも・雑穀・豆」、「工芸農作物」で御覧いただけます。

【 https://www.maff.go.jp/j/tokei/kouhyou/sakumotu/sakkyou_kome/index.html#l 】

4　お問合せ先

農林水産省 大臣官房統計部

○作付面積に関すること

生産流通消費統計課 面積統計班

電話：（代表）03-3502-8111　内線3681

（直通）03-6744-2045

FAX：　03-5511-8771

○収穫量に関すること、その他全般に関すること

生産流通消費統計課 普通作物統計班

電話：（代表）03-3502-8111　内線3682

（直通）03-3502-5687

FAX：　03-5511-8771

※　本統計書に関する御意見・御要望は、上記問い合わせ先のほか、農林水産省ホームページでも受け付けております。

【 https://www.contactus.maff.go.jp/j/form/tokei/kikaku/160815.html 】

Ⅰ　調査結果の概要

1 米

(1) 要 旨

令和元年産水陸稲の収穫量は、水稲が776万2,000ｔ、陸稲が1,600ｔとなり、合計で776万4,000ｔで、前年産に比べ１万8,000ｔ減少した。これは水稲の作付面積及び10ａ当たり収量が、それぞれ前年産を1,000ha、1kg下回ったためである。

水稲の作柄は、北海道、東北及び北陸では、全もみ数が平年以上確保され、登熟も順調に推移したことにより、作柄は平年以上となったものの、その他の地域では、７月上中旬の低温・日照不足の影響により、全もみ数がやや少ない地域があることに加え、登熟も８月中下旬の日照不足、その後の台風による潮風害等やウンカ等病害虫の影響があったことにより、作柄が平年を下回る地域が多かったことから、全国の10ａ当たり収量は528kg（作況指数99）となった（表１－１、図１－１）。

図１－１　水稲の作付面積及び収穫量の推移（全国）

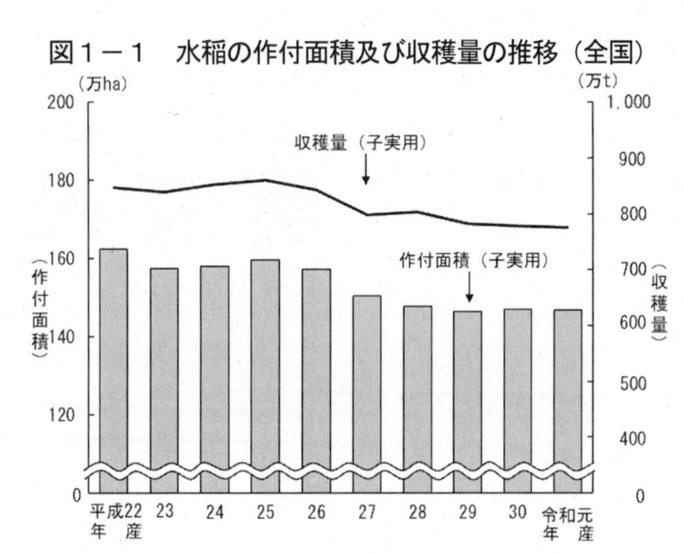

表１－１　令和元年産水陸稲の作付面積、10ａ当たり収量、収穫量

全国 農業地域	作付面積 （子実用）	10a当たり 収量	収穫量 （子実用）	前年産との比較 作付面積 対差	 対比	 10a当たり収量 対比	 収穫量 対差	 対比	参考 主食用 作付面積	 収穫量 （主食用）	 作況指数 （対平年比）
	ha	kg	t	ha	%	%	t	%	ha	t	
水陸稲計	**1,470,000**	**-**	**7,764,000**	**0**	**100**	**nc**	**△ 18,000**	**100**	**…**	**…**	**-**
水稲	1,469,000	528	7,762,000	△ 1,000	100	100	△ 18,000	100	1,379,000	7,261,000	99
北海道	103,000	571	588,100	△ 1,000	99	115	73,300	114	97,000	553,900	104
東北	382,000	586	2,239,000	2,900	101	104	102,000	105	344,600	2,015,000	104
北陸	206,500	540	1,115,000	900	100	101	19,000	102	186,400	1,007,000	101
関東・東山	271,100	522	1,414,000	800	100	97	△ 43,000	97	258,400	1,348,000	97
東海	93,100	491	457,100	△ 300	100	99	△ 5,300	99	90,500	444,800	98
近畿	102,600	503	516,400	△ 500	100	100	△ 1,100	100	99,000	498,000	99
中国	102,100	503	513,200	△ 1,600	98	97	△ 24,600	95	99,400	499,800	97
四国	48,300	457	220,700	△ 1,000	98	97	△ 12,700	95	47,800	218,500	94
九州	160,000	435	696,400	△ 400	100	85	△124,900	85	155,100	674,300	86
沖縄	677	295	2,000	△ 39	95	96	△ 200	91	665	1,960	96
陸稲	702	228	1,600	△ 48	94	98	△ 140	92	…	…	97

注：１　作付面積（子実用）とは、青刈り面積（飼料用米等を含む。）を除いた面積である。
２　主食用作付面積とは、水稲作付面積（青刈り面積を含む。）から、備蓄米、加工用米、新規需要米等の作付面積を除いた面積である。
３　10ａ当たり収量及び収穫量は、1.70㎜のふるい目幅で選別された玄米の重量である。
４　作況指数とは、10ａ当たり平年収量に対する10ａ当たり収量の比率であり、全国農業地域ごとに、過去５か年間に農家等が実際に使用したふるい目幅の分布において、大きいものから数えて９割を占めるまでの目幅（北海道、東北及び北陸は1.85㎜、関東・東山、東海、近畿、中国び九州は1.80㎜、四国及び沖縄は1.75㎜）以上に選別された玄米を基に算出した数値である。
５　陸稲については、平成30年産から、調査の範囲を全国から主産県に変更し、作付面積調査にあっては３年、収穫量調査にあっては６年ごとに全国調査を実施することとした。令和元年産は主産県調査年であり、全国調査を行った平成29年の調査結果に基づき、全国値を推計している。
　なお、主産県とは、平成29年における全国の作付面積のおおむね80%を占めるまでの上位都道府県である。
６　陸稲の作況指数欄は、10ａ当たり平均収量（原則として直近７か年のうち、最高及び最低を除いた５か年の平均値）に対する当年産の10ａ当たり収量の比率である。

(2) 解　説

ア　作付面積（子実用）

(ア)　水　稲

令和元年産水稲（子実用）の作付面積は146万9,000haとなった（表1－1、図1－2）。

(イ)　陸　稲

令和元年産陸稲（子実用）の作付面積は702haとなった（表1－1、図1－2）。

図1－2　水陸稲の作付面積の推移（全国）

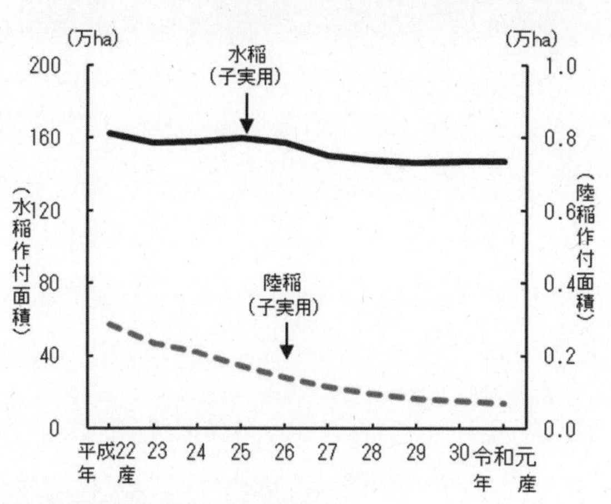

イ　作柄概況

図1－3　令和元年産水稲の都道府県別作況指数

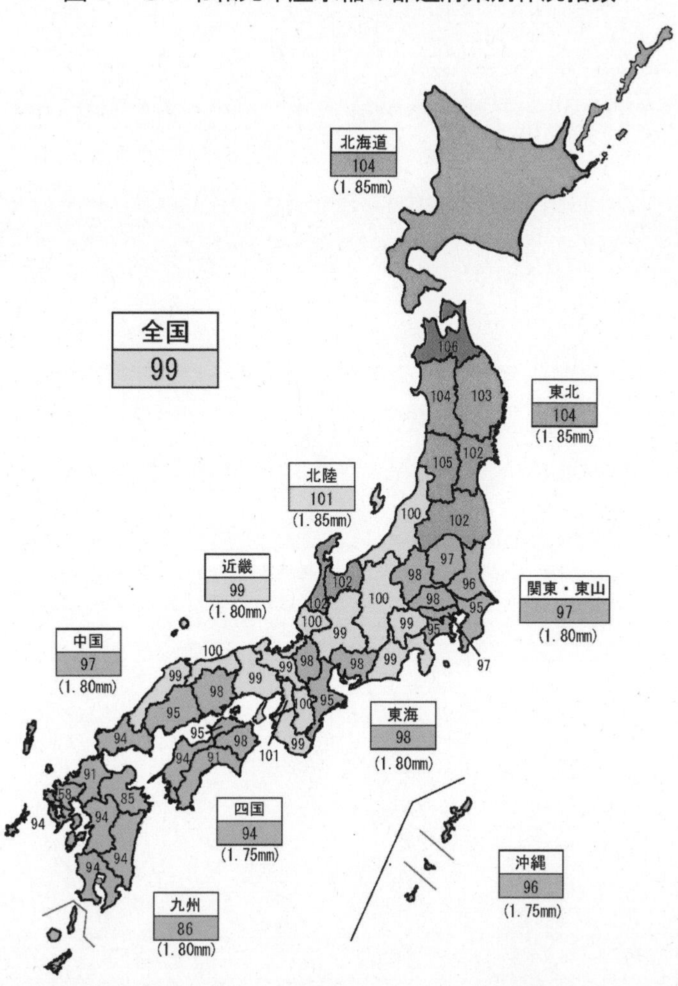

注：1　作況指数とは、10ａ当たり平年収量に対する10ａ当たり収量の比率であり、全国農業地域ごとに、過去５か年間に農家等が実際に使用したふるい目幅の分布において、大きいものから数えて９割を占めるまでの目幅（北海道、東北及び北陸は1.85㎜、関東・東山、東海、近畿、中国及び九州は1.80㎜、四国及び沖縄は1.75㎜）以上に選別された玄米を基に算出した数値である（以下１(２)の各図において同じ）。

2　徳島県、高知県、宮崎県、鹿児島県及び沖縄県の作況指数は早期栽培（第一期稲）と普通期栽培（第二期稲）を合算したものである。

(ｱ) 水　稲

a　北海道

田植期は平年に比べ２日早くなり、出穂期は３日早くなった。

全もみ数は、５月下旬から７月中旬にかけておおむね天候に恵まれたことにより、穂数が多くなったことから、「やや多い」となった。

登熟は、稔実は平年を上回ったものの、９月後半はおおむね気温、日照時間が平年を下回って経過し、粒の肥大・充実がやや抑制されたことから、「平年並み」となった。

以上のことから、北海道の10ａ当たり収量は571kg（前年産に比べ76kg増加）となった（図１－４、１－５）。

注：　穂数の多少、１穂当たりもみ数の多少、全もみ数の多少及び登熟の良否の平年比較は、「多い・良」が対平年比106％以上、「やや多い・やや良」が105～102％、「平年並み」が101～99％、「やや少ない・やや不良」が98～95％、「少ない・不良」が94％以下に相当する（以下同じ。）。

図１－４　令和元年産水稲の作柄表示地帯別作況指数（北海道）

図１－５　令和元年産稲作期間の半旬別気象経過（札幌）

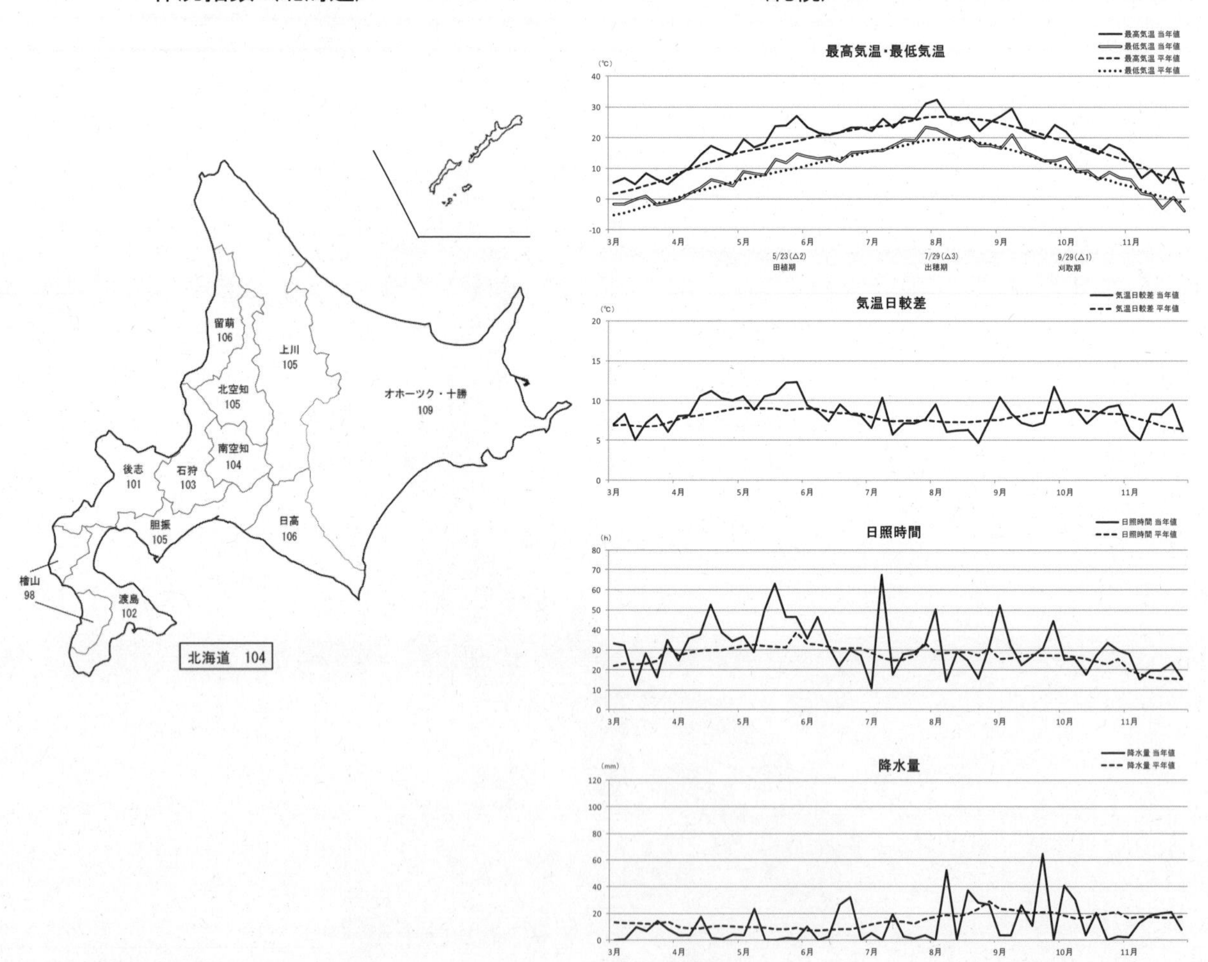

注：１　□内の数値は都道府県平均の作況指数である（以下１（2）の各図において同じ。）。

資料：　気象庁『アメダスデータ』を農林水産省大臣官房統計部において組み替えた結果による（以下１（2）の各図において同じ。）。

注：　耕種期日はそれぞれ最盛期である。（　）内の数値は平年と比較し、その遅速を日数で表しているものであり、△は平年より早いことを示す（以下１（2）の各図において同じ。）。

b　東　北

田植期は、青森県、山形県及び福島県で平年に比べ１日早くなり、その他の県では平年並みとなった。出穂期は、秋田県で平年に比べ２日、青森県及び山形県で１日早くなり、岩手県では平年並み、宮城県及び福島県で平年に比べ１日遅くなった。

全もみ数は、田植機以降おおむね天候に恵まれたこと等により、山形県で「多い」、その他の県で「やや多い」となった。

登熟は、おおむね天候に恵まれたことにより、青森県で「やや良」、岩手県、秋田県、山形県、福島県では「平年並み」となったものの、宮城県では「やや不良」となった。

以上のことから、10ａ当たり収量は、青森県で627kg（前年産に比べ31kg増加）、岩手県で554kg（同11kg増加）、宮城県で551kg（前年と同値）、秋田県で600kg（前年産に比べ40kg増加）、山形県で627kg（同47kg増加）、福島県で560kg（同１kg減少）となり、東北平均で586kg（同22kg増加）となった（図１－６、１－７）。

図１－６　令和元年産水稲の作柄表示地帯別作況指数（東北）

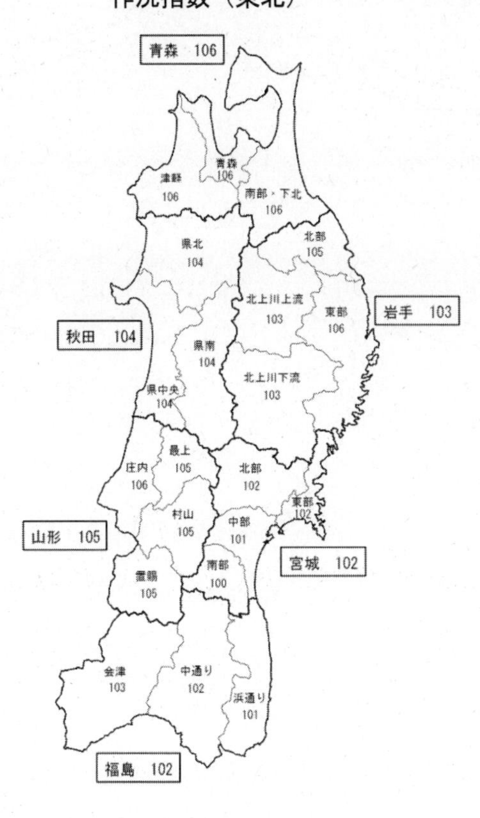

図１－７　令和元年産稲作期間の半旬別気象経過（仙台）

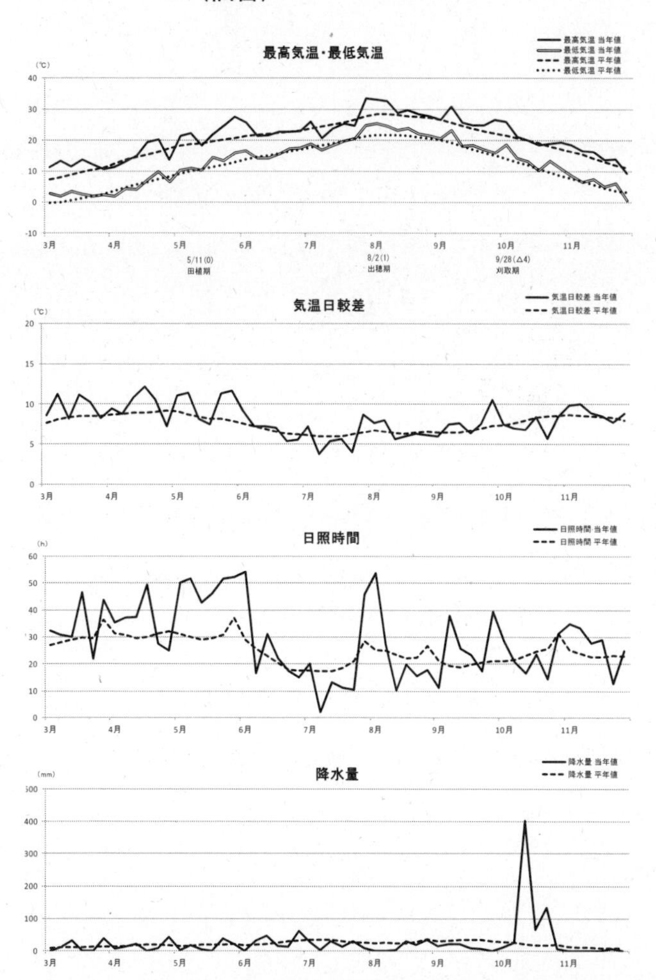

c　北　陸

田植期は、富山県では平年に比べ１日早くなり、その他の県では平年並みとなった。出穂期は、新潟県で平年に比べ２日早くなり、富山県及び石川県で平年並み、福井県で２日遅くなった。

全もみ数は、田植期以降、おおむね高温・多照で経過したことから、各県で「やや多い」となった。

登熟は、石川県では「平年並み」となり、新潟県、富山県及び福井県では８月下旬の寡照・多雨の影響により「やや不良」となった。

以上のことから、10ａ当たり収量は、新潟県で542kg（前年産に比べ11kg増加）、富山県で553kg（同１kg増加）、石川県で532kg（同13kg増加）、福井県で520kg（同10kg減少）となり、北陸平均で540kg（同７kg増加）となった（図１－８、１－９）。

図１－８　令和元年産水稲の作柄表示地帯別作況指数（北陸）

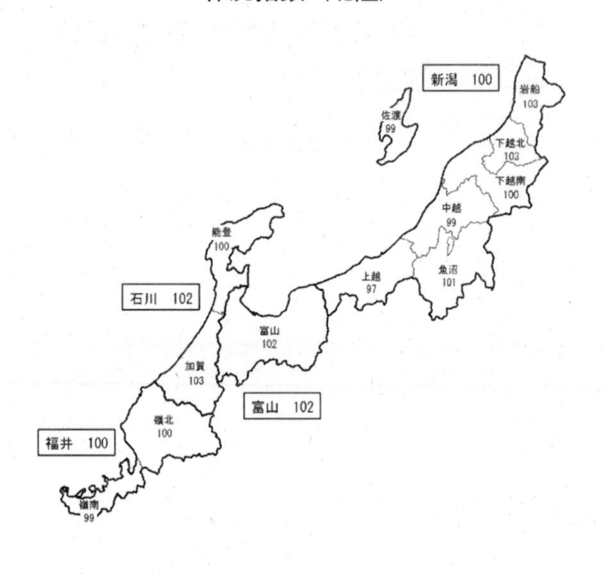

図１－９　令和元年産稲作期間の半旬別気象経過（新潟）

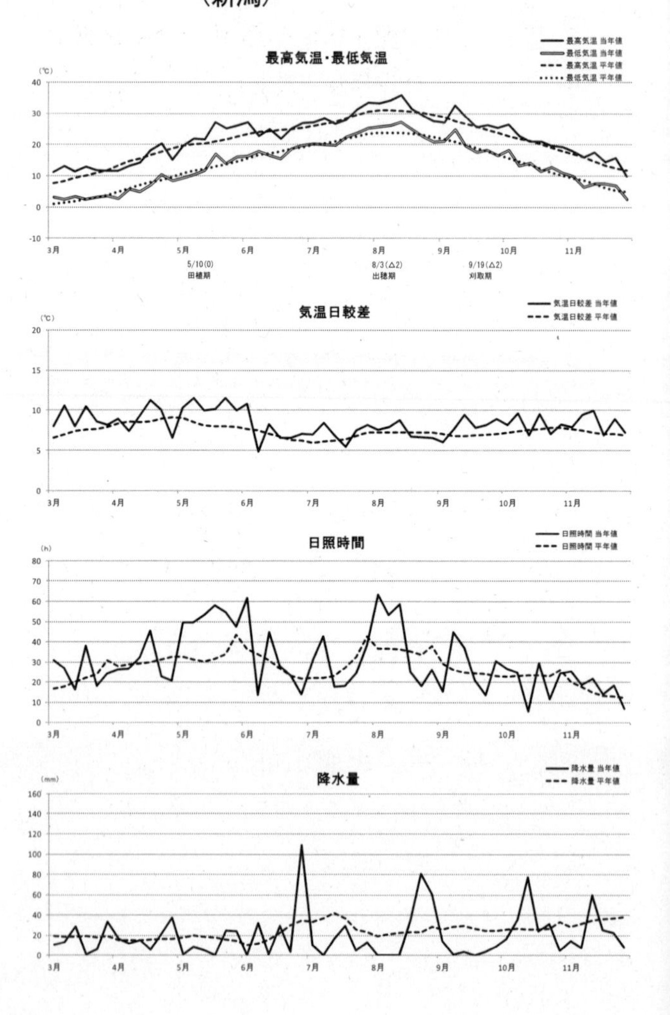

d　関東・東山

田植期は、東京都で平年に比べ２日、神奈川県及び長野県で１日早くなり、茨城県、群馬県及び山梨県では平年並み、埼玉県及び千葉県で平年に比べ１日、栃木県で２日遅くなった。出穂期は、茨城県及び千葉県で平年に比べ４日、栃木県で３日、その他の県では２日遅くなった。

全もみ数は、茨城県、栃木県及び長野県では「やや多い」、埼玉県、千葉県及び山梨県では「平年並み」となったが、７月上中旬の低温・日照不足の影響により、群馬県及び東京都で「やや少ない」、神奈川県で「少ない」となった。

登熟は、神奈川県で「良」、群馬県で「やや良」、東京都及び山梨県で「平年並み」となったものの、８月中下旬以降の日照不足、９月以降の高温及び台風による浸冠水・倒伏等の影響により、茨城県、埼玉県、千葉県及び長野県で「やや不良」、栃木県で「不良」となった。

以上のことから、10ａ当たり収量は、茨城県で504kg（前年産に比べ20kg減少）、栃木県で526kg（同24kg減少）、群馬県で486kg（同20kg減少）、埼玉県で482kg（同５kg減少）、千葉県で516kg（同26kg減少）、東京都で402kg（同15kg減少）、神奈川県で470kg（同22kg減少）、山梨県で541kg（同１kg減少）、長野県で620kg（同２kg増加）となり、関東・東山平均で522kg（同17kg減少）となった（図１−10、１−11）。

図１−10　令和元年産水稲の作柄表示地帯別作況指数（関東・東山）

図１−11　令和元年産稲作期間の半旬別気象経過（水戸）

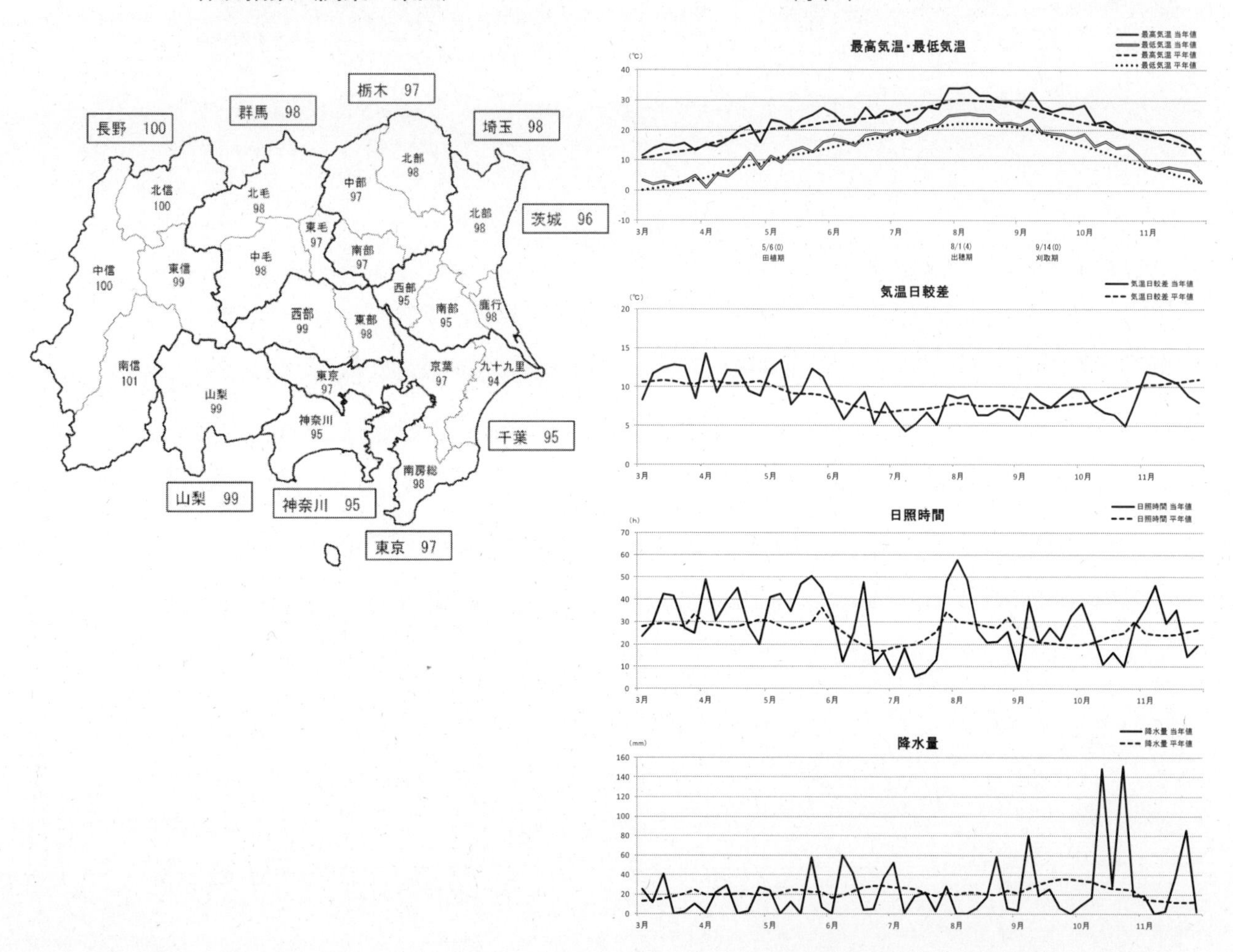

e　東海及び近畿

田植期は、兵庫県で平年に比べ１日早くなり、岐阜県、愛知県、三重県、大阪府、奈良県及び和歌山県で平年並み、静岡県、滋賀県及び京都府では平年に比べ１日遅くなった。出穂期は、京都府及び大阪府で平年に比べ２日、奈良県で１日早くなり、滋賀県及び兵庫県で平年並み、岐阜県、愛知県及び和歌山県では平年に比べ１日、静岡県で２日、三重県で４日遅くなった。

全もみ数は、静岡県で「多い」、６月下旬以降の日照不足の影響で分げつが抑制された滋賀県は「やや少ない」、その他の府県では「平年並み」となった。

登熟は、台風第15号・第19号による倒伏及び全もみ数が多いことから静岡県で「不良」、台風第10号による倒伏及びその後の降雨等により三重県で「やや不良」となったものの、その他の府県では９月以降おおむね天候に恵まれたことから「平年並み」となった。

以上のことから、10ａ当たり収量は、岐阜県で482kg（前年産に比べ４kg増加）、静岡県で517kg（同11kg増加）、愛知県で499kg（前年と同値）、三重県で477kg（前年産に比べ22kg減少）、滋賀県で509kg（同３kg減少）、京都府で505kg（同３kg増加）、大阪府で502kg（同８kg増加）、兵庫県で497kg（同５kg増加）、奈良県で515kg（同１kg増加）、和歌山県で494kg（同２kg増加）となり、東海平均で491kg（同４kg減少）、近畿平均で503kg（同１kg増加）となった（図１－12、１－13）。

図１－12　令和元年産水稲の作柄表示地帯別作況指数（東海及び近畿）

図１－13　令和元年産稲作期間の半旬別気象経過（名古屋）

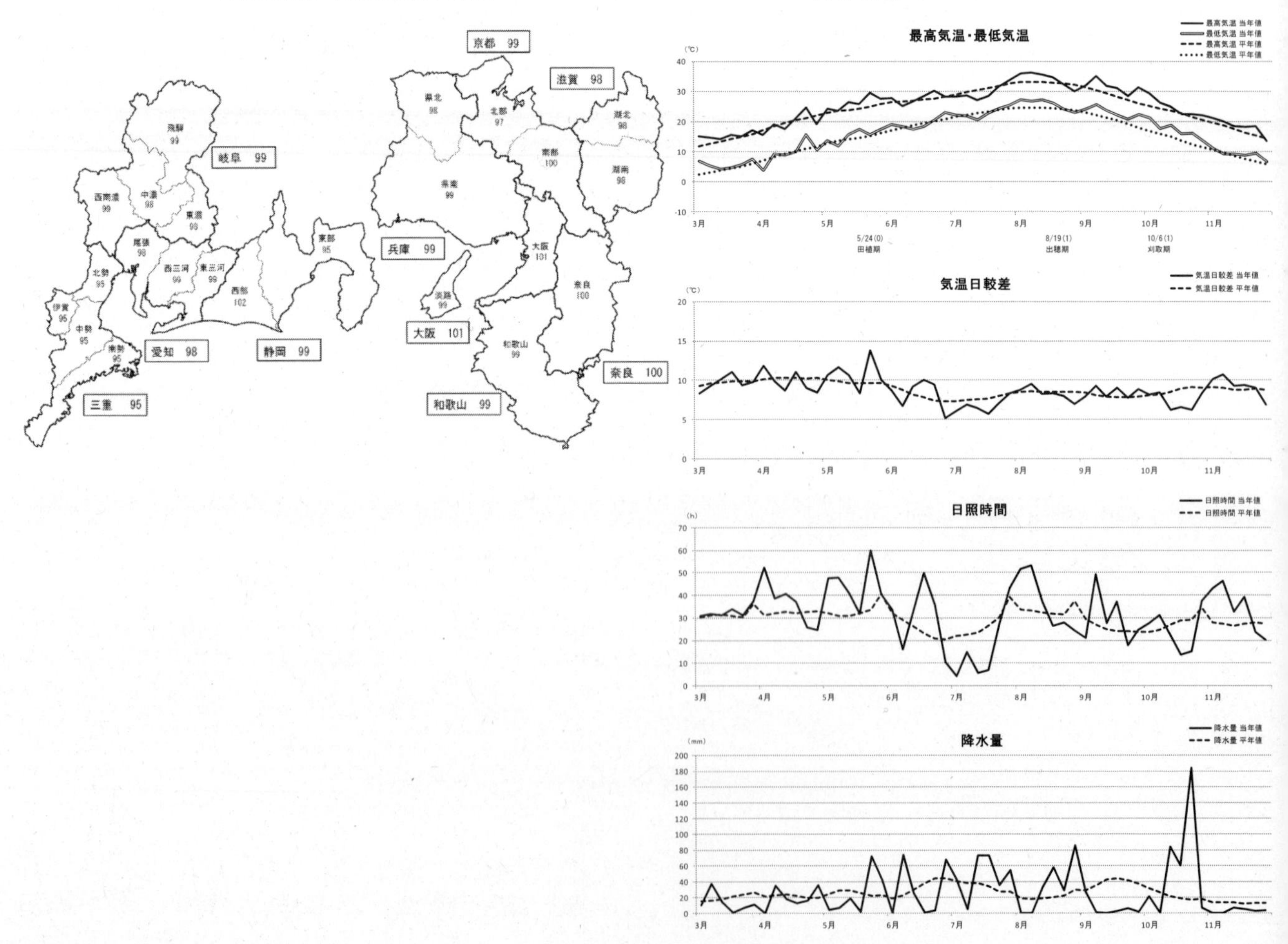

f　中国及び四国

田植期は、徳島県（早期栽培）で平年に比べ２日、鳥取県、徳島県（普通栽培）、香川県、高知県（早期栽培）及び高知県（普通栽培）で１日早くなり、岡山県、広島県及び山口県で平年並み、島根県及び愛媛県で平年に比べ１日遅くなった。出穂期は、高知県（普通栽培）で平年に比べ１日早くなり、山口県及び徳島県（普通栽培）で平年並み、岡山県、広島県、香川県、愛媛県及び高知県（早期栽培）で平年に比べ１日、島根県及び徳島県（早期栽培）で２日、鳥取県では３日遅くなった。

全もみ数は、おおむね天候に恵まれたことから高知県（早期栽培）で「多い」、鳥取県で「やや多い」となったが、７月上中旬の日照不足の影響により香川県で「少ない」、岡山県及び高知県（普通栽培）で「やや少ない」、その他の県では「平年並み」となった。

登熟は、６月下旬以降の日照不足等の影響により、徳島県（早期栽培）で「やや不良」、高知県（早期栽培）で「不良」となった。また、香川県で「やや良」となったものの、８月中下旬の低温・日照不足の影響や９月中旬以降最高気温、最低気温ともに高い日が多かったことから岡山県で「平年並み」、鳥取県、島根県、山口県、徳島県（普通栽培）及び愛媛県で「やや不良」、広島県及び高知県（普通栽培）で「不良」となった。

以上のことから、10ａ当たり収量は、鳥取県で514kg（前年産に比べ16kg増加）、島根県で506kg（同18kg減少）、岡山県で517kg（前年と同値）、広島県で499kg（前年産に比べ26kg減少）、山口県で474kg（同48kg減少）、徳島県で464kg（同６kg減少）、香川県で471kg（同８kg減少）、愛媛県で470kg（同28kg減少）、高知県で420kg（同21kg減少）となり、中国平均で503kg（同16kg減少）、四国平均で457kg（同16kg減少）となった（図１－14、１－15）。

図１－14　令和元年産水稲の作柄表示地帯別作況指数（中国及び四国）

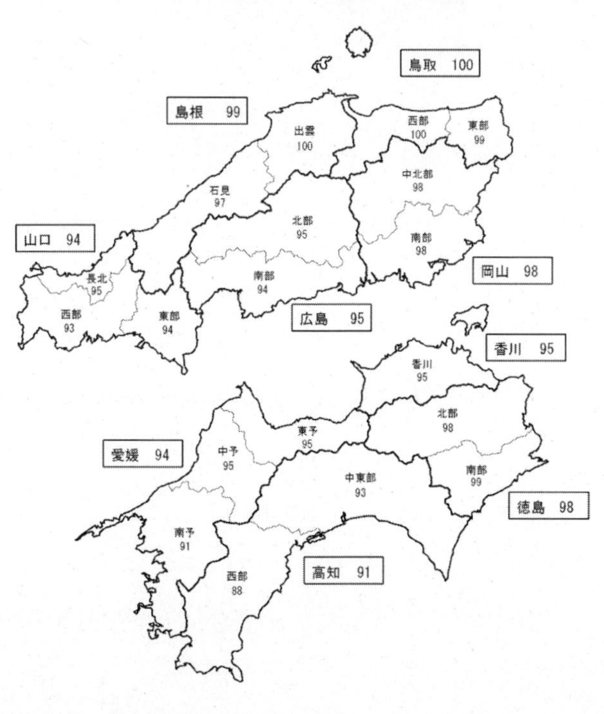

図１－15　令和元年産稲作期間の半旬別気象経過（岡山）

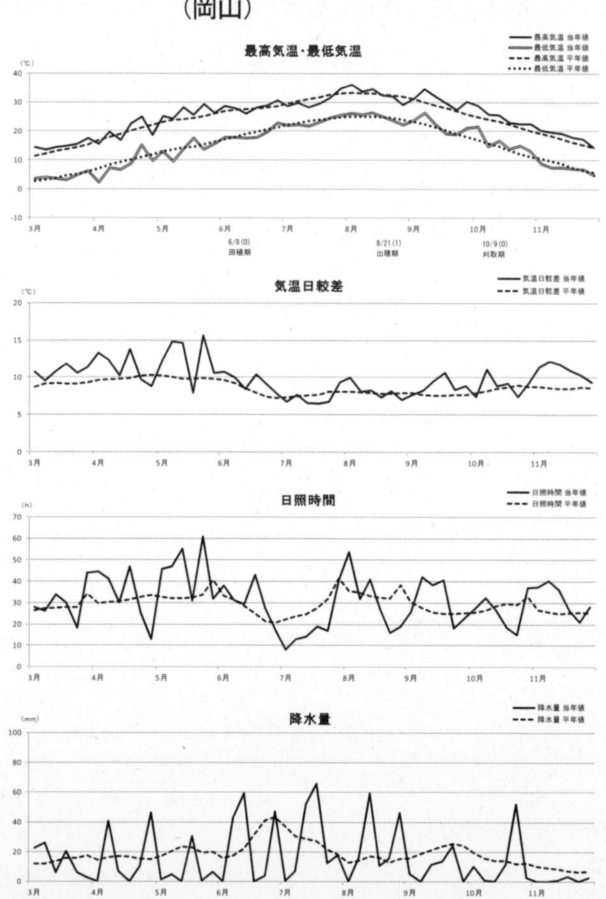

g　九州及び沖縄

九州においては、田植期は、宮崎県（早期栽培）で平年に比べ２日、鹿児島県（普通栽培）で１日早くなり、その他の県では平年並みとなった。出穂期は、宮崎県（早期栽培）及び鹿児島県（早期栽培）で平年に比べ１日早くなり、福岡県、長崎県、熊本県及び宮崎県（普通栽培）で平年並み、佐賀県、大分県及び鹿児島県（普通栽培）で平年に比べ２日遅くなった。

全もみ数は、宮崎県（早期栽培）及び鹿児島県（早期栽培）で「平年並み」、その他の県では、田植期以降の低温・日照不足により分げつが抑制されたことから「やや少ない」又は「少ない」となった。

登熟については、出穂期以降の低温・日照不足や９月下旬の台風第17号による被害の発生に加え、トビイロウンカによる被害の影響により、鹿児島県（普通栽培）で「平年並み」、福岡県、佐賀県、長崎県、熊本県、宮崎県（早期栽培）、宮崎県（普通栽培）及び鹿児島県（早期栽培）で「やや不良」、大分県では「不良」となった。

以上のことから、10ａ当たり収量は、福岡県で454kg（前年産に比べ64kg減少）、佐賀県で298kg（同234kg減少）、長崎県で455kg（同44kg減少）、熊本県で483kg（同46kg減少）、大分県で435kg（同66kg減少）、宮崎県で465kg（同28kg減少）、鹿児島県で454kg（同27kg減少）となり、九州平均で435kg（同77kg減少）となった。

沖縄県は、第一期稲が田植期以降の高温により、分げつ期間が短くなった影響により穂数及び全もみ数が少なくなったことに加え、出穂期以降の日照不足により、登熟が抑制されたことから331kg（前年産に比べ33kg減少）となり、第二期稲は台風被害等もなく、生育全般を通しておおむね天候に恵まれたことから188kg（同39kg増加）となり、県計の10ａ当たり収量は295kg（同12kg減少）となった（図１－16、１－17）。

図１－16　令和元年産水稲の作柄表示地帯別作況指数（九州及び沖縄）

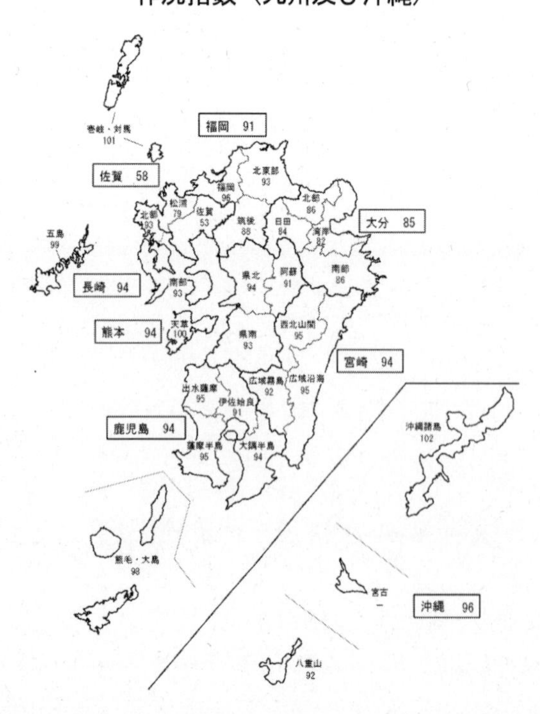

図１－17　令和元年産稲作期間の半旬別気象経過（熊本）

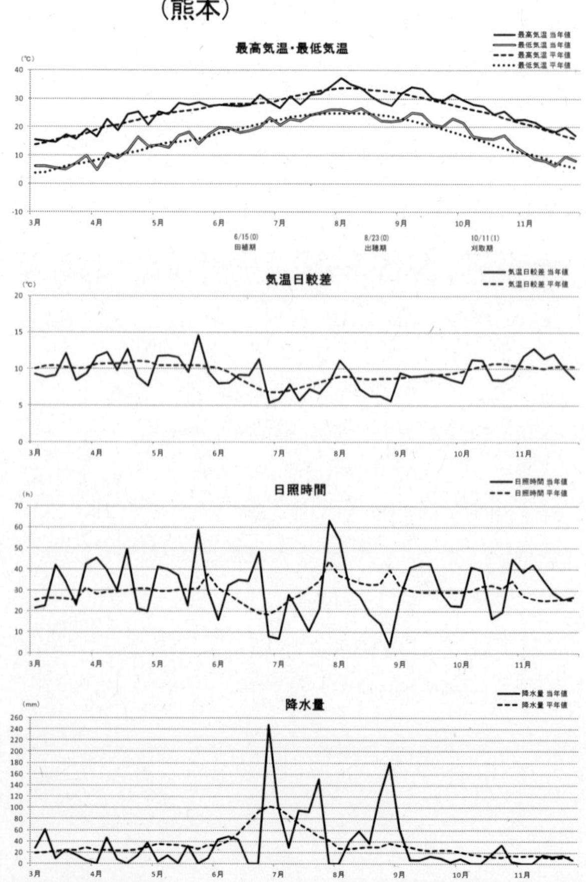

(イ) 陸 稲

10ａ当たり収量は228kgで、前年産に比べ２％下回った（表１－２）。

表１－２　令和元年産陸稲の作付面積、10ａ当たり収量及び収穫量

区分	作付面積（子実用）	10ａ当たり収量	収穫量（子実用）	前年産との比較					（参考）10ａ当たり平均収量対比
				作付面積		10ａ当たり収量	収穫量		
				対差	対比	対比	対差	対比	
	ha	kg	t	ha	%	%	t	%	%
全国	**702**	**228**	**1,600**	**△ 48**	**94**	**98**	**△ 140**	**92**	**97**
うち 茨城	487	240	1,170	△ 41	92	98	△ 130	90	101
栃木	179	211	378	△ 4	98	102	1	100	91

注：1　陸稲については、平成30年産から、調査の範囲を全国から主産県に変更し、作付面積調査にあっては３年、収穫量調査にあっては６年ごとに全国調査を実施することとした。令和元年産は主産県調査年であり、全国調査を行った平成29年の調査結果に基づき、全国値を推計している。

なお、主産県とは、平成29年における全国の作付面積のおおむね80％を占めるまでの上位都道府県である。

2　「（参考）10ａ当たり平均収量対比」とは、10ａ当たり平均収量（原則として直近７か年のうち、最高及び最低を除いた５か年の平均値）に対する当年産の10ａ当たり収量の比率である。

2 麦 類

(1) 要 旨

ア 作付面積

令和元年産４麦（小麦、二条大麦、六条大麦及びはだか麦）の子実用作付面積は27万3,000haで、前年産並みとなった。

このうち、北海道は12万3,300ha、都府県は14万9,800haで、それぞれ前年産並みとなった（表２－１、図２－１）。

図２－１　４麦（子実用）の作付面積及び収穫量の推移（全国）

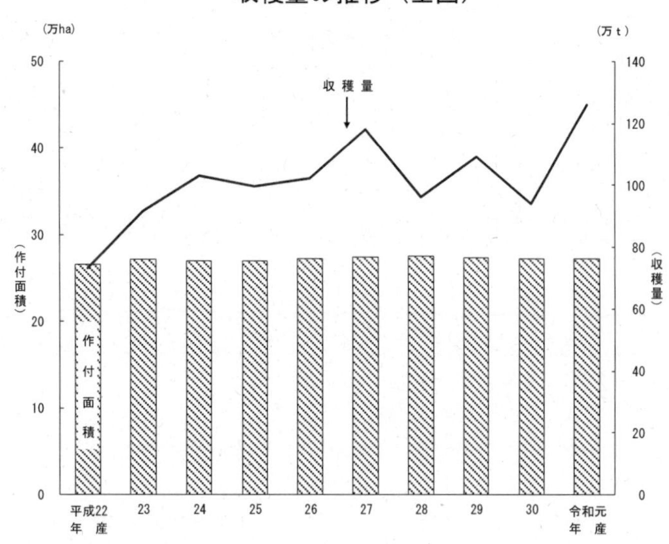

イ 収穫量

令和元年産４麦の子実用収穫量は126万ｔで、前年産に比べ32万400ｔ（34%）増加した。

これは、４麦全てにおいて10ａ当たり収量が前年産を上回ったためである（表２－１、図２－１）。

表２－１　令和元年産４麦（子実用）の作付面積、10ａ当たり収量及び収穫量

区分	作付面積	10ａ当たり収量	収穫量	前年産との比較 作付面積		10ａ当たり収量	収穫量		（参考）	
				対差	対比	対比	対差	対比	10a当たり平均収量対比	10a当たり平均収量
	ha	kg	t	ha	%	%	t	%	%	kg
全国										
４麦計	273,000	…	1,260,000	100	100	nc	320,400	134	nc	…
小麦	211,600	490	1,037,000	△ 300	100	136	272,100	136	123	399
二条大麦	38,000	386	146,600	△ 300	99	121	24,900	120	128	301
六条大麦	17,700	315	55,800	400	102	140	16,800	143	111	285
はだか麦	5,780	351	20,300	360	107	136	6,300	145	140	250
北海道										
４麦計	123,300	…	685,700	200	100	nc	208,900	144	nc	…
小麦	121,400	558	677,700	0	100	144	206,600	144	121	460
二条大麦	1,700	448	7,620	40	102	134	2,080	138	128	349
六条大麦	17	441	75	x	x	x	x	x	nc	…
はだか麦	149	213	317	85	233	124	207	288	63	336
都府県										
４麦計	149,800	…	574,100	0	100	nc	111,300	124	nc	…
小麦	90,200	398	359,400	△ 300	100	122	65,600	122	126	315
二条大麦	36,300	383	139,000	△ 300	99	121	22,900	120	128	299
六条大麦	17,700	315	55,700	400	102	140	16,700	143	111	285
はだか麦	5,630	355	20,000	280	105	137	6,100	144	141	251

注：1　「（参考）10ａ当たり平均収量対比」とは、10ａ当たり平均収量（原則として直近７か年のうち、最高及び最低を除いた５か年の平均値をいう。ただし、直近７か年全ての10ａ当たり収量が確保できない場合は、６か年又は５か年の最高及び最低を除いた平均とし、４か年又は３か年の場合は、単純平均である。）に対する当年産の10ａ当たり収量の比率である。なお、直近７か年のうち、３か年分の10ａ当たり収量のデータが確保できない場合は、10ａ当たり平均収量を作成していない（以下各統計表において同じ。）。

2　全国農業地域別（都府県を除く。）の10ａ当たり平均収量は、各都府県の10ａ当たり平均収量に当年産の作付面積を乗じて求めた平均収穫量を全国農業地域別に積み上げ、当年産の全国農業地域別作付面積で除して算出している（以下各統計表において同じ。）。

表２－２　令和元年産４麦（子実用）の作付面積、10ａ当たり収量及び収穫量（全国農業地域別）

全国農業地域	4麦計 作付面積	4麦計 収穫量	小麦 作付面積	小麦 10a当たり収量	小麦 収穫量	小麦 （参考）10a当たり平均収量対比	二条大麦 作付面積	二条大麦 10a当たり収量	二条大麦 収穫量	二条大麦 （参考）10a当たり平均収量対比	六条大麦 作付面積	六条大麦 10a当たり収量	六条大麦 収穫量	六条大麦 （参考）10a当たり平均収量対比	はだか麦 作付面積	はだか麦 10a当たり収量	はだか麦 収穫量	はだか麦 （参考）10a当たり平均収量対比
	ha	t	ha	kg	t	%	ha	kg	t	%	ha	kg	t	%	ha	kg	t	%
全国	**273,000**	**1,260,000**	**211,600**	**490**	**1,037,000**	**123**	**38,000**	**386**	**146,600**	**128**	**17,700**	**315**	**55,800**	**111**	**5,780**	**351**	**20,300**	**140**
北海道	123,300	685,700	121,400	558	677,700	121	1,700	448	7,620	128	17	441	75	nc	149	213	317	63
都府県	149,800	574,100	90,200	398	359,400	126	36,300	383	139,000	128	17,700	315	55,700	111	5,630	355	20,000	141
東北	7,690	22,900	6,370	290	18,500	133	14	307	43	119	1,300	335	4,360	nc	7	329	23	nc
北陸	9,660	28,600	376	188	705	90	2	100	2	67	9,280	301	27,900	102	x	x	x	nc
関東・東山	38,100	140,800	20,800	389	81,000	106	12,200	357	43,600	102	4,730	319	15,100	109	x	319	x	nc
東海	16,800	71,100	16,000	429	68,600	131	4	75	3	61	709	329	2,330	129	x	330	x	169
近畿	10,300	32,800	8,430	310	26,100	123	x	306	x	125	1,520	378	5,750	nc	x	341	x	152
中国	6,040	22,700	2,540	385	9,780	146	2,700	396	10,700	127	x	243	x	133	707	293	2,070	nc
四国	4,920	20,400	2,270	438	9,940	139	x	500	x	174	x	x	x	nc	2,630	395	10,400	148
九州	56,400	234,700	33,400	433	144,700	136	21,200	397	84,200	147	x	385	x	119	1,740	327	5,690	135
沖縄	x	x	16	94	15	58	x	x	x	nc	–	–	–	nc	–	–	–	nc

(2)　解　説

ア　小麦（子実用）

(ｱ)　作付面積

小麦の作付面積は21万1,600haで、前年産並みとなった。

このうち、北海道は12万1,400ha、都府県は９万200haで、それぞれ前年産並みとなった（表２－１、２－２、図２－２）。

図２－２　小麦の作付面積、収穫量及び10ａ当たり収量の推移（全国）

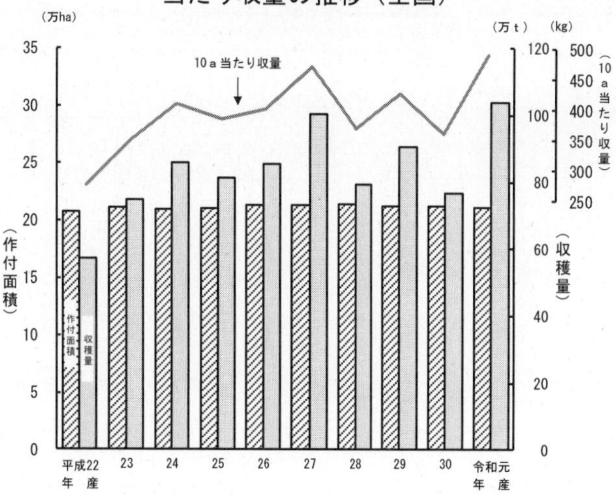

(ｲ)　10ａ当たり収量

10ａ当たり収量は490kgで、前年産を36％上回った。

このうち、北海道は558kgで、前年産を44％上回った。

また、都府県は398kgで、前年産を22％上回った。

これは、天候に恵まれ、生育が順調で登熟も良好であったこと等によるためである（表２－１、２－２、図２－２、２－３、２－４）。

(ｳ)　収穫量

収穫量は103万7,000ｔで、前年産に比べ27万2,100ｔ（36％）増加した。

このうち、北海道の収穫量は67万7,700ｔで、前年産に比べ20万6,600ｔ（44％）増加した。

また、都府県の収穫量は35万9,400ｔで、前年産に比べ６万5,600ｔ（22％）増加した（表２－１、２－２、図２－２）。

図２－３　令和元年麦作期間の半旬別気象経過（帯広）

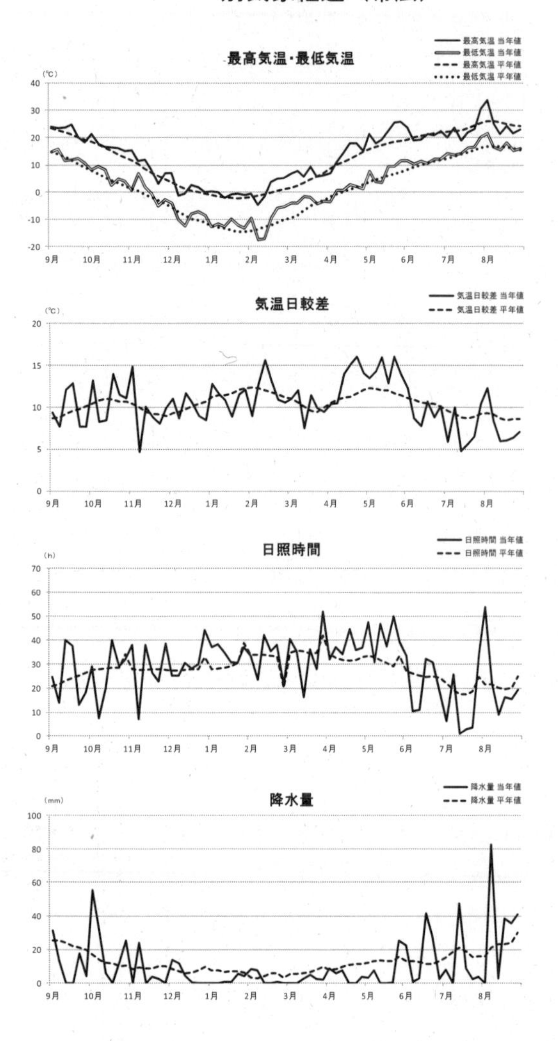

図２－４　令和元年麦作期間の半旬別気象経過（福岡）

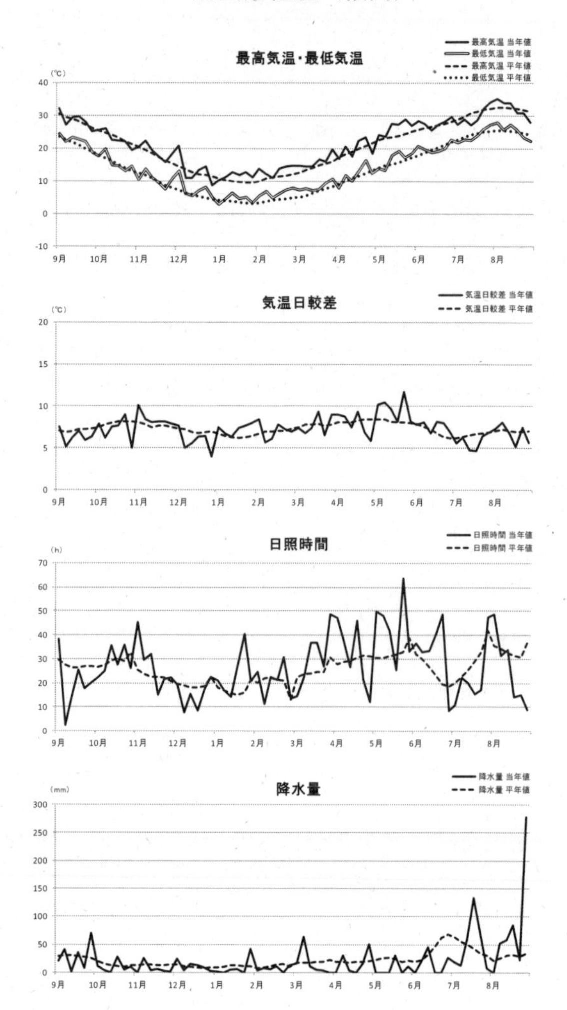

イ　二条大麦（子実用）

(ｱ)　作付面積

二条大麦の作付面積は３万8,000haで、前年産に比べ300ha（１％）減少した。

このうち、北海道は1,700haで、前年産に比べ40ha（２％）増加した。

一方、都府県は３万6,300haで、前年産に比べ300ha（１％）減少した（表２－１、２－２、図２－５）。

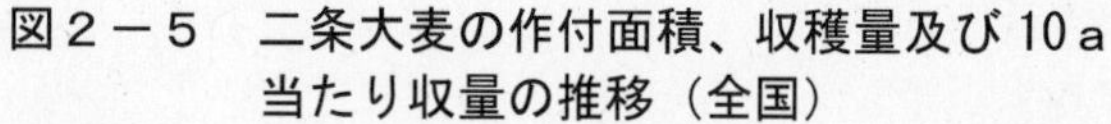
図２－５　二条大麦の作付面積、収穫量及び10ａ当たり収量の推移（全国）

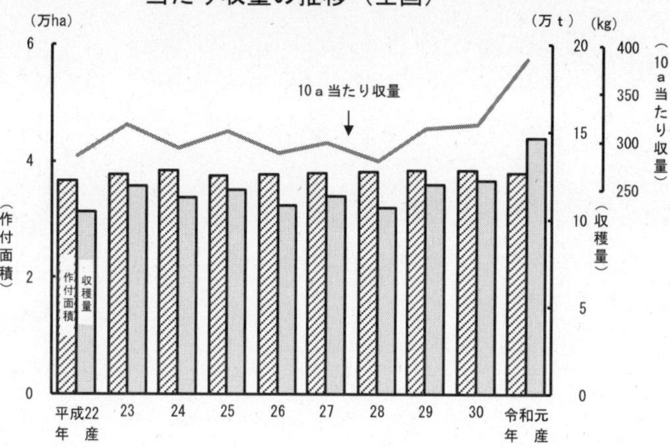

(ｲ)　10ａ当たり収量

10ａ当たり収量は386kgで、前年産を21％上回った。

これは、天候に恵まれ、生育が順調で登熟も良好であったこと等によるためである（表２－１、２－２、図２－５、２－６、２－７）。

(ｳ)　収穫量

収穫量は14万6,600ｔで、前年産に比べ２万4,900ｔ（20％）増加した（表２－１、２－２、図２－５）。

図２－６　令和元年麦作期間の半旬別気象経過（栃木）

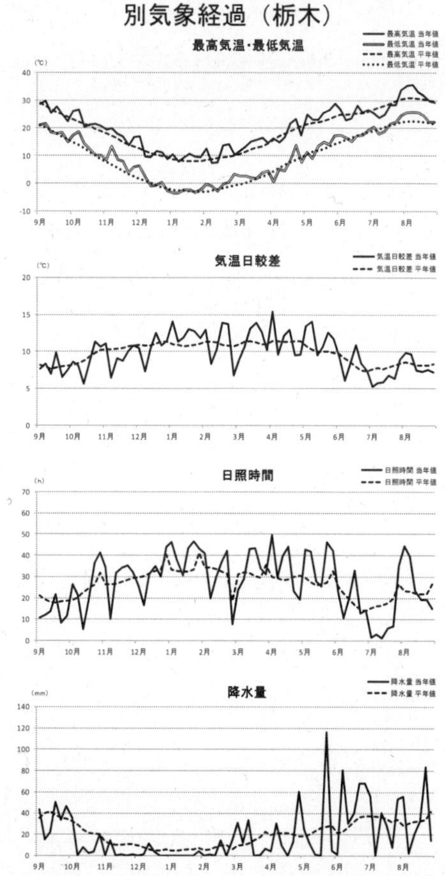

図２－７　令和元年麦作期間の半旬別気象経過（佐賀）

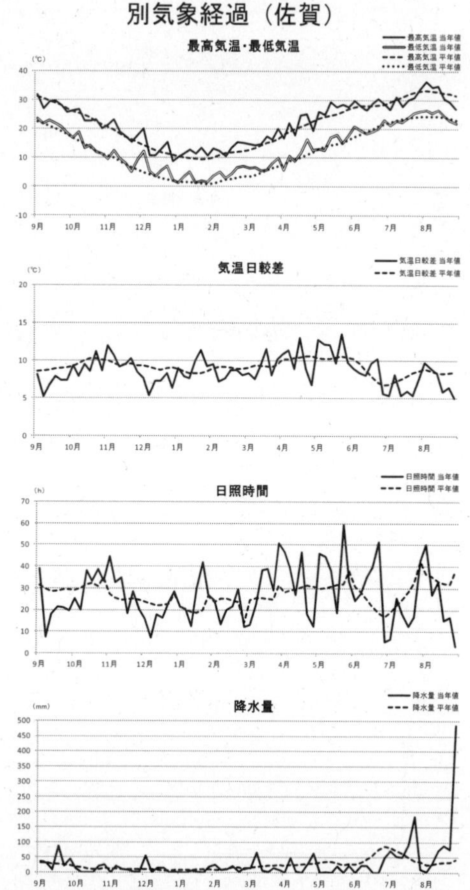

ウ　六条大麦（子実用）

(ｱ)　作付面積

六条大麦の作付面積は１万7,700haで、前年産に比べ400ha（２％）増加した（表２－１、２－２、図２－８）。

(ｲ)　10ａ当たり収量

10ａ当たり収量は315kgで、前年産を40％上回った。

これは、おおむね天候に恵まれ、生育が順調で登熟も良好であったこと等によるためである（表２－１、２－２、図２－８、２－９、２－10）。

図２－８　六条大麦の作付面積、収穫量及び10ａ当たり収量の推移（全国）

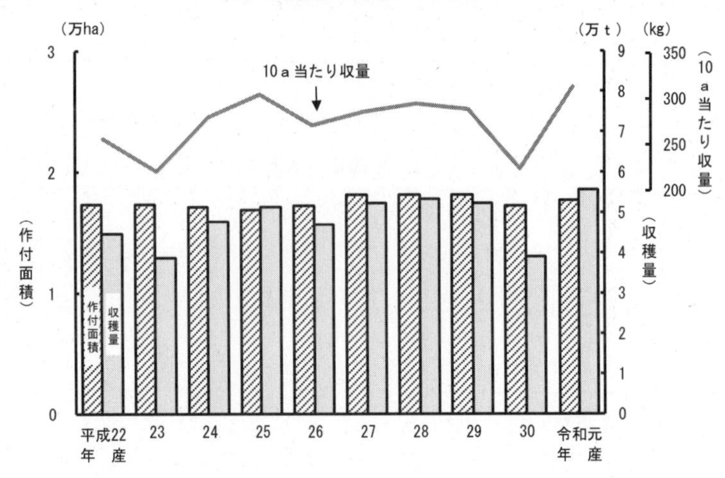

(ｳ)　収穫量

収穫量は５万5,800ｔで、前年産に比べ１万6,800ｔ（43％）増加した（表２－１、２－２、図２－８）。

図２－９　令和元年麦作期間の半旬別気象経過（富山）

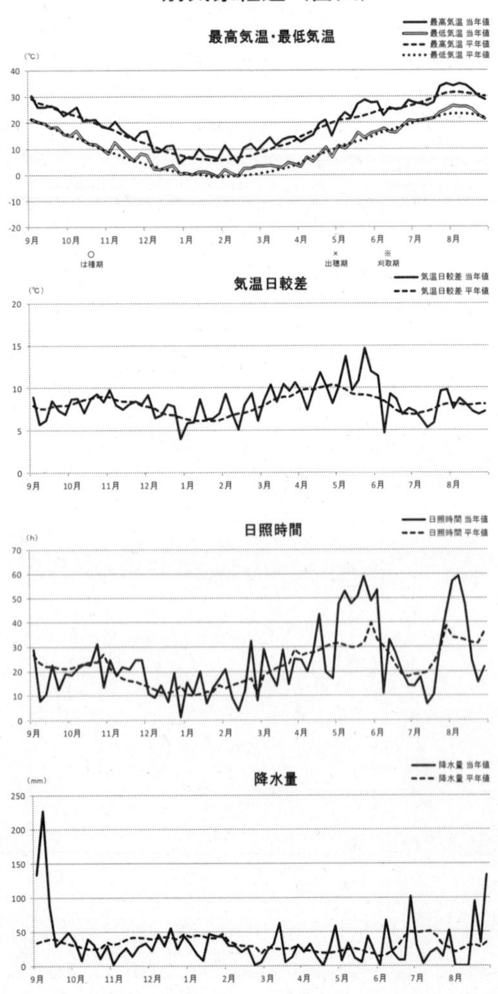

図２－10　令和元年麦作期間の半旬別気象経過（福井）

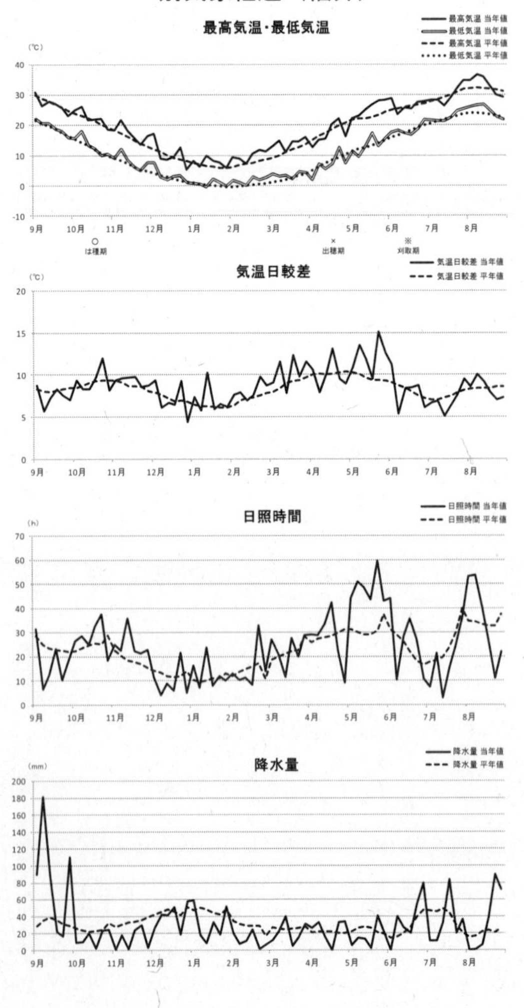

エ　はだか麦（子実用）

(ｱ)　作付面積

はだか麦の作付面積は5,780haで、前年産に比べ360ha（７%）増加した（表２－１、２－２、図２－11）。

(ｲ)　10ａ当たり収量

10ａ当たり収量は351kgで、前年産を36%上回った。

これは、天候に恵まれ、生育が順調で登熟も良好であったこと等によるためである（表２－１、２－２、図２－11、２－12、２－13）。

図２－11　はだか麦の作付面積、収穫量及び10ａ当たり収量の推移（全国）

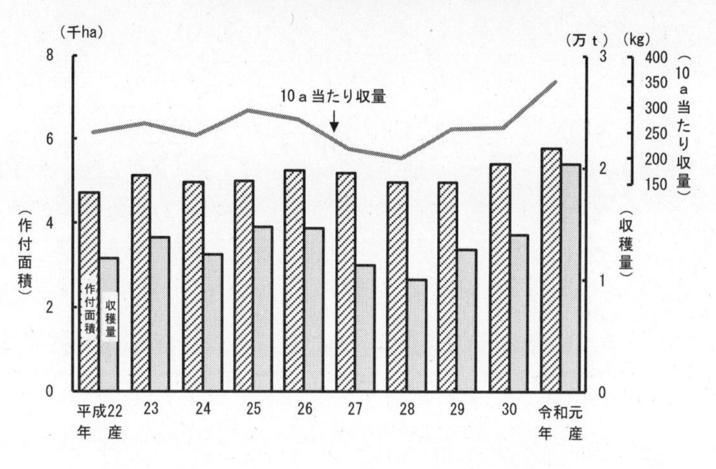

(ｳ)　収穫量

収穫量は２万300ｔで、前年産に比べ6,300ｔ（45%）増加した（表２－１、２－２、図２－11）。

図２－12　令和元年麦作期間の半旬別気象経過（愛媛）

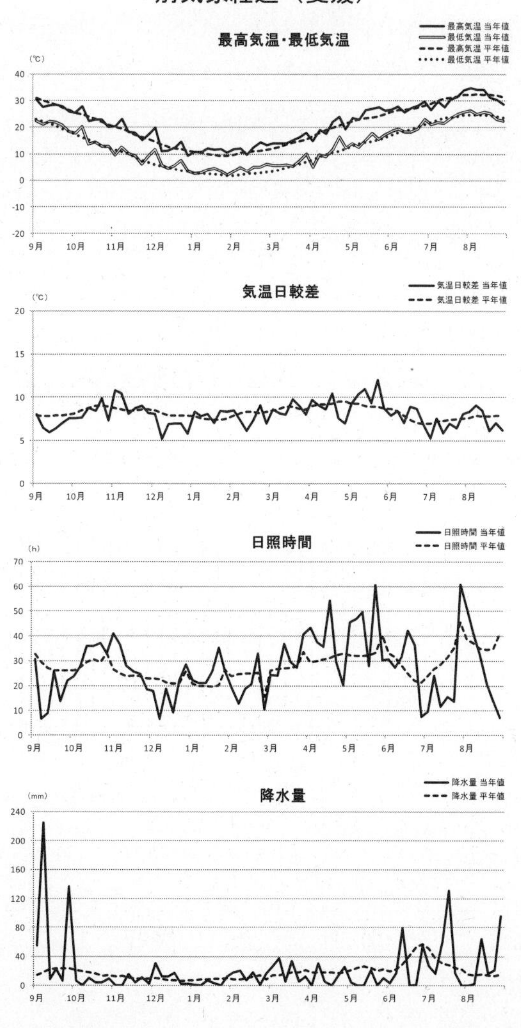

図２－13　令和元年麦作期間の半旬別気象経過（大分）

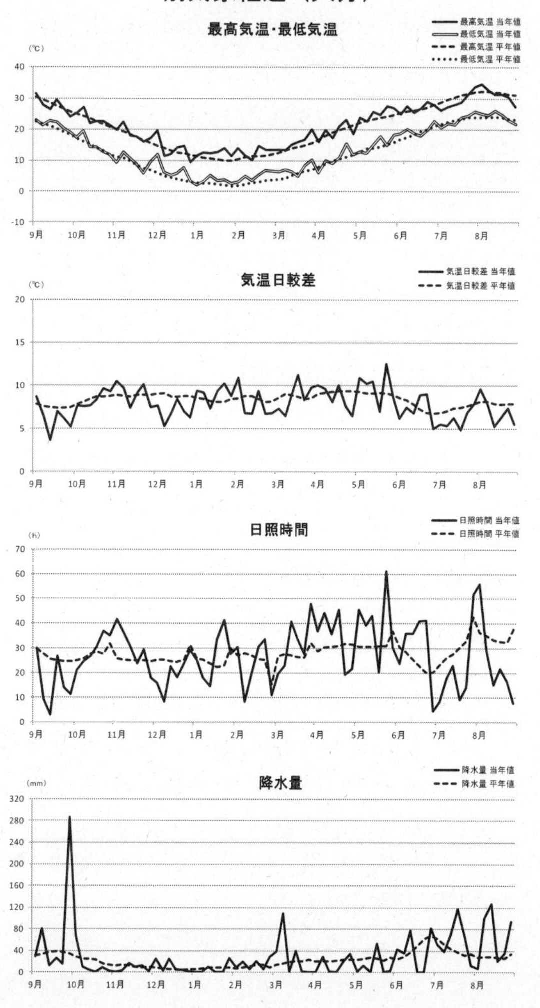

3　豆類・そば

(1)　要　旨

令和元年産豆類（乾燥子実）の収穫量は、大豆が21万7,800ｔ、小豆が５万9,100ｔ、いんげんは１万3,400ｔで、それぞれ前年産に比べ6,500ｔ（３％）、１万7,000ｔ（40％）、3,640ｔ（37％）増加した。一方、らっかせいは１万2,400ｔで、前年産に比べ3,200ｔ（21％）減少した。

また、そば（乾燥子実）の収穫量は４万2,600ｔで、前年産に比べ１万3,600ｔ（47％）増加した（表3）。

表３　令和元年産豆類（乾燥子実）及びそば（乾燥子実）の作付面積、10a当たり収量及び収穫量

区分	作付面積	10a当たり収量	収穫量	前年産との比較					（参考）	
				作付面積		10a当たり収量	収穫量		10a当たり平均収量対比	10a当たり平均収量
				対差	対比	対比	対差	対比		
	ha	kg	t	ha	%	%	t	%	%	kg
大豆	143,500	152	217,800	△ 3,100	98	106	6,500	103	92	166
小豆	25,500	232	59,100	1,800	108	130	17,000	140	107	216
うち北海道	20,900	265	55,400	1,800	109	129	16,200	141	106	250
いんげん	6,860	195	13,400	△ 490	93	147	3,640	137	103	189
うち北海道	6,340	200	12,700	△ 450	93	147	3,470	138	102	197
らっかせい	6,330	196	12,400	△ 40	99	80	△ 3,200	79	83	237
うち千葉	5,060	199	10,100	△ 20	100	78	△ 2,900	78	83	241
そば	65,400	65	42,600	1,500	102	144	13,600	147	120	54

注：　小豆、いんげん及びらっかせいの作付面積調査及び収穫量調査は主産県調査であり、３年又は６年周期で全国調査を実施している。令和元年産については主産県を対象に調査を行った。なお、全国値は、主産県の調査結果から推計したものである。

(2)　解　説

ア　大豆（乾燥子実）

(ｱ)　作付面積

大豆の作付面積は14万3,500haで、前年産に比べ3,100ha（２％）減少した（表３、図３－１）。

(ｲ)　10ａ当たり収量

10ａ当たり収量は152kgで、前年産を６％上回った。

これは、東北、関東及び九州の一部の県において、日照不足、大雨、台風等の影響による被害があったものの、その他の地域において、作柄の悪かった前年産に比べて被害が少なかったためである（表３、図３－１）。

図３－１　大豆の作付面積、収穫量及び10ａ当たり収量の推移（全国）

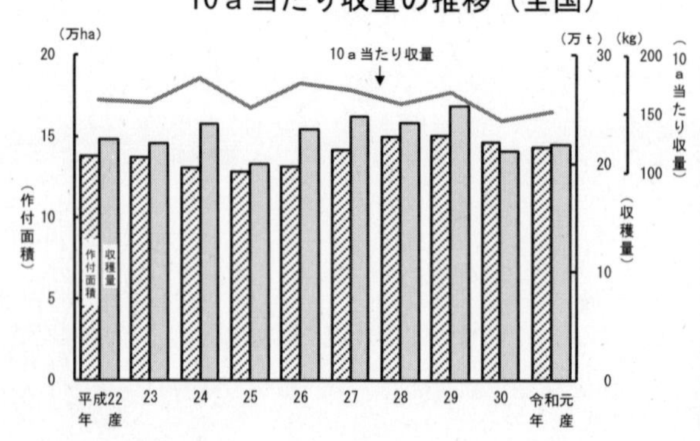

(ｳ)　収穫量

収穫量は21万7,800ｔで、前年産に比べ6,500ｔ（３％）増加した（表３、図３－１）。

イ　小豆（乾燥子実）

(ｱ)　作付面積

小豆の作付面積は２万5,500haで、前年産に比べ1,800ha（８％）増加した。

このうち、主産地である北海道の作付面積は２万900haで、てんさい等からの転換により、前年産に比べ1,800ha（９％）増加した（表３、図３－２）。

図３－２　小豆の作付面積、収穫量及び10ａ当たり収量の推移（全国）

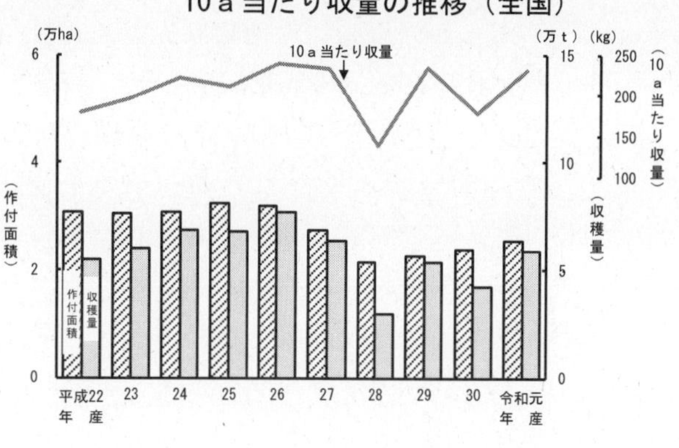

(ｲ)　10ａ当たり収量

10ａ当たり収量は232kgで、前年産を30％上回った。

これは、主産地である北海道において、登熟期の天候に恵まれたことから、低温、日照不足及び多雨の影響で作柄が悪かった前年産に比べて登熟が良好であったためである（表３、図３－２）。

(ｳ)　収穫量

収穫量は５万9,100ｔで、前年産に比べ１万7,000ｔ（40％）増加した。

なお、都道府県別の収穫量割合は、北海道が全国の94％を占めている（表３、図３－２）。

ウ　いんげん（乾燥子実）

(ｱ)　作付面積

いんげんの作付面積は6,860haで、前年産に比べ490ha（７％）減少した。

このうち、北海道の作付面積は6,340haで、他作物への転換により、前年産に比べ450ha（７％）減少した（表３、図３－３）。

図３－３　いんげんの作付面積、収穫量及び10ａ当たり収量の推移（全国）

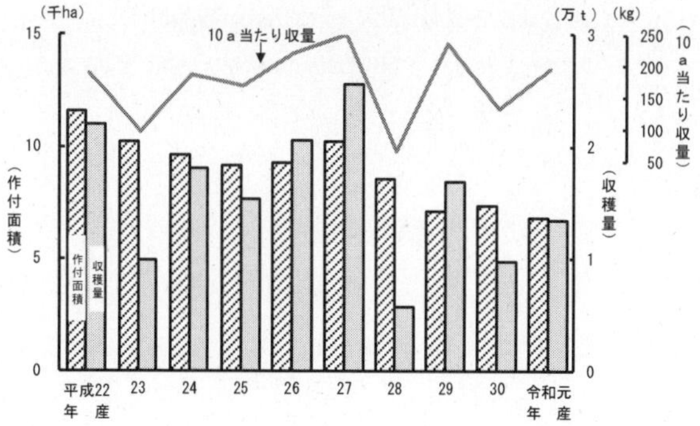

(ｲ)　10ａ当たり収量

10ａ当たり収量は195kgで、前年産を47％上回った。

これは、主産地である北海道において、登熟期の天候に恵まれたことから、低温、日照不足及び多雨の影響で作柄が悪かった前年産に比べて登熟が良好であったためである（表３、図３－３）。

(ｳ)　収穫量

収穫量は１万3,400ｔで、前年産に比べ3,640ｔ（37％）増加した。

なお、都道府県別の収穫量割合は、北海道が全国の95％を占めている（表３、図３－３）。

エ　らっかせい（乾燥子実）

(ｱ)　作付面積

らっかせいの作付面積は6,330haで、前年産に比べ40ha（１%）減少した。

このうち、千葉県の作付面積は5,060haで、前年産並みとなった（表３、図３－４）。

図３－４　らっかせいの作付面積、収穫量及び10ａ当たり収量の推移（全国）

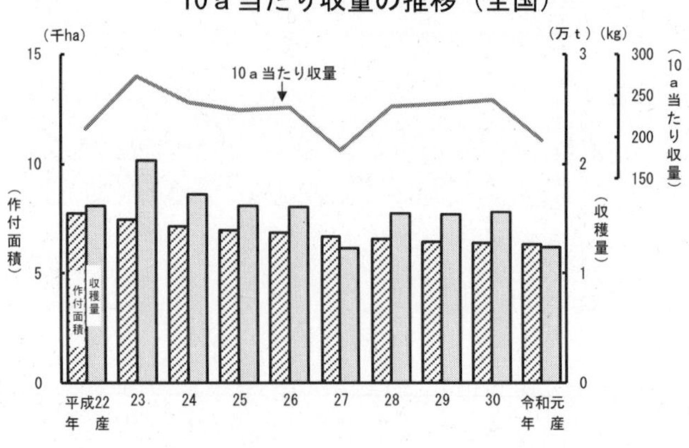

(ｲ)　10ａ当たり収量

10ａ当たり収量は196kgで、前年産を20%下回った。

これは、主産地である千葉県において、低温、日照不足の影響により着さや数及び粒重が減少したことに加えて、台風の影響により倒伏被害等が発生したためである（表３、図３－４）。

(ｳ)　収穫量

収穫量は１万2,400ｔで、前年産に比べ3,200ｔ（21%）減少した。

オ　そば（乾燥子実）

(ｱ)　作付面積

そばの作付面積は６万5,400haで、前年産に比べ1,500ha（２%）増加した。

これは、他作物からの転換等があったためである（表３、図３－５）。

図３－５　そばの作付面積、収穫量及び10ａ当たり収量の推移（全国）

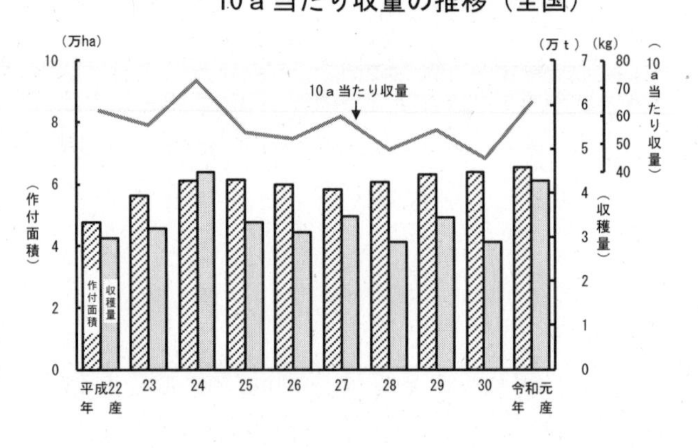

(ｲ)　10ａ当たり収量

10ａ当たり収量は65kgで、前年産を44%上回った。

これは、生育期間の天候がおおむね良好に経過したためである（表３、図３－５）。

(ｳ)　収穫量

収穫量は４万2,600ｔで、前年産に比べ１万3,600ｔ（47%）増加した（表３、図３－５）。

4　かんしょ

(1)　作付面積

かんしょの作付面積は３万4,300haで、前年産に比べ1,400ha（４％）減少した。

これは、他作物への転換等があったためである（表４、図４）。

(2)　10ａ当たり収量

10ａ当たり収量は2,180kgで、前年産を２％下回った（表４、図４）。

(3)　収穫量

収穫量は74万8,700ｔで、前年産に比べ４万7,800ｔ（６％）減少した（表４、図４）。

図４　かんしょの作付面積、収穫量及び10ａ当たり収量の推移（全国）

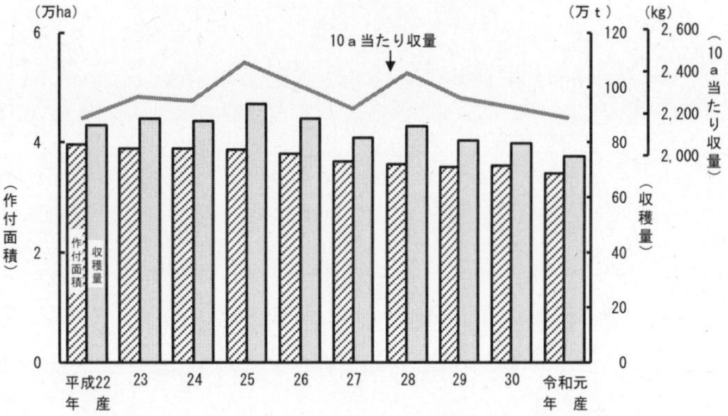

表４　令和元年産かんしょの作付面積、10ａ当たり収量及び収穫量

区分	作付面積	10ａ当たり収量	収穫量	前年産との比較					（参考）	
				作付面積		10ａ当たり収量	収穫量		10ａ当たり平均収量対比	10ａ当たり平均収量
				対差	対比	対比	対差	対比		
	ha	kg	t	ha	%	%	t	%	%	kg
全国	**34,300**	**2,180**	**748,700**	**△ 1,400**	**96**	**98**	**△ 47,800**	**94**	**95**	**2,300**
うち茨城	6,860	2,450	168,100	80	101	96	△ 5,500	97	94	2,610
千葉	4,040	2,320	93,700	△ 50	99	95	△ 6,100	94	94	2,480
徳島	1,090	2,500	27,300	0	100	97	△ 700	98	101	2,470
熊本	897	2,150	19,300	△ 74	92	95	△ 2,700	88	96	2,240
宮崎	3,360	2,400	80,600	△ 250	93	96	△ 9,700	89	95	2,520
鹿児島	11,200	2,330	261,000	△ 900	93	101	△ 17,300	94	95	2,450

注：　かんしょの作付面積調査及び収穫量調査は主産県調査であり、３年又は６年周期で全国調査を実施している。令和元年産については主産県を対象に調査を行った。なお、全国値は、主産県の調査結果から推計したものである。

5　飼料作物

(1)　牧草

ア　作付（栽培）面積

牧草の作付(栽培)面積は72万4,400haで、前年産並みとなった（表５－１、図５－１）。

イ　10ａ当たり収量

10ａ当たり収量は3,430kgで、前年産を１%上回った（表５－１、図５－１）。

ウ　収穫量

収穫量は2,485万ｔで、前年産に比べ22万9,000ｔ（１%）増加した。

なお、都道府県別の収穫量割合は、北海道が全国の70%を占めている（表５－１、図５－１）。

図５－１　牧草の作付（栽培）面積、収穫量及び10ａ当たり収量の推移（全国）

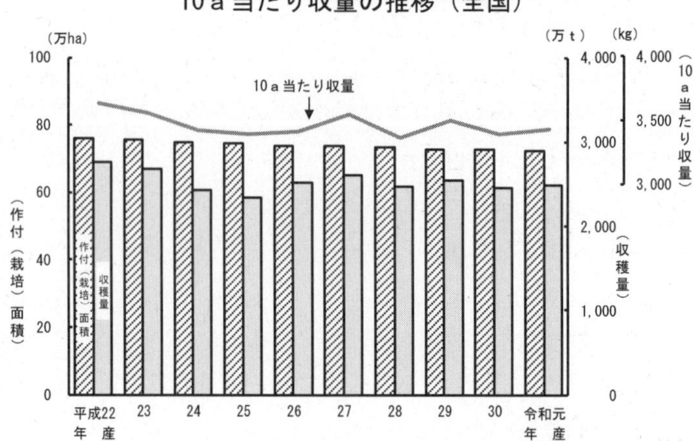

注：　平成24年産及び平成25年産の10ａ当たり収量及び収穫量については、全国値の推計を行っていないため、主産県計の数値である。

表５－１　令和元年産牧草の作付（栽培）面積、10ａ当たり収量及び収穫量

区分	作付(栽培)面積	10ａ当たり収量	収穫量	前年産との比較 作付（栽培）面積 対差	対比	10ａ当たり収量 対比	収穫量 対差	対比	（参考） 10ａ当たり平均収量対比	10ａ当たり平均収量
	ha	kg	t	ha	%	%	t	%	%	kg
全国	**724,400**	**3,430**	**24,850,000**	**△ 1,600**	**100**	**101**	**229,000**	**101**	**100**	**3,430**
うち北海道	532,800	3,270	17,423,000	△ 800	100	101	134,000	101	101	3,250

注：　飼料作物の作付面積調査及び収穫量調査は主産県調査であり、３年又は６年周期で全国調査を実施している。令和元年産調査については主産県を対象に調査を行った。なお、全国値は、主産県の調査結果から推計したものである。

(2) 青刈りとうもろこし

ア 作付面積

青刈りとうもろこしの作付面積は９万4,700haで、前年産並みとなった（表５－２、図５－２）。

図５－２ 青刈りとうもろこしの作付面積、収穫量及び10ａ当たり収量の推移（全国）

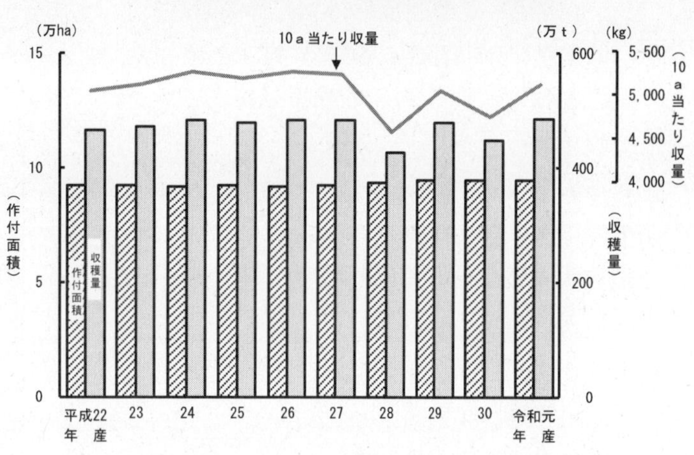

イ 10ａ当たり収量

10ａ当たり収量は5,110kgで、前年産を８％上回った。

これは、主産地である北海道において、は種期以降の天候が良好に推移したことにより初期生育が順調に経過し、台風による倒伏被害も少なかったことで、低温、日照不足及び多雨の影響があった前年産に比べ、被害の発生が少なかったためである（表５－２、図５－２）。

ウ 収穫量

収穫量は484万1,000ｔで、前年産に比べ35万3,000ｔ（８％）増加した。

なお、都道府県別の収穫量割合は、北海道が全国の64％を占めている（表５－２、図５－２）。

表５－２ 令和元年産青刈りとうもろこしの作付面積、10ａ当たり収量及び収穫量

区分	作付面積	10ａ当たり収量	収穫量	前年産との比較 作付面積 対差	作付面積 対比	10ａ当たり収量 対比	収穫量 対差	収穫量 対比	（参考）10ａ当たり平均収量対比	（参考）10ａ当たり平均収量
	ha	kg	t	ha	%	%	t	%	%	kg
全国	**94,700**	**5,110**	**4,841,000**	**100**	**100**	**108**	**353,000**	**108**	**100**	**5,090**
うち北海道	56,300	5,530	3,113,000	800	101	114	416,000	115	103	5,390

注： 飼料作物の作付面積調査及び収穫量調査は主産県調査であり、３年又は６年周期で全国調査を実施している。令和元年産調査については主産県を対象に調査を行った。なお、全国値は、主産県の調査結果から推計したものである。

(3) ソルゴー

ア 作付面積

ソルゴーの作付面積は１万3,300haで、前年産に比べ700ha（５%）減少した。

これは、他作物への転換等があったためである（表５－３、図５－３）。

イ 10ａ当たり収量

10ａ当たり収量は4,350kgで、前年産を１%下回った（表５－３、図５－３）。

ウ 収穫量

収穫量は57万8,100ｔで、前年産に比べ３万9,900ｔ（６%）減少した（表５－３、図５－３）。

図５－３ ソルゴーの作付面積、収穫量及び10ａ当たり収量の推移（全国）

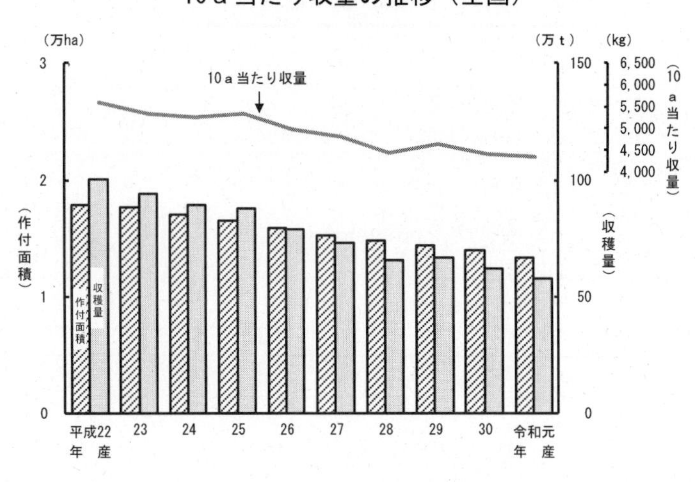

表５－３ 令和元年産ソルゴーの作付面積、10ａ当たり収量及び収穫量

区分	作付面積	10ａ当たり収量	収穫量	前年産との比較					(参考)	
				作付面積		10ａ当たり収量	収穫量		10ａ当たり平均収量対比	10ａ当たり平均収量
				対差	対比	対比	対差	対比		
	ha	kg	t	ha	%	%	t	%	%	kg
全国	13,300	4,350	578,100	△ 700	95	99	△ 39,900	94	90	4,810

注：　飼料作物の作付面積調査及び収穫量調査は主産県調査であり、３年又は６年周期で全国調査を実施している。令和元年産調査については主産県を対象に調査を行った。なお、全国値は、主産県の調査結果から推計したものである。

6　工芸農作物

(1)　茶

ア　栽培面積

全国の茶の栽培面積は４万600haで、前年に比べ900ha（２%）減少した（表６－１）。

表６－１　茶の栽培面積（全国）

単位：ha

区　分	栽培面積
平成30年	41,500
令和元	**40,600**
対前年産比（%）	98

注：　平成30年及び令和元年の茶の栽培面積は、主産県調査であり、全国値は主産県の調査結果から推計したものである。

イ　摘採実面積

主産県の摘採実面積は３万2,400haで、前年産に比べ900ha（３%）減少した（表６－２）。

ウ　生葉収穫量

主産県の生葉収穫量は35万7,400ｔで、前年産に比べ２万6,200ｔ（７%）減少した。

これは、摘採実面積の減少に加えて、主産地である静岡県において生育期間の天候不順等により、生育が抑制されたこと等によるためである（表６－２）。

エ　荒茶生産量

主産県の荒茶生産量は７万6,500ｔで、前年産に比べ5,000ｔ（６%）減少した。

都府県別にみると、静岡県が２万9,500ｔ（主産県計に占める割合は39%）、次いで鹿児島県が２万8,000ｔ（同37%）、三重県が5,910ｔ（同８%）、宮崎県が3,510ｔ（同５%）となっている（表６－２、図６－１）。

図６－１　荒茶生産量割合（主産県）

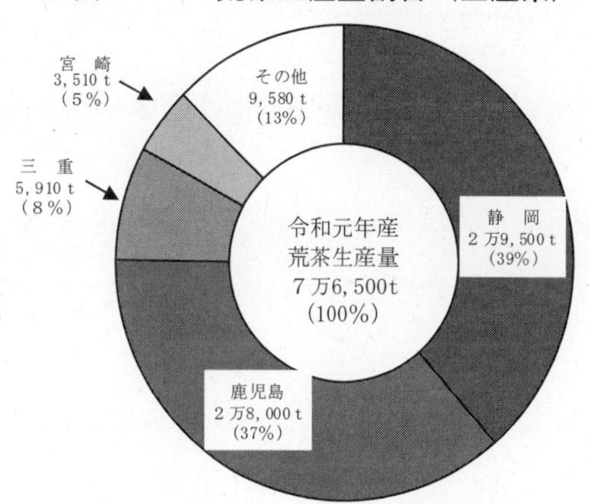

注：　割合については、表示単位未満を四捨五入しているため、合計値と内訳の計が一致しない。

表６－２　令和元年産茶の摘採面積、10ａ当たり生葉収量、生葉収穫量及び荒茶生産量（主産県）

区　分	摘採面積 実面積	摘採面積 延べ面積	10ａ当たり生葉収量	10ａ当たり生葉収量 一番茶	生葉収穫量	生葉収穫量 一番茶	荒茶生産量	荒茶生産量 一番茶
	ha	ha	kg	kg	t	t	t	t
平成30年産	33,300	81,700	1,150	461	383,600	153,100	81,500	30,500
令和元	**32,400**	**79,100**	**1,100**	**428**	**357,400**	**138,700**	**76,500**	**27,800**
対前年産比（%）	97	97	96	93	93	91	94	91

注：　茶の収穫量調査は主産県調査であり、６年周期で全国調査を実施している。平成30年産及び令和元年産については主産県を対象に調査を行った。

(2) なたね（子実用）

ア 作付面積

なたねの作付面積は1,900haで、前年産に比べ20ha（１％）減少した（表６－３、図６－２）。

イ 10ａ当たり収量

10ａ当たり収量は217kgで、前年産を33％上回った。

これは、全般的に生育期間を通じて天候に恵まれたことから、作柄が良好であったためである（表６－３、図６－２）。

図６－２　なたねの作付面積、収穫量及び10ａ当たり収量の推移（全国）

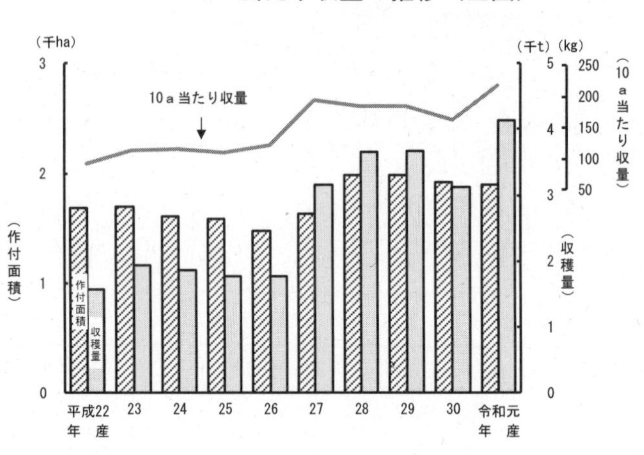

ウ 収穫量

収穫量は4,130ｔで、前年産に比べ1,010ｔ（32％）増加した（表６－３、図６－２）。

表６－３　令和元年産なたねの作付面積、10ａ当たり収量及び収穫量

区分	作付面積	10ａ当たり収量	収穫量	前年産との比較					（参考）	
				作付面積		10ａ当たり収量	収穫量		10ａ当たり平均収量対比	10ａ当たり平均収量
				対差	対比	対比	対差	対比		
	ha	kg	t	ha	%	%	t	%	%	kg
全国	1,900	217	4,130	△ 20	99	133	1,010	132	141	154

(3) てんさい（北海道）

ア 作付面積

北海道のてんさいの作付面積は５万6,700haで、前年産に比べ600ha（１%）減少した（表６－４、図６－３）。

図６－３ てんさいの作付面積、収穫量及び10ａ当たり収量の推移（北海道）

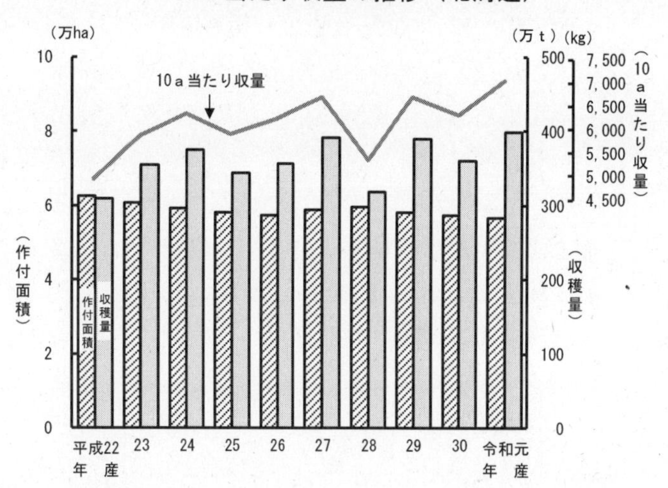

イ 10ａ当たり収量

北海道の10ａ当たり収量は7,030kgで、前年産を12%上回った。

これは、６月以降、おおむね天候に恵まれたことで作柄が良好となったためである（表６－４、図６－３）。

ウ 収穫量

北海道の収穫量は398万6,000ｔで、前年産に比べ37万5,000ｔ（10%）増加した（表６－４、図６－３）。

表６－４ 令和元年産てんさいの作付面積、10ａ当たり収量及び収穫量（北海道）

都道府県	作付面積	10ａ当たり収量	収穫量	前年産との比較 作付面積 対差	作付面積 対比	10ａ当たり収量 対比	収穫量 対差	収穫量 対比	（参考）10ａ当たり平均収量対比	（参考）10ａ当たり平均収量
	ha	kg	t	ha	%	%	t	%	%	kg
北海道	56,700	7,030	3,986,000	△ 600	99	112	375,000	110	112	6,290

注：てんさいの調査は、北海道を対象に行っている。

(4) さとうきび

ア 収穫面積

さとうきびの収穫面積は２万2,100haで、前年産に比べ500ha（２％）減少した。

これは、他作物への転換や栽培農家の高齢化による栽培中止があったためである（表６－５、図６－４）。

イ 10ａ当たり収量

10ａ当たり収量は5,310kgで、前年産並みとなった（表６－５、図６－４）。

ウ 収穫量

収穫量は117万4,000ｔで、前年産に比べ２万2,000ｔ（２％）減少した（表６－５、図６－４）。

図６－４ さとうきびの収穫面積、収穫量及び10ａ当たり収量の推移

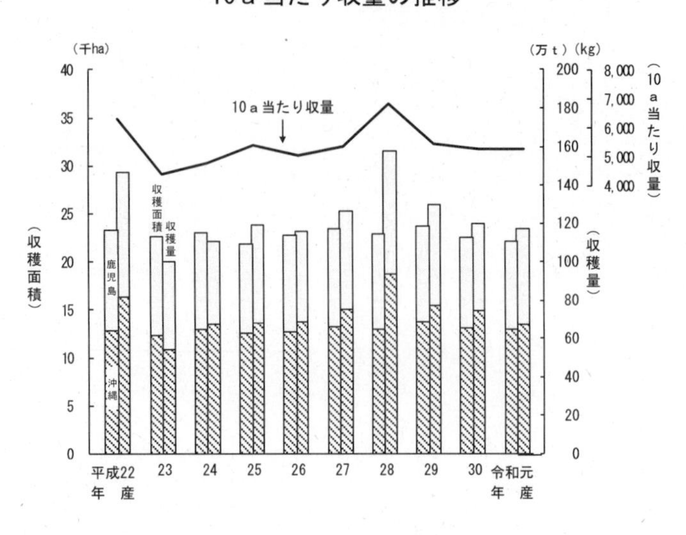

表６－５ 令和元年産さとうきびの作型別栽培・収穫面積、10ａ当たり収量及び収穫量

区分	栽培面積	収穫面積				10ａ当たり収量			
		計	夏植え	春植え	株出し	計	夏植え	春植え	株出し
	ha	ha	ha	ha	ha	kg	kg	kg	kg
全国 平成30年産	27,700	22,600	4,040	3,260	15,300	5,290	7,050	4,880	4,910
令和元	**27,200**	**22,100**	**4,680**	**2,940**	**14,500**	**5,310**	**6,660**	**5,110**	**4,910**
対前年産比（％）	98	98	116	90	95	100	94	105	100
鹿児島	10,600	9,170	1,180	1,740	6,250	5,430	7,130	5,310	5,140
対前年産比（％）	97	97	129	101	92	113	113	109	112
沖縄	16,600	12,900	3,500	1,200	8,210	5,240	6,500	4,810	4,760
対前年産比（％）	99	98	112	78	97	92	89	98	92

区分	収穫量			
	計	夏植え	春植え	株出し
	t	t	t	t
全国 平成30年産	1,196,000	284,700	159,100	751,900
令和元	**1,174,000**	**311,600**	**150,100**	**712,100**
対前年産比（％）	98	109	94	95
鹿児島	497,800	84,100	92,400	321,300
対前年産比（％）	110	146	110	103
沖縄	676,000	227,500	57,700	390,800
対前年産比（％）	91	100	77	89

注：さとうきびの調査は、鹿児島県及び沖縄県を対象に行っている。

(5) こんにゃくいも

ア 栽培面積・収穫面積

全国のこんにゃくいもの栽培面積は3,660haで前年産に比べ40ha（１％）減少した。

また、全国の収穫面積は2,150haで、前年産並みとなった（表６－６、図６－５）。

イ 10ａ当たり収量

全国の10ａ当たり収量は2,750kgで、前年産を６％上回った。

これは、７月の日照不足の影響等により生育が抑制されたものの、作柄が特に悪かった前年産に比べて被害が少なかったためである（表６－６、図６－５）。

ウ 収穫量

全国の収穫量は５万9,100ｔで、前年産に比べ3,200ｔ（６％）増加した（表６－６、図６－５）。

図６－５　こんにゃくいもの収穫面積、収穫量及び10ａ当たり収量の推移（主産県）

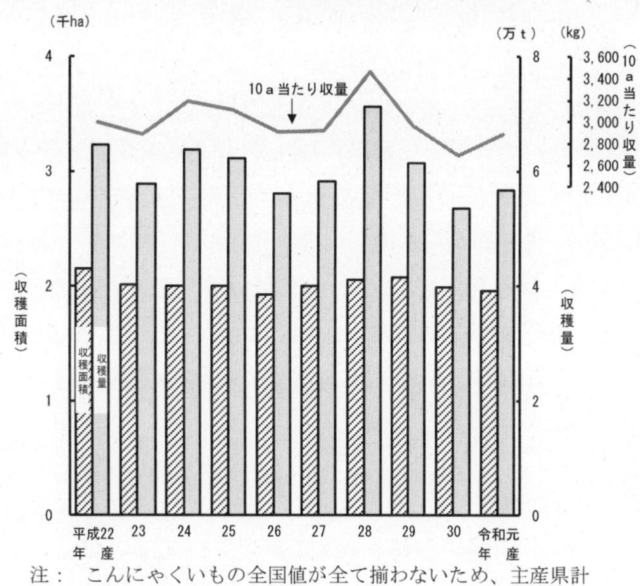

注：　こんにゃくいもの全国値が全て揃わないため、主産県計で作成している。

表６－６　令和元年産こんにゃくいもの栽培・収穫面積、10ａ当たり収量及び収穫量

区分	栽培面積	収穫面積	10ａ当たり収量	収穫量	前年産との比較								（参考）	
					栽培面積		収穫面積		10ａ当たり収量	収穫量			10ａ当たり平均収量対比	10ａ当たり平均収量
					対差	対比	対差	対比	対比	対差	対比			
	ha	ha	kg	t	ha	%	ha	%	%	t	%		%	kg
全国	3,660	2,150	2,750	59,100	△ 40	99	△ 10	100	106	3,200	106		99	2,780
うち栃木	84	57	2,380	1,360	△ 5	94	△ 5	92	99	△ 130	91		92	2,580
群馬	3,250	1,900	2,910	55,300	△ 30	99	△ 30	98	108	3,200	106		96	3,040

注：　こんにゃくいもの作付面積調査及び収穫量調査は主産県調査であり、３年又は６年周期で全国調査を実施している。令和元年産調査については、主産県を対象に調査を行った。なお、全国値は、主産県の調査結果から推計したものである。

(6) い（主産県）

ア 作付面積

主産県（福岡県及び熊本県。以下同じ。）における「い」の作付面積は476haで、前年産に比べ65ha（12%）減少した。

これは、他作物への転換等があったためである（表6－7、図6－6）。

図6－6 「い」の収穫面積、収穫量及び10a当たり収量の推移（主産県）

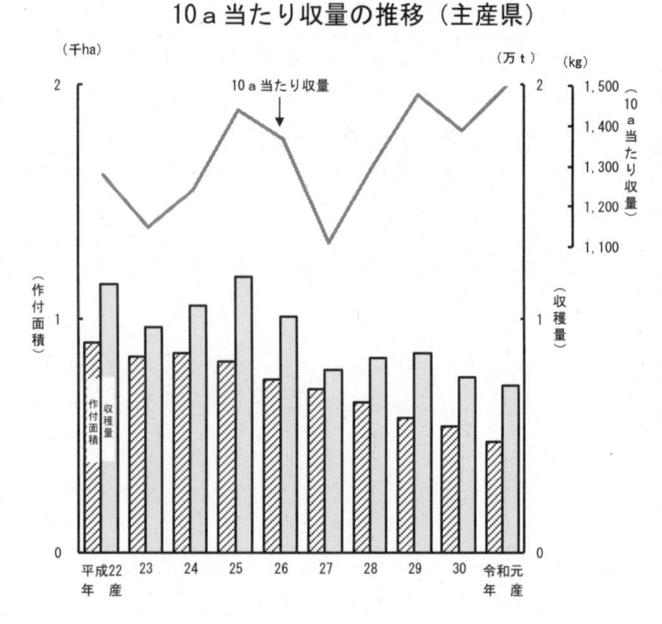

イ 10a当たり収量

主産県の10a当たり収量は1,500kgで、前年産を8%上回った。

これは、生育期間の天候がおおむね順調に経過したためである（表6－7、図6－6）。

ウ 収穫量

主産県の収穫量は7,130tで、前年産に比べ370t（5%）減少した。

これは、10a当たり収量が前年産を上回ったものの、作付面積が減少したためである（表6－7、図6－6）。

エ 畳表生産農家数及び畳表生産量

主産県の「い」の生産農家数は406戸で、前年産に比べ44戸（10%）減少した。

このうち、畳表の生産まで一貫して行っている畳表生産農家数は402戸で、前年に比べ47戸（10%）減少した。

なお、平成30年7月から令和元年6月までの畳表生産量は2,500千枚で、前年に比べ110千枚（4%）減少した（表6－7）。

表6－7 令和元年産「い」の作付面積、10a当たり収量、収穫量等（主産県）

区分	「い」生産農家数	作付面積	10a当たり収量	収穫量	前年産との比較 作付面積 対差	作付面積 対比	10a当たり収量 対比	収穫量 対差	収穫量 対比	（参考）10a当たり平均収量対比	（参考）10a当たり平均収量	畳表生産農家数	畳表生産量
	戸	ha	kg	t	ha	%	%	t	%	%	kg	戸	千枚
主産県計	**406**	**476**	**1,500**	**7,130**	**△ 65**	**88**	**108**	**△ 370**	**95**	**111**	**1,350**	**402**	**2,500**
福岡	7	5	1,230	62	△ 2	71	103	△ 21	75	100	1,230	8	25
熊本	399	471	1,500	7,070	△ 63	88	108	△ 350	95	111	1,350	394	2,470

注：1 「い」の調査は、福岡県及び熊本県を対象に行っている。
2 「い」生産農家数は、令和元年産の「い」の生産を行った農家の数である。
3 畳表生産農家数は、「い」の生産から畳表の生産まで一貫して行っている農家で、平成30年7月から令和元年6月までに畳表の生産を行った農家の数である。
4 畳表生産量は、畳表生産農家によって平成30年7月から令和元年6月までに生産されたものである。
5 主産県計の10a当たり平均収量は、各県の10a当たり平均収量に当年産の作付面積を乗じて求めた平均収穫量を積み上げ、当年産の主産県計作付面積で除して算出している。

Ⅱ　気象の概要

1　平成31年・令和元年の日本の天候

（気象庁報道発表資料等から抜粋）

(1)　概況

2019年は、全国的に気温の高い状態が続き、低温は一時的だった。特に冬の沖縄・奄美、秋の東・西日本は、季節平均気温が1946年の統計開始以来、最も高かった。このため、年平均気温は全国的にかなり高く、東日本では平年差＋1.1℃と1946年の統計開始以来、2018年と並び最も高くなった。また、夏から秋にかけては、前線や台風、低気圧の影響で記録的な大雨となったところがあった。９月は、台風第15号の影響により千葉県を中心に記録的な暴風となり、10月は、台風第19号の影響により、東日本から東北地方にかけて記録的な大雨となり広い範囲で河川の氾濫が相次ぐなど、大きな被害が発生した。全国のアメダスの日降水量400mm以上の年間日数は47日で、1976年 の統計開始以来2011年に次いで２番目に多くなった注。

注：　アメダスの地点数は一定でないため、概ね現在の地点数（1299地点）に相当する1300地点あたりに換算した値で比較した。

季節別の特徴は以下のとおり。

冬（2018年12月～2019年２月）の日本の天候は、北からの寒気の影響が弱く、東日本以西では冬の平均気温がかなり高かった。特に、沖縄・奄美では冬の平均気温の平年差が+1.8℃となり、冬の平均気温として最も高くなった（統計開始は1946/47年冬）。日本海側の冬の降雪量はかなり少なく、特に、西日本日本海側の冬の降雪量は平年比７％となり、冬の降雪量として最も少なくなった（統計開始は1961/62年冬）。

春（３月～５月）の日本の天候は、北・東・西日本では、期間を通して高気圧に覆われる日が多く、春の日照時間はかなり多かった。北・東・西日本日本海側と北日本太平洋側では、1946年の統計開始以来、春の日照時間として最も多かった（西日本日本海側は１位タイ）。また、春の降水量は北日本日本海側でかなり少なかった。全国的に、晴れて強い日射の影響を受けたことや、暖かい空気が流れ込みやすかったため、春の平均気温は北・西日本と沖縄・奄美でかなり高く、東日本で高かった。

夏（６月～８月）の日本の天候は、梅雨前線の北上が平年より遅かったため、梅雨明けは平年より遅れた地方が多く、７月は東・西日本を中心に気温が低く、日照時間が少ない不順な天候となった。７月末から８月前半にかけては、東日本を中心に太平洋高気圧に覆われて晴れて厳しい暑さが続いた。夏の平均気温は、北・東日本と沖縄・奄美で高かった。西日本では、前線や台風の影響により、たびたび大雨となり、特に、九州南部では７月に、九州北部地方では７月と８月に、それぞれ記録的な大雨となり、土砂災害や河川の氾濫など大きな被害が発生した。また、西日本太平洋側では夏の降水量はかなり多かった。沖縄・奄美では、梅雨前線や台風、湿った空気の影響を受けやすかったため、夏の降水量はかなり多く、夏の日照時間はかなり少なかった。

秋（９月～11月）の日本の天候は、全国的に暖かい高気圧に覆われやすかったため、気温が高かった。特に南から暖かい空気が流れ込みやすかった東・西日本の気温は、1946年の統計開始以来、秋の平均気温として最も高くなった。また、秋の日照時間は北・東・西日本で多かった。９月上旬は、台風第15号の影響で、東日本太平洋側を中心に大雨や記録的な暴風となり、千葉県などで大きな被害が発生した。10月中旬は、台風第19号の影響で、東日本から東北地方の広い範囲で記録的な大雨となり、河川の氾濫が相次ぐなど、大きな被害が発生した。10月下旬には、低気圧の影響で、関東甲信地方や東北地方で再び大雨となり、河川の氾濫や土砂崩れなど大きな被害が発生した。沖縄・奄美では、この秋に台風第13号、第17号、第18号、第20号、第27号が接近・通過し、大雨や大荒れとなった所があった。

平均気温：　年平均気温（2019年１月～12月）は、全国的にかなり高かった。秋田（秋田県)、御前崎（静岡県)、岐阜（岐阜県）等の９地点で年平均気温の高い方からの１位の値を更新し、金沢（石川県)、名古屋（愛知県)、彦根（滋賀県）等の13地点で１位タイの値を記録した。

降 水 量：　年降水量は、沖縄・奄美でかなり多く、東・西日本太平洋側で多かった。館山（千葉県）と三宅島（東京都）の２地点で年降水量の多い方からの１位の値を更新した。一方、北日本日本海側でかなり少なく、東日本日本海側で少なかった。稚内と倶知安（以上、北海道）の２地点で年降水量の少ない方からの１位の値を更新した。北日本太平洋側と西日本日本海側は平年並だった。

日照時間：　年間日照時間は、北日本、東日本日本海側でかなり多く、西日本日本海側で多かった。根室（北海道)、秋田（秋田県）及び新庄（山形県）の３地点で年間日照時間の多い方からの１位の値を更新した。一方、沖縄・奄美では少なかった。東・西日本太平洋側では平年並だった。

平成31年・令和元年の天候の特徴は以下のとおりとなった。

①　気温の高い状態が続き、年平均気温は全国的にかなり高かった。

②　台風第15号、台風第19号の接近・通過に伴い、北・東日本で記録的な暴風、大雨となった。

③　夏から秋にかけて各地で記録的な大雨となった。

図１　平成31年・令和元年の地域平均気温平年差の５日移動平均時系列図

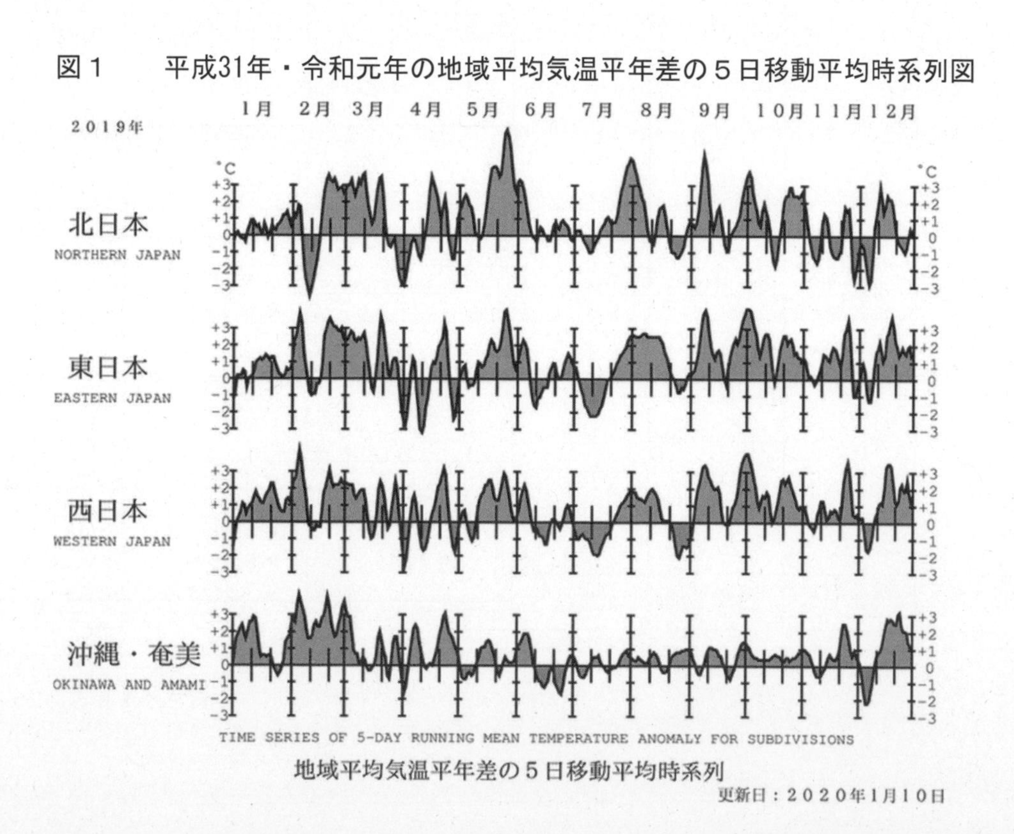

図２　年平均気温、年降水量、年日照時間の地域平均平年差（比）

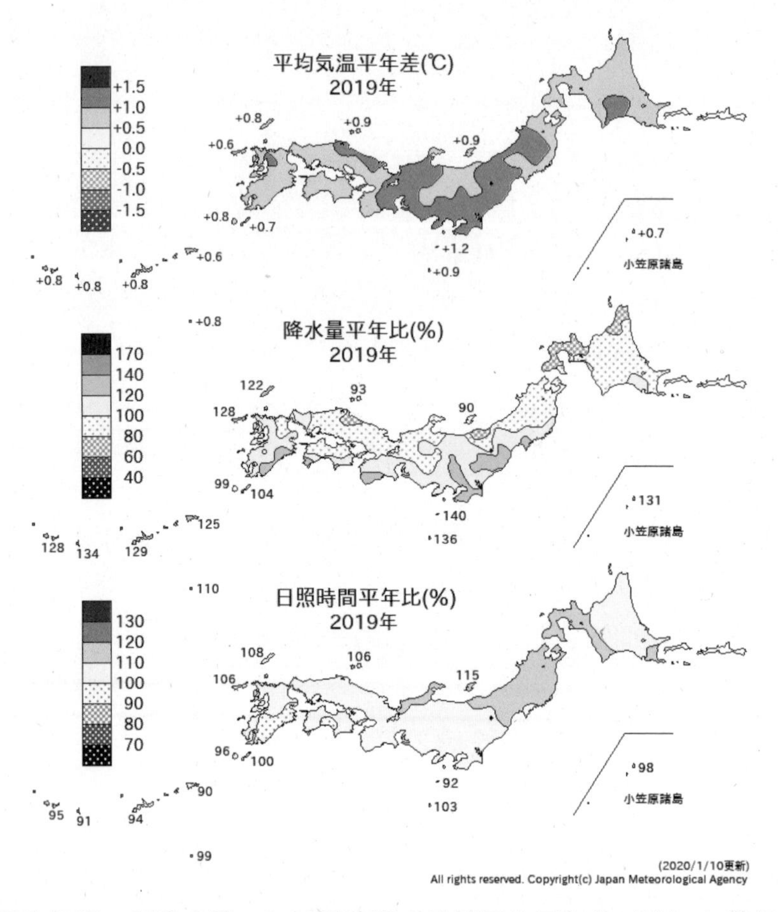

表１　年平均気温、年降水量、年日照時間の地域平均平年差（比）と階級（2019年）

	気温 平年差 ℃（階級）	降水量 平年比 %（階級）	日照時間 平年比 %（階級）		気温 平年差 ℃（階級）	降水量 平年比 %（階級）	日照時間 平年比 %（階級）
北日本	0.9 (+)*	93 (-)	111 (+)*	北海道	0.8 (+)*	84 (-)*	109 (+)*
日本海側		85 (-)*	111 (+)*	日本海側		80 (-)*	109 (+)
太平洋側		100 (0)	110 (+)*	オホーツク海側		83 (-)	106 (+)
				太平洋側		91 (-)	111 (+)*
				東北	1.0 (+)*	103 (0)	112 (+)*
				日本海側		92 (-)	115 (+)*
				太平洋側		110 (+)	110 (+)*
東日本	1.1 (+)*	108 (0)	104 (+)	関東甲信	1.1 (+)*	118 (+)*	103 (0)
日本海側		86 (-)	112 (+)*	北陸	1.0 (+)*	86 (-)	112 (+)*
太平洋側		114 (+)	102 (0)	東海	1.1 (+)*	110 (+)	102 (0)
西日本	0.9 (+)*	100 (0)	103 (+)	近畿	1.0 (+)*	99 (0)	103 (+)
日本海側		96 (0)	105 (+)	日本海側		84 (-)*	105 (+)
太平洋側		104 (+)	101 (0)	太平洋側		104 (0)	103 (+)
				中国	0.9 (+)*	84 (-)	104 (+)
				山陰		82 (-)*	105 (+)
				山陽		86 (-)	103 (+)
				四国	0.8 (+)*	102 (0)	101 (0)
				九州北部	0.9 (+)*	104 (0)	105 (+)
				九州南部・奄美	0.8 (+)*	116 (+)	98 (-)
				九州南部	0.8 (+)*	114 (+)	99 (0)
沖縄・奄美	0.8 (+)*	126 (+)*	93 (-)	奄美	0.7 (+)*	123 (+)*	93 (-)*
				沖縄	0.8 (+)*	127 (+)*	93 (-)

階級表示
気温　(-)*：かなり低い、(-)：低い、(0)：平年並み、(+)：高い、(+)*：かなり高い
降水量　(-)*：かなり少ない、(-)：少ない、(0)：平年並み、(+)：多い、(+)*：かなり多い
日照時間　(-)*：かなり少ない、(-)：少ない、(0)：平年並み、(+)：多い、(+)*：かなり多い

表２　月平均気温、月降水量、月日照時間の記録を更新した地点数

単位：地点

	高温	低温	多雨	少雨	多照	寡照
2019年１月				6	1	
２月	6			1		
３月	1					
４月				1	5	
５月	24		1	3	51	
６月	1		2			1
７月			2			2
８月	1		1			
９月	14		1	3	2	1
10月	43		16	1	1	
11月				7	10	
12月	1			2		

(2)　月別の気象と特徴

平成31年１月

北日本では冬型の気圧配置が現れやすく、日本海側では曇りや雪の日が多かったが、強い寒気が南下したのは一時的で、降水量や降雪量は少なかった。一方、太平洋側では晴れた日が多く、月降水量平年比は41%と１月としては1946年の統計開始以降で１位タイの少雨となった。東・西日本では、高気圧に覆われやすく、低気圧や湿った空気の影響を受けにくかったほか、日本海側では寒気の影響も受けにくかったため、降水量は少なく、日照時間は多かった。特に、東日本太平洋側と西日本日本海側の降水量はかなり少なく、日照時間は西日本日本海側でかなり多かった。沖縄地方では、上・中旬を中心に南からの湿った空気の影響を受けやすく、曇りや雨の日が多かったため、降水量は多かった。

月のはじめや終わりには、一時的に冬型の気圧配置が強まり、広い範囲に寒気が流れ込んで、大雪となった所もあったが、東日本以南では、総じて暖かい空気に覆われやすく、寒気の流れ込みは弱かったため、月平均気温は沖縄・奄美でかなり高く、東・西日本で高かった。また、降雪量も東・西日本日本海側の平野部を中心にかなり少なかった。東日本日本海側の月降雪量平年比は24%、西日本日本海側では１月として1961年以降で１位タイの少雪となる４%だった。

平均気温：　沖縄・奄美でかなり高く、東・西日本で高かった。北日本では平年並だった。

降水量：　北・東日本太平洋側と西日本日本海側でかなり少なく、北・東日本日本海側、西日本太平洋側で少なかった。福島（福島県）など６地点で月降水量少ない方から１位の値を更新した。沖縄・奄美では平年並だった。

日照時間：　西日本日本海側でかなり多く、北・西日本太平洋側と東日本で多かった。萩（山口県）で月間日照時間多い方から１位の値を更新した。一方、北日本日本海側では少なかった。沖縄・奄美は平年並だった。

降雪・積雪：　降雪の深さ月合計は北日本と東・西日本日本海側でかなり少なく、東・西日本太平洋側では少なかった。

月最深積雪は平年並となった地点が多く、日本海側を中心に少なくなった地点があった。

２　月

北日本では冬型の気圧配置となりやすく、日本海側では曇りや雪の日が多く、太平洋側は晴れた日が多かった。また、発達した低気圧や湿った空気の影響を受けにくかったため、月降水量は少なく、月降雪量はかなり少なかった。北日本には、８日９時に札幌付近の上空約1500mの気温が1957年の統計開始以降最も低い－24.4℃となるなど、上旬は非常に強い寒気が流れ込んで気温が平年を大幅に下回った。ただし、下旬は上空に暖かい空気が流れ込んで顕著な高温となり、北日本の月平均気温は高かった。

東・西日本では、北からの寒気の影響は弱く、月平均気温は高く、日本海側の月降雪量はかなり少なかった。特に、西日本日本海側の月降雪量は平年比１％となり、２月として最も少なかった（統計開始は1961年）。また、東日本日本海側の月降水量はかなり少なかった。冬型の気圧配置は長続きせず、低気圧や前線の影響を受けやすかったため、平年では晴れの日が多い東・西日本太平洋側では月間日照時間が少なく、九州南部では月降水量が多かった。

沖縄・奄美では、北からの寒気の影響は弱く、月平均気温の平年差が+2.7℃とかなり高く、２月として最も高かった（統計開始は1946年）。また、南からの暖かく湿った空気の影響で、月降水量は多かった。

平均気温：　沖縄・奄美でかなり高く、北・東・西日本で高かった。那覇（沖縄県）など６地点で月平均気温高い方からの１位を更新し、三島（静岡県）など３地点で１位タイを記録した。

降水量：　東日本日本海側でかなり少なく、北日本で少なかった。金沢（石川県）で月降水量少ない方から１位の値を更新した。一方、西日本太平洋側と沖縄・奄美では多かった。東日本太平洋側と西日本日本海側では平年並だった。

日照時間：　東・西日本太平洋側で少なかった。北日本、東・西日本日本海側と沖縄・奄美では平年並だった。

降雪・積雪：　降雪の深さ月合計は北・東日本と西日本日本海側でかなり少なかった。西日本太平洋側では平年並だった。

月最深積雪は日本海側を中心に少ない地点が多かった。

３　月

北日本から西日本にかけては、数日の周期で高気圧と低気圧が交互に通過したが、低気圧は発達することが少なかったため、北日本と東日本太平洋側では月降水量が少なかった。また、北日本では上旬を中心に、東・西日本では中旬を中心に高気圧に覆われやすく、月間日照時間は北日本日本海側や東日本太平洋側など一部の地域を除いて多かった。沖縄・奄美では、上旬は暖かく湿った空気の影響で大雨となった日があり、月降水量は多かったが、中旬以降は高気圧に覆われて晴れた日が多く、月間日照時間は多かった。

中旬と下旬は寒気の南下した時期があったが、全国的に暖かい空気に覆われることが多かったため、月平均気温は全国的に高く、東・西日本でかなり高くなった。

平均気温：　東・西日本でかなり高く、北日本、沖縄・奄美で高かった。西郷（島根県）

で月平均気温高い方からの１位の値を更新した。

降　水　量：　北日本と東日本太平洋側で少なかった。東日本日本海側と西日本では平年並だった。一方、沖縄・奄美では多かった。

日照時間：　北日本太平洋側、東日本日本海側、西日本と沖縄・奄美で多かった。北日本日本海側と東日本太平洋側では平年並だった。

降雪・積雪：　降雪の深さ月合計は北日本日本海側・東日本・西日本日本海側でかなり少なく、北・西日本太平洋側では少なかった。
月最深積雪は日本海側を中心に少ない地点が多かった。

４　月

高気圧と低気圧が交互に通過し、天気は数日の周期で変わった。北日本から西日本では高気圧に覆われて晴れの日が多かったが、東・西日本では、下旬は低気圧や湿った空気の影響で、曇りや雨の日が多かった。４月の前半と終わり頃には寒気の影響を受けたため、東日本では月平均気温が低くなったが、南から暖かい空気が流れ込んだ時期もあったことから、気温の変動が大きかった。沖縄・奄美では、南からの暖かく湿った空気が入りやすかったため、月平均気温は高く、月降水量は多かった。

平均気温：　東日本で低く、沖縄・奄美で高かった。北・西日本では平年並だった。

降　水　量：　北日本で少なく、稚内（北海道）で月降水量少ない方からの１位の値を更新した。一方、沖縄・奄美では多く、東・西日本では平年並だった。

日照時間：　北日本でかなり多く、北見枝幸、雄武、留萌、根室及び紋別（以上、北海道）の５地点で月間日照時間多い方からの１位の値を更新した。また、東日本太平洋側と西日本で多く、東日本日本海側と沖縄・奄美では平年並だった。

令和元年５月

北日本から西日本にかけては、天気は数日の周期で変わったが、高気圧に覆われやすく、晴れた日が多かった。このため、北・東・西日本の月間日照時間はかなり多く、月降水量は少ない地方が多かった。北・東・西日本日本海側と北日本太平洋側の月間日照時間は、それぞれ平年比146%、156%、135%、145%と、1946年の統計開始以来５月として１位の多照となった（西日本日本海側は１位タイ）。また、西日本日本海側では、月降水量が平年比35%となり、1946年の統計開始以来５月として１位の少雨となった。

低気圧は沿海州からサハリン付近を通ることが多く、日本の東で高気圧が強かったため、北日本から西日本にかけては暖かい空気が入りやすかった。また、高気圧に覆われて晴れて強い日射の影響も加わり、気温はかなり高かった。北日本の月平均気温は、平年差が+2.7℃となり、1946年の統計開始以来５月として１位の高温となった。地点でみると、26日に佐呂間（北海道）で日最高気温が39.5℃となり、５月として歴代全国１位を更新するなど、全国の観測点926地点のうち、36地点で通年の日最高気温高い方から１位の値を記録した。また、下旬は全国の観測点のうち、半数以上の492地点で５月の日最高気温高い方から１位の値を記録（タイを含む）するなど、北・東日本を中心に記録的な高温となった地点が多かった。

沖縄・奄美では、前線や湿った空気の影響を受けやすく、平年と同様に曇りや雨の日が多かった。気温は、月平均では平年並だったが、上旬は前線の北側の冷たい空気の影響で平年を下回る日が多く、中旬は暖かく湿った空気が入りやすかったため平年を上回った。

平均気温： 北・東・西日本でかなり高かった。札幌、網走、帯広、釧路、根室（以上北海道）等、24地点で月平均気温の高い方からの1位の値を更新した。また、福岡（福岡県）等、4地点では月平均気温の高い方から1位タイの値を記録した。沖縄・奄美では平年並だった。

降水量： 西日本日本海側でかなり少なく、北・東日本日本海側と西日本太平洋側で少なかった。姫路（兵庫県）、日田（大分県）、人吉（熊本県）の3地点で月降水量の少ない方からの1位の値を更新し、福山（広島県）で月降水量の少ない方から1位タイの値を記録した。北・東日本太平洋側と沖縄・奄美では平年並だった。与那国島（沖縄県）では月降水量の多い方からの1位の値を更新した。

日照時間： 北・東・西日本でかなり多かった。青森（青森県）、仙台（宮城県）、金沢（石川県）、神戸（兵庫県）等、51地点で月間日照時間の多い方から1位の値を更新した。沖縄・奄美では平年並だった。

6 月

太平洋高気圧の北への張り出しが弱く、日本付近で偏西風が南に蛇行したため、梅雨前線は日本の南海上に停滞しやすかった。このため、前線や湿った空気の影響を受けやすかった沖縄・奄美では曇りや雨の日が多くなり、降水量はかなり多く、日照時間はかなり少なかった。

一方、本州付近は気圧の谷がたびたび通過したため、北・東・西日本の天気は周期的に変化したが、梅雨前線の影響を受けにくかったため、東・西日本の日照時間は多かった。西日本では前線や低気圧の影響を受けにくかったため降水量は少なかったが、北日本太平洋側と東日本では低気圧が通過した際に南から湿った空気も流れ込んでまとまった雨となった所があったため、降水量は多かった。下旬後半には熱帯低気圧が沖縄・奄美に接近し、梅雨前線が北上して、九州北部、四国、中国、近畿の各地方は26日頃に梅雨入りしたが、それぞれ1951年以降で最も遅い記録となった（速報値）。更に27日から28日にかけては台風第3号が本州南岸を通過し、その後は梅雨前線の活動が活発となって東日本日本海側や西日本太平洋側を中心に大雨となった所があった。

上旬は暖かい空気に覆われやすく全国的に気温が高かったが、中旬は寒気に覆われやすかったために東・西日本や沖縄・奄美では気温が平年を下回る時期があった。上旬を中心に気温の高い日が多かった北日本では月平均気温が高かった。

平均気温： 北日本で高かった。東・西日本と沖縄・奄美では平年並だったが、洲本（兵庫県）では月平均気温高い方から1位の値を更新した。

降水量： 沖縄・奄美でかなり多く、北日本太平洋側と東日本で多かった。石廊崎（静岡県）と久米島（沖縄県）の2地点で月降水量の多い方から1位の値を更新した。一方、西日本では少なく、北日本日本海側では平年並だった。

日照時間： 沖縄・奄美でかなり少なく、名護（沖縄県）では月間日照時間の少ない方から1位の値を更新した。一方、東・西日本では多く、北日本では平年並だった。

表３　令和元年（2019年）の梅雨

地域名	梅　雨　入　り		梅　雨　明　け		梅雨期間の降水量平年比と階級
	令和元年（2019年）	平　年	令和元年（2019年）	平　年	
沖　縄	５月16日頃(+)	５月９日頃	７月10日頃(+)*	６月23日頃	138%(+)
奄　美	５月14日頃(+)	５月11日頃	７月13日頃(+)*	６月29日頃	154%(+)*
九州南部	５月31日頃(0)	５月31日頃	７月24日頃(+)	７月14日頃	140%(+)*
九州北部	６月26日頃(+)*	６月５日頃	７月25日頃(+)	７月19日頃	100%(0)
四　国	６月26日頃(+)*	６月５日頃	７月25日頃(+)	７月18日頃	132%(+)
中　国	６月26日頃(+)*	６月７日頃	７月25日頃(+)	７月21日頃	83%(0)
近　畿	６月27日頃(+)*	６月７日頃	７月24日頃(+)	７月21日頃	112%(+)
東　海	６月７日頃(0)	６月８日頃	７月24日頃(+)	７月21日頃	138%(+)*
関東甲信	６月７日頃(0)	６月８日頃	７月24日頃(+)	７月21日頃	134%(+)*
北　陸	６月７日頃(-)	６月12日頃	７月24日頃(0)	７月24日頃	89%(0)
東北南部	６月７日頃(-)	６月12日頃	７月25日頃(0)	７月25日頃	118%(+)
東北北部	６月15日頃(0)	６月14日頃	７月31日頃(0)	７月28日頃	70%(-)

注：１　梅雨入り・明けには平均的に５日間程度の遷移期間があり、その遷移期間のおおむね中日をもって「○○日頃」と表現した。記号の意味は、(+)*：かなり遅い、(+)：遅い、(0)：平年並み、(-)：早い、(-)*：かなり早い、の階級区分を表す。

２　全国153の気象台・測候所等での観測値を用い、梅雨の時期（６～７月。沖縄と奄美は５～６月。）の地域平均降水量を平年比で示した。記号の意味は、(+)*：かなり多い、(+)：多い、(0)：平年並み、(-)：少ない、(-)*：かなり少ない、の階級区分を表す。

７　月

月のはじめから下旬前半までは梅雨前線やオホーツク海高気圧からの冷たく湿った気流の影響で、曇りや雨の日が多かったため、北・東日本日本海側を除いて全国的に日照時間が少なく、西日本太平洋側ではかなり少なかった。また、梅雨前線が本州の南岸付近に停滞することが多かったことや、18日から20日にかけて東シナ海を北上した台風第５号、27日に三重県に上陸した台風第６号の影響で、東・西日本太平洋側の降水量はかなり多かった。なお、20日は長崎県の五島と対馬市で記録的な大雨となり大雨特別警報が発表された。一方、北日本と東日本日本海側では、低気圧や梅雨前線の影響を受けにくかったため、降水量は少なかった。

気温は、月のはじめから下旬前半までは曇りや雨の日が多かったことから、東日本では2007年以来12年ぶり、西日本では2015年以来４年ぶりに月平均気温が低くなった。月の終わり頃は太平洋高気圧が強まり、全国的に晴れて気温が上がったため、多くの地点で真夏日となり、猛暑日となった所もあった。

平均気温：　東・西日本で低かった。一方、北日本では高く、沖縄・奄美では平年並だった。

降 水 量：　東・西日本太平洋側ではかなり多く、沖縄・奄美で多かった。三宅島と八丈島（以上、東京都）の２地点で月降水量の多い方から１位の値を更新した。一方、北日本と東日本日本海側では少なく、西日本日本海側では平年並だった。

日照時間：　西日本太平洋側ではかなり少なく、北・東日本太平洋側、西日本日本海側、沖縄・奄美で少なかった。日光（栃木県）、沖永良部（鹿児島県）の２地点で月間日照時間の少ない方から１位の値を更新した。北・東日本日本海側では平年並だった。

8　月

北日本から西日本にかけては、月の前半は高気圧に覆われて晴れた日が多かったが、6日頃と14日から16日にかけては台風の影響で西日本太平洋側を中心に広い範囲で曇りや雨となった。月の後半は、東日本を中心に高気圧に覆われて晴れた日もあったが、低気圧や前線の影響でこの時期としては曇りや雨の日が多かった。28日には、対馬海峡付近の前線に向かって暖かく湿った空気が流れ込んだため、九州北部地方では記録的な大雨となり、佐賀県、福岡県、長崎県に大雨特別警報が発表された。沖縄・奄美では、上旬と中旬は台風や湿った空気の影響を受けた日が多く、晴れた日は少なかったが、下旬は高気圧に覆われて晴れた日が多かった。

気温は、月の前半を中心に晴れて厳しい暑さの日が多かった東日本ではかなり高く、暖かい空気に覆われやすかった沖縄・奄美では高かった。また、7月31日から8月13日にかけては、全国926地点中、猛暑日の地点数が100地点以上となった日が続いた。14日と15日は台風第10号によるフェーン現象の影響で、日本海側を中心に気温が上がり、新潟県や山形県、石川県など6つの地点で日最高気温が40℃を超える厳しい暑さとなった。また、15日は日最低気温も新潟県を中心に記録的に高くなった地点があり、糸魚川（新潟県）では31.3℃と全国の日最低気温の高い記録を更新するなど、8月は全国の108地点の観測所で通年の日最低気温の高い記録を更新した（1位タイを含む）。なお、北日本から西日本にかけては、月の後半にオホーツク海高気圧や前線北側の冷涼な空気の影響を受けて、気温が平年を下回る時期があった。

平均気温：　東日本でかなり高く、沖縄・奄美で高かった。館山（千葉県）では月平均気温の高い方から1位の値を更新し、静岡（静岡県）等の3地点では月平均気温の高い方から1位タイの値を記録した。北・西日本は平年並だった。

降水量：　東・西日本日本海側でかなり多く、北日本、西日本太平洋側、沖縄・奄美で多かった。佐賀（佐賀県）では、月降水量の多い方から1位の値を更新した。東日本太平洋側では平年並だった。

日照時間：　西日本太平洋側でかなり少なく、西日本日本海側と沖縄・奄美で少なかった。北・東日本では平年並だった。

9　月

全国的に暖かい空気が入りやすく、北・東日本を中心に高気圧に覆われて晴れた日が多かった。このため、9月の気温は北・東・西日本でかなり高く、月の前半を中心に厳しい残暑となった。また、北日本と東日本日本海側で日照時間がかなり多く、北日本太平洋側と東日本日本海側では降水量がかなり少なかった。沖縄・奄美では、暖かく湿った空気や複数の台風の影響で曇りや雨の日が多かったため、降水量が多く、日照時間はかなり少なかった。

9月は複数の台風が日本に接近または上陸・通過した。5日には台風第13号が沖縄地方を通過し、沖縄・奄美では暴風による災害が発生した。8日から9日にかけては、強い勢力のまま関東地方に上陸した台風第15号の影響で、東日本太平洋側を中心に記録的な暴風を観測するなど大雨や大荒れとなり、千葉県などで甚大な災害が発生した。20日から22日にかけては、台風第17号が沖縄地方を通過後、対馬海峡を通って、23日には日本海で温帯低気圧に変わった。その後、24日にかけて北海道付近を通過した。この影響で、20日から24日にかけて、北・西日本と沖縄・奄美を中心に、大雨や大荒れとなった所があった。また、30日には台風第18号が先島諸島に接近し、大荒れとなった。

平均気温： 北・東・西日本でかなり高く、沖縄・奄美で高かった。岐阜（岐阜県）、名古屋（愛知県）、甲府（山梨県）、奈良（奈良県）等、14地点で月平均気温の高い方からの１位の値を更新した。また、飯田（長野県）等、５地点で月平均気温の高い方からの１位タイの値を記録した。

降　水　量： 北日本太平洋側と東日本日本海側でかなり少なく、北日本日本海側と東・西日本太平洋側で少なかった。松本（長野県）、敦賀（福井県）及び奈良（奈良県）の３地点で月降水量の少ない方からの１位の値を更新した。一方、沖縄・奄美では多く、西日本日本海側では平年並だった。福江（長崎県）で月降水量の多い方からの１位の値を更新した。

日照時間： 北日本と東日本日本海側でかなり多く、東・西日本太平洋側で多かった。浦河（北海道）と石廊崎（静岡県）の２地点で月間日照時間の多い方からの１位の値を更新した。一方、沖縄・奄美はかなり少なく、宮古島（沖縄県）で月間日照時間の少ない方からの１位の値を更新した。西日本日本海側では平年並だった。

10　月

全国的に天気は数日の周期で変化したが、北日本太平洋側と東・西日本では、台風や低気圧及び前線、これらに向かって南から流れ込んだ暖かく湿った空気の影響で、曇りや雨の日が多く、たびたび大雨となった。このため、降水量は、北日本太平洋側と東日本でかなり多く、北日本日本海側と西日本で多かった。12日には台風第19号が伊豆半島に上陸し、関東甲信地方と東北地方を通過したため、11日から13日にかけて東日本から東北地方の広い範囲で大雨や暴風となった。箱根（神奈川県）では12日の日降水量が歴代の全国で１位となる922.5ミリを観測するなど、多くの地点で記録的な大雨となり、13都県で大雨特別警報の発表に至った。この影響で河川の氾濫が相次ぐなど、大きな被害が発生した。25日にも東日本の太平洋沿岸を進む低気圧に向かって南から暖かく湿った空気が流れ込んで、関東甲信地方や東北地方で大雨となり、河川の氾濫や土砂崩れなどの被害が発生した。一方、沖縄・奄美では、上旬と下旬を中心に高気圧に覆われて晴れた日が多く、気圧の谷や湿った空気の影響を受けにくかったため、降水量は少なく、日照時間は多かった。

気温は、中旬に大陸から冷たい空気が流れ込んで、北日本を中心に平年を下回る時期もあったが、総じて上空は暖かい空気に覆われやすく、南からの暖かく湿った空気も断続的に流れ込んだため、北・東・西日本ではかなり高く、北・東日本の月平均気温平年差は+1.5℃、+2.1℃と、10月としては1946年以降で１位（北日本では１位タイ）の高温となった。地点でみると、全国の気象官署153地点のうち50地点で高い方から１位の値を記録した（タイを含む）。

平均気温： 北・東・西日本でかなり高く、沖縄・奄美で高かった。甲府（山梨県）、高山（岐阜県）、多度津（香川県）等、43地点で月平均気温の高い方からの１位の値を更新した。また、長野（長野県）、上野（三重県）、高知（高知県）等、７地点で月平均気温の高い方からの１位タイの値を記録した。

降　水　量：　北日本太平洋側と東日本でかなり多く、北日本日本海側と西日本で多かった。宮古（岩手県)、仙台（宮城県)、秩父（埼玉県）等、16地点で月降水量の多い方からの１位の値を更新した。一方、沖縄・奄美で少なかった。与那国島（沖縄県）で月降水量の少ない方からの１位の値を更新した。

日 照 時 間：　東日本日本海側でかなり少なく、北・東日本太平洋側と西日本で少なかった。一方、北日本日本海側と沖縄・奄美で多かった。南大東島（沖縄県）で月間日照時間の多い方からの１位の値を更新した。

11　月

全国的に天気は数日の周期で変化したが、本州付近は大陸から進んできた高気圧に覆われやすかったため晴れた日が多く、降水量は北・西日本と東日本日本海側ではかなり少なかった。また、日照時間は東日本日本海側と西日本でかなり多く、北・東日本太平洋側で多かった。低気圧は日本の北を通過することが多く、北海道地方では、中旬を中心に発達した低気圧によって暴風雪となった日があり、また低気圧の通過後には強い寒気が流れ込んで冬型の気圧配置となったため、北海道日本海側では大雪となった所があった。東・西日本太平洋側では、下旬は、本州南岸を通過する低気圧や前線の影響を受けて、曇りや雨の日が多かった。沖縄・奄美では、期間の前半は高気圧に覆われやすく晴れた日が多かったが、期間の後半は、前線や湿った空気の影響を受けやすく、また22日には台風第27号が接近したため、曇りや雨の日が多かった。

東・西日本と沖縄・奄美では、暖かい空気に覆われやすかったため、気温が高かったが、北日本は、北からの寒気の影響を受けた時期があり、気温は平年並だった。

平 均 気 温：　東・西日本と沖縄・奄美で高かった。北日本では平年並だった。

降　水　量：　北・西日本と東日本日本海側でかなり少なかった。宮古（岩手県)、伏木（富山県)、大阪（大阪府）等、７地点で月降水量の少ない方からの１位の値を更新した。また、仙台（宮城県)、神戸（兵庫県）の２地点で月降水量の少ない方から１位タイの値を記録した。東日本太平洋側と沖縄・奄美では平年並だった。

日 照 時 間：　東日本日本海側と西日本でかなり多く、北・東日本太平洋側と沖縄・奄美で多かった。津（三重県)、神戸（兵庫県)、大阪（大阪府）等、10地点で月間日照時間多い方からの１位の値を更新した。北日本日本海側では平年並だった。

12　月

冬型の気圧配置が続かず、低気圧や前線が本州の南と日本の北を通過することが多かったため、全国的に天気は数日の周期で変わり、日照時間は東日本太平洋側と西日本でかなり少なかった。一方、東日本日本海側の日照時間は多く、北・東日本日本海側の降水量は少なかった。また、日本海側の降雪量はかなり少なく、月降雪量は北日本日本海側、西日本日本海側でそれぞれ平年比47％、０％となり、12月としては1961年の統計開始以降で最も少ない記録を更新し、東日本日本海側でも平年比３％で2015年に次いで少ない方から第２位の記録となった。

気温は、上旬は大陸からの寒気が日本付近に流れ込んだため全国的に寒気の影響を受けた。東・西日本と沖縄・奄美ではその後は寒気の影響を受けにくく、低気圧に向かって南からの暖かい空気がたびたび流れ込んだため、月平均気温は東・西日本ではかなり高く、沖縄・奄美で高かった。一方、北日本では、中旬は寒気の影響が弱かったが、下旬はシベリアからの寒気が北海道を中心に流れ込んだため、月平均気温は平年並となった。

平均気温：　東・西日本でかなり高く、沖縄・奄美で高かった。父島（東京都）で月平均気温の高い方からの１位を更新し、静岡（静岡県）等４地点で１位タイを記録した。北日本では平年並だった。

降水量：　北・東日本日本海側で少なかった。網走（北海道）、新潟（新潟県）の２地点で月降水量の少ない方からの１位を更新した。一方、東日本太平洋側、西日本、沖縄・奄美では多かった。北日本太平洋側は平年並だった。

日照時間：　東日本太平洋側と西日本でかなり少なかった。一方、東日本日本海側で多かった。北日本と沖縄・奄美では平年並だった。

降雪・積雪：　降雪の深さ月合計は北・西日本と東日本日本海側でかなり少なかった。東日本太平洋側では平年並だった。
　月最深積雪は少ない地点が多かった。

(3)　台風

平成31年・令和元年の台風の発生数は平年より多い29個であった。日本への接近数は平年より多い15個で、そのうち５個が上陸した。

表４　台風発生数、日本への上陸数、日本への接近数

		1月	2	3	4	5	6	7	8	9	10	11	12	年間
平　年	発生数	0.3	0.1	0.3	0.6	1.1	1.7	3.6	5.9	4.8	3.6	2.3	1.2	25.6
	上陸数					0.0	0.2	0.5	0.9	0.8	0.2	0.0		2.7
	接近数				0.2	0.6	0.8	2.1	3.4	2.9	1.5	0.6	0.1	11.4
2018年	発生数	1	1	1			4	5	9	4	1	3		29
	上陸数							1	2	2				5
	接近数						2	4	7	2	2	1		16
2019年	発生数	1	1				1	4	5	6	4	6	1	29
	上陸数							1	2	1	1			5
	接近数						1	2	3	5	4	1		15

資料：気象庁ホームページ

注：1　本表は台風の発生月別にとりまとめたもの。台風によっては発生月と接近・上陸月が違う場合があるがここでは示さない。
2　台風の中心が北海道、本州、四国、九州の海岸線に達した場合を「上陸」としている（小さい島や半島を横切って短時間で再び海に出る場合は「通過」）。
3　台風の中心がそれぞれの地域のいずれかの気象官署（ただし南鳥島を除く）から300km 以内に入った場合を「接近」としている。
4　日本への接近は２か月にまたがる場合があり、各月を合計した数は年間接近数と一致しないことがある。
5　平年値は、昭和56年（1981年）から平成22年（2010年）の30年の平均である。
6　値が空白となっている月は、該当する台風が１例もなかったことを示している。

図３　平成31年・令和元年に日本列島に上陸・接近した台風経路図

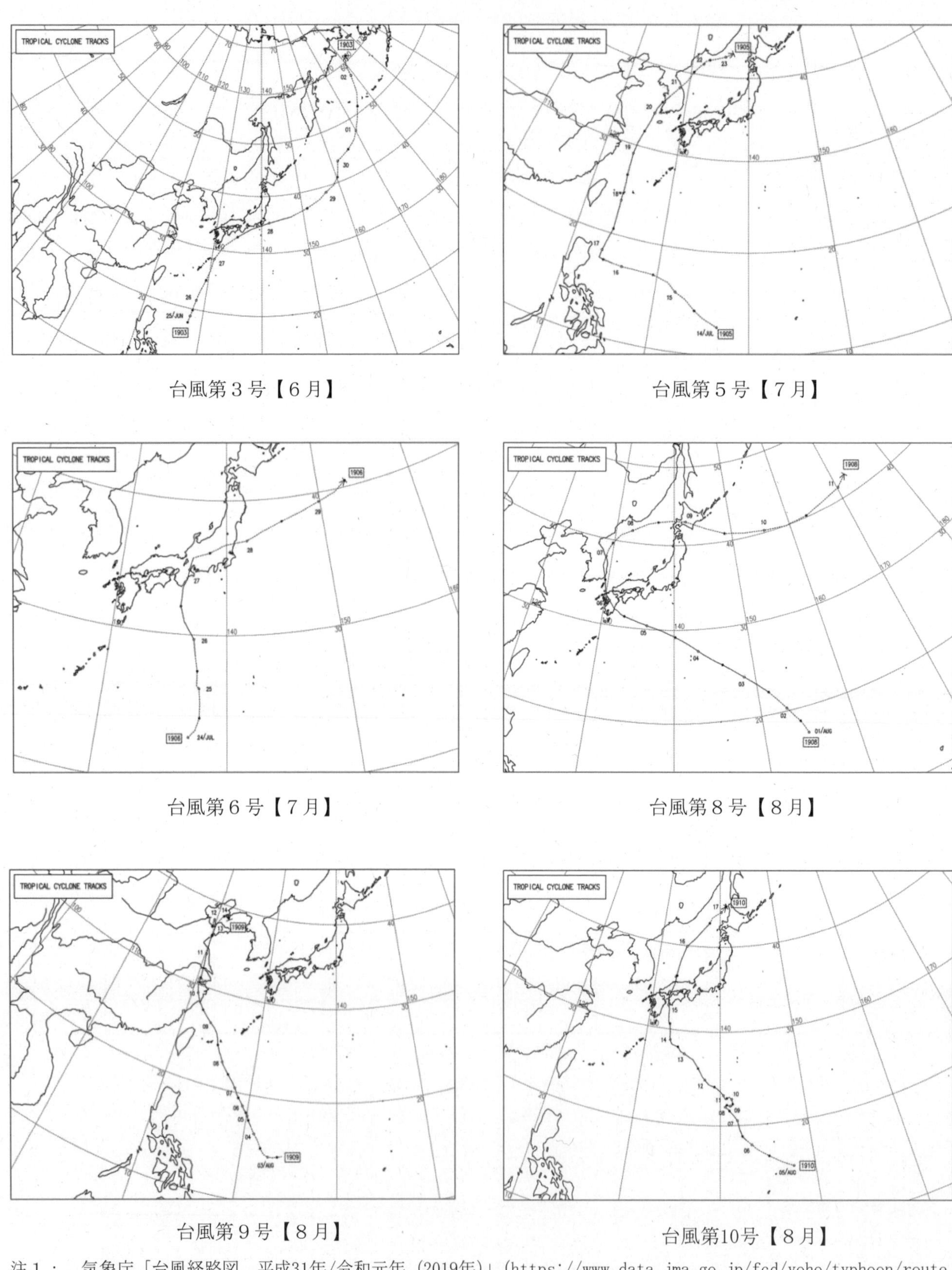

台風第３号【６月】

台風第５号【７月】

台風第６号【７月】

台風第８号【８月】

台風第９号【８月】

台風第10号【８月】

注１：　気象庁「台風経路図　平成31年/令和元年（2019年）」(https://www.data.jma.go.jp/fcd/yoho/typhoon/route_map/bstv2019.html.）より、平成31年/令和元年に日本列島に上陸・接近した台風の台風経路図を引用した。

２：　【】内は台風の発生した月を示している。

３：　経路上の○印は傍らに記した日の午前９時、●印は午後９時の位置で→は消滅を示している。また、経路の実線は台風、破線は熱帯低気圧・温帯低気圧の期間を示している。

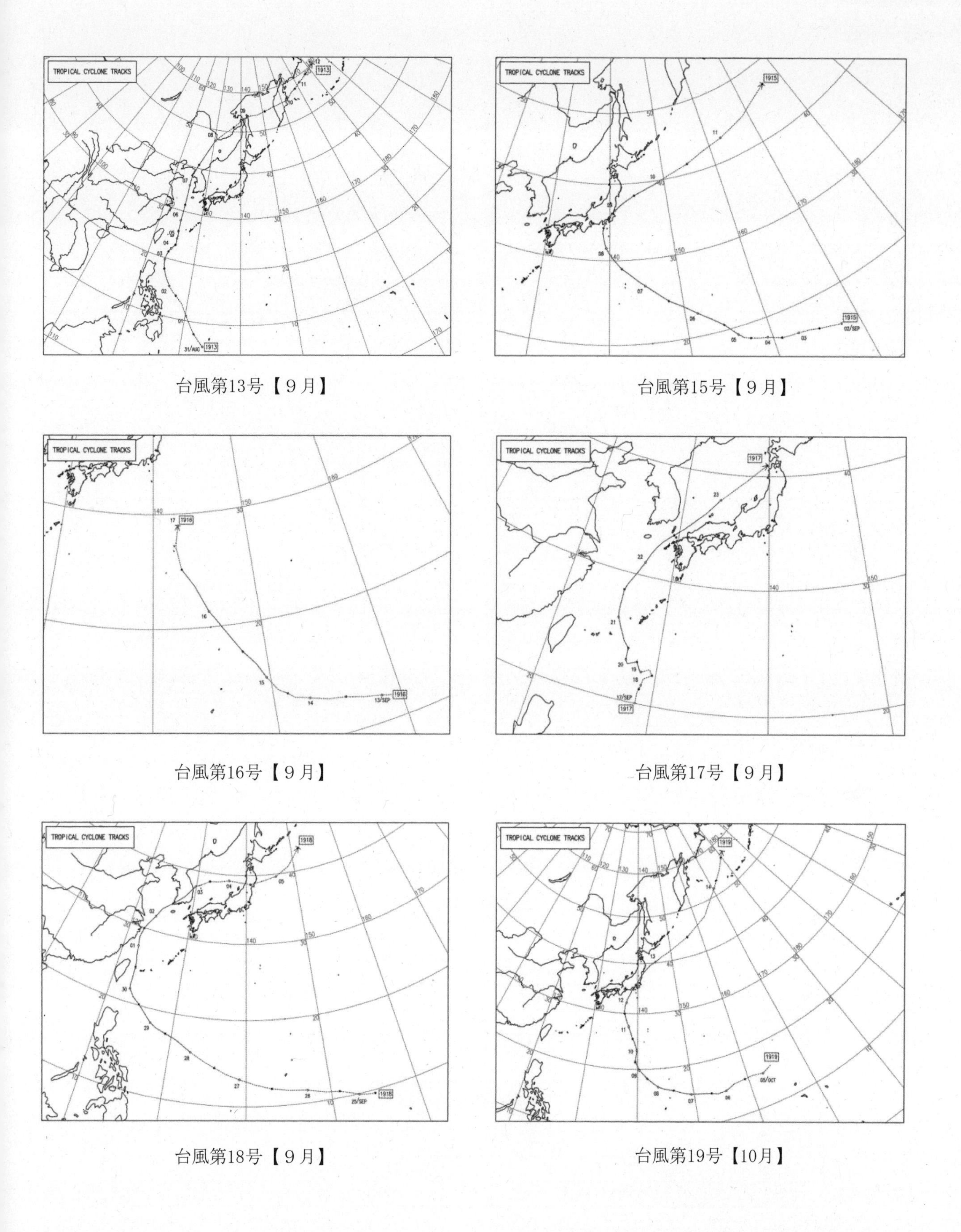

台風第13号【９月】

台風第15号【９月】

台風第16号【９月】

台風第17号【９月】

台風第18号【９月】

台風第19号【10月】

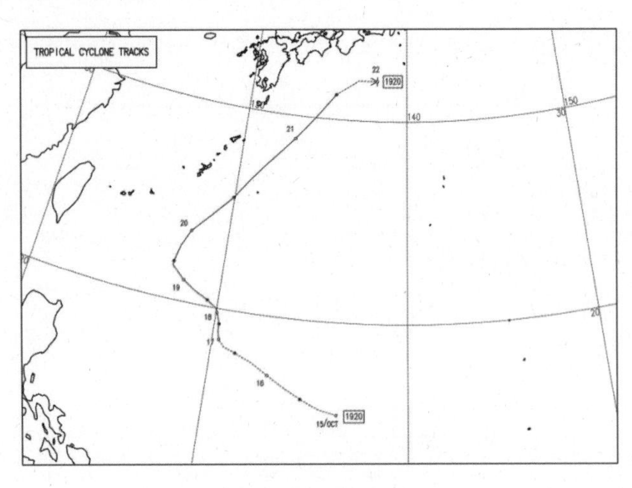

台風第20号【10月】

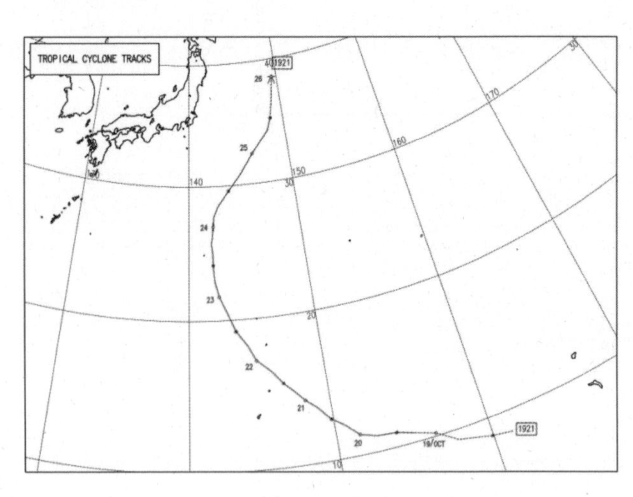

台風第21号【10月】

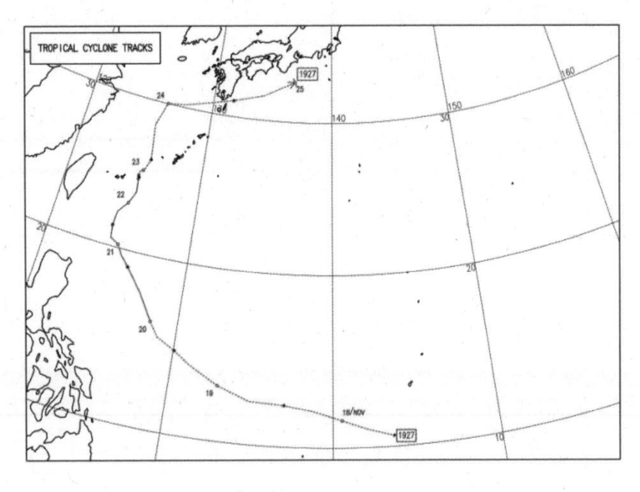

台風第27号【11月】

― 台風の大きさと強さ ―

強さの階級分け

階　級	最大風速
強い	33m/s（64ノット）以上～44m/s（85ノット）未満
非常に強い	44m/s（85ノット）以上～54m/s（105ノット）未満
猛烈な	54m/s（105ノット）以上

大きさの階級分け

階　級	風速15m/s以上の半径
大型（大きい）	500km以上～800km未満
超大型（非常に大きい）	800km以上

2　過去の台風による被害（全国）

年次	台風名	本邦に上陸又は一番接近した日	気象資料（最大値） 10分間平均最大風速	観測地点	総降水量	観測地点	農作物 被害面積	(参考)被害見込金額	うち水陸稲 被害面積	被害量	(参考)被害見込金額
		(1)	(2)	(3)	(4)	(5)	(6)	(7)	(8)	(9)	(10)
			m/s		mm		千ha	100万円	千ha	千t	100万円
平成元年	台風第11号	7月27日	33	油津（宮崎）	429	都城					
	〃 12〃	8月1日	17	沖永良部	322	名瀬	175.8	15,800	95.5	18.6	5,500
	〃 13〃（豪雨を含む。）	8月6日	21	銚子	419	筆甫（宮城）					
	〃 17〃	8月27日	34	室戸岬	464	窪川（高知）	102.9	6,250	83.3	13.9	4,090
	〃 22〃	9月19日	36	種子島	317	色川（和歌山）	26.2	1,850	12.5	2.8	795
2	台風第11号	8月10日	22	石廊崎	475	日光市	54.1	2,440	47.9	6.1	1,830
	〃 14〃	8月22日	26	室戸岬	231	宿毛市	69.7	6,550	45.3	8.5	2,490
	〃 19〃（秋雨前線豪雨を含む。）	9月19日	43	室戸岬	545	名瀬	368.7	43,300	156.2	49.8	14,600
	〃 20〃	9月30日	47	室戸岬	620	宮崎市	46.3	5,070	10.0	2.6	735
	〃 21〃（10月上・中旬の長雨を含む。）	10月8日	28	那覇市	299	延岡市	74.5	8,730	11.5	1.5	423
	〃 28〃	11月30日	32	室戸岬	410	尾鷲市	13.0	2,590	—	—	—
3	台風第9号	7月29日	30	那覇	307	那覇	93.5	7,190	56.4	5.2	1,480
	〃 12〃	8月23日	24	室戸岬	480	名瀬	35.6	2,900	22.6	7.0	2,210
	〃 14〃	8月31日	18	伊豆大島	229	日光	13.0	1,050	13.0	3.4	1,020
	〃 15〃	9月9日	28	八丈島	248	八丈島	10.5	1,190	10.2	3.5	1,090
	〃 17〃	9月14日	38	那覇	252	静岡					
	〃 18〃	9月19日	24	室戸岬	537	尾鷲	768.6	212,800	479.5	213.4	61,700
	〃 19〃	9月27日	45	野母崎	255	福江					
	〃 21〃	10月12日	24	三宅島	671	三宅島	48.3	15,700	12.7	8.9	2,630
4	台風第3号	6月30日	28	那覇	239	種子島	13.5	1,280	0.1	0.0	4
	〃 10〃	8月7日	33	枕崎	296	名瀬	288.2	17,900	205.6	23.0	6,490
	〃 11〃	8月18日	29	室戸岬	456	尾鷲	18.9	1,550	15.3	3.7	1,050
	〃 17〃	9月11日	20	銚子	259	根室	13.2	4,160	0.3	0.2	43
5	台風第4号	7月25日	19	室戸岬	209	館山市					
	〃 5〃	7月27日	24	日南市油津	417	高知市	964.9	155,900	695.1	301.1	87,700
	〃 6〃	7月29日	24	牛深市	154	都城市					
	〃 7〃（長雨、豪雨及び暴風雨（5月下旬～8月中旬）を含む。）	8月10日	29	日南市油津	235	宇和島市					
	台風第11号	8月28日	21	三宅島	294	東京大手町	25.0	3,560	20.0	7.7	2,340
	〃 13〃	9月3日	37	久米島	422	大分市	453.9	49,300	333.0	93.5	28,000
6	台風第26号（9月中・下旬の長雨、集中豪雨を含む。）	9月29日	37	室戸岬	469	尾鷲	12.9	19,700	5.4	2.2	6,900
7	台風第12号	9月17日	35	三宅島	357	千葉県大多喜町	18.3	2,400	9.9	1.7	613
	〃 14〃	9月24日	37	沖縄県多良間村	366	宮崎県高千穂町	42.2	2,400	29.3	3.6	1,200
8	台風第6号	7月18日	32	油津	722	宮崎県えびの市	70.9	11,400	34.5	5.3	1,750
	〃 12〃	8月14日	37	鹿児島	657	宮崎県田野町鰐塚山	214.5	14,000	13.8	14.2	4,460
	〃 17〃	8月22日	36	銚子	411	南大東島	30.2	5,910	10.6	12.8	386
9	台風第7号	6月19日	32	室戸岬	351	静岡県中伊豆町	72.1	8,720	30.3	5.0	1,500
	〃 8〃	6月27日	30	室戸岬	311	鳥取県鹿野町					
	〃 9〃	7月24日	28	室戸岬	734	奈良県上北山村	96.6	6,560	79.8	12.7	3,540
	〃 11〃	8月7月	29	那覇市	504	渡嘉敷島	34.0	7,420	1.6	0.5	143
	〃 13〃	8月17日	29	那覇市	244	南大東島	15.6	1,160	—	—	—
	〃 19〃	9月17日	31	油津	688	宮崎県えびの市	119.6	9,350	69.0	13.6	4,020

注：1　農作物の被害面積等は「農作物災害種類別被害統計」から、農作物の被害見込金額が10億円以上のものについて整理した。
　　2　気象資料は気象庁資料による（以下各統計表において同じ。）。

2 過去の台風による被害（全国）（続き）

年次	台風名	本邦に上陸又は一番接近した日	気象資料（最大値） 10分間平均最大風速	観測地点	総降水量	観測地点	農作物 被害面積	（参考）被害見込金額	うち水陸稲 被害面積	被害量	（参考）被害見込金額
		(1)	(2)	(3)	(4)	(5)	(6)	(7)	(8)	(9)	(10)
			m/s		mm		千ha	100万円	千ha	千t	100万円
平成10年	台風第5号	9月16日	28	銚子	346	北海道広尾					
	〃 6〃	9月17日	20	油津	303	高知県東津野村					
	〃 7〃	9月22日	44	室戸岬	…	…	347.9	77,700	210.4	87.1	25,200
	〃 8〃	9月20日	22	津	314	奈良県上北山村					
	〃 9〃	9月30日	…	…	250	徳島県上勝町					
	〃 10〃	10月17日	42	室戸岬	352	徳島県上勝町	94.0	10,200	17.6	4.5	1,250
11	台風第5号	7月25日	25	油津	1,067	高知県本川					
	〃 7〃	8月1日	…	…	885	高知県船戸	62.7	3,290	33.2	7.9	2,040
	〃 8〃	8月5日	30	室戸岬	957	高知県上北山					
	〃 16〃	9月14日	27	室戸岬	517	岐阜県蛭ヶ野	383.2	69,500	237.9	113.6	29,100
	〃 18〃	9月24日	35	那覇	623	岐阜県萩原					
12	台風第3号	7月8日	25	八丈島	414	大島	18.9	1,120	3.7	0.2	67
	〃 8〃	8月3日	39	南大東島	384	沖永良部	11.5	1,110	—	—	—
	〃 14〃（秋雨前線の大雨を含む。）	9月10日	30	沖永良部	328	高知	24.6	2,520	5.3	1.7	416
13	台風第11号	8月21日	35	室戸岬	745	尾鷲	68.1	2,960	53.5	7.3	1,770
	〃 15〃	9月11日	24	石廊崎	896	日光	36.0	3,190	20.0	3.4	786
	〃 21〃	10月16日	31	与那国島	401	延岡	20.7	1,580	0.3	0.2	54
14	台風第6号	7月7日	27	八丈島	464	日光	58.1	4,650	23.2	5.7	1,360
	〃 7〃（梅雨前線豪雨を含む。）	7月13日	32	沖永良部	299	相川					
	台風第13号	8月15日	28	三宅島	331	大島	19.4	1,450	18.8	5.8	1,360
	〃 15〃	8月26日	22	沖永良部	337	尾鷲	96.1	3,330	69.5	8.1	1,900
	〃 16〃	9月5日	32	那覇	438	那覇	22.1	1,780	0.0	0.0	0
	〃 21〃	9月29日	31	石廊崎	220	秩父	30.9	7,720	5.5	0.7	162
15	台風第6号	6月18日	30	西表島	305	人吉	28.5	2,600	8.7	0.5	109
	〃 10〃	8月8日	50	室戸岬	438	尾鷲	122.4	8,090	60.8	10.9	2,470
	〃 14〃	9月11日	38	宮古島	463	宮古島	32.8	5,020	4.4	0.6	136
16	台風第4号	6月11日	29	宮古島	302	那覇市	22.1	1,290	1.2	0.1	12
	〃 6〃	6月21日	44	室戸岬	431	宮川村	60.7	6,150	21.0	1.0	237
	〃 10〃	7月31日	48	室戸岬	1,822	北山村	23.0	1,900	16.9	4.2	1,020
	〃 11〃	8月4日	…	…	…	…					
	〃 15〃	8月20日	34	酒田市	610	四国中央市					
	〃 16〃	8月30日	47	室戸岬	821	えびの市	911.7	128,600	652.1	269.1	68,700
	〃 18〃	9月7日	48	瀬戸町	905	諸塚村					
	〃 21〃	9月29日	32	鹿児島市	904	尾鷲市	148.9	7,280	94.5	12.8	3,150
	〃 22〃	10月9日	39	熱海市	418	御前崎市	6.1	1,700	0.6	0.2	54
	〃 23〃	10月20日	45	室戸岬	550	上勝町	121.5	20,200	24.8	2.6	628
17	台風第11号	8月26日	33	神津島村	694	箱根町	16.7	1,390	14.1	4.6	1,150
	〃 14〃	9月6日	36	喜界町	1,321	南郷村	344.3	18,800	228.9	42.2	10,500
18	台風第13号	9月17日	48	石垣市	402	伊万里市	227.4	45,900	148.5	148.6	35,600
19	台風第4号	7月13日	34	和泊町	913	美郷町	94.4	12,800	61.0	33.2	8,150
	（梅雨前線の大雨を含む。）	7月14日	34	日南市	…	…					
	台風第5号	8月2日	30	伊方町	522	日之影村	62.3	2,080	52.2	5.5	1,300
	〃 9号	9月7日	55	石廊崎	694	小河内	42.8	3,240	27.7	3.9	918
20	—	—	—	—	—	—	—	—	—	—	—
21	台風第18号	10月8日	59	南大東島	383	色川	49.7	9,050	5.1	0.5	118
22	—	—	—	—	—	—	—	—	—	—	—
23	台風第1号	5月11日	23.4	えりも岬	341	鹿野					
	〃 2〃	5月29日	41.8	北原	521	屋久島	90.9	11,800	3.4	1.0	201
	〃 5〃（梅雨前線の大雨を含む。）	6月24日	29.1	下地	280	本山					
	台風第6号	7月20日	39.4	室戸岬	1,181	魚梁瀬	42.4	3,320	31.2	7.8	1,590
	〃 9号	8月5日	32.2	宮城島	725	本部	18.6	1,140	—	—	—
	〃 12号	9月3日	24.3	日和佐	1,809	上北山	93.4	5,890	70.2	8.7	1,820
	〃 15号	9月21日	35.4	えりも岬	1,128	神門	79.3	4,760	46.4	5.7	1,250
24	台風第4号	6月19日	29.3	三宅坪田	406	宮川	12.7	1,390	1.1	0.0	9
	〃 15号	8月26日	30.5	沖永良部	626	沖永良部	31.0	1,320	11.3	0.3	81
	〃 16号	9月16日	42.1	与論島	646	宮川	38.9	1,770	16.5	1.6	356
	〃 17号	9月30日	43.6	北原	576	仲筋	34.1	3,030	1.8	0.3	73
	〃 19号	10月3日	21.0	八重見ヶ原	294	八丈島					

年次及び台風名		本邦に上陸又は一番接近した日	気象資料（最大値）				農作物		うち水陸稲		
			10分間平均最大風速	観測地点	総降水量	観測地点	被害面積	(参考)被害見込金額	被害面積	被害量	(参考)被害見込金額
		(1)	(2)	(3)	(4)	(5)	(6)	(7)	(8)	(9)	(10)
			m/s		mm		千ha	100万円	千ha	千t	100万円
平成25年	台風第18号	9月16日	28.0	三宅島	576	大台町	47.1	4,540	22.6	4.7	1,070
	〃 26〃	10月16日	34.9	えりも岬	824	伊豆大島	18.7	2,300	0.1	0.0	5
	〃 27〃	10月26日	28.4	南大東島	678	仁淀川町					
26	台風第8号 （梅雨前線の大雨を含む。）	7月10日	35.3	渡嘉敷村	535	えびの市	28.7	1,500	4.1	0.5	107
	〃 11号	8月10日	42.1	室戸岬	1,081	馬路村	35.0	3,380	16.0	3.3	791
	〃 12号 （前線の大雨含む。）	8月1日	29.7	奄美市	1,366	香美市					
	〃 18号	10月6日	32.2	南伊豆町	489	伊豆市	24.5	1,400	2.5	0.4	106
	〃 19号	10月12日	35.1	宮城島	527	国頭村	34.6	2,060	4.8	0.6	134
27	台風第6号	5月12日	45.8	宮古島	156	石垣島	14.2	2,920	0.3	0.0	2
	〃 15〃	8月25日	47.9	石垣島	681	大台町	162.0	7,850	104.8	10.7	2,380
	〃 18〃 （豪雨を含む。）	9月9日	22.8	えりも岬	602	日光市	21.3	4,840	14.1	17.2	3,450
28	台風第7号	8月17日	31.8	釧路市	243	浦河町	52.9	6,910	23.6	2.2	426
	台風第11号	8月21日	31.5	勝浦市	449	伊豆市					
	台風第9号	8月22日									
	台風第10号	8月30日	25.3	酒田市	271	上士幌町	25.4	4,530	0.9	0.7	113
29	台風第3号 （梅雨前線の大雨を含む。）	7月4日	38.4	室戸岬	849	室谷	9.0	3,480	5.0	5.4	1,120
	台風第18号	9月17日	39.1	室戸岬	619	田野	61.1	2,490	18.3	1.4	308
	台風第21号	10月23日	35.5	三宅坪田	889	新宮	51.8	7,330	2.9	0.5	108
	台風第22号	10月28日	32.3	笠利	484	赤江					
30	台風第7号 （梅雨前線の大雨を含む。）	上陸なし	35.2	下地	1,853	魚梁瀬	26.0	7,350	14.1	8.9	1,960
	台風第21号	9月4日	48.2	室戸岬	379	茶臼山	50.0	5,110	21.4	1.1	251
	台風第24号	9月30日	40.0]	笠利	460	鳥形山	59.4	5,800	8.0	0.7	144
令和元	台風第15号	9月9日	43.4	神津島	442	天城山	21.6	6,710	8.8	4.0	895
	台風第17号	9月22日	32.9	渡嘉敷	538	木頭	42.8	2,870	31.8	9.8	2,090
	台風第19号 （大雨を含む。）	10月12日	34.8	羽田	1,300	箱根	29.2	9,500	4.6	6.5	1,300

注：]については、期間内のデータに欠測の時間帯がある資料不足値である。

Ⅲ　統　計　表

1 米

(1) 令和元年産水陸稲の収穫量（全国農業地域別・都道府県別）

ア 水稲

全国農業地域・都道府県	作付面積（子実用）	10 a 当たり収量	収穫量（子実用）	(参考)農家等が使用しているふるい目幅で選別		参考	
				10 a 当たり収量	作況指数	主食用作付面積	収穫量（主食用）
	(1)	(2)	(3)	(4)	(5)	(6)	(7)
	ha	kg	t	kg		ha	t
全国 (1)	**1,469,000**	**528**	**7,762,000**	**514**	**99**	**1,379,000**	**7,261,000**
（全国農業地域）							
北海道 (2)	103,000	571	588,100	555	104	97,000	553,900
都府県 (3)	1,366,000	525	7,174,000	511	99	1,282,000	6,707,000
東北 (4)	382,000	586	2,239,000	567	104	344,600	2,015,000
北陸 (5)	206,500	540	1,115,000	526	101	186,400	1,007,000
関東・東山 (6)	271,100	522	1,414,000	510	97	258,400	1,348,000
東海 (7)	93,100	491	457,100	481	98	90,500	444,800
近畿 (8)	102,600	503	516,400	491	99	99,000	498,000
中国 (9)	102,100	503	513,200	490	97	99,400	499,800
四国 (10)	48,300	457	220,700	451	94	47,800	218,500
九州 (11)	160,000	435	696,400	418	86	155,100	674,300
沖縄 (12)	677	295	2,000	293	96	665	1,960
（都道府県）							
北海道 (13)	103,000	571	588,100	555	104	97,000	553,900
青森 (14)	45,000	627	282,200	612	106	39,200	245,800
岩手 (15)	50,500	554	279,800	538	103	48,300	267,600
宮城 (16)	68,400	551	376,900	531	102	64,800	357,000
秋田 (17)	87,800	600	526,800	577	104	74,900	449,400
山形 (18)	64,500	627	404,400	611	105	56,900	356,800
福島 (19)	65,800	560	368,500	540	102	60,400	338,200
茨城 (20)	68,300	504	344,200	493	96	66,400	334,700
栃木 (21)	59,200	526	311,400	514	97	54,900	288,800
群馬 (22)	15,500	486	75,300	470	98	13,600	66,100
埼玉 (23)	32,000	482	154,200	468	98	30,900	148,900
千葉 (24)	56,000	516	289,000	508	95	53,700	277,100
東京 (25)	129	402	519	390	97	129	519
神奈川 (26)	3,040	470	14,300	454	95	3,040	14,300
新潟 (27)	119,200	542	646,100	530	100	106,800	578,900
富山 (28)	37,200	553	205,700	540	102	33,300	184,100
石川 (29)	25,000	532	133,000	515	102	22,700	120,800
福井 (30)	25,100	520	130,500	497	100	23,600	122,700
山梨 (31)	4,890	541	26,500	526	99	4,810	26,000
長野 (32)	32,000	620	198,400	609	100	30,900	191,600
岐阜 (33)	22,500	482	108,500	473	99	21,400	103,100
静岡 (34)	15,700	517	81,200	507	99	15,600	80,700
愛知 (35)	27,500	499	137,200	490	98	26,600	132,700
三重 (36)	27,300	477	130,200	465	95	26,900	128,300
滋賀 (37)	31,700	509	161,400	498	98	30,200	153,700
京都 (38)	14,400	505	72,700	495	99	13,800	69,700
大阪 (39)	4,850	502	24,300	485	101	4,850	24,300
兵庫 (40)	36,800	497	182,900	484	99	35,300	175,400
奈良 (41)	8,490	515	43,700	502	100	8,450	43,500
和歌山 (42)	6,360	494	31,400	482	99	6,360	31,400
鳥取 (43)	12,700	514	65,300	503	100	12,600	64,800
島根 (44)	17,300	506	87,500	496	99	16,900	85,500
岡山 (45)	30,100	517	155,600	503	98	29,300	151,500
広島 (46)	22,700	499	113,300	487	95	22,200	110,800
山口 (47)	19,300	474	91,500	461	94	18,400	87,200
徳島 (48)	11,300	464	52,400	459	98	11,000	51,000
早期栽培 (49)	4,340	456	19,800	451	98	…	…
普通栽培 (50)	6,940	470	32,600	465	98	…	…
香川 (51)	12,000	471	56,500	464	95	12,000	56,500
愛媛 (52)	13,600	470	63,900	463	94	13,500	63,500
高知 (53)	11,400	420	47,900	414	91	11,300	47,500
早期栽培 (54)	6,440	455	29,300	450	95	…	…
普通栽培 (55)	4,980	375	18,700	368	87	…	…
福岡 (56)	35,000	454	158,900	433	91	34,500	156,600
佐賀 (57)	24,100	298	71,800	291	58	23,700	70,600
長崎 (58)	11,400	455	51,900	435	94	11,300	51,400
熊本 (59)	33,300	483	160,800	466	94	32,300	156,000
大分 (60)	20,600	435	89,600	407	85	20,400	88,700
宮崎 (61)	16,100	465	74,900	451	94	14,600	67,900
早期栽培 (62)	6,300	459	28,900	450	96	…	…
普通栽培 (63)	9,780	469	45,900	452	92	…	…
鹿児島 (64)	19,500	454	88,500	440	94	18,300	83,100
早期栽培 (65)	4,370	438	19,100	427	98	…	…
普通栽培 (66)	15,200	458	69,600	444	93	…	…
沖縄 (67)	677	295	2,000	293	96	665	1,960
第一期稲 (68)	506	331	1,670	330	92	…	…
第二期稲 (69)	171	188	321	184	116	…	…
関東農政局 (70)	286,700	521	1,495,000	510	97	273,900	1,429,000
東海農政局 (71)	77,400	486	375,900	476	97	75,000	364,100
中国四国農政局 (72)	150,400	488	733,900	478	96	147,200	718,300

注：1 作付面積（子実用）とは、青刈り面積（飼料用米等を含む。）を除いた面積である（以下１(1)及び(2)の各統計表において同じ。）。
2 10ａ当たり収量及び収穫量（子実用）は、1.70㎜のふるい目幅で選別された玄米の重量である。
3 主食用作付面積とは、水稲作付面積（青刈り面積を含む。）から、備蓄米、加工用米、新規需要米等の作付面積を除いた面積である。
4 収穫量（子実用）及び収穫量（主食用）については都道府県ごとの積上げ値であるため、表頭の計算は一致しない場合がある。

前年産との比較						10 a 当たり平年収量	平年収量（子実用）	(参考)農家等が使用しているふるい目幅で選別		
作付面積		10 a 当たり収量		収穫量				10 a 当たり平年収量	平年収量（子実用）	
対差	対比	対差	対比	対差	対比					
(8)	(9)	(10)	(11)	(12)	(13)	(14)	(15)	(16)	(17)	
ha	%	kg	%	t	%	kg	t	kg	t	
△ 1,000	100	△ 1	100	△ 18,000	100	533	7,830,000	519	7,624,000	(1)
△ 1,000	99	76	115	73,300	114	548	564,400	532	548,000	(2)
0	100	△ 7	99	△ 91,000	99	532	7,267,000	518	7,076,000	(3)
2,900	101	22	104	102,000	105	563	2,151,000	547	2,090,000	(4)
900	100	7	101	19,000	102	538	1,111,000	522	1,078,000	(5)
800	100	△ 17	97	△ 43,000	97	537	1,456,000	526	1,426,000	(6)
△ 300	100	△ 4	99	△ 5,300	99	503	468,300	493	459,000	(7)
△ 500	100	1	100	△ 1,100	100	509	522,200	497	509,900	(8)
△ 1,600	98	△ 16	97	△ 24,600	95	518	528,900	507	517,600	(9)
△ 1,000	98	△ 16	97	△ 12,700	95	483	233,300	478	230,900	(10)
△ 400	100	△ 77	85	△ 124,900	85	501	801,600	484	774,400	(11)
△ 39	95	△ 12	96	△ 200	91	309	2,090	306	2,070	(12)
△ 1,000	99	76	115	73,300	114	548	564,400	532	548,000	(13)
800	102	31	105	18,800	107	592	266,400	575	258,800	(14)
200	100	11	102	6,700	102	537	271,200	522	263,600	(15)
1,000	101	0	100	5,500	101	536	366,600	522	357,000	(16)
100	100	40	107	35,700	107	573	503,100	554	486,400	(17)
0	100	47	108	30,300	108	596	384,400	580	374,100	(18)
900	101	△ 1	100	4,400	101	545	358,600	529	348,100	(19)
△ 100	100	△ 20	96	△ 14,200	96	524	357,900	515	351,700	(20)
700	101	△ 24	96	△ 10,400	97	540	319,700	529	313,200	(21)
△ 100	99	△ 20	96	△ 3,600	95	498	77,200	482	74,700	(22)
100	100	△ 5	99	△ 1,200	99	490	156,800	476	152,300	(23)
400	101	△ 26	95	△ 12,400	96	542	303,500	532	297,900	(24)
△ 4	97	△ 15	96	△ 36	94	414	534	404	521	(25)
△ 40	99	△ 22	96	△ 900	94	494	15,000	478	14,500	(26)
1,000	101	11	102	18,500	103	544	648,400	528	629,400	(27)
△ 100	100	1	100	△ 200	100	542	201,600	528	196,400	(28)
△ 100	100	13	103	2,700	102	520	130,000	506	126,500	(29)
100	100	△ 10	98	△ 2,000	98	519	130,300	499	125,200	(30)
△ 10	100	△ 1	100	△ 100	100	547	26,700	533	26,100	(31)
△ 200	99	2	100	△ 600	100	619	198,100	607	194,200	(32)
0	100	4	101	900	101	488	109,800	478	107,600	(33)
△ 100	99	11	102	1,300	102	521	81,800	513	80,500	(34)
△ 100	100	0	100	△ 500	100	507	139,400	499	137,200	(35)
△ 200	99	△ 22	96	△ 7,000	95	500	136,500	489	133,500	(36)
0	100	△ 3	99	△ 900	99	518	164,200	506	160,400	(37)
△ 100	99	3	101	△ 100	100	511	73,600	501	72,100	(38)
△ 160	97	8	102	△ 400	98	495	24,000	480	23,300	(39)
△ 200	99	5	101	900	100	502	184,700	489	180,000	(40)
△ 90	99	1	100	△ 400	99	513	43,600	500	42,500	(41)
△ 70	99	2	100	△ 200	99	497	31,600	486	30,900	(42)
△ 100	99	16	103	1,600	103	514	65,300	504	64,000	(43)
△ 200	99	△ 18	97	△ 4,200	95	511	88,400	502	86,800	(44)
△ 100	100	0	100	△ 500	100	526	158,300	514	154,700	(45)
△ 700	97	△ 26	95	△ 9,600	92	526	119,400	515	116,900	(46)
△ 500	97	△ 48	91	△ 11,900	88	504	97,300	492	95,000	(47)
△ 100	99	△ 6	99	△ 1,200	98	474	53,600	469	53,000	(48)
△ 60	99	△ 10	98	△ 700	97	463	20,100	459	19,900	(49)
△ 60	99	△ 4	99	△ 600	98	480	33,300	475	33,000	(50)
△ 500	96	△ 8	98	△ 3,400	94	496	59,500	491	58,900	(51)
△ 300	98	△ 28	94	△ 5,300	92	498	67,700	492	66,900	(52)
△ 100	99	△ 21	95	△ 2,800	94	458	52,200	454	51,800	(53)
△ 30	100	△ 10	98	△ 800	97	480	30,900	476	30,700	(54)
△ 20	100	△ 36	91	△ 1,900	91	430	21,400	425	21,200	(55)
△ 300	99	△ 64	88	△ 24,000	87	496	173,600	477	167,000	(56)
△ 200	99	△ 234	56	△ 57,500	56	519	125,100	503	121,200	(57)
△ 100	99	△ 44	91	△ 5,500	90	482	54,900	464	52,900	(58)
0	100	△ 46	91	△ 15,400	91	513	170,800	497	165,500	(59)
△ 100	100	△ 66	87	△ 14,100	86	502	103,400	480	98,900	(60)
0	100	△ 28	94	△ 4,500	94	496	79,900	482	77,600	(61)
△ 110	98	△ 17	96	△ 1,600	95	478	30,100	470	29,600	(62)
110	101	△ 36	93	△ 2,900	94	508	49,700	490	47,900	(63)
300	102	△ 27	94	△ 3,900	96	482	94,000	468	91,300	(64)
30	101	△ 12	97	△ 400	98	445	19,400	435	19,000	(65)
400	103	△ 32	93	△ 2,900	96	493	74,900	478	72,700	(66)
△ 39	95	△ 12	96	△ 200	91	309	2,090	306	2,070	(67)
△ 21	96	△ 33	91	△ 250	87	361	1,830	359	1,820	(68)
△ 18	90	39	126	39	114	164	280	159	272	(69)
600	100	△ 16	97	△ 42,000	97	536	1,537,000	525	1,505,000	(70)
△ 200	100	△ 7	99	△ 6,600	98	499	386,200	489	378,500	(71)
△ 2,600	98	△ 16	97	△ 37,300	95	506	761,000	497	747,500	(72)

5　（参考）の農家等が使用しているふるい目幅で選別された10 a 当たり収量、作況指数、10 a 当たり平年収量及び平年収量（子実用）は、全国農業地域ごとに、過去5か年間に農家等が実際に使用したふるい目幅の分布において、大きいものから数えて9割を占めるまでの目幅（北海道、東北及び北陸は1.85㎜、関東・東山、東海、近畿、中国及び九州は1.80㎜、四国及び沖縄は1.75㎜）以上に選別された玄米を基に算出した数値である。

6　徳島県、高知県、宮崎県、鹿児島県及び沖縄県の作期別の主食用作付面積は、備蓄米、加工用米、新規需要米等の面積を把握していないことから「…」で示している。

7　10 a 当たり収量及び収穫量の前年産との比較は、1.70㎜のふるい目幅で選別された玄米の重量で比較している。

1　米（続き）

(1)　令和元年産水陸稲の収穫量（全国農業地域別・都道府県別）（続き）

イ　水陸稲計・陸稲（主産県別）

全国・都道府県	水陸稲計		陸稲										
						前年産との比較						参考	
	作付面積（子実用）	収穫量（子実用）	作付面積（子実用）	10a当たり収量	収穫量（子実用）	作付面積		10a当たり収量		収穫量		10a当たり平均収量対比	10a当たり平均収量
						対差	対比	対差	対比	対差	対比		
	(1)	(2)	(3)	(4)	(5)	(6)	(7)	(8)	(9)	(10)	(11)	(12)	(13)
	ha	t	ha	kg	t	ha	%	kg	%	t	%	%	k
全国	**1,470,000**	**7,764,000**	**702**	**228**	**1,600**	**△ 48**	**94**	**△ 4**	**98**	**△ 140**	**92**	**97**	**23**
うち茨城	68,800	345,400	487	240	1,170	△ 41	92	△ 6	98	△ 130	90	101	23
栃木	59,400	311,800	179	211	378	△ 4	98	5	102	1	100	91	23

注：1　陸稲については、平成30年産から、調査の範囲を全国から主産県に変更し、作付面積調査にあっては３年、収穫量調査にあっては６年ごとに全国調査を実施することとした。令和元年産は主産県調査年であり、全国調査を行った平成29年の調査結果に基づき、全国値を推計している。
なお、主産県とは、平成29年における全国の作付面積のおおむね80％を占めるまでの上位都道府県である。
2　「（参考）10ａ当たり平均収量対比」とは、10ａ当たり平均収量（原則として直近７か年のうち、最高及び最低を除いた５か年の平均値）に対する当年産の10ａ当たり収量の比率である。

(2)　令和元年産水稲の時期別作柄及び収穫量（全国農業地域別・都道府県別）

国農業地域・道府県	作付面積(子実用)	8月15日現在	9月15日現在			10月15日現在				収穫期			
		作柄の良否(作況指数)	10 a 当たり予想収量	(参考)農家等が使用しているふるい目幅で選別 10 a 当たり予想収量	(参考)農家等が使用しているふるい目幅で選別 作況指数	10 a 当たり予想収量	(参考)農家等が使用しているふるい目幅で選別 10 a 当たり予想収量	(参考)農家等が使用しているふるい目幅で選別 作況指数	予想収穫量(子実用)	10 a 当たり収量	(参考)農家等が使用しているふるい目幅で選別 10 a 当たり収量	(参考)農家等が使用しているふるい目幅で選別 作況指数	収穫量(子実用)
	(1)	(2)	(3)	(4)	(5)	(6)	(7)	(8)	(9)	(10)	(11)	(12)	(13)
	ha		kg	kg		kg	kg		t	kg	kg		t
国	**1,469,000**	**…**	**536**	**522**	**101**	**529**	**514**	**99**	**7,771,000**	**528**	**514**	**99**	**7,762,000**
全国農業地域)													
海道	103,000	やや良	573	556	105	571	555	104	588,100	571	555	104	588,100
府県	1,366,000	…	533	519	100	526	511	99	7,183,000	525	511	99	7,174,000
北	382,000	…	585	568	104	586	567	104	2,239,000	586	567	104	2,239,000
陸	206,500	…	543	529	101	540	526	101	1,115,000	540	526	101	1,115,000
東・東山	271,100	…	527	517	98	522	510	97	1,414,000	522	510	97	1,414,000
海	93,100	…	493	482	98	491	481	98	457,200	491	481	98	457,100
畿	102,600	…	505	493	99	503	491	99	516,400	503	491	99	516,400
国	102,100	…	514	502	99	503	490	97	513,600	503	490	97	513,200
国	48,300	…	469	463	97	457	451	94	220,700	457	451	94	220,700
州	160,000	…	480	463	96	440	422	87	704,600	435	418	86	696,400
縄	677	…	289	287	94	289	287	94	1,960	295	293	96	2,000
都道府県)													
海道	103,000	やや良	573	556	105	571	555	104	588,100	571	555	104	588,100
森	45,000	やや良	621	603	105	627	612	106	282,200	627	612	106	282,200
手	50,500	やや良	553	539	103	554	538	103	279,800	554	538	103	279,800
城	68,400	やや良	554	537	103	551	531	102	376,900	551	531	102	376,900
田	87,800	やや良	594	578	104	600	577	104	526,800	600	577	104	526,800
形	64,500	やや良	625	608	105	627	611	105	404,400	627	611	105	404,400
島	65,800	やや良	565	544	103	561	541	102	369,100	560	540	102	368,500
城	68,300	平年並み	506	498	97	504	493	96	344,200	504	493	96	344,200
木	59,200	平年並み	539	528	100	526	514	97	311,400	526	514	97	311,400
馬	15,500	…	494	477	99	486	471	98	75,300	486	470	98	75,300
玉	32,000	…	493	478	100	482	468	98	154,200	482	468	98	154,200
葉	56,000	やや不良	517	509	96	516	508	95	289,000	516	508	95	289,000
京	129	…	405	395	98	402	390	97	519	402	390	97	519
奈川	3,040	…	467	452	95	470	454	95	14,300	470	454	95	14,300
潟	119,200	やや良	546	533	101	542	530	100	646,100	542	530	100	646,100
山	37,200	やや良	556	544	103	553	540	102	205,700	553	540	102	205,700
川	25,000	やや良	532	516	102	532	515	102	133,000	532	515	102	133,000
井	25,100	平年並み	523	502	101	520	497	100	130,500	520	497	100	130,500
梨	4,890	…	541	526	99	541	526	99	26,500	541	526	99	26,500
野	32,000	平年並み	625	613	101	620	609	100	198,400	620	609	100	198,400
阜	22,500	…	482	472	99	482	472	99	108,500	482	473	99	108,500
岡	15,700	…	527	512	100	518	508	99	81,300	517	507	99	81,200
知	27,500	…	499	490	98	499	490	98	137,200	499	490	98	137,200
重	27,300	やや不良	477	465	95	477	465	95	130,200	477	465	95	130,200
賀	31,700	平年並み	511	499	99	509	498	98	161,400	509	498	98	161,400
都	14,400	…	506	496	99	505	495	99	72,700	505	495	99	72,700
阪	4,850	…	499	485	101	502	485	101	24,300	502	485	101	24,300
庫	36,800	…	500	487	100	497	484	99	182,900	497	484	99	182,900
良	8,490	…	515	502	100	515	502	100	43,700	515	502	100	43,700
歌山	6,360	…	491	480	99	494	482	99	31,400	494	482	99	31,400
取	12,700	平年並み	518	504	100	514	503	100	65,300	514	503	100	65,300
根	17,300	平年並み	517	506	101	506	496	99	87,500	506	496	99	87,500
山	30,100	…	522	510	99	517	503	98	155,600	517	503	98	155,600
島	22,700	…	514	503	98	499	487	95	113,300	499	487	95	113,300
口	19,300	…	494	482	98	476	462	94	91,900	474	461	94	91,500
島	11,300	…	466	461	98	464	459	98	52,400	464	459	98	52,400
早期栽培	4,340	98	456	451	98	456	451	98	19,800	456	451	98	19,800
普通栽培	6,940	…	474	469	99	470	465	98	32,600	470	465	98	32,600
川	12,000	…	482	477	97	471	464	95	56,500	471	464	95	56,500
媛	13,600	…	485	477	97	470	463	94	63,900	470	463	94	63,900
知	11,400	…	437	432	95	420	414	91	47,900	420	414	91	47,900
早期栽培	6,440	96	455	450	95	455	450	95	29,300	455	450	95	29,300
普通栽培	4,980	…	413	409	96	375	368	87	18,700	375	368	87	18,700
岡	35,000	…	477	457	96	455	434	91	159,300	454	433	91	158,900
賀	24,100	…	482	467	93	328	315	63	79,000	298	291	58	71,800
崎	11,400	…	474	457	98	457	437	94	52,100	455	435	94	51,900
本	33,300	…	497	482	97	484	467	94	161,200	483	466	94	160,800
分	20,600	…	478	456	95	435	407	85	89,600	435	407	85	89,600
崎	16,100	…	475	462	96	465	451	94	74,900	465	451	94	74,900
早期栽培	6,300	96	459	450	96	459	450	96	28,900	459	450	96	28,900
普通栽培	9,780	…	486	469	96	469	452	92	45,900	469	452	92	45,900
児島	19,500	…	462	449	96	454	440	94	88,500	454	440	94	88,500
早期栽培	4,370	98	438	427	98	438	427	98	19,100	438	427	98	19,100
普通栽培	15,200	…	469	455	95	458	443	93	69,600	458	444	93	69,600
縄	677	…	289	287	94	289	287	94	1,960	295	293	96	2,000
第一期稲	506	92	331	330	92	331	330	92	1,670	331	330	92	1,670
第二期稲	171	…	…	…	…	…	…	…	…	188	184	116	321
東農政局	286,700	…	528	517	98	521	510	97	1,495,000	521	510	97	1,495,000
海農政局	77,400	…	486	475	97	486	475	97	375,900	486	476	97	375,900
国四国農政局	150,400	…	499	489	98	488	478	96	734,300	488	478	96	733,900

：1　8月15日現在の作況指数、（参考）の農家等が使用しているふるい目幅で選別された10 a 当たり予想収量、10 a 当たり収量及び作況指数は、全国農業地域ごとに、過去5か年間に農家等が実際に使用したふるい目幅の分布において、大きいものから数えて9割を占めるまでの目幅（北海道、東北及び北陸は1.85mm、関東・東山、東海、近畿、中国及び九州は1.80mm、四国及び沖縄は1.75mm）以上に選別された玄米を基に算出した数値である。

2　9月15日現在の10 a 当たり予想収量、10月15日現在の10 a 当たり予想収量及び予想収穫量（子実用）並びに収穫期の10 a 当たり収量及び収穫量（子実用）は1.70mmのふるい目幅で選別された玄米の重量である。

3　沖縄県計の作況指数の算出について、9月15日現在及び10月15日現在については、第一期稲は10 a 当たり収量を、第二期稲は未確定の要素が多いことから、10 a 当たり平年収量を用いた。

1　米（続き）

(3)　令和元年産水稲の収量構成要素（水稲作況標本筆調査成績）（全国農業地域別・都道府県別）

全国農業地域・都道府県		1㎡当たり株数 本年	1㎡当たり株数 対平年比	1株当たり有効穂数 本年	1株当たり有効穂数 対平年比	1㎡当たり有効穂数 本年	1㎡当たり有効穂数 対平年比	1穂当たりもみ数 本年	1穂当たりもみ数 対平年比	1㎡当たり全もみ数 本年	1㎡当たり全もみ数 対平年比	千もみ当 本年
		(1)	(2)	(3)	(4)	(5)	(6)	(7)	(8)	(9)	(10)	(11)
		株	%	本	%	本	%	粒	%	100粒	%	g
全国	(1)	**17.2**	**98**	**23.9**	**104**	**411**	**102**	**73.7**	**99**	**303**	**101**	**17.9**
（全国農業地域）												
北海道	(2)	21.9	99	27.4	110	599	109	58.1	95	348	104	16.9
都府県	(3)	16.9	98	23.5	104	397	102	75.6	100	300	101	18.0
東北	(4)	18.1	98	25.4	108	460	106	69.6	98	320	104	18.8
北陸	(5)	17.5	101	22.5	104	393	104	76.3	99	300	103	18.4
関東・東山	(6)	16.3	97	23.6	104	384	101	80.5	100	309	101	17.2
東海	(7)	16.4	98	22.3	100	366	98	76.8	103	281	100	17.9
近畿	(8)	16.1	98	21.7	100	350	98	80.3	100	281	99	18.2
中国	(9)	15.9	98	22.5	102	357	100	78.7	100	281	100	18.3
四国	(10)	15.0	97	23.9	100	359	97	76.6	101	275	98	17.0
九州	(11)	16.0	98	22.4	95	359	93	77.7	102	279	95	16.8
沖縄	(12)	…	nc	…	nc	…	nc	…	nc	…	nc	…
（都道府県）												
北海道	(13)	21.9	99	27.4	110	599	109	58.1	95	348	104	16.9
青森	(14)	19.6	99	23.2	109	455	109	77.4	96	352	104	18.4
岩手	(15)	17.4	98	26.3	108	457	106	65.2	98	298	104	19.0
宮城	(16)	16.8	97	27.6	108	464	105	65.5	100	304	104	18.5
秋田	(17)	18.9	99	23.9	106	451	105	71.8	98	324	104	18.9
山形	(18)	19.3	99	26.9	112	520	112	64.4	95	335	106	19.1
福島	(19)	16.8	97	24.6	107	414	104	75.4	100	312	105	18.6
茨城	(20)	15.6	96	24.9	105	389	101	80.2	101	312	102	16.5
栃木	(21)	17.0	98	21.6	104	367	103	85.0	101	312	104	17.2
群馬	(22)	16.7	97	21.0	98	350	95	81.4	101	285	96	17.3
埼玉	(23)	15.9	96	23.1	102	368	98	79.3	103	292	101	16.8
千葉	(24)	15.7	98	25.4	105	398	102	77.4	98	308	100	17.3
東京	(25)	…	nc	…	nc	…	nc	…	nc	…	nc	…
神奈川	(26)	16.8	97	18.2	92	305	89	81.6	100	249	90	19.2
新潟	(27)	17.0	101	23.0	103	391	104	77.7	99	304	103	18.3
富山	(28)	18.9	101	20.4	106	386	106	75.9	98	293	104	19.3
石川	(29)	17.8	101	22.4	101	398	102	73.6	99	293	102	18.5
福井	(30)	17.3	97	23.4	104	404	102	73.0	101	295	102	18.1
山梨	(31)	16.5	96	22.9	99	378	95	79.1	104	299	99	18.3
長野	(32)	17.7	97	23.6	104	418	100	81.1	103	339	103	18.6
岐阜	(33)	15.7	96	22.5	102	353	98	75.4	101	266	100	18.5
静岡	(34)	16.9	95	21.7	103	367	98	82.0	109	301	107	17.6
愛知	(35)	17.1	99	22.0	99	376	98	75.0	101	282	99	18.1
三重	(36)	16.0	98	22.9	100	367	97	76.8	102	282	99	17.5
滋賀	(37)	16.6	99	22.2	98	369	97	79.7	100	294	97	17.6
京都	(38)	16.4	99	20.7	100	339	99	81.1	100	275	99	18.7
大阪	(39)	15.0	93	23.9	107	358	100	80.7	101	289	100	17.6
兵庫	(40)	15.9	98	21.1	101	335	99	79.7	100	267	99	19.0
奈良	(41)	15.9	96	22.3	102	355	98	82.5	101	293	100	17.8
和歌山	(42)	15.8	97	22.2	99	351	96	80.9	104	284	99	17.7
鳥取	(43)	16.1	98	22.2	100	357	99	79.0	105	282	104	18.6
島根	(44)	16.3	98	21.2	100	346	98	82.1	103	284	101	18.2
岡山	(45)	15.5	99	22.1	99	343	98	81.3	100	279	98	18.9
広島	(46)	15.4	97	24.6	108	379	105	75.2	96	285	100	17.9
山口	(47)	16.4	98	22.1	104	363	102	76.6	97	278	99	17.5
徳島	(48)	15.5	96	24.3	104	377	100	75.9	100	286	100	16.5
早期栽培	(49)	15.1	99	24.7	100	373	99	75.6	102	282	101	16.4
普通栽培	(50)	15.7	95	24.2	107	380	101	76.1	99	289	100	16.5
香川	(51)	15.1	93	23.3	98	352	92	75.6	100	266	92	18.1
愛媛	(52)	14.8	98	23.7	99	351	97	80.1	102	281	99	17.2
高知	(53)	14.5	99	24.8	102	360	101	73.6	102	265	103	16.2
早期栽培	(54)	14.7	99	27.4	105	403	104	69.7	102	281	106	16.6
普通栽培	(55)	14.2	98	21.5	99	305	97	80.3	102	245	98	15.6
福岡	(56)	16.1	98	21.5	94	346	92	79.5	101	275	94	17.0
佐賀	(57)	16.5	98	22.2	91	367	89	76.8	103	282	91	16.1
長崎	(58)	16.1	96	22.0	96	354	93	79.4	105	281	97	16.8
熊本	(59)	15.2	98	24.9	100	378	98	77.0	100	291	98	17.0
大分	(60)	15.0	96	22.3	95	335	91	83.3	103	279	94	16.0
宮崎	(61)	16.4	98	22.7	95	373	93	72.9	102	272	95	17.4
早期栽培	(62)	17.4	98	24.8	99	431	96	64.0	102	276	98	16.9
普通栽培	(63)	15.7	98	21.4	93	336	91	80.4	103	270	94	17.7
鹿児島	(64)	17.4	99	20.4	94	355	92	74.4	102	264	94	17.6
早期栽培	(65)	19.2	98	21.3	100	408	98	71.1	104	290	102	15.7
普通栽培	(66)	16.9	99	20.1	92	340	91	75.6	102	257	92	18.2
沖縄	(67)	…	nc	…	nc	…	nc	…	nc	…	nc	…
関東農政局	(68)	16.3	97	23.5	104	383	101	80.7	101	309	102	17.2
東海農政局	(69)	16.3	98	22.5	100	366	98	75.7	101	277	99	18.0
中国四国農政局	(70)	15.6	98	22.9	102	358	99	77.9	100	279	99	17.9

注：1　対平年比とは、過年次の水稲作況標本筆結果から作成した各収量構成要素（1㎡当たり株数等）の平年値との対比である。
2　徳島県、高知県、宮崎県及び鹿児島県については作期別（早期栽培・普通栽培）の平均値である。
3　東京都及び沖縄県については、水稲作況標本筆を設置していないことから「…」で示した。
4　千もみ当たり収量、玄米千粒重及び10ａ当たり玄米重は、1.70㎜のふるい目で選別された玄米の重量である。

たり収量	粗玄米粒数歩合		玄米粒数歩合		玄米千粒重		10 a 当たり未調製乾燥もみ重		10 a 当たり粗玄米重		玄米重歩合		10 a 当たり玄米重		
対平年比	本年	対平年比	本年	対平年比	本年	対平年比	本年	対平年比	本年	対平年比	本年	対平年比	本年	対平年比	
(12)	(13)	(14)	(15)	(16)	(17)	(18)	(19)	(20)	(21)	(22)	(23)	(24)	(25)	(26)	
%	%	%	%	%	g	%	kg	%	kg	%	%	%	kg	%	
98	**88.4**	**100**	**95.9**	**100**	**21.1**	**98**	**702**	**100**	**557**	**100**	**97.5**	**100**	**543**	**100**	(1)
101	82.8	103	96.5	101	21.2	97	742	103	598	103	98.3	100	588	104	(2)
98	89.0	100	95.5	100	21.2	98	699	100	553	99	97.6	100	540	99	(3)
101	90.3	102	96.2	100	21.6	99	765	105	613	105	97.9	100	600	104	(4)
97	89.7	99	96.7	101	21.3	98	707	101	563	100	98.2	100	553	101	(5)
96	88.7	99	95.6	100	20.3	96	697	98	547	97	97.4	100	533	97	(6)
98	86.1	100	96.3	100	21.6	98	653	99	514	98	98.1	100	504	98	(7)
100	89.3	102	95.2	100	21.4	98	670	99	525	98	97.5	101	512	99	(8)
97	89.3	100	95.6	100	21.4	97	661	97	526	97	97.5	100	513	97	(9)
97	85.8	97	93.6	99	21.2	100	614	95	486	95	96.3	100	468	95	(10)
97	86.7	100	93.4	100	20.8	97	628	92	489	92	95.9	100	469	91	(11)
nc	…	nc	…	nc	…	nc	…	nc	…	nc	…	nc	…	nc	(12)
101	82.8	103	96.5	101	21.2	97	742	103	598	103	98.3	100	588	104	(13)
103	85.5	101	96.7	101	22.2	101	816	105	657	107	98.3	100	646	107	(14)
99	91.3	100	96.7	100	21.5	99	715	103	575	103	98.3	100	565	103	(15)
99	92.1	103	95.0	98	21.2	98	728	103	577	103	97.6	100	563	103	(16)
101	91.0	102	96.6	100	21.5	99	775	104	624	105	98.1	100	612	105	(17)
99	91.9	100	96.1	99	21.6	99	817	106	653	105	98.0	100	640	105	(18)
99	89.4	101	95.3	99	21.8	99	742	105	595	105	97.3	100	579	104	(19)
94	87.2	99	96.3	101	19.7	95	677	97	525	95	98.1	101	515	96	(20)
94	88.5	97	95.3	100	20.4	97	702	99	552	97	97.3	100	537	97	(21)
101	88.8	103	92.5	101	21.1	98	668	98	517	96	95.6	100	494	97	(22)
97	89.4	101	94.3	101	20.0	96	651	98	510	98	96.5	100	492	99	(23)
97	88.6	100	96.3	101	20.2	96	682	95	542	96	98.2	101	532	96	(24)
nc	…	nc	…	nc	…	nc	…	nc	…	nc	…	nc	…	nc	(25)
107	94.4	104	94.5	102	21.5	101	633	94	493	94	96.8	101	477	95	(26)
97	89.1	98	96.7	101	21.2	98	712	101	566	99	98.2	101	556	100	(27)
97	92.2	100	97.4	101	21.5	97	720	102	573	102	98.6	100	565	102	(28)
101	88.1	101	96.9	100	21.7	99	689	103	551	102	98.4	100	542	102	(29)
98	90.8	101	94.4	99	21.1	98	678	100	550	101	97.1	100	534	101	(30)
100	90.0	98	95.5	101	21.3	100	732	100	560	98	97.7	100	547	99	(31)
97	90.0	98	95.7	100	21.6	99	815	101	647	100	97.7	100	632	100	(32)
99	85.0	100	96.9	101	22.4	98	631	98	500	98	98.2	100	491	99	(33)
93	86.0	97	96.5	100	21.2	95	691	101	541	100	98.0	100	530	99	(34)
99	85.1	99	96.7	101	22.0	100	663	99	519	98	98.3	100	510	98	(35)
98	87.6	100	95.1	99	21.0	98	640	97	506	97	97.4	100	493	97	(36)
101	87.1	102	96.5	102	21.0	97	673	98	528	97	98.1	101	518	98	(37)
100	91.3	102	96.0	101	21.3	97	666	99	523	98	98.1	101	513	99	(38)
101	88.9	100	94.6	101	20.9	100	660	100	525	100	97.0	101	509	101	(39)
100	91.8	101	94.7	100	21.8	99	669	98	521	99	97.1	100	506	99	(40)
101	87.4	101	95.3	100	21.4	100	681	100	536	100	97.4	100	522	100	(41)
100	87.0	101	94.3	101	21.6	98	659	101	520	99	96.9	100	504	100	(42)
96	88.3	98	96.0	100	21.9	98	675	101	536	100	97.8	100	524	100	(43)
98	88.7	100	96.4	100	21.2	97	659	98	527	99	97.9	100	516	99	(44)
100	91.4	103	94.9	100	21.8	98	680	98	542	99	97.2	100	527	98	(45)
94	87.4	98	96.0	99	21.4	97	658	95	522	95	97.9	99	511	94	(46)
95	88.8	100	95.5	100	20.6	95	630	95	499	95	97.4	100	486	95	(47)
98	82.2	98	94.9	99	21.2	101	619	100	487	99	96.9	99	472	98	(48)
98	82.3	98	94.4	99	21.1	100	604	100	478	99	96.9	99	463	99	(49)
98	82.0	98	94.9	99	21.2	101	629	99	493	98	97.0	100	478	98	(50)
103	90.2	99	92.5	101	21.7	103	626	92	502	94	95.8	101	481	95	(51)
96	87.5	98	93.5	99	21.0	99	640	96	502	95	96.4	100	484	95	(52)
89	83.8	93	93.2	97	20.8	98	566	93	447	93	96.2	98	430	91	(53)
89	85.1	94	93.7	97	20.8	98	605	97	482	96	96.9	98	467	95	(54)
87	81.2	92	93.0	98	20.6	96	515	89	401	87	95.3	98	382	86	(55)
99	86.5	100	93.3	100	21.0	97	622	93	487	92	95.9	100	467	92	(56)
94	86.2	101	89.7	97	20.8	96	630	88	482	87	94.2	98	454	85	(57)
97	86.1	100	94.6	100	20.7	98	624	95	491	95	96.3	100	473	95	(58)
97	87.3	99	94.1	100	20.7	97	656	94	513	94	96.5	100	495	94	(59)
92	85.3	97	92.0	98	20.4	96	621	90	470	88	95.1	99	447	87	(60)
98	89.7	101	93.9	99	20.7	98	614	94	490	94	96.5	99	473	93	(61)
98	85.5	99	95.8	99	20.6	99	589	95	476	96	97.9	100	466	96	(62)
98	92.6	103	92.4	98	20.6	97	631	93	499	93	95.6	99	477	92	(63)
99	87.1	100	95.7	100	21.1	99	607	94	477	94	97.5	100	465	94	(64)
97	78.6	95	95.6	100	20.9	102	601	100	466	99	97.6	100	455	99	(65)
101	89.9	102	95.7	101	21.2	99	609	92	480	92	97.5	100	468	92	(66)
nc	…	nc	…	nc	…	nc	…	nc	…	nc	…	nc	…	nc	(67)
96	88.3	99	95.6	100	20.4	97	696	98	546	97	97.6	100	533	97	(68)
99	85.9	100	96.2	100	21.7	99	646	98	509	98	97.8	100	498	98	(69)
97	88.2	100	95.1	99	21.3	98	646	96	513	97	97.3	100	499	97	(70)

1 米（続き）

(4) 令和元年産水稲の都道府県別作柄表示地帯別作況指数（農家等使用ふるい目幅ベース）

都道府県・作柄表示地帯	作況指数	都道府県・作柄表示地帯	作況指数	都道府県・作柄表示地帯	作況指数	都道府県・作柄表示地帯	作況指数
北海道	**104**	**栃木**	**97**	**静岡**	**99**	**愛媛**	**94**
石狩	103	北部	98	東部	95	東予	95
南空知	104	中部	97	西部	102	中予	95
北空知	105	南部	97	**愛知**	**98**	南予	91
上川	105	**群馬**	**98**	尾張	98	**高知**	**91**
留萌	106	中毛	98	西三河	99	中東部	93
渡島	102	北毛	98	東三河	99	西部	88
檜山	98	東毛	97	**三重**	**95**	**福岡**	**91**
後志	101	**埼玉**	**98**	北勢	95	福岡	96
胆振	105	東部	98	中勢	95	北東部	93
日高	106	西部	99	南勢	95	筑後	88
オホーツク・十勝	109	**千葉**	**95**	伊賀	95	**佐賀**	**58**
青森	**106**	京葉	97	**滋賀**	**98**	佐賀	53
青森	106	九十九里	94	湖南	98	松浦	79
津軽	106	南房総	98	湖北	98	**長崎**	**94**
南部・下北	106	**東京**	**97**	**京都**	**99**	南部	93
岩手	**103**	**神奈川**	**95**	南部	100	北部	93
北上川上流	103	**新潟**	**100**	北部	97	五島	99
北上川下流	103	岩船	103	**大阪**	**101**	壱岐・対馬	101
東部	106	下越北	103	**兵庫**	**99**	**熊本**	**94**
北部	105	下越南	100	県南	99	県北	94
宮城	**102**	中越	99	県北	98	阿蘇	91
南部	100	魚沼	101	淡路	99	県南	93
中部	101	上越	97	**奈良**	**100**	天草	100
北部	102	佐渡	99	**和歌山**	**99**	**大分**	**85**
東部	102	**富山**	**102**	**鳥取**	**100**	北部	86
秋田	**104**	**石川**	**102**	東部	99	湾岸	82
県北	104	加賀	103	西部	100	南部	86
県中央	104	能登	100	**島根**	**99**	日田	84
県南	104	**福井**	**100**	出雲	100	**宮崎**	**94**
山形	**105**	嶺北	100	石見	97	広域沿海	95
村山	105	嶺南	99	**岡山**	**98**	広域霧島	92
最上	105	**山梨**	**99**	南部	98	西北山間	95
置賜	105	**長野**	**100**	中北部	98	**鹿児島**	**94**
庄内	106	東信	99	**広島**	**95**	薩摩半島	95
福島	**102**	南信	101	南部	94	出水薩摩	95
中通り	102	中信	100	北部	95	伊佐始良	91
浜通り	101	北信	100	**山口**	**94**	大隅半島	94
会津	103	**岐阜**	**99**	東部	94	熊毛・大島	98
茨城	**96**	西南濃	99	西部	93	**沖縄**	**96**
北部	98	中濃	98	長北	95	沖縄諸島	102
鹿行	98	東濃	98	**徳島**	**98**	八重山	92
南部	95	飛騨	99	北部	98		
西部	95			南部	99		
				香川	**95**		

注：1　作況指数は、全国農業地域ごとに、過去５か年間に農家等が実際に使用したふるい目幅の分布において、大きいものから数えて９割を占めるまでの目幅（北海道、東北及び北陸は1.85㎜、関東・東山、東海、近畿、中国及び九州は1.80㎜、四国及び沖縄は1.75㎜）以上に選別された玄米を基に算出した数値である。
　　2　西南暖地の早期栽培等の地域（徳島県、高知県、宮崎県、鹿児島県及び沖縄県）は早期栽培（第一期稲）、普通期栽培（第二期稲）を合算したものである。

(5) 令和元年産水稲玄米のふるい目幅別重量分布（全国農業地域別・都道府県別）

単位：%

全国農業地域・都道府県	計	1.70mm以上 1.75mm未満	1.75～1.80	1.80～1.85	1.85～1.90	1.90～2.00	2.00mm 以上
	(1)	(2)	(3)	(4)	(5)	(6)	(7)
全国	**100.0**	**0.7**	**1.4**	**1.9**	**2.8**	**15.3**	**77.9**
（全国農業地域）							
北海道	100.0	0.5	1.0	1.3	2.4	13.3	81.5
都府県	100.0	0.8	1.4	1.9	2.8	15.5	77.6
東北	100.0	0.6	1.1	1.5	2.2	12.8	81.8
北陸	100.0	0.5	0.9	1.2	2.0	12.0	83.4
関東・東山	100.0	0.8	1.3	1.9	3.0	18.3	74.7
東海	100.0	0.8	1.3	2.0	2.6	13.4	79.9
近畿	100.0	0.8	1.6	1.9	2.6	14.3	78.8
中国	100.0	0.9	1.6	2.2	2.8	15.6	76.9
四国	100.0	1.3	2.2	3.0	3.9	19.4	70.2
九州	100.0	1.3	2.7	3.7	5.3	25.0	62.0
沖縄	100.0	0.6	1.5	2.1	3.5	16.9	75.4
（都道府県）							
北海道	100.0	0.5	1.0	1.3	2.4	13.3	81.5
青森	100.0	0.5	0.8	1.1	1.6	10.3	85.7
岩手	100.0	0.6	0.9	1.3	1.8	11.3	84.1
宮城	100.0	0.7	1.3	1.6	2.9	17.7	75.8
秋田	100.0	0.6	1.3	1.9	2.4	12.0	81.8
山形	100.0	0.5	0.9	1.2	2.2	13.3	81.9
福島	100.0	0.5	1.3	1.7	2.0	11.7	82.8
茨城	100.0	0.9	1.3	1.4	2.9	18.2	75.3
栃木	100.0	0.8	1.5	1.8	2.8	18.2	74.9
群馬	100.0	1.4	1.9	5.2	6.3	29.8	55.4
埼玉	100.0	1.2	1.8	3.0	4.7	27.2	62.1
千葉	100.0	0.6	0.9	1.5	2.4	15.8	78.8
東京	100.0	1.1	1.8	2.8	4.2	22.3	67.8
神奈川	100.0	1.3	2.2	2.6	4.3	23.8	65.8
新潟	100.0	0.4	0.8	1.1	1.8	11.6	84.3
富山	100.0	0.5	0.9	1.0	2.2	12.5	82.9
石川	100.0	0.7	1.1	1.4	2.3	12.4	82.1
福井	100.0	1.0	1.5	1.9	2.6	13.0	80.0
山梨	100.0	1.0	1.7	1.8	3.5	17.0	75.0
長野	100.0	0.6	1.1	1.2	1.8	10.5	84.8
岐阜	100.0	0.7	1.2	1.7	2.1	10.8	83.5
静岡	100.0	0.7	1.2	1.9	2.8	16.6	76.8
愛知	100.0	0.6	1.2	1.9	2.6	13.7	80.0
三重	100.0	1.0	1.6	2.5	3.0	13.3	78.6
滋賀	100.0	0.8	1.4	1.7	2.2	12.6	81.3
京都	100.0	0.7	1.3	1.6	2.4	12.0	82.0
大阪	100.0	1.2	2.1	4.2	4.7	20.8	67.0
兵庫	100.0	0.9	1.7	1.7	2.6	15.0	78.1
奈良	100.0	0.8	1.8	2.4	3.5	17.1	74.4
和歌山	100.0	0.9	1.6	2.2	2.7	15.7	76.9
鳥取	100.0	0.8	1.3	1.5	2.3	12.4	81.7
島根	100.0	0.7	1.2	1.7	2.1	12.6	81.7
岡山	100.0	1.0	1.7	2.7	3.2	16.5	74.9
広島	100.0	0.8	1.6	2.0	2.7	15.9	77.0
山口	100.0	0.9	1.8	2.5	3.4	19.1	72.3
徳島	100.0	1.1	1.9	2.5	2.9	14.7	76.9
香川	100.0	1.4	2.1	3.2	3.8	21.0	68.5
愛媛	100.0	1.4	2.5	3.3	4.9	21.5	66.4
高知	100.0	1.4	2.3	3.1	3.8	19.8	69.6
福岡	100.0	1.5	3.1	4.3	5.1	26.0	60.0
佐賀	100.0	0.8	1.5	2.2	3.0	18.3	74.2
長崎	100.0	1.4	2.9	3.3	6.2	27.2	59.0
熊本	100.0	1.2	2.4	2.9	4.8	23.7	65.0
大分	100.0	2.1	4.4	5.6	8.2	32.2	47.5
宮崎	100.0	1.0	2.0	4.4	6.2	27.5	58.9
鹿児島	100.0	1.1	1.9	3.0	4.0	20.4	69.6
沖縄	100.0	0.6	1.5	2.1	3.5	16.9	75.4
関東農政局	100.0	0.8	1.3	1.9	3.0	18.2	74.8
東海農政局	100.0	0.8	1.3	2.1	2.6	12.7	80.5
中国四国農政局	100.0	1.0	1.8	2.4	3.1	16.8	74.9

注：　未熟粒・被害粒等の混入が多く農産物規格規程に定める三等の品位に達しない場合は、再選別を行っており、その選別後の値を含んでいる（以下1(5)から(7)の各統計表において同じ。）。

1　米（続き）

(6)　令和元年産水稲玄米のふるい目幅別10ａ当たり収量（全国農業地域別・都道府県別）

単位：kg

全国農業地域・都道府県	1.70mm以上 (1)	1.75mm以上 (2)	1.80mm以上 (3)	1.85mm以上 (4)	1.90mm以上 (5)	2.00mm以上 (6)
全国	**528**	**524**	**517**	**507**	**492**	**411**
（全国農業地域）						
北海道	571	568	562	555	541	465
都府県	525	521	513	503	489	407
東北	586	582	576	567	554	479
北陸	540	537	532	526	515	450
関東・東山	522	518	511	501	485	390
東海	491	487	481	471	458	392
近畿	503	499	491	481	468	396
中国	503	498	490	479	465	387
四国	457	451	441	427	409	321
九州	435	429	418	402	378	270
沖縄	295	293	289	283	272	222
（都道府県）						
北海道	571	568	562	555	541	465
青森	627	624	619	612	602	537
岩手	554	551	546	538	529	466
宮城	551	547	540	531	515	418
秋田	600	596	589	577	563	491
山形	627	624	618	611	597	514
福島	560	557	550	540	529	464
茨城	504	499	493	486	471	380
栃木	526	522	514	504	490	394
群馬	486	479	470	445	414	269
埼玉	482	476	468	453	430	299
千葉	516	513	508	501	488	407
東京	402	398	390	379	362	273
神奈川	470	464	454	441	421	309
新潟	542	540	535	530	520	457
富山	553	550	545	540	528	458
石川	532	528	522	515	503	437
福井	520	515	507	497	484	416
山梨	541	536	526	517	498	406
長野	620	616	609	602	591	526
岐阜	482	479	473	465	455	402
静岡	517	513	507	497	483	397
愛知	499	496	490	481	468	399
三重	477	472	465	453	438	375
滋賀	509	505	498	489	478	414
京都	505	501	495	487	475	414
大阪	502	496	485	464	441	336
兵庫	497	493	484	476	463	388
奈良	515	511	502	489	471	383
和歌山	494	490	482	471	457	380
鳥取	514	510	503	495	484	420
島根	506	502	496	488	477	413
岡山	517	512	503	489	473	387
広島	499	495	487	477	464	384
山口	474	470	461	449	433	343
徳島	464	459	450	438	425	357
香川	471	464	455	439	422	323
愛媛	470	463	452	436	413	312
高知	420	414	404	391	375	292
福岡	454	447	433	414	390	272
佐賀	298	296	291	285	276	221
長崎	455	449	435	420	392	268
熊本	483	477	466	452	428	314
大分	435	426	407	382	347	207
宮崎	465	460	451	431	402	274
鹿児島	454	449	440	427	409	316
沖縄	295	293	289	283	272	222
関東農政局	521	517	510	500	485	390
東海農政局	486	482	476	466	453	391
中国四国農政局	488	483	474	463	447	366

注：　ふるい目幅別の10ａ当たり収量とは、全国、全国農業地域別、都道府県別又は地方農政局別の10ａ当たり収量にふるい目幅別重量割合を乗じて算出したものである。

(7)　令和元年産水稲玄米のふるい目幅別収穫量（子実用）（全国農業地域別・都道府県別）

単位：t

全国農業地域・都道府県	1.70mm以上 (1)	1.75mm以上 (2)	1.80mm以上 (3)	1.85mm以上 (4)	1.90mm以上 (5)	2.00mm以上 (6)
全国	**7,762,000**	**7,708,000**	**7,599,000**	**7,452,000**	**7,234,000**	**6,047,000**
(全国農業地域)						
北海道	588,100	585,200	579,300	571,600	557,500	479,300
都府県	7,174,000	7,117,000	7,016,000	6,880,000	6,679,000	5,567,000
東北	2,239,000	2,226,000	2,201,000	2,167,000	2,118,000	1,832,000
北陸	1,115,000	1,109,000	1,099,000	1,086,000	1,064,000	929,900
関東・東山	1,414,000	1,403,000	1,384,000	1,357,000	1,315,000	1,056,000
東海	457,100	453,400	447,500	438,400	426,500	365,200
近畿	516,400	512,300	504,000	494,200	480,800	406,900
中国	513,200	508,600	500,400	489,100	474,700	394,700
四国	220,700	217,800	213,000	206,400	197,700	154,900
九州	696,400	687,300	668,500	642,800	605,900	431,800
沖縄	2,000	1,990	1,960	1,920	1,850	1,510
(都道府県)						
北海道	588,100	585,200	579,300	571,600	557,500	479,300
青森	282,200	280,800	278,500	275,400	270,900	241,800
岩手	279,800	278,100	275,600	272,000	266,900	235,300
宮城	376,900	374,300	369,400	363,300	352,400	285,700
秋田	526,800	523,600	516,800	506,800	494,100	430,900
山形	404,400	402,400	398,700	393,900	385,000	331,200
福島	368,500	366,700	361,900	355,600	348,200	305,100
茨城	344,200	341,100	336,600	331,800	321,800	259,200
栃木	311,400	308,900	304,200	298,600	289,900	233,200
群馬	75,300	74,200	72,800	68,900	64,200	41,700
埼玉	154,200	152,400	149,600	144,900	137,700	95,800
千葉	289,000	287,300	284,700	280,300	273,400	227,700
東京	519	513	504	489	468	352
神奈川	14,300	14,100	13,800	13,400	12,800	9,410
新潟	646,100	643,500	638,300	631,200	619,600	544,700
富山	205,700	204,700	202,800	200,800	196,200	170,500
石川	133,000	132,100	130,600	128,700	125,700	109,200
福井	130,500	129,200	127,200	124,800	121,400	104,400
山梨	26,500	26,200	25,800	25,300	24,400	19,900
長野	198,400	197,200	195,000	192,600	189,100	168,200
岐阜	108,500	107,700	106,400	104,600	102,300	90,600
静岡	81,200	80,600	79,700	78,100	75,800	62,400
愛知	137,200	136,400	134,700	132,100	128,600	109,800
三重	130,200	128,900	126,800	123,600	119,700	102,300
滋賀	161,400	160,100	157,800	155,100	151,600	131,200
京都	72,700	72,200	71,200	70,100	68,300	59,600
大阪	24,300	24,000	23,500	22,500	21,300	16,300
兵庫	182,900	181,300	178,100	175,000	170,300	142,800
奈良	43,700	43,400	42,600	41,500	40,000	32,500
和歌山	31,400	31,100	30,600	29,900	29,100	24,100
鳥取	65,300	64,800	63,900	62,900	61,400	53,400
島根	87,500	86,900	85,800	84,400	82,500	71,500
岡山	155,600	154,000	151,400	147,200	142,200	116,500
広島	113,300	112,400	110,600	108,300	105,300	87,200
山口	91,500	90,700	89,000	86,700	83,600	66,200
徳島	52,400	51,800	50,800	49,500	48,000	40,300
香川	56,500	55,700	54,500	52,700	50,600	38,700
愛媛	63,900	63,000	61,400	59,300	56,200	42,400
高知	47,900	47,200	46,100	44,600	42,800	33,300
福岡	158,900	156,500	151,600	144,800	136,700	95,300
佐賀	71,800	71,200	70,100	68,600	66,400	53,300
長崎	51,900	51,200	49,700	48,000	44,700	30,600
熊本	160,800	158,900	155,000	150,300	142,600	104,500
大分	89,600	87,700	83,800	78,800	71,400	42,600
宮崎	74,900	74,200	72,700	69,400	64,700	44,100
鹿児島	88,500	87,500	85,800	83,200	79,700	61,600
沖縄	2,000	1,990	1,960	1,920	1,850	1,510
関東農政局	1,495,000	1,483,000	1,464,000	1,435,000	1,390,000	1,118,000
東海農政局	375,900	372,900	368,000	360,100	350,300	302,600
中国四国農政局	733,900	726,600	713,400	695,700	673,000	549,700

注：　ふるい目幅別の収穫量(子実用)とは、全国、全国農業地域別、都道府県別又は地方農政局別の収穫量にふるい目幅別重量割合を乗じて算出したものである。

1 米（続き）

(8) 令和元年産水稲における農家等が使用した選別ふるい目幅の分布（全国農業地域別・都道府県別

単位：%

全国農業地域・都道府県	計	1.70mm以上 1.75mm未満	1.75～1.80	1.80～1.85	1.85～1.90	1.90～2.00	2.00mm 以上
	(1)	(2)	(3)	(4)	(5)	(6)	(7)
全国	**100.0**	**0.2**	**2.1**	**25.3**	**37.4**	**34.3**	**0.7**
（全国農業地域）							
北海道	100.0	0.2	-	-	22.1	74.2	3.5
都府県	100.0	0.2	2.3	27.1	38.4	31.5	0.5
東北	100.0	-	0.0	0.6	17.3	82.0	0.1
北陸	100.0	0.1	0.5	1.6	36.9	59.5	1.4
関東・東山	100.0	0.2	4.9	41.7	50.6	2.1	0.5
東海	100.0	0.5	2.7	27.4	57.6	11.3	0.5
近畿	100.0	0.4	5.0	44.2	29.6	18.8	2.0
中国	100.0	0.2	0.3	19.1	58.5	21.6	0.3
四国	100.0	0.3	5.7	73.6	20.2	0.2	-
九州	100.0	0.2	1.9	45.6	45.8	6.4	0.1
沖縄	100.0	-	33.3	66.7	-	-	-
（都道府県）							
北海道	100.0	0.2	-	-	22.1	74.2	3.5
青森	100.0	-	-	-	0.9	99.1	-
岩手	100.0	-	0.3	1.2	6.1	92.4	-
宮城	100.0	-	-	-	4.4	95.6	-
秋田	100.0	-	-	0.8	20.3	78.9	-
山形	100.0	-	-	-	17.2	82.2	0.6
福島	100.0	-	-	1.9	58.5	39.6	-
茨城	100.0	-	-	12.7	86.5	0.4	0.4
栃木	100.0	-	-	5.2	94.5	0.3	-
群馬	100.0	0.6	5.4	88.0	4.2	1.2	0.6
埼玉	100.0	1.1	29.4	62.3	7.2	-	-
千葉	100.0	-	2.2	87.0	10.0	0.4	0.4
東京	100.0	-	50.0	50.0	-	-	-
神奈川	100.0	-	12.1	81.9	3.0	3.0	-
新潟	100.0	0.2	1.2	2.9	59.9	33.5	2.3
富山	100.0	-	-	0.9	10.5	86.8	1.8
石川	100.0	-	-	0.4	48.3	51.3	-
福井	100.0	-	-	0.9	2.6	96.1	0.4
山梨	100.0	-	6.1	42.9	51.0	-	-
長野	100.0	-	-	15.8	72.8	9.9	1.5
岐阜	100.0	-	2.5	49.6	44.2	2.5	1.2
静岡	100.0	0.5	8.6	40.1	48.1	1.6	1.1
愛知	100.0	-	-	4.1	62.1	33.8	-
三重	100.0	1.3	0.9	23.8	70.2	3.8	-
滋賀	100.0	-	0.5	9.4	29.6	60.5	-
京都	100.0	-	0.6	35.5	47.6	16.3	-
大阪	100.0	3.0	19.4	71.6	3.0	3.0	-
兵庫	100.0	0.4	4.2	42.2	42.2	3.4	7.6
奈良	100.0	0.9	6.6	72.7	19.8	-	-
和歌山	100.0	-	12.4	85.7	-	1.9	-
鳥取	100.0	0.8	-	3.9	91.4	3.9	-
島根	100.0	-	-	5.4	13.9	80.2	0.5
岡山	100.0	-	0.8	45.7	53.1	0.4	-
広島	100.0	-	0.5	26.8	69.3	2.9	0.5
山口	100.0	0.5	-	1.0	78.7	19.3	0.5
徳島	100.0	0.6	9.0	80.8	9.6	-	-
香川	100.0	0.7	9.2	77.6	12.5	-	-
愛媛	100.0	-	1.9	51.3	46.8	-	-
高知	100.0	-	2.6	85.4	11.3	0.7	-
福岡	100.0	-	-	16.6	83.4	-	-
佐賀	100.0	-	-	2.3	58.5	38.3	0.9
長崎	100.0	2.7	13.5	57.7	21.6	4.5	-
熊本	100.0	-	1.1	43.8	54.7	0.4	-
大分	100.0	-	1.5	43.8	54.7	-	-
宮崎	100.0	-	2.0	97.5	0.5	-	-
鹿児島	100.0	-	0.8	92.9	6.3	-	-
沖縄	100.0	-	33.3	66.7	-	-	-
関東農政局	100.0	0.2	5.3	41.5	50.4	2.1	0.5
東海農政局	100.0	0.5	1.0	23.5	60.5	14.2	0.3
中国四国農政局	100.0	0.3	2.4	40.2	43.6	13.3	0.2

注：1　水稲作況標本（基準）筆農家からの聞き取り結果である。
　　2　農家等が使用した選別ふるい目幅の分布とは、水稲作況標本（基準）筆で農家が使用した選別ふるい目幅別の農家数割合を示したものである。

(9)　令和元年産水稲の作況標本筆の10ａ当たり玄米重の分布状況（全国農業地域別・都道府県別）

単位：％

全国農業地域・都道府県	計	100kg未満	100～200	200～300	300～400	400～500	500～600	600～700	700～800	800kg以上
	(1)	(2)	(3)	(4)	(5)	(6)	(7)	(8)	(9)	(10)
全国	**100.0**	**0.8**	**0.3**	**1.3**	**7.2**	**26.8**	**40.2**	**19.1**	**4.1**	**0.2**
(全国農業地域)										
北海道	100.0	-	-	0.2	1.6	13.5	47.9	33.3	3.3	0.2
都府県	100.0	0.8	0.3	1.4	7.5	27.7	39.9	18.1	4.1	0.2
東北	100.0	0.0	0.1	0.5	1.6	10.0	37.1	38.7	11.2	0.8
北陸	100.0	0.1	-	1.3	3.9	18.9	50.9	21.9	2.8	0.2
関東・東山	100.0	0.1	0.1	0.9	6.1	26.6	41.9	18.2	6.0	0.1
東海	100.0	0.4	0.4	1.4	9.2	33.6	43.1	10.7	1.1	0.1
近畿	100.0	-	-	2.1	7.0	32.5	44.9	12.7	0.8	-
中国	100.0	0.2	0.5	1.4	7.6	33.0	42.2	13.1	1.9	0.1
四国	100.0	0.3	1.3	2.9	17.3	42.4	30.6	5.0	0.2	-
九州	100.0	4.5	0.8	2.2	15.4	44.2	29.5	3.4	-	-
沖縄	…	…	…	…	…	…	…	…	…	…
(都道府県)										
北海道	100.0	-	-	0.2	1.6	13.5	47.9	33.3	3.3	0.2
青森	100.0	0.3	0.3	0.6	1.8	7.3	21.6	38.6	26.8	2.7
岩手	100.0	-	0.3	0.6	2.4	15.0	49.4	28.2	4.1	-
宮城	100.0	-	-	0.9	1.2	15.2	56.7	24.8	1.2	-
秋田	100.0	-	-	0.5	0.8	6.8	33.9	48.3	9.2	0.5
山形	100.0	-	-	0.3	0.6	4.4	21.2	51.1	21.2	1.2
福島	100.0	-	-	-	3.1	12.3	40.7	39.2	4.4	0.3
茨城	100.0	-	-	1.1	5.0	31.1	53.1	9.3	0.4	-
栃木	100.0	0.4	-	-	4.6	27.5	47.1	17.9	2.5	-
群馬	100.0	-	-	2.8	11.1	31.1	43.9	9.4	1.7	-
埼玉	100.0	-	0.6	1.1	9.4	40.6	41.0	6.7	0.6	-
千葉	100.0	-	0.4	0.4	4.2	27.4	48.3	18.1	0.8	0.4
東京	…	…	…	…	…	…	…	…	…	…
神奈川	100.0	-	-	3.4	15.3	44.0	32.2	3.4	1.7	-
新潟	100.0	0.2	-	1.8	3.6	18.0	48.6	23.4	4.2	0.2
富山	100.0	-	-	0.9	2.7	15.0	48.2	29.1	3.6	0.5
石川	100.0	-	-	-	4.8	23.0	50.0	20.9	1.3	-
福井	100.0	-	-	1.7	4.8	20.4	60.1	12.6	0.4	-
山梨	100.0	-	-	-	15.0	20.0	31.2	22.5	11.3	-
長野	100.0	-	-	0.7	0.4	7.4	24.2	41.6	25.3	0.4
岐阜	100.0	-	1.6	0.5	8.1	38.9	41.2	8.6	1.1	-
静岡	100.0	-	-	1.1	8.9	26.3	41.9	17.3	3.9	0.6
愛知	100.0	-	-	0.5	6.2	36.2	48.5	8.6	-	-
三重	100.0	1.3	-	3.0	13.0	32.6	41.0	9.1	-	-
滋賀	100.0	-	-	1.4	7.1	30.5	45.8	13.8	1.4	-
京都	100.0	-	-	1.3	6.0	33.3	44.7	14.0	0.7	-
大阪	100.0	-	-	-	-	46.0	54.0	-	-	-
兵庫	100.0	-	-	3.0	8.7	33.5	42.2	12.2	0.4	-
奈良	100.0	-	-	-	8.0	31.0	44.0	16.0	1.0	-
和歌山	100.0	-	-	6.0	7.0	28.0	45.0	13.0	1.0	-
鳥取	100.0	-	-	2.0	8.7	28.0	42.6	14.7	3.3	0.7
島根	100.0	-	-	0.5	8.7	34.4	43.1	12.3	1.0	-
岡山	100.0	-	0.4	1.3	7.5	27.1	40.4	20.4	2.9	-
広島	100.0	0.5	1.4	1.4	5.9	30.9	44.9	12.7	2.3	-
山口	100.0	0.5	0.5	2.2	7.6	45.7	39.7	3.8	-	-
徳島	100.0	-	1.3	2.7	13.3	42.7	36.0	3.3	0.7	-
香川	100.0	-	0.7	-	12.7	49.9	30.0	6.7	-	-
愛媛	100.0	-	0.7	4.7	10.0	44.6	33.3	6.7	-	-
高知	100.0	1.2	2.4	4.1	31.2	33.5	24.1	3.5	-	-
福岡	100.0	0.8	0.4	1.5	10.8	56.1	28.5	1.9	-	-
佐賀	100.0	29.5	1.9	3.3	15.7	33.4	15.2	1.0	-	-
長崎	100.0	-	0.7	2.7	18.0	47.9	26.7	4.0	-	-
熊本	100.0	-	1.1	1.1	10.4	41.0	40.7	5.7	-	-
大分	100.0	0.5	-	2.7	21.9	53.6	20.2	1.1	-	-
宮崎	100.0	-	0.5	1.4	16.3	41.6	35.4	4.8	-	-
鹿児島	100.0	1.0	1.0	3.5	19.1	35.7	34.7	5.0	-	-
沖縄	…	…	…	…	…	…	…	…	…	…
関東農政局	100.0	0.1	0.1	1.0	6.3	26.6	41.8	18.1	5.8	0.2
東海農政局	100.0	0.5	0.5	1.4	9.3	35.7	43.5	8.8	0.3	-
中国四国農政局	100.0	0.2	0.8	2.0	11.3	36.6	37.8	10.0	1.2	0.1

注：1　10ａ当たり玄米重は、1.70㎜のふるい目幅で選別された玄米の重量である。
　　2　東京都及び沖縄県については、水稲作況標本筆を設置していないことから「…」で示した。

1　米（続き）

(10)　令和元年産水稲の玄米品位の状況（全国農業地域別）

単位：%

全国農業地域	整粒	未熟粒		被害粒	
			乳白粒・腹白粒		死米・着色粒
	(1)	(2)	(3)	(4)	(5)
全国	**68.4**	**24.2**	**4.2**	**7.4**	**0.9**
北海道	65.2	26.8	4.7	8.1	1.3
東北	74.0	18.4	2.9	7.5	0.5
北陸	64.4	23.8	6.5	11.8	1.0
関東・東山	70.6	23.7	3.6	5.8	0.7
東海	63.9	29.9	5.2	6.3	1.4
近畿	66.1	26.3	4.4	7.6	0.6
中国	67.6	27.8	5.4	4.7	1.4
四国	64.8	30.8	4.0	4.6	1.8
九州	61.7	32.7	3.5	5.6	1.5

注：1　作況基準筆等の刈取試料を穀粒判別器を用いて品位分析したものである（九州には沖縄県のデータを含む。）。
　　2　当該品位分析は、全国農業地域ごとに、過去５か年間に農家等が実際に使用したふるい目幅の分布において、大きいものから数えて９割を占めるまでの目幅（北海道、東北及び北陸は1.85㎜、関東・東山、東海、近畿、中国及び九州は1.80㎜、四国及び沖縄は1.75㎜）以上に選別された玄米を基に算出した数値である。

1　米（続き）

(11)　令和元年産水稲の被害面積及び被害量（全国農業地域別・都道府県別）

全国農業地域・都道府県	気象被害											
	冷害				日照不足				高温障害			
	被害面積	被害量	被害率 実数	被害率 対前年差	被害面積	被害量	被害率 実数	被害率 対前年差	被害面積	被害量	被害率 実数	被害率 対前年差
	(1)	(2)	(3)	(4)	(5)	(6)	(7)	(8)	(9)	(10)	(11)	(12)
	ha	t	%	ポイント	ha	t	%	ポイント	ha	t	%	ポイント
全国 (1)	**80,600**	**12,400**	**0.2**	**△ 0.3**	**1,185,000**	**237,600**	**3.0**	**△ 0.2**	**699,200**	**94,100**	**1.2**	**0.0**
(全国農業地域)												
北海道 (2)	61,200	8,560	1.5	△ 4.6	65,400	13,400	2.4	△ 8.7	14,400	536	0.1	0.1
都府県 (3)	19,400	3,800	0.1	0.1	1,119,000	224,200	3.1	0.5	684,800	93,500	1.3	0.0
東北 (4)	6,440	586	0.0	0.0	333,400	42,900	2.0	△ 2.6	207,500	19,600	0.9	0.0
北陸 (5)	-	-	-	-	150,600	10,600	1.0	△ 0.7	195,700	21,300	1.9	0.4
関東・東山 (6)	11,500	2,910	0.2	0.1	211,200	48,100	3.3	2.4	138,800	32,300	2.2	0.0
東海 (7)	1,480	300	0.1	0.1	66,000	12,000	2.6	0.9	25,100	3,180	0.7	△ 1.5
近畿 (8)	-	-	-	-	55,100	9,930	1.9	△ 0.4	37,500	4,910	0.9	0.4
中国 (9)	-	-	-	-	98,300	21,600	4.1	2.4	36,400	6,890	1.3	0.0
四国 (10)	-	-	-	-	46,900	12,200	5.2	2.4	22,000	2,440	1.0	0.0
九州 (11)	-	-	-	-	157,900	66,800	8.3	5.4	21,900	2,890	0.4	0.0
沖縄 (12)	-	-	-	-	85	51	2.4	2.4	20	14	0.7	0.7
(都道府県)												
北海道 (13)	61,200	8,560	1.5	△ 4.6	65,400	13,400	2.4	△ 8.7	14,400	536	0.1	0.1
青森 (14)	-	-	-	△ 0.1	-	-	-	△ 4.4	14,100	5,430	2.0	2.0
岩手 (15)	-	-	-	△ 0.1	50,500	9,200	3.4	△ 1.8	3,570	162	0.1	0.1
宮城 (16)	1,240	106	0.0	0.0	68,400	15,500	4.2	△ 0.1	48,200	2,650	0.7	0.6
秋田 (17)	-	-	-	-	87,800	7,600	1.5	△ 3.8	24,500	3,000	0.6	0.5
山形 (18)	-	-	-	-	60,900	5,320	1.4	△ 5.0	51,300	3,170	0.8	△ 2.9
福島 (19)	5,200	480	0.1	0.1	65,800	5,300	1.5	△ 0.1	65,800	5,200	1.5	0.1
茨城 (20)	-	-	-	-	51,900	17,500	4.9	3.9	30,400	8,660	2.4	△ 1.8
栃木 (21)	-	-	-	-	59,200	8,680	2.7	2.4	58,700	12,700	4.0	2.8
群馬 (22)	183	148	0.2	0.2	5,120	4,010	5.2	3.4	2,010	1,300	1.7	0.9
埼玉 (23)	-	-	-	-	24,000	3,800	2.4	0.1	32,000	6,000	3.8	1.9
千葉 (24)	-	-	-	-	46,500	10,900	3.6	3.3	7,800	2,300	0.8	△ 1.2
東京 (25)	-	-	-	-	77	12	2.2	2.2	-	-	-	-
神奈川 (26)	3,040	546	3.6	3.6	3,040	114	0.8	△ 0.3	875	234	1.6	1.6
新潟 (27)	-	-	-	-	90,400	9,260	1.4	△ 1.3	119,200	16,400	2.5	0.5
富山 (28)	-	-	-	-	37,200	667	0.3	0.1	37,200	2,970	1.5	0.8
石川 (29)	-	-	-	-	4,300	200	0.2	0.1	25,000	1,300	1.0	0.0
福井 (30)	-	-	-	-	18,700	495	0.4	0.3	14,300	660	0.5	△ 0.6
山梨 (31)	450	200	0.7	0.3	1,960	290	1.1	0.5	1,590	240	0.9	△ 0.5
長野 (32)	7,800	2,020	1.0	0.5	19,400	2,750	1.4	0.2	5,430	850	0.4	△ 1.0
岐阜 (33)	-	-	-	-	14,900	2,640	2.4	0.3	3,450	477	0.4	△ 0.1
静岡 (34)	1,480	300	0.4	0.4	7,200	1,860	2.3	△ 0.9	9,520	1,510	1.8	0.0
愛知 (35)	-	-	-	-	27,500	3,890	2.8	0.7	12,100	1,190	0.9	△ 0.7
三重 (36)	-	-	-	-	16,400	3,620	2.7	2.7	-	-	-	△ 4.5
滋賀 (37)	-	-	-	-	12,500	3,690	2.2	0.5	10,400	1,800	1.1	0.4
京都 (38)	-	-	-	-	14,400	2,020	2.7	△ 1.3	3,600	397	0.5	0.5
大阪 (39)	-	-	-	-	4,850	310	1.3	△ 0.6	950	50	0.2	0.0
兵庫 (40)	-	-	-	-	17,000	3,150	1.7	△ 1.4	19,700	2,400	1.3	0.8
奈良 (41)	-	-	-	-	3,820	280	0.6	0.0	580	60	0.1	0.0
和歌山 (42)	-	-	-	-	2,500	480	1.5	1.1	2,220	200	0.6	0.0
鳥取 (43)	-	-	-	-	8,910	2,700	4.1	△ 0.4	3,180	397	0.6	△ 0.6
島根 (44)	-	-	-	-	17,300	2,730	3.1	2.3	10,000	940	1.1	△ 1.0
岡山 (45)	-	-	-	-	30,100	3,940	2.5	0.0	9,100	1,760	1.1	0.4
広島 (46)	-	-	-	-	22,700	6,270	5.3	4.7	6,400	1,660	1.4	△ 0.9
山口 (47)	-	-	-	-	19,300	5,920	6.1	5.3	7,690	2,130	2.2	1.7
徳島 (48)	-	-	-	-	11,300	2,510	4.7	2.6	-	-	-	△ 1.1
香川 (49)	-	-	-	-	12,000	3,500	5.9	0.9	6,000	93	0.2	0.0
愛媛 (50)	-	-	-	-	12,200	3,390	5.0	3.8	9,520	2,030	3.0	1.5
高知 (51)	-	-	-	-	11,400	2,800	5.4	2.2	6,500	320	0.6	△ 0.4
福岡 (52)	-	-	-	-	35,000	13,000	7.5	6.8	8,930	555	0.3	0.0
佐賀 (53)	-	-	-	-	24,100	14,100	11.3	9.2	5,400	1,230	1.0	0.6
長崎 (54)	-	-	-	-	10,400	2,150	3.9	1.6	-	-	-	△ 0.1
熊本 (55)	-	-	-	-	33,300	12,400	7.3	3.8	2,720	142	0.1	△ 0.2
大分 (56)	-	-	-	-	19,500	10,800	10.4	5.9	4,520	950	0.9	0.3
宮崎 (57)	-	-	-	-	16,100	7,460	9.3	2.0	98	7	0.0	0.0
鹿児島 (58)	-	-	-	-	19,500	6,930	7.4	5.2	200	3	0.0	△ 1.3
沖縄 (59)	-	-	-	-	85	51	2.4	2.4	20	14	0.7	0.7
関東農政局 (60)	13,000	3,210	0.2	0.1	218,400	49,900	3.2	2.1	148,300	33,800	2.2	0.0
東海農政局 (61)	-	-	-	-	58,800	10,200	2.6	1.2	15,600	1,670	0.4	△ 1.9
中国四国農政局 (62)	-	-	-	-	145,200	33,800	4.4	2.4	58,400	9,330	1.2	0.0

注：被害率＝$\frac{被害量}{平年収量}\times 100$

病害				虫害								
いもち病				ウンカ				カメムシ				
被害面積	被害量	被害率		被害面積	被害量	被害率		被害面積	被害量	被害率		
		実数	対前年差			実数	対前年差			実数	対前年差	
(13)	(14)	(15)	(16)	(17)	(18)	(19)	(20)	(21)	(22)	(23)	(24)	
ha	t	%	ポイント	ha	t	%	ポイント	ha	t	%	ポイント	
239,500	**55,900**	**0.7**	**0.1**	**110,600**	**40,600**	**0.5**	**0.4**	**143,100**	**17,600**	**0.2**	**0.0**	(1)
1,450	105	0.0	△ 0.1	702	48	0.0	0.0	6,660	617	0.1	0.1	(2)
238,100	55,800	0.8	0.1	109,900	40,600	0.6	0.5	136,500	17,000	0.2	0.0	(3)
49,200	8,810	0.4	△ 0.1	2,890	160	0.0	0.0	33,200	3,210	0.1	0.0	(4)
8,830	930	0.1	0.0	4,370	397	0.0	0.0	13,700	807	0.1	0.1	(5)
45,800	12,700	0.9	0.1	13,800	1,970	0.1	0.0	31,800	6,020	0.4	0.1	(6)
21,800	5,050	1.1	0.1	7,320	1,490	0.3	0.2	15,200	2,130	0.5	0.1	(7)
13,200	4,160	0.8	△ 0.3	10,500	2,530	0.5	0.3	10,100	923	0.2	0.1	(8)
23,500	4,760	0.9	0.3	13,300	5,660	1.1	1.0	7,440	1,470	0.3	0.1	(9)
15,100	3,350	1.4	0.1	7,110	3,030	1.3	1.2	14,100	747	0.3	△ 0.2	(10)
60,700	16,000	2.0	0.8	50,600	25,300	3.2	3.0	11,000	1,670	0.2	0.0	(11)
10	10	0.5	0.5	-	-	-	-	-	-	-	-	(12)
1,450	105	0.0	△ 0.1	702	48	0.0	0.0	6,660	617	0.1	0.1	(13)
975	65	0.0	0.0	570	34	0.0	0.0	8,780	1,180	0.4	0.4	(14)
5,150	880	0.3	△ 0.1	29	2	0.0	0.0	1,430	121	0.0	0.0	(15)
8,000	1,750	0.5	0.0	60	2	0.0	0.0	3,610	379	0.1	0.0	(16)
20,000	2,590	0.5	△ 0.4	303	9	0.0	0.0	9,210	597	0.1	0.0	(17)
9,700	2,680	0.7	0.2	1,410	81	0.0	0.0	5,800	530	0.1	0.0	(18)
5,340	845	0.2	0.0	520	32	0.0	0.0	4,380	400	0.1	0.0	(19)
8,410	2,260	0.6	0.1	1,080	319	0.1	0.1	15,600	4,070	1.1	0.3	(20)
15,500	3,100	1.0	△ 0.1	2,800	570	0.2	0.0	5,000	470	0.1	△ 0.2	(21)
2,110	977	1.3	0.2	1,730	333	0.4	0.0	632	115	0.1	△ 0.1	(22)
5,000	600	0.4	0.1	5,000	600	0.4	0.0	2,100	200	0.1	0.0	(23)
8,600	3,980	1.3	0.3	100	30	0.0	0.0	5,600	730	0.2	0.1	(24)
2	0	0.0	△ 0.2	1	0	0.0	0.0	6	0	0.0	△ 0.2	(25)
-	-	-	-	0	0	0.0	0.0	5	0	0.0	0.0	(26)
5,950	658	0.1	0.0	3,000	348	0.1	0.1	5,520	510	0.1	0.1	(27)
1,000	43	0.0	0.0	550	4	0.0	0.0	1,000	19	0.0	0.0	(28)
650	77	0.1	0.1	300	20	0.0	0.0	600	18	0.0	0.0	(29)
1,230	152	0.1	0.0	520	25	0.0	0.0	6,550	260	0.2	0.1	(30)
950	450	1.7	0.3	120	18	0.1	0.0	220	35	0.1	△ 0.1	(31)
5,200	1,310	0.7	△ 0.1	3,000	100	0.1	0.0	2,600	400	0.2	0.0	(32)
4,790	1,450	1.3	△ 0.6	1,220	217	0.2	0.0	4,830	836	0.8	0.3	(33)
3,090	653	0.8	0.1	3,740	1,020	1.2	1.0	2,370	310	0.4	0.0	(34)
8,550	1,630	1.2	0.1	1,270	140	0.1	0.0	5,490	603	0.4	0.1	(35)
5,350	1,320	1.0	0.6	1,090	113	0.1	0.1	2,490	384	0.3	0.1	(36)
7,010	1,980	1.2	△ 1.0	4,740	984	0.6	0.3	2,470	216	0.1	0.0	(37)
576	58	0.1	0.0	432	112	0.2	0.2	1,010	58	0.1	0.0	(38)
580	290	1.2	△ 0.2	870	400	1.7	1.0	240	30	0.1	0.0	(39)
2,220	350	0.2	0.0	2,800	456	0.2	0.2	4,890	429	0.2	0.1	(40)
1,840	1,240	2.8	0.1	490	180	0.4	0.3	590	70	0.2	△ 0.1	(41)
960	240	0.8	0.2	1,200	400	1.3	0.9	900	120	0.4	0.1	(42)
644	208	0.3	△ 0.3	193	60	0.1	0.1	642	61	0.1	0.0	(43)
4,310	1,080	1.2	1.0	1,470	490	0.6	0.6	845	100	0.1	0.0	(44)
8,100	1,380	0.9	0.1	5,400	2,160	1.4	1.0	2,600	500	0.3	0.1	(45)
8,160	1,300	1.1	0.4	2,680	1,000	0.8	0.8	1,140	409	0.3	0.1	(46)
2,300	790	0.8	0.2	3,550	1,950	2.0	2.0	2,210	400	0.4	0.3	(47)
3,610	421	0.8	△ 0.2	446	22	0.0	△ 0.1	3,250	133	0.2	△ 0.1	(48)
3,850	1,000	1.7	0.2	2,100	230	0.4	0.1	2,500	150	0.3	0.1	(49)
3,550	677	1.0	0.4	1,360	677	1.0	0.9	4,080	270	0.4	△ 0.6	(50)
4,100	1,250	2.4	0.3	3,200	2,100	4.0	3.9	4,280	194	0.4	0.0	(51)
9,990	2,050	1.2	0.9	7,060	2,210	1.3	1.2	2,310	297	0.2	0.1	(52)
10,800	2,530	2.0	1.8	7,630	6,790	5.4	5.4	598	48	0.0	0.0	(53)
2,890	743	1.4	0.9	2,980	1,790	3.3	3.2	743	70	0.1	0.1	(54)
8,830	2,320	1.4	0.5	8,800	4,100	2.4	2.3	790	70	0.0	0.0	(55)
9,010	2,350	2.3	0.7	11,100	3,500	3.4	3.4	820	62	0.1	0.0	(56)
9,450	2,840	3.6	0.5	6,270	3,070	3.8	3.3	2,580	361	0.5	0.1	(57)
9,730	3,190	3.4	0.4	6,720	3,870	4.1	2.9	3,150	764	0.8	△ 0.1	(58)
10	10	0.5	0.5	-	-	-	-	-	-	-	-	(59)
48,900	13,300	0.9	0.1	17,600	2,990	0.2	0.1	34,100	6,330	0.4	0.1	(60)
18,700	4,400	1.1	0.0	3,580	470	0.1	0.0	12,800	1,820	0.5	0.1	(61)
38,600	8,110	1.1	0.3	20,400	8,690	1.1	1.0	21,500	2,220	0.3	0.0	(62)

2　麦類

(1)　令和元年産麦類（子実用）の収穫量（全国農業地域別・都道府県別）

ア　4麦計

全国農業地域・都道府県	作付面積	収穫量	前年産との比較			
			作付面積		収穫量	
			対差	対比	対差	対比
	(1)	(2)	(3)	(4)	(5)	(6)
	ha	t	ha	%	t	%
全国	**273,000**	**1,260,000**	**100**	**100**	**320,400**	**134**
(全国農業地域)						
北海道	123 300	685,700	200	100	208,900	144
都府県	149,800	574,100	0	100	111,300	124
東北	7,690	22,900	△ 180	98	6,800	142
北陸	9,660	28,600	△ 130	99	10,300	156
関東・東山	38,100	140,800	△ 400	99	10,300	108
東海	16,800	71,100	500	103	16,600	130
近畿	10,300	32,800	△ 100	99	6,600	125
中国	6,040	22,700	210	104	6,500	140
四国	4,920	20,400	80	102	6,200	144
九州	56,400	234,700	100	100	47,900	126
沖縄	x	x	x	x	x	x
(都道府県)						
北海道	123,300	685,700	200	100	208,900	144
青森	794	1,800	x	x	x	x
岩手	3,820	10,200	△ 100	97	3,610	155
宮城	2,310	8,850	30	101	1,740	124
秋田	x	x	x	x	x	x
山形	x	x	x	x	x	x
福島	369	1,000	15	104	294	142
茨城	7,860	25,000	△ 60	99	3,600	117
栃木	12,600	47,100	△ 300	98	3,400	108
群馬	7,650	30,200	△ 110	99	400	101
埼玉	6,100	25,900	△ 70	99	3,000	113
千葉	x	x	x	x	x	x
東京	x	x	x	x	x	x
神奈川	44	123	9	126	24	124
新潟	264	781	18	107	266	152
富山	3,230	9,430	△ 100	97	2,160	130
石川	1,430	4,910	10	101	1,820	159
福井	4,730	13,500	△ 70	99	6,040	181
山梨	119	347	△ 4	97	34	111
長野	2,810	9,170	60	102	△ 370	96
岐阜	3,540	12,200	120	104	2,550	126
静岡	x	x	x	x	x	x
愛知	5,750	32,200	250	105	9,100	139
三重	6,680	24,300	90	101	4,300	122
滋賀	7,580	25,200	△ 100	99	3,400	116
京都	248	529	x	x	x	x
大阪	x	x	x	x	x	x
兵庫	2,310	6,760	△ 20	99	2,890	175
奈良	x	x	x	x	x	x
和歌山	x	x	x	x	x	x
鳥取	x	x	x	x	x	x
島根	x	x	x	x	x	x
岡山	2,930	12,600	60	102	3,500	138
広島	x	x	x	x	x	x
山口	2,010	6,910	110	106	2,000	141
徳島	x	x	x	x	x	x
香川	2,770	12,200	100	104	3,910	147
愛媛	2,010	7,890	△ 20	99	2,300	141
高知	12	38	△ 1	92	14	158
福岡	21,500	96,900	100	100	21,400	128
佐賀	20,700	90,300	△ 100	100	18,300	125
長崎	1,880	6,620	△ 40	98	930	116
熊本	6,890	24,300	20	100	4,300	122
大分	4,970	15,600	120	102	2,700	121
宮崎	180	477	△ 5	97	160	150
鹿児島	x	x	x	x	x	x
沖縄	x	x	x	x	x	x
関東農政局	38,900	143,200	△ 300	99	11,000	108
東海農政局	16,000	68,700	500	103	15,900	130
中国四国農政局	11,000	43,200	300	103	12,800	142

イ 小麦

全国農業地域・都道府県	作付面積	10a当たり収量	収穫量	前年産との比較					（参考）	
				作付面積		10a当たり収量	収穫量		10a当たり平均収量対比	10a当たり平均収量
				対差	対比	対比	対差	対比		
	(1)	(2)	(3)	(4)	(5)	(6)	(7)	(8)	(9)	(10)
	ha	kg	t	ha	%	%	t	%	%	kg
全国	**211,600**	**490**	**1,037,000**	**△ 300**	**100**	**136**	**272,100**	**136**	**123**	**399**
（全国農業地域）										
北海道	121,400	558	677,700	0	100	144	206,600	144	121	460
都府県	90,200	398	359,400	△ 300	100	122	65,600	122	126	315
東北	6,370	290	18,500	△ 200	97	151	5,900	147	133	218
北陸	376	188	705	△ 27	93	111	20	103	90	209
関東・東山	20,800	389	81,000	△ 100	100	110	6,800	109	106	368
東海	16,000	429	68,600	500	103	126	15,800	130	131	328
近畿	8,430	310	26,100	△ 610	93	121	2,900	113	123	253
中国	2,540	385	9,780	130	105	137	2,980	144	146	263
四国	2,270	438	9,940	100	105	138	3,060	144	139	314
九州	33,400	433	144,700	0	100	124	28,100	124	136	318
沖縄	16	94	15	△ 13	55	61	△ 30	33	58	163
（都道府県）										
北海道	121,400	558	677,700	0	100	144	206,600	144	121	460
青森	747	229	1,710	△ 160	82	216	749	178	115	199
岩手	3,760	266	10,000	△ 70	98	159	3,600	156	146	182
宮城	1,130	419	4,730	30	103	118	810	121	114	368
秋田	286	294	841	△ 28	91	187	348	171	170	173
山形	85	274	233	13	118	116	63	137	127	215
福島	358	270	967	10	103	135	271	139	141	192
茨城	4,590	353	16,200	△ 20	100	120	2,700	120	112	315
栃木	2,290	408	9,340	40	102	117	1,460	119	113	361
群馬	5,570	412	22,900	△ 110	98	101	△ 200	99	97	425
埼玉	5,170	438	22,600	△ 50	99	118	3,300	117	114	384
千葉	793	347	2,750	△ 8	99	112	260	110	114	304
東京	17	182	31	△ 3	85	71	△ 20	61	68	268
神奈川	43	279	120	9	126	98	23	124	101	275
新潟	68	200	136	1	101	95	△ 5	96	96	208
富山	47	170	80	3	107	88	△ 5	94	75	227
石川	85	202	172	1	101	107	14	109	120	168
福井	176	180	317	△ 32	85	124	16	105	80	225
山梨	78	310	242	1	101	107	19	109	108	287
長野	2,240	306	6,850	30	101	90	△ 690	91	92	332
岐阜	3,280	355	11,600	120	104	122	2,370	126	118	301
静岡	791	303	2,400	33	104	132	660	138	148	205
愛知	5,620	563	31,600	230	104	133	8,800	139	136	415
三重	6,320	364	23,000	90	101	119	4,000	121	130	280
滋賀	6,450	322	20,800	△ 540	92	113	900	105	120	269
京都	155	183	284	8	105	130	77	137	144	127
大阪	1	197	2	0	100	125	1	200	161	122
兵庫	1,710	274	4,690	△ 80	96	169	1,790	162	137	200
奈良	114	285	325	4	104	144	107	149	131	217
和歌山	1	128	2	△ 1	50	98	0	100	105	122
鳥取	69	296	204	8	113	115	47	130	121	244
島根	120	203	244	16	115	139	92	161	141	144
岡山	784	467	3,660	37	105	150	1,340	158	146	320
広島	158	222	351	2	101	132	89	134	117	190
山口	1,410	377	5,320	70	105	129	1,410	136	150	251
徳島	42	307	129	△ 14	75	133	0	100	110	278
香川	2,000	443	8,860	110	106	138	2,800	146	140	316
愛媛	224	421	943	4	102	135	259	138	138	305
高知	5	159	8	△ 1	83	111	△ 1	89	95	168
福岡	14,700	469	68,900	△ 100	99	126	14,000	126	139	337
佐賀	10,300	449	46,200	200	102	123	9,300	125	136	329
長崎	583	328	1,910	△ 25	96	127	340	122	129	254
熊本	4,900	377	18,500	△ 70	99	122	3,200	121	128	294
大分	2,780	320	8,900	30	101	114	1,170	115	132	243
宮崎	103	261	269	△ 13	89	218	130	194	142	184
鹿児島	33	168	55	△ 2	94	135	12	128	111	151
沖縄	16	94	15	△ 13	55	61	△ 30	33	58	163
関東農政局	21,600	386	83,400	△ 100	100	110	7,500	110	107	362
東海農政局	15,200	436	66,200	400	103	126	15,200	130	130	335
中国四国農政局	4,810	410	19,700	220	105	138	6,000	144	143	287

注：1 「（参考）10a当たり平均収量対比」とは、10a当たり平均収量（原則として直近7か年のうち、最高及び最低を除いた5か年の平均値をいう。ただし、直近7か年全ての10a当たり収量が確保できない場合は、6か年又は5か年の最高及び最低を除いた平均とし、4か年又は3か年の場合は、単純平均である。）に対する当年産の10a当たり収量の比率である。なお、直近7か年のうち、3か年分の10a当たり収量のデータが確保できない場合は、10a当たり平均収量を作成していない（以下各統計表において同じ。）。

2 全国農業地域別（都府県を除く。）の10a当たり平均収量は、各都府県の10a当たり平均収量に当年産の作付面積を乗じて求めた平均収穫量を全国農業地域別に積み上げ、当年産の全国農業地域別作付面積で除して算出している（以下各統計表において同じ。）。

2　麦類（続き）

(1)　令和元年産麦類（子実用）の収穫量（全国農業地域別・都道府県別）（続き）

ウ　二条大麦

全国農業地域・都道府県	作付面積	10 a 当たり収量	収穫量	前年産との比較						（参考）	
				作付面積		10 a 当たり収量	収穫量			10 a 当たり平均収量対比	10 a 当たり平均収量
				対差	対比	対比	対差	対比			
	(1)	(2)	(3)	(4)	(5)	(6)	(7)	(8)		(9)	(10)
	ha	kg	t	ha	%	%	t	%		%	kg
全国	**38,000**	**386**	**146,600**	**△ 300**	**99**	**121**	**24,900**	**120**		**128**	**301**
（全国農業地域）											
北海道	1,700	448	7,620	40	102	134	2,080	138		128	349
都府県	36,300	383	139,000	△ 300	99	121	22,900	120		128	299
東北	14	307	43	9	280	192	35	538		119	257
北陸	2	100	2	△ 5	29	116	△ 4	33		67	150
関東・東山	12,200	357	43,600	△ 300	98	106	1,600	104		102	351
東海	4	75	3	1	133	38	△ 2	60		61	122
近畿	x	306	x	x	x	132	x	x		125	245
中国	2,700	396	10,700	△ 40	99	132	2,460	130		127	312
四国	x	500	x	x	x	221	x	x		174	288
九州	21,200	397	84,200	100	100	128	18,700	129		147	270
沖縄	x	x	x	x	x	x	x	x		nc	…
（都道府県）											
北海道	1,700	448	7,620	40	102	134	2,080	138		128	349
青森	-	-	-	-	nc	nc	-	nc		nc	-
岩手	x	x	x	x	x	x	x	x		x	292
宮城	11	327	36	9	550	102	30	600		123	266
秋田	x	x	x	x	x	x	x	x		x	150
山形	-	-	-	-	nc	nc	-	nc		nc	-
福島	x	x	x	x	x	x	x	x		x	160
茨城	1,210	264	3,190	△ 30	98	102	△ 30	99		105	252
栃木	8,730	371	32,400	△ 290	97	108	1,400	105		102	363
群馬	1,580	351	5,550	0	100	109	460	109		103	341
埼玉	670	361	2,420	△ 29	96	96	△ 220	92		91	396
千葉	x	x	x	x	x	x	x	x		x	187
東京	1	204	3	0	100	128	1	150		103	199
神奈川	x	x	x	x	x	x	x	x		x	252
新潟	-	-	-	-	nc	nc	-	nc		-	84
富山	x	x	x	x	x	x	x	x		x	131
石川	x	x	x	x	x	x	x	x		x	176
福井	-	-	-	-	nc	nc	-	nc		nc	-
山梨	-	-	-	-	nc	nc	-	nc		-	22
長野	2	309	6	0	100	122	1	120		98	31
岐阜	-	-	-	-	nc	nc	-	nc		nc	-
静岡	4	75	3	1	133	38	△ 2	60		61	12
愛知	-	-	-	-	nc	nc	-	nc		-	24
三重	-	-	-	-	nc	nc	-	nc		nc	-
滋賀	53	379	201	△ 2	96	89	△ 32	86		101	37
京都	93	263	245	△ 5	95	216	125	204		156	16
大阪	x	x	x	x	x	x	x	x		x	-
兵庫	-	-	-	-	nc	nc	-	nc		nc	-
奈良	x	x	x	x	x	x	x	x		x	-
和歌山	-	-	-	-	nc	nc	-	nc		nc	-
鳥取	94	318	299	△ 6	94	129	52	121		116	27
島根	474	347	1,640	15	103	149	570	153		130	26
岡山	1,970	418	8,230	△ 60	97	129	1,670	125		126	33
広島	x	x	x	x	x	x	x	x		x	10
山口	161	301	485	11	107	126	126	135		145	20
徳島	12	533	64	△ 10	55	239	15	131		186	28
香川	x	x	x	x	x	x	x	x		nc	…
愛媛	-	-	-	-	nc	nc	-	nc		nc	-
高知	5	410	21	0	100	172	9	175		135	30
福岡	6,350	411	26,100	280	105	131	7,100	137		149	27
佐賀	10,100	427	43,100	△ 400	96	130	8,700	125		151	28
長崎	1,220	375	4,580	△ 10	99	116	590	115		149	25
熊本	1,830	297	5,440	80	105	121	1,130	126		114	26
大分	1,460	302	4,410	110	108	123	1,100	133		143	21
宮崎	58	303	176	3	105	98	7	104		124	24
鹿児島	149	258	384	8	106	108	48	114		133	19
沖縄	x	x	x	x	x	x	x	x		nc	…
関東農政局	12,200	357	43,600	△ 300	98	106	1,600	104		102	35
東海農政局	-	-	-	-	nc	nc	-	nc		nc	-
中国四国農政局	2,720	393	10,700	△ 50	98	131	2,400	129		126	31

エ　六条大麦

全国農業地域・都道府県	作付面積	10a当たり収量	収穫量	前年産との比較					（参考）	
				作付面積		10a当たり収量	収穫量		10a当たり平均収量対比	10a当たり平均収量
				対差	対比	対比	対差	対比		
	(1)	(2)	(3)	(4)	(5)	(6)	(7)	(8)	(9)	(10)
	ha	kg	t	ha	%	%	t	%	%	kg
全国	**17,700**	**315**	**55,800**	**400**	**102**	**140**	**16,800**	**143**	**111**	**285**
（全国農業地域）										
北海道	17	441	75	x	x	x	x	x	nc	…
都府県	17,700	315	55,700	400	102	140	16,700	143	111	285
東北	1,300	335	4,360	20	102	126	960	128	nc	…
北陸	9,280	301	27,900	△ 100	99	160	10,300	159	102	295
関東・東山	4,730	319	15,100	△ 80	98	111	1,300	109	109	292
東海	709	329	2,330	16	102	139	690	142	129	255
近畿	1,520	378	5,750	450	142	171	3,390	244	nc	…
中国	x	243	x	x	x	142	x	x	133	183
四国	x	x	x	x	x	x	x	x	nc	…
九州	x	385	x	x	x	99	x	x	119	323
沖縄	-	-	-	-	nc	nc	-	nc	nc	-
（都道府県）										
北海道	17	441	75	x	x	x	x	x	nc	…
青森	47	196	92	x	x	x	x	x	nc	…
岩手	66	244	161	△ 18	79	106	△ 32	83	103	236
宮城	1,160	350	4,060	△ 10	99	129	880	128	124	283
秋田	-	-	-	x	x	x	x	x	-	201
山形	15	122	18	△ 4	79	207	7	164	103	118
福島	10	325	33	6	250	154	25	413	109	297
茨城	1,830	262	4,800	△ 110	94	116	430	110	109	241
栃木	1,570	335	5,260	10	101	109	460	110	112	298
群馬	494	360	1,780	3	101	111	180	111	110	327
埼玉	194	372	722	△ 4	98	90	△ 100	88	91	411
千葉	34	318	108	△ 3	92	85	△ 31	78	118	270
東京	-	-	-	-	nc	nc	-	nc	nc	…
神奈川	x	x	x	x	x	x	x	x	x	286
新潟	196	329	645	17	109	157	271	172	152	217
富山	3,180	294	9,350	△ 100	97	134	2,170	130	95	309
石川	1,350	351	4,740	20	102	160	1,810	162	118	297
福井	4,550	291	13,200	△ 40	99	187	6,040	184	101	288
山梨	41	256	105	△ 5	89	131	15	117	115	223
長野	570	405	2,310	32	106	109	320	116	109	371
岐阜	257	214	550	△ 3	99	131	126	130	126	170
静岡	7	86	6	0	100	49	△ 7	46	56	154
愛知	116	468	543	20	121	154	251	186	122	384
三重	329	374	1,230	△ 1	100	136	319	135	135	278
滋賀	1,010	384	3,880	425	173	153	2,410	264	132	290
京都	-	-	-	x	x	x	x	x	-	103
大阪	x	x	x	x	x	x	x	x	nc	…
兵庫	508	368	1,870	25	105	201	986	212	172	214
奈良	-	-	-	x	x	x	x	x	-	96
和歌山	x	x	x	x	x	x	x	x	x	121
鳥取	x	x	x	x	x	x	x	x	x	149
島根	x	x	x	x	x	x	x	x	x	121
岡山	x	140	x	x	x	118	x	x	80	174
広島	83	252	209	0	100	147	67	147	131	192
山口	-	-	-	-	nc	nc	-	nc	nc	-
徳島	x	x	x	x	x	x	x	x	nc	…
香川	-	-	-	-	nc	nc	-	nc	nc	-
愛媛	-	-	-	-	nc	nc	-	nc	nc	-
高知	-	-	-	-	nc	nc	-	nc	nc	-
福岡	-	-	-	-	nc	nc	-	nc	nc	-
佐賀	-	-	-	-	nc	nc	-	nc	nc	-
長崎	-	-	-	-	nc	nc	-	nc	nc	-
熊本	x	x	x	x	x	x	x	x	x	323
大分	5	380	19	x	x	x	x	x	104	364
宮崎	-	-	-	-	nc	nc	-	nc	nc	-
鹿児島	x	x	x	x	x	x	x	x	x	265
沖縄	-	-	-	-	nc	nc	-	nc	nc	-
関東農政局	4,740	319	15,100	△ 80	98	112	1,300	109	110	291
東海農政局	702	330	2,320	16	102	139	690	142	129	256
中国四国農政局	x	244	x	x	x	142	x	x	133	183

2　麦類（続き）

(1)　令和元年産麦類（子実用）の収穫量（全国農業地域別・都道府県別）（続き）

オ　はだか麦

全国農業地域・都道府県	作付面積	10a当たり収量	収穫量	前年産との比較 作付面積 対差	前年産との比較 作付面積 対比	前年産との比較 10a当たり収量 対比	前年産との比較 収穫量 対差	前年産との比較 収穫量 対比	（参考）10a当たり平均収量対比	（参考）10a当たり平均収量
	(1)	(2)	(3)	(4)	(5)	(6)	(7)	(8)	(9)	(10)
	ha	kg	t	ha	%	%	t	%	%	k
全国	**5,780**	**351**	**20,300**	**360**	**107**	**136**	**6,300**	**145**	**140**	**25**
（全国農業地域）										
北海道	149	213	317	85	233	124	207	288	63	33
都府県	5,630	355	20,000	280	105	137	6,100	144	141	25
東北	7	329	23	△ 3	70	274	11	192	nc	·
北陸	x	x	x	x	x	x	x	x	nc	·
関東・東山	x	319	x	x	x	120	x	x	nc	·
東海	x	330	x	x	x	103	x	x	169	19
近畿	x	341	x	x	x	148	x	x	152	22
中国	707	293	2,070	x	x	172	x	x	nc	·
四国	2,630	395	10,400	△ 10	100	144	3,170	144	148	26
九州	1,740	327	5,690	△ 10	99	121	950	120	135	24
沖縄	−	−	−	−	nc	nc	−	nc	nc	
（都道府県）										
北海道	149	213	317	85	233	124	207	288	63	33
青森	−	−	−	−	nc	nc	−	nc	nc	
岩手	−	−	−	−	nc	nc	−	nc	nc	
宮城	x	x	x	x	x	x	x	x	nc	·
秋田	−	−	−	−	nc	nc	−	nc	nc	
山形	x	x	x	x	x	x	x	x	x	4
福島	x	x	x	x	x	x	x	x	nc	·
茨城	229	339	776	104	183	135	461	246	126	26
栃木	44	239	105	23	210	90	49	188	113	21
群馬	5	257	13	2	167	129	7	217	nc	·
埼玉	62	308	191	11	122	103	38	125	99	31
千葉	8	288	23	△ 8	50	102	△ 22	51	122	23
東京	x	x	x	x	x	x	x	x	x	18
神奈川	x	x	x	x	x	x	x	x	x	17
新潟	−	−	−	−	nc	nc	−	nc	nc	
富山	x	x	x	x	x	x	x	x	nc	·
石川	−	−	−	−	nc	nc	−	nc	nc	
福井	−	−	−	−	nc	nc	−	nc	nc	
山梨	−	−	−	−	nc	nc	−	nc	nc	
長野	−	−	−	−	nc	nc	−	nc	nc	
岐阜	−	−	−	−	nc	nc	−	nc	nc	·
静岡	x	x	x	x	x	x	x	x	x	
愛知	15	260	39	2	115	125	12	144	120	21
三重	25	372	93	△ 6	81	101	△ 21	82	206	18
滋賀	66	503	332	19	140	142	165	199	155	32
京都	−	−	−	−	nc	nc	−	nc	nc	·
大阪	−	−	−	−	nc	nc	−	nc	−	19
兵庫	90	221	199	27	143	161	113	231	146	15
奈良	x	174	x	x	x	114	x	x	107	16
和歌山	0	134	0	0	nc	92	0	nc	nc	·
鳥取	7	200	14	x	x	x	x	x	nc	·
島根	26	346	90	△ 18	59	190	10	113	163	21
岡山	175	412	721	86	197	170	506	335	174	23
広島	62	231	143	17	138	212	94	292	179	12
山口	437	252	1,100	33	108	158	458	171	171	14
徳島	66	188	124	6	110	137	42	151	104	18
香川	773	429	3,320	△ 1	100	149	1,090	149	151	28
愛媛	1,790	388	6,950	△ 20	99	143	2,040	142	149	26
高知	2	425	9	0	100	254	6	300	283	15
福岡	488	394	1,920	△ 16	97	125	340	122	143	27
佐賀	250	396	990	25	111	122	261	136	141	28
長崎	69	183	126	△ 8	90	106	△ 7	95	110	16
熊本	161	222	357	4	103	97	△ 3	99	110	20
大分	730	305	2,230	△ 18	98	121	340	118	133	23
宮崎	19	170	32	5	136	258	23	356	130	13
鹿児島	24	157	38	3	114	96	4	112	103	15
沖縄	−	−	−	−	nc	nc	−	nc	nc	
関東農政局	x	319	x	x	x	120	x	x	121	26
東海農政局	40	330	132	△ 4	91	103	△ 9	94	169	19
中国四国農政局	3,340	374	12,500	110	103	147	4,280	152	153	24

(2) 令和元年産小麦の秋まき、春まき別収穫量（北海道）

区分	作付面積	10a当たり収量	収穫量	前年産との比較						（参考）	
				作付面積		10a当たり収量	収穫量		10a当たり平均収量対比	10a当たり平均収量
				対差	対比	対比	対差	対比		
	(1)	(2)	(3)	(4)	(5)	(6)	(7)	(8)	(9)	(10)
	ha	kg	t	ha	%	%	t	%	%	kg
北海道	**121,400**	**558**	**677,700**	**0**	**100**	**144**	**206,600**	**144**	**121**	**460**
秋まき	104,900	588	616,400	1,400	101	140	180,700	141	123	479
春まき	16,500	372	61,300	△ 1,400	92	188	25,900	173	116	321

3　豆類・そば

(1)　令和元年産豆類（乾燥子実）及びそば（乾燥子実）の収穫量（全国農業地域別・都道府県別）

ア　大豆

全国農業地域・都道府県	作付面積	10a当たり収量	収穫量	前年産との比較 作付面積 対差	作付面積 対比	10a当たり収量 対比	収穫量 対差	収穫量 対比	（参考） 10a当たり平均収量対比	（参考） 10a当たり平均収量
	(1)	(2)	(3)	(4)	(5)	(6)	(7)	(8)	(9)	(10)
	ha	kg	t	ha	%	%	t	%	%	kg
全国	**143,500**	**152**	**217,800**	**△ 3,100**	**98**	**106**	**6,500**	**103**	**92**	**166**
（全国農業地域）										
北海道	39,100	226	88,400	△ 1,000	98	110	6,100	107	95	237
都府県	104,400	124	129,400	△ 2,200	98	102	400	100	84	148
東北	35,100	148	52,100	△ 300	99	112	5,500	112	104	142
北陸	12,400	148	18,400	△ 600	95	103	△ 300	98	89	166
関東・東山	9,890	115	11,400	△ 110	99	84	△ 2,300	83	80	143
東海	11,900	101	12,000	△ 100	99	198	5,920	197	90	112
近畿	9,410	107	10,100	△ 290	97	162	3,690	158	79	135
中国	4,330	100	4,350	△ 200	96	104	20	100	85	117
四国	489	137	668	△ 42	92	136	131	124	125	110
九州	21,000	97	20,400	△ 400	98	64	△ 12,200	63	61	159
沖縄	0	18	0	0	nc	43	0	nc	46	39
（都道府県）										
北海道	39,100	226	88,400	△ 1,000	98	110	6,100	107	95	237
青森	4,760	161	7,660	△ 250	95	150	2,300	143	122	132
岩手	4,290	147	6,310	△ 300	93	108	70	101	112	131
宮城	11,000	137	15,100	300	103	91	△ 1,000	94	85	161
秋田	8,560	162	13,900	90	101	133	3,600	135	125	130
山形	4,950	155	7,670	△ 140	97	121	1,150	118	106	146
福島	1,500	99	1,490	△ 70	96	74	△ 600	71	77	129
茨城	3,450	96	3,310	△ 20	99	87	△ 510	87	76	126
栃木	2,340	152	3,560	△ 30	99	90	△ 420	89	89	170
群馬	291	133	387	△ 12	96	105	2	101	102	130
埼玉	636	86	547	△ 31	95	90	△ 93	85	79	109
千葉	871	43	375	△ 14	98	41	△ 563	40	38	114
東京	6	133	8	△ 4	60	124	△ 3	73	109	122
神奈川	40	138	55	△ 1	98	105	1	102	86	160
新潟	4,410	174	7,670	△ 340	93	104	△ 310	96	97	179
富山	4,480	145	6,500	△ 230	95	107	140	102	90	161
石川	1,660	124	2,060	0	100	95	△ 100	95	84	147
福井	1,810	121	2,190	△ 40	98	101	△ 30	99	71	170
山梨	223	120	268	3	101	101	6	102	101	119
長野	2,030	140	2,840	△ 40	98	81	△ 720	80	84	166
岐阜	2,850	113	3,220	△ 20	99	226	1,780	224	104	109
静岡	251	76	191	△ 9	97	110	12	107	78	98
愛知	4,490	112	5,030	50	101	181	2,280	183	81	138
三重	4,290	82	3,520	△ 100	98	210	1,810	206	93	88
滋賀	6,690	117	7,830	0	100	177	3,410	177	80	147
京都	307	113	347	△ 4	99	136	89	134	97	116
大阪	15	113	17	0	100	155	6	155	94	120
兵庫	2,220	81	1,800	△ 280	89	127	200	113	80	101
奈良	143	71	102	△ 5	97	101	△ 2	98	54	131
和歌山	28	93	26	△ 1	97	129	5	124	90	102
鳥取	641	117	750	△ 60	91	114	28	104	82	142
島根	756	131	990	△ 49	94	119	104	112	102	128
岡山	1,580	80	1,260	△ 50	97	94	△ 130	91	72	111
広島	477	92	439	△ 22	96	102	△ 10	98	91	101
山口	871	105	915	△ 25	97	107	34	104	95	110
徳島	17	39	7	△ 22	44	91	△ 10	41	66	59
香川	60	77	46	△ 1	98	131	10	128	83	93
愛媛	338	173	585	△ 8	98	135	142	132	136	127
高知	74	41	30	△ 11	87	85	△ 11	73	68	6[illegible]
福岡	8,250	107	8,830	△ 30	100	69	△ 4,070	68	67	159
佐賀	7,820	80	6,260	△ 180	98	47	△ 7,340	46	45	178
長崎	399	52	207	△ 69	85	58	△ 214	49	49	106
熊本	2,450	126	3,090	20	101	85	△ 530	85	81	155
大分	1,540	82	1,260	△ 90	94	94	△ 160	89	85	9[illegible]
宮崎	219	157	344	△ 31	88	144	71	126	143	116
鹿児島	325	125	406	△ 39	89	117	17	104	119	105
沖縄	0	18	0	0	nc	43	0	nc	46	39
関東農政局	10,100	114	11,500	△ 200	98	85	△ 2,300	83	80	142
東海農政局	11,600	102	11,800	△ 100	99	204	5,900	200	90	113
中国四国農政局	4,810	104	5,020	△ 250	95	108	150	103	89	117

イ　小豆

全国農業地域・都道府県	作付面積	10a当たり収量	収穫量	前年産との比較 作付面積 対差	前年産との比較 作付面積 対比	前年産との比較 10a当たり収量 対比	前年産との比較 収穫量 対差	前年産との比較 収穫量 対比	（参考）10a当たり平均収量対比	（参考）10a当たり平均収量
	(1)	(2)	(3)	(4)	(5)	(6)	(7)	(8)	(9)	(10)
	ha	kg	t	ha	%	%	t	%	%	kg
全国	**25,500**	**232**	**59,100**	**1,800**	**108**	**130**	**17,000**	**140**	**107**	**216**
（全国農業地域）										
北海道	20,900	265	55,400	1,800	109	129	16,200	141	106	250
都府県	…	…	…	nc	nc	nc	nc	nc	nc	…
東北	…	…	…	nc	nc	nc	nc	nc	nc	…
北陸	…	…	…	nc	nc	nc	nc	nc	nc	…
関東・東山	…	…	…	nc	nc	nc	nc	nc	nc	…
東海	…	…	…	nc	nc	nc	nc	nc	nc	…
近畿	…	…	…	nc	nc	nc	nc	nc	nc	…
中国	…	…	…	nc	nc	nc	nc	nc	nc	…
四国	…	…	…	nc	nc	nc	nc	nc	nc	…
九州	…	…	…	nc	nc	nc	nc	nc	nc	…
沖縄	…	…	…	nc	nc	nc	nc	nc	nc	…
（都道府県）										
北海道	20,900	265	55,400	1,800	109	129	16,200	141	106	250
青森	…	…	…	nc	nc	nc	nc	nc	nc	…
岩手	…	…	…	nc	nc	nc	nc	nc	nc	…
宮城	…	…	…	nc	nc	nc	nc	nc	nc	…
秋田	…	…	…	nc	nc	nc	nc	nc	nc	…
山形	…	…	…	nc	nc	nc	nc	nc	nc	…
福島	…	…	…	nc	nc	nc	nc	nc	nc	…
茨城	…	…	…	nc	nc	nc	nc	nc	nc	…
栃木	…	…	…	nc	nc	nc	nc	nc	nc	…
群馬	…	…	…	nc	nc	nc	nc	nc	nc	…
埼玉	…	…	…	nc	nc	nc	nc	nc	nc	…
千葉	…	…	…	nc	nc	nc	nc	nc	nc	…
東京	…	…	…	nc	nc	nc	nc	nc	nc	…
神奈川	…	…	…	nc	nc	nc	nc	nc	nc	…
新潟	…	…	…	nc	nc	nc	nc	nc	nc	…
富山	…	…	…	nc	nc	nc	nc	nc	nc	…
石川	…	…	…	nc	nc	nc	nc	nc	nc	…
福井	…	…	…	nc	nc	nc	nc	nc	nc	…
山梨	…	…	…	nc	nc	nc	nc	nc	nc	…
長野	…	…	…	nc	nc	nc	nc	nc	nc	…
岐阜	…	…	…	nc	nc	nc	nc	nc	nc	…
静岡	…	…	…	nc	nc	nc	nc	nc	nc	…
愛知	…	…	…	nc	nc	nc	nc	nc	nc	…
三重	…	…	…	nc	nc	nc	nc	nc	nc	…
滋賀	109	77	84	56	206	140	55	290	107	72
京都	447	54	241	△ 6	99	132	55	130	96	56
大阪	…	…	…	nc	nc	nc	nc	nc	nc	…
兵庫	786	61	479	79	111	109	83	121	86	71
奈良	…	…	…	nc	nc	nc	nc	nc	nc	…
和歌山	…	…	…	nc	nc	nc	nc	nc	nc	…
鳥取	…	…	…	nc	nc	nc	nc	nc	nc	…
島根	…	…	…	nc	nc	nc	nc	nc	nc	…
岡山	…	…	…	nc	nc	nc	nc	nc	nc	…
広島	…	…	…	nc	nc	nc	nc	nc	nc	…
山口	…	…	…	nc	nc	nc	nc	nc	nc	…
徳島	…	…	…	nc	nc	nc	nc	nc	nc	…
香川	…	…	…	nc	nc	nc	nc	nc	nc	…
愛媛	…	…	…	nc	nc	nc	nc	nc	nc	…
高知	…	…	…	nc	nc	nc	nc	nc	nc	…
福岡	…	…	…	nc	nc	nc	nc	nc	nc	…
佐賀	…	…	…	nc	nc	nc	nc	nc	nc	…
長崎	…	…	…	nc	nc	nc	nc	nc	nc	…
熊本	…	…	…	nc	nc	nc	nc	nc	nc	…
大分	…	…	…	nc	nc	nc	nc	nc	nc	…
宮崎	…	…	…	nc	nc	nc	nc	nc	nc	…
鹿児島	…	…	…	nc	nc	nc	nc	nc	nc	…
沖縄	…	…	…	nc	nc	nc	nc	nc	nc	…
関東農政局	…	…	…	nc	nc	nc	nc	nc	nc	…
東海農政局	…	…	…	nc	nc	nc	nc	nc	nc	…
中国四国農政局	…	…	…	nc	nc	nc	nc	nc	nc	…

注：1　小豆の作付面積調査及び収穫量調査は主産県調査であり、3年又は6年周期で全国調査を実施している。
　2　令和元年産調査については、作付面積調査及び収穫量調査ともに主産県を対象に調査を実施した。
　3　主産県とは、直近の全国調査年である平成30年産調査における全国の作付面積のおおむね80%を占めるまでの上位都道府県及び畑作物共済事業を実施する都道府県である。
　4　全国の作付面積及び収穫量については、主産県の調査結果から推計したものである。

3　豆類・そば（続き）

(1)　令和元年産豆類（乾燥子実）及びそば（乾燥子実）の収穫量（全国農業地域別・都道府県別）（続き）

ウ　いんげん

全国農業地域・都道府県	作付面積	10a当たり収量	収穫量	前年産との比較						（参考）	
				作付面積		10a当たり収量	収穫量			10a当たり平均収量対比	10a当たり平均収量
				対差	対比	対比	対差	対比			
	(1)	(2)	(3)	(4)	(5)	(6)	(7)	(8)		(9)	(10)
	ha	kg	t	ha	%	%	t	%		%	kg
全国	**6,860**	**195**	**13,400**	**△ 490**	**93**	**147**	**3,640**	**137**		**103**	**189**
（全国農業地域）											
北海道	6,340	200	12,700	△ 450	93	147	3,470	138		102	197
都府県	…	…	…	nc	nc	nc	nc	nc		nc	…
東北	…	…	…	nc	nc	nc	nc	nc		nc	…
北陸	…	…	…	nc	nc	nc	nc	nc		nc	…
関東・東山	…	…	…	nc	nc	nc	nc	nc		nc	…
東海	…	…	…	nc	nc	nc	nc	nc		nc	…
近畿	…	…	…	nc	nc	nc	nc	nc		nc	…
中国	…	…	…	nc	nc	nc	nc	nc		nc	…
四国	…	…	…	nc	nc	nc	nc	nc		nc	…
九州	…	…	…	nc	nc	nc	nc	nc		nc	…
沖縄	…	…	…	nc	nc	nc	nc	nc		nc	…
（都道府県）											
北海道	6,340	200	12,700	△ 450	93	147	3,470	138		102	197
青森	…	…	…	nc	nc	nc	nc	nc		nc	…
岩手	…	…	…	nc	nc	nc	nc	nc		nc	…
宮城	…	…	…	nc	nc	nc	nc	nc		nc	…
秋田	…	…	…	nc	nc	nc	nc	nc		nc	…
山形	…	…	…	nc	nc	nc	nc	nc		nc	…
福島	…	…	…	nc	nc	nc	nc	nc		nc	…
茨城	…	…	…	nc	nc	nc	nc	nc		nc	…
栃木	…	…	…	nc	nc	nc	nc	nc		nc	…
群馬	…	…	…	nc	nc	nc	nc	nc		nc	…
埼玉	…	…	…	nc	nc	nc	nc	nc		nc	…
千葉	…	…	…	nc	nc	nc	nc	nc		nc	…
東京	…	…	…	nc	nc	nc	nc	nc		nc	…
神奈川	…	…	…	nc	nc	nc	nc	nc		nc	…
新潟	…	…	…	nc	nc	nc	nc	nc		nc	…
富山	…	…	…	nc	nc	nc	nc	nc		nc	…
石川	…	…	…	nc	nc	nc	nc	nc		nc	…
福井	…	…	…	nc	nc	nc	nc	nc		nc	…
山梨	…	…	…	nc	nc	nc	nc	nc		nc	…
長野	…	…	…	nc	nc	nc	nc	nc		nc	…
岐阜	…	…	…	nc	nc	nc	nc	nc		nc	…
静岡	…	…	…	nc	nc	nc	nc	nc		nc	…
愛知	…	…	…	nc	nc	nc	nc	nc		nc	…
三重	…	…	…	nc	nc	nc	nc	nc		nc	…
滋賀	…	…	…	nc	nc	nc	nc	nc		nc	…
京都	…	…	…	nc	nc	nc	nc	nc		nc	…
大阪	…	…	…	nc	nc	nc	nc	nc		nc	…
兵庫	…	…	…	nc	nc	nc	nc	nc		nc	…
奈良	…	…	…	nc	nc	nc	nc	nc		nc	…
和歌山	…	…	…	nc	nc	nc	nc	nc		nc	…
鳥取	…	…	…	nc	nc	nc	nc	nc		nc	…
島根	…	…	…	nc	nc	nc	nc	nc		nc	…
岡山	…	…	…	nc	nc	nc	nc	nc		nc	…
広島	…	…	…	nc	nc	nc	nc	nc		nc	…
山口	…	…	…	nc	nc	nc	nc	nc		nc	…
徳島	…	…	…	nc	nc	nc	nc	nc		nc	…
香川	…	…	…	nc	nc	nc	nc	nc		nc	…
愛媛	…	…	…	nc	nc	nc	nc	nc		nc	…
高知	…	…	…	nc	nc	nc	nc	nc		nc	…
福岡	…	…	…	nc	nc	nc	nc	nc		nc	…
佐賀	…	…	…	nc	nc	nc	nc	nc		nc	…
長崎	…	…	…	nc	nc	nc	nc	nc		nc	…
熊本	…	…	…	nc	nc	nc	nc	nc		nc	…
大分	…	…	…	nc	nc	nc	nc	nc		nc	…
宮崎	…	…	…	nc	nc	nc	nc	nc		nc	…
鹿児島	…	…	…	nc	nc	nc	nc	nc		nc	…
沖縄	…	…	…	nc	nc	nc	nc	nc		nc	…
関東農政局	…	…	…	nc	nc	nc	nc	nc		nc	…
東海農政局	…	…	…	nc	nc	nc	nc	nc		nc	…
中国四国農政局	…	…	…	nc	nc	nc	nc	nc		nc	…

注：1　いんげんの作付面積調査及び収穫量調査は主産県調査であり、3年又は6年周期で全国調査を実施している。
　　2　令和元年産調査については、作付面積調査及び収穫量調査ともに主産県を対象に調査を実施した。
　　3　主産県とは、直近の全国調査年である平成30年産調査における全国の作付面積のおおむね80%を占めるまでの上位都道府県及び畑作物共済事業を実施する都道府県である。
　　4　全国の作付面積及び収穫量については、主産県の調査結果から推計したものである。

エ　らっかせい

全国農業地域・都道府県	作付面積	10a当たり収量	収穫量	前年産との比較 作付面積 対差	作付面積 対比	10a当たり収量 対比	収穫量 対差	収穫量 対比	（参考）10a当たり平均収量対比	（参考）10a当たり平均収量
	(1)	(2)	(3)	(4)	(5)	(6)	(7)	(8)	(9)	(10)
	ha	kg	t	ha	%	%	t	%	%	kg
全国	**6,330**	**196**	**12,400**	**△ 40**	**99**	**80**	**△ 3,200**	**79**	**83**	**237**
（全国農業地域）										
北海道	…	…	…	nc	nc	nc	nc	nc	nc	…
都府県	…	…	…	nc	nc	nc	nc	nc	nc	…
東北	…	…	…	nc	nc	nc	nc	nc	nc	…
北陸	…	…	…	nc	nc	nc	nc	nc	nc	…
関東・東山	…	…	…	nc	nc	nc	nc	nc	nc	…
東海	…	…	…	nc	nc	nc	nc	nc	nc	…
近畿	…	…	…	nc	nc	nc	nc	nc	nc	…
中国	…	…	…	nc	nc	nc	nc	nc	nc	…
四国	…	…	…	nc	nc	nc	nc	nc	nc	…
九州	…	…	…	nc	nc	nc	nc	nc	nc	…
沖縄	…	…	…	nc	nc	nc	nc	nc	nc	…
（都道府県）										
北海道	…	…	…	nc	nc	nc	nc	nc	nc	…
青森	…	…	…	nc	nc	nc	nc	nc	nc	…
岩手	…	…	…	nc	nc	nc	nc	nc	nc	…
宮城	…	…	…	nc	nc	nc	nc	nc	nc	…
秋田	…	…	…	nc	nc	nc	nc	nc	nc	…
山形	…	…	…	nc	nc	nc	nc	nc	nc	…
福島	…	…	…	nc	nc	nc	nc	nc	nc	…
茨城	528	263	1,390	△ 16	97	94	△ 140	91	92	287
栃木	…	…	…	nc	nc	nc	nc	nc	nc	…
群馬	…	…	…	nc	nc	nc	nc	nc	nc	…
埼玉	…	…	…	nc	nc	nc	nc	nc	nc	…
千葉	5,060	199	10,100	△ 20	100	78	△ 2,900	78	83	241
東京	…	…	…	nc	nc	nc	nc	nc	nc	…
神奈川	…	…	…	nc	nc	nc	nc	nc	nc	…
新潟	…	…	…	nc	nc	nc	nc	nc	nc	…
富山	…	…	…	nc	nc	nc	nc	nc	nc	…
石川	…	…	…	nc	nc	nc	nc	nc	nc	…
福井	…	…	…	nc	nc	nc	nc	nc	nc	…
山梨	…	…	…	nc	nc	nc	nc	nc	nc	…
長野	…	…	…	nc	nc	nc	nc	nc	nc	…
岐阜	…	…	…	nc	nc	nc	nc	nc	nc	…
静岡	…	…	…	nc	nc	nc	nc	nc	nc	…
愛知	…	…	…	nc	nc	nc	nc	nc	nc	…
三重	…	…	…	nc	nc	nc	nc	nc	nc	…
滋賀	…	…	…	nc	nc	nc	nc	nc	nc	…
京都	…	…	…	nc	nc	nc	nc	nc	nc	…
大阪	…	…	…	nc	nc	nc	nc	nc	nc	…
兵庫	…	…	…	nc	nc	nc	nc	nc	nc	…
奈良	…	…	…	nc	nc	nc	nc	nc	nc	…
和歌山	…	…	…	nc	nc	nc	nc	nc	nc	…
鳥取	…	…	…	nc	nc	nc	nc	nc	nc	…
島根	…	…	…	nc	nc	nc	nc	nc	nc	…
岡山	…	…	…	nc	nc	nc	nc	nc	nc	…
広島	…	…	…	nc	nc	nc	nc	nc	nc	…
山口	…	…	…	nc	nc	nc	nc	nc	nc	…
徳島	…	…	…	nc	nc	nc	nc	nc	nc	…
香川	…	…	…	nc	nc	nc	nc	nc	nc	…
愛媛	…	…	…	nc	nc	nc	nc	nc	nc	…
高知	…	…	…	nc	nc	nc	nc	nc	nc	…
福岡	…	…	…	nc	nc	nc	nc	nc	nc	…
佐賀	…	…	…	nc	nc	nc	nc	nc	nc	…
長崎	…	…	…	nc	nc	nc	nc	nc	nc	…
熊本	…	…	…	nc	nc	nc	nc	nc	nc	…
大分	…	…	…	nc	nc	nc	nc	nc	nc	…
宮崎	…	…	…	nc	nc	nc	nc	nc	nc	…
鹿児島	…	…	…	nc	nc	nc	nc	nc	nc	…
沖縄	…	…	…	nc	nc	nc	nc	nc	nc	…
関東農政局	…	…	…	nc	nc	nc	nc	nc	nc	…
東海農政局	…	…	…	nc	nc	nc	nc	nc	nc	…
中国四国農政局	…	…	…	nc	nc	nc	nc	nc	nc	…

注：1　らっかせいの作付面積調査及び収穫量調査は主産県調査であり、3年又は6年周期で全国調査を実施している。
　　2　令和元年産調査については、作付面積調査及び収穫量調査ともに主産県を対象に調査を実施した。
　　3　主産県とは、直近の全国調査年である平成30年産調査における全国の作付面積のおおむね80%を占めるまでの上位都道府県である。
　　4　全国の作付面積及び収穫量については、主産県の調査結果から推計したものである。

3 豆類・そば（続き）

(1) 令和元年産豆類（乾燥子実）及びそば（乾燥子実）の収穫量(全国農業地域別・都道府県別)(続き)

オ そば

全国農業地域・都道府県	作付面積	10 a 当たり収量	収穫量	前年産との比較 作付面積 対差	前年産との比較 作付面積 対比	前年産との比較 10 a 当たり収量 対比	前年産との比較 収穫量 対差	前年産との比較 収穫量 対比	（参考） 10 a 当たり平均収量対比	（参考） 10 a 当たり平均収量
	(1)	(2)	(3)	(4)	(5)	(6)	(7)	(8)	(9)	(10)
	ha	kg	t	ha	%	%	t	%	%	k
全国	**65,400**	**65**	**42,600**	**1,500**	**102**	**144**	**13,600**	**147**	**120**	**5**
（全国農業地域）										
北海道	25,200	78	19,700	800	103	166	8,300	173	115	6
都府県	40,100	57	22,900	600	102	127	5,300	130	124	4
東北	16,900	54	9,210	400	102	135	2,650	140	135	4
北陸	5,350	38	2,020	△ 170	97	109	100	105	106	3
関東・東山	12,200	71	8,610	600	105	115	1,420	120	106	6
東海	569	43	245	△ 50	92	165	87	155	126	3
近畿	919	46	425	16	102	200	216	203	112	4
中国	1,580	31	488	△ 40	98	97	△ 31	94	100	3
四国	119	45	53	△ 17	88	161	15	139	118	3
九州	2,460	75	1,850	△ 100	96	197	867	188	150	5
沖縄	51	65	33	△ 2	96	105	0	100	135	4
（都道府県）										
北海道	25,200	78	19,700	800	103	166	8,300	173	115	6
青森	1,680	60	1,010	40	102	162	403	166	182	3
岩手	1,760	83	1,460	△ 20	99	138	390	136	148	5
宮城	650	28	182	△ 21	97	127	34	123	122	2
秋田	3,770	55	2,070	160	104	157	810	164	141	3
山形	5,260	49	2,580	220	104	153	970	160	136	3
福島	3,740	51	1,910	20	101	102	50	103	111	4
茨城	3,460	58	2,010	90	103	97	△ 10	100	84	6
栃木	2,960	79	2,340	260	110	107	340	117	104	7
群馬	587	93	546	29	105	104	49	110	104	8
埼玉	346	40	138	4	101	78	△ 36	79	65	6
千葉	246	44	108	49	125	92	13	114	90	4
東京	4	26	1	△ 3	57	60	△ 2	33	53	4
神奈川	21	43	9	0	100	90	△ 1	90	83	5
新潟	1,240	39	484	△ 90	93	108	5	101	103	3
富山	511	44	225	△ 8	98	119	33	117	122	3
石川	308	21	65	△ 18	94	175	26	167	111	1
福井	3,300	38	1,250	△ 50	99	106	40	103	106	3
山梨	190	57	108	2	101	121	20	123	110	5
長野	4,410	76	3,350	160	104	141	1,050	146	129	5
岐阜	346	48	166	△ 22	94	166	59	155	137	3
静岡	81	23	19	12	117	105	4	127	72	3
愛知	34	27	9	△ 5	87	338	6	300	113	2
三重	108	47	51	△ 35	76	204	18	155	131	3
滋賀	529	56	296	32	106	224	172	239	110	5
京都	121	31	38	△ 1	99	155	14	158	100	3
大阪	1	42	1	0	100	168	1	nc	124	3
兵庫	241	34	82	△ 17	93	162	28	152	148	2
奈良	24	35	8	2	109	117	1	114	92	3
和歌山	3	10	0	0	100	143	0	nc	32	3
鳥取	312	36	112	△ 7	98	113	10	110	129	2
島根	684	23	157	5	101	74	△ 53	75	72	3
岡山	198	50	99	△ 6	97	139	26	136	143	3
広島	313	33	103	△ 30	91	103	△ 7	94	118	2
山口	73	23	17	2	103	68	△ 7	71	79	2
徳島	45	38	17	△ 19	70	109	△ 5	77	79	4
香川	34	44	15	1	103	200	8	214	163	2
愛媛	34	56	19	2	106	233	11	238	156	3
高知	6	32	2	△ 1	86	160	1	200	128	2
福岡	84	56	47	7	109	110	8	121	175	3
佐賀	32	69	22	6	123	153	10	183	157	4
長崎	157	39	61	△ 5	97	75	△ 23	73	91	4
熊本	591	82	485	5	101	141	143	142	141	5
大分	228	45	103	0	100	110	10	111	141	3
宮崎	262	70	183	△ 25	91	250	103	229	135	5
鹿児島	1,100	86	946	△ 90	92	307	613	284	169	5
沖縄	51	65	33	△ 2	96	105	0	100	135	4
関東農政局	12,300	70	8,630	600	105	113	1,430	120	104	6
東海農政局	488	46	226	△ 62	89	177	83	158	135	3
中国四国農政局	1,700	32	541	△ 50	97	100	△ 16	97	103	3

(2)　令和元年産いんげん（乾燥子実）の種類別収穫量（北海道）

区分	作付面積	10a当たり収量	収穫量	前年産との比較						（参考）	
				作付面積		10a当たり収量	収穫量		10a当たり平均収量対比	10a当たり平均収量
				対差	対比	対比	対差	対比		
	(1)	(2)	(3)	(4)	(5)	(6)	(7)	(8)	(9)	(10)
	ha	kg	t	ha	%	%	t	%	%	kg
いんげん	6,340	200	12,700	△ 450	93	147	3,470	138	102	197
うち金時	4,590	189	8,680	△ 550	89	166	2,820	148	108	175
手亡	1,360	236	3,210	150	112	111	640	125	94	251

4　かんしょ

(1)　令和元年産かんしょの収穫量（全国農業地域別・都道府県別）

全国農業地域・都道府県	作付面積	10a当たり収量	収穫量	前年産との比較 作付面積 対差	作付面積 対比	10a当たり収量 対比	収穫量 対差	収穫量 対比	(参考) 10a当たり平均収量対比	(参考) 10a当たり平均収量
	(1)	(2)	(3)	(4)	(5)	(6)	(7)	(8)	(9)	(10)
	ha	kg	t	ha	%	%	t	%	%	k
全国	**34,300**	**2,180**	**748,700**	**△ 1,400**	**96**	**98**	**△ 47,800**	**94**	**95**	**2,30**
（全国農業地域）										
北海道	…	…	…	nc	nc	nc	nc	nc	nc	…
都府県	…	…	…	nc	nc	nc	nc	nc	nc	…
東北	…	…	…	nc	nc	nc	nc	nc	nc	…
北陸	…	…	…	nc	nc	nc	nc	nc	nc	…
関東・東山	…	…	…	nc	nc	nc	nc	nc	nc	…
東海	…	…	…	nc	nc	nc	nc	nc	nc	…
近畿	…	…	…	nc	nc	nc	nc	nc	nc	…
中国	…	…	…	nc	nc	nc	nc	nc	nc	…
四国	…	…	…	nc	nc	nc	nc	nc	nc	…
九州	…	…	…	nc	nc	nc	nc	nc	nc	…
沖縄	…	…	…	nc	nc	nc	nc	nc	nc	…
（都道府県）										
北海道	…	…	…	nc	nc	nc	nc	nc	nc	…
青森	…	…	…	nc	nc	nc	nc	nc	nc	…
岩手	…	…	…	nc	nc	nc	nc	nc	nc	…
宮城	…	…	…	nc	nc	nc	nc	nc	nc	…
秋田	…	…	…	nc	nc	nc	nc	nc	nc	…
山形	…	…	…	nc	nc	nc	nc	nc	nc	…
福島	…	…	…	nc	nc	nc	nc	nc	nc	…
茨城	6,860	2,450	168,100	80	101	96	△ 5,500	97	94	2,61
栃木	…	…	…	nc	nc	nc	nc	nc	nc	…
群馬	…	…	…	nc	nc	nc	nc	nc	nc	…
埼玉	…	…	…	nc	nc	nc	nc	nc	nc	…
千葉	4,040	2,320	93,700	△ 50	99	95	△ 6,100	94	94	2,48
東京	…	…	…	nc	nc	nc	nc	nc	nc	…
神奈川	…	…	…	nc	nc	nc	nc	nc	nc	…
新潟	…	…	…	nc	nc	nc	nc	nc	nc	…
富山	…	…	…	nc	nc	nc	nc	nc	nc	…
石川	…	…	…	nc	nc	nc	nc	nc	nc	…
福井	…	…	…	nc	nc	nc	nc	nc	nc	…
山梨	…	…	…	nc	nc	nc	nc	nc	nc	…
長野	…	…	…	nc	nc	nc	nc	nc	nc	…
岐阜	…	…	…	nc	nc	nc	nc	nc	nc	…
静岡	…	…	…	nc	nc	nc	nc	nc	nc	…
愛知	…	…	…	nc	nc	nc	nc	nc	nc	…
三重	…	…	…	nc	nc	nc	nc	nc	nc	…
滋賀	…	…	…	nc	nc	nc	nc	nc	nc	…
京都	…	…	…	nc	nc	nc	nc	nc	nc	…
大阪	…	…	…	nc	nc	nc	nc	nc	nc	…
兵庫	…	…	…	nc	nc	nc	nc	nc	nc	…
奈良	…	…	…	nc	nc	nc	nc	nc	nc	…
和歌山	…	…	…	nc	nc	nc	nc	nc	nc	…
鳥取	…	…	…	nc	nc	nc	nc	nc	nc	…
島根	…	…	…	nc	nc	nc	nc	nc	nc	…
岡山	…	…	…	nc	nc	nc	nc	nc	nc	…
広島	…	…	…	nc	nc	nc	nc	nc	nc	…
山口	…	…	…	nc	nc	nc	nc	nc	nc	…
徳島	1,090	2,500	27,300	0	100	97	△ 700	98	101	2,47
香川	…	…	…	nc	nc	nc	nc	nc	nc	…
愛媛	…	…	…	nc	nc	nc	nc	nc	nc	…
高知	…	…	…	nc	nc	nc	nc	nc	nc	…
福岡	…	…	…	nc	nc	nc	nc	nc	nc	…
佐賀	…	…	…	nc	nc	nc	nc	nc	nc	…
長崎	…	…	…	nc	nc	nc	nc	nc	nc	…
熊本	897	2,150	19,300	△ 74	92	95	△ 2,700	88	96	2,24
大分	…	…	…	nc	nc	nc	nc	nc	nc	…
宮崎	3,360	2,400	80,600	△ 250	93	96	△ 9,700	89	95	2,52
鹿児島	11,200	2,330	261,000	△ 900	93	101	△ 17,300	94	95	2,45
沖縄	…	…	…	nc	nc	nc	nc	nc	nc	…
関東農政局	…	…	…	nc	nc	nc	nc	nc	nc	…
東海農政局	…	…	…	nc	nc	nc	nc	nc	nc	…
中国四国農政局	…	…	…	nc	nc	nc	nc	nc	nc	…

注：1　かんしょの作付面積調査及び収穫量調査は主産県調査であり、3年又は6年周期で全国調査を実施している。
　　2　令和元年産調査については、作付面積調査及び収穫量調査ともに主産県を対象に調査を実施した。
　　3　主産県とは、直近の全国調査年である平成29年産調査における全国の作付面積のおおむね80％を占めるまでの上位都道府県である。
　　4　全国の作付面積及び収穫量については、主産県の調査結果から推計したものである。

(2)　令和元年産でんぷん原料仕向けかんしょの収穫量（宮崎県及び鹿児島県）

区分	作付面積 実数	作付面積 かんしょの作付面積に占める割合	10a当たり収量	収穫量 実数	収穫量 かんしょの収穫量に占める割合	前年産との比較 作付面積 対差	前年産との比較 作付面積 対比	前年産との比較 10a当たり収量 対比	前年産との比較 収穫量 対差	前年産との比較 収穫量 対比
	(1)	(2)	(3)	(4)	(5)	(6)	(7)	(8)	(9)	(10)
	ha	%	kg	t	%	ha	%	%	t	%
計	**4,500**	**31**	**2,180**	**98,000**	**29**	**130**	**103**	**100**	**2,200**	**102**
宮　崎	157	5	2,390	3,750	5	20	115	101	520	116
鹿児島	4,340	39	2,170	94,200	36	110	103	99	1,600	102

注：1　作付面積及び収穫量は、宮崎県及び鹿児島県の数値の内数である。
　　2　「かんしょの作付面積に占める割合」及び「かんしょの収穫量に占める割合」は、県別のかんしょの作付面積及び収穫量に占めるでん粉原料仕向けかんしょの割合である。

5　飼料作物

令和元年産飼料作物の収穫量（全国農業地域別・都道府県別）

(1)　牧草

全国農業地域・都道府県	作付（栽培）面積	10a当たり収量	収穫量	前年産との比較 作付（栽培）面積 対差	前年産との比較 作付（栽培）面積 対比	前年産との比較 10a当たり収量 対比	前年産との比較 収穫量 対差	前年産との比較 収穫量 対比	（参考）10a当たり平均収量対比	（参考）10a当たり平均収量
	(1)	(2)	(3)	(4)	(5)	(6)	(7)	(8)	(9)	(10)
	ha	kg	t	ha	%	%	t	%	%	kg
全国	**724,400**	**3,430**	**24,850,000**	**△ 1,600**	**100**	**101**	**229,000**	**101**	**100**	**3,430**
（全国農業地域）										
北海道	532,800	3,270	17,423,000	△ 800	100	101	134,000	101	101	3,250
都府県	…	…	…	nc	nc	nc	nc	nc	nc	…
東北	…	…	…	nc	nc	nc	nc	nc	nc	…
北陸	…	…	…	nc	nc	nc	nc	nc	nc	…
関東・東山	…	…	…	nc	nc	nc	nc	nc	nc	…
東海	…	…	…	nc	nc	nc	nc	nc	nc	…
近畿	…	…	…	nc	nc	nc	nc	nc	nc	…
中国	…	…	…	nc	nc	nc	nc	nc	nc	…
四国	…	…	…	nc	nc	nc	nc	nc	nc	…
九州	…	…	…	nc	nc	nc	nc	nc	nc	…
沖縄	5,710	10,600	605,300	△ 130	98	100	△ 13,700	98	101	10,500
（都道府県）										
北海道	532,800	3,270	17,423,000	△ 800	100	101	134,000	101	101	3,250
青森	18,200	2,590	471,400	△ 300	98	94	△ 41,100	92	93	2,780
岩手	35,600	2,780	989,700	△ 300	99	99	△ 19,300	98	110	2,520
宮城	…	…	…	nc	nc	nc	nc	nc	nc	…
秋田	…	…	…	nc	nc	nc	nc	nc	nc	…
山形	…	…	…	nc	nc	nc	nc	nc	nc	…
福島	…	…	…	nc	nc	nc	nc	nc	nc	…
茨城	1,540	4,180	64,400	△ 10	99	98	△ 1,800	97	90	4,640
栃木	7,470	4,540	339,100	380	105	119	68,300	125	110	4,120
群馬	2,750	3,880	106,700	△ 180	94	80	△ 35,700	75	77	5,060
埼玉	…	…	…	nc	nc	nc	nc	nc	nc	…
千葉	969	3,350	32,500	△ 51	95	82	△ 9,100	78	77	4,330
東京	…	…	…	nc	nc	nc	nc	nc	nc	…
神奈川	…	…	…	nc	nc	nc	nc	nc	nc	…
新潟	…	…	…	nc	nc	nc	nc	nc	nc	…
富山	…	…	…	nc	nc	nc	nc	nc	nc	…
石川	…	…	…	nc	nc	nc	nc	nc	nc	…
福井	…	…	…	nc	nc	nc	nc	nc	nc	…
山梨	871	3,620	31,500	nc	nc	nc	nc	nc	nc	…
長野	…	…	…	nc	nc	nc	nc	nc	nc	…
岐阜	…	…	…	nc	nc	nc	nc	nc	nc	…
静岡	…	…	…	nc	nc	nc	nc	nc	nc	…
愛知	717	3,700	26,500	△ 16	98	111	2,200	109	85	4,350
三重	…	…	…	nc	nc	nc	nc	nc	nc	…
滋賀	…	…	…	nc	nc	nc	nc	nc	nc	…
京都	…	…	…	nc	nc	nc	nc	nc	nc	…
大阪	…	…	…	nc	nc	nc	nc	nc	nc	…
兵庫	916	3,580	32,800	△ 54	94	105	△ 400	99	94	3,820
奈良	…	…	…	nc	nc	nc	nc	nc	nc	…
和歌山	…	…	…	nc	nc	nc	nc	nc	nc	…
鳥取	2,260	3,060	69,200	△ 50	98	99	△ 2,400	97	93	3,290
島根	1,420	3,040	43,200	20	101	106	3,000	107	100	3,030
岡山	…	…	…	nc	nc	nc	nc	nc	nc	…
広島	…	…	…	nc	nc	nc	nc	nc	nc	…
山口	1,250	2,200	27,500	0	100	89	△ 3,400	89	75	2,930
徳島	…	…	…	nc	nc	nc	nc	nc	nc	…
香川	…	…	…	nc	nc	nc	nc	nc	nc	…
愛媛	…	…	…	nc	nc	nc	nc	nc	nc	…
高知	…	…	…	nc	nc	nc	nc	nc	nc	…
福岡	…	…	…	nc	nc	nc	nc	nc	nc	…
佐賀	903	3,820	34,500	△ 7	99	105	1,500	105	104	3,690
長崎	5,610	5,020	281,600	50	101	103	10,800	104	105	4,800
熊本	14,400	4,240	610,600	0	100	103	17,300	103	104	4,080
大分	5,080	4,350	221,000	10	100	101	3,000	101	103	4,230
宮崎	15,800	6,200	979,600	△ 200	99	102	5,200	101	102	6,070
鹿児島	19,000	5,380	1,022,000	100	101	110	99,700	111	83	6,470
沖縄	5,710	10,600	605,300	△ 130	98	100	△ 13,700	98	101	10,500
関東農政局	…	…	…	nc	nc	nc	nc	nc	nc	…
東海農政局	…	…	…	nc	nc	nc	nc	nc	nc	…
中国四国農政局	…	…	…	nc	nc	nc	nc	nc	nc	…

注：1　牧草の作付面積調査及び収穫量調査は主産県調査であり、3年又は6年周期で全国調査を実施している。
　　2　令和元年産調査については、作付面積調査及び収穫量調査ともに主産県を対象に調査を実施した。
　　3　主産県とは、直近の全国調査年である平成29年産調査における全国の作付（栽培）面積のおおむね80%を占めるまでの上位都道府県又は農業競争力強化基盤整備事業のうち飼料作物に係るものを実施する都道府県である。
　　4　全国の作付面積及び収穫量については、主産県の調査結果から推計したものである。

(2) 青刈りとうもろこし

全国農業地域・都道府県	作付面積	10a当たり収量	収穫量	前年産との比較					(参考)	
				作付面積		10a当たり収量	収穫量		10a当たり平均収量対比	10a当たり平均収量
				対差	対比	対比	対差	対比		
	(1)	(2)	(3)	(4)	(5)	(6)	(7)	(8)	(9)	(10)
	ha	kg	t	ha	%	%	t	%	%	kg
全国	**94,700**	**5,110**	**4,841,000**	**100**	**100**	**108**	**353,000**	**108**	**100**	**5,090**
(全国農業地域)										
北海道	56,300	5,530	3,113,000	800	101	114	416,000	115	103	5,390
都府県	…	…	…	nc	nc	nc	nc	nc	nc	…
東北	…	…	…	nc	nc	nc	nc	nc	nc	…
北陸	…	…	…	nc	nc	nc	nc	nc	nc	…
関東・東山	…	…	…	nc	nc	nc	nc	nc	nc	…
東海	…	…	…	nc	nc	nc	nc	nc	nc	…
近畿	…	…	…	nc	nc	nc	nc	nc	nc	…
中国	…	…	…	nc	nc	nc	nc	nc	nc	…
四国	…	…	…	nc	nc	nc	nc	nc	nc	…
九州	…	…	…	nc	nc	nc	nc	nc	nc	…
沖縄	1	6,600	66	0	100	184	30	183	103	6,410
(都道府県)										
北海道	56,300	5,530	3,113,000	800	101	114	416,000	115	103	5,390
青森	1,550	4,340	67,300	△ 130	92	107	△ 700	99	103	4,200
岩手	5,100	4,040	206,000	△ 30	99	101	300	100	96	4,230
宮城	…	…	…	nc	nc	nc	nc	nc	nc	…
秋田	…	…	…	nc	nc	nc	nc	nc	nc	…
山形	…	…	…	nc	nc	nc	nc	nc	nc	…
福島	…	…	…	nc	nc	nc	nc	nc	nc	…
茨城	2,490	4,920	122,500	30	101	98	△ 500	100	93	5,270
栃木	4,850	3,810	184,800	110	102	76	△ 52,700	78	77	4,920
群馬	2,650	5,090	134,900	△ 120	96	97	△ 10,500	93	91	5,590
埼玉	…	…	…	nc	nc	nc	nc	nc	nc	…
千葉	950	4,770	45,300	△ 12	99	89	△ 6,500	87	86	5,570
東京	…	…	…	nc	nc	nc	nc	nc	nc	…
神奈川	…	…	…	nc	nc	nc	nc	nc	nc	…
新潟	…	…	…	nc	nc	nc	nc	nc	nc	…
富山	…	…	…	nc	nc	nc	nc	nc	nc	…
石川	…	…	…	nc	nc	nc	nc	nc	nc	…
福井	…	…	…	nc	nc	nc	nc	nc	nc	…
山梨	153	4,690	7,180	nc	nc	nc	nc	nc	nc	…
長野	…	…	…	nc	nc	nc	nc	nc	nc	…
岐阜	…	…	…	nc	nc	nc	nc	nc	nc	…
静岡	…	…	…	nc	nc	nc	nc	nc	nc	…
愛知	175	4,590	8,030	△ 3	98	113	800	111	109	4,210
三重	…	…	…	nc	nc	nc	nc	nc	nc	…
滋賀	…	…	…	nc	nc	nc	nc	nc	nc	…
京都	…	…	…	nc	nc	nc	nc	nc	nc	…
大阪	…	…	…	nc	nc	nc	nc	nc	nc	…
兵庫	147	3,110	4,570	△ 2	99	106	190	104	91	3,420
奈良	…	…	…	nc	nc	nc	nc	nc	nc	…
和歌山	…	…	…	nc	nc	nc	nc	nc	nc	…
鳥取	838	4,120	34,500	△ 31	96	142	9,300	137	104	3,960
島根	65	3,130	2,030	△ 1	98	96	△ 120	94	90	3,490
岡山	…	…	…	nc	nc	nc	nc	nc	nc	…
広島	…	…	…	nc	nc	nc	nc	nc	nc	…
山口	6	3,100	186	△ 1	86	100	△ 30	86	94	3,290
徳島	…	…	…	nc	nc	nc	nc	nc	nc	…
香川	…	…	…	nc	nc	nc	nc	nc	nc	…
愛媛	…	…	…	nc	nc	nc	nc	nc	nc	…
高知	…	…	…	nc	nc	nc	nc	nc	nc	…
福岡	…	…	…	nc	nc	nc	nc	nc	nc	…
佐賀	9	3,400	306	0	100	104	12	104	96	3,530
長崎	465	4,410	20,500	△ 59	89	98	△ 3,200	86	97	4,530
熊本	3,400	4,460	151,600	△ 10	100	99	△ 1,500	99	102	4,370
大分	700	4,190	29,300	△ 29	96	97	△ 2,100	93	98	4,260
宮崎	4,700	4,750	223,300	△ 110	98	99	△ 8,100	96	100	4,740
鹿児島	1,690	5,500	93,000	△ 340	83	136	10,800	113	116	4,740
沖縄	1	6,600	66	0	100	184	30	183	103	6,410
関東農政局	…	…	…	nc	nc	nc	nc	nc	nc	…
東海農政局	…	…	…	nc	nc	nc	nc	nc	nc	…
中国四国農政局	…	…	…	nc	nc	nc	nc	nc	nc	…

注：1　青刈りとうもろこしの作付面積調査及び収穫量調査は主産県調査であり、３年又は６年周期で全国調査を実施している。
2　令和元年産調査については、作付面積調査及び収穫量調査ともに主産県を対象に調査を実施した。
3　主産県とは、直近の全国調査年である平成29年産調査における全国の作付面積のおおむね80％を占めるまでの上位都道府県又は農業競争力強化基盤整備事業のうち飼料作物に係るものを実施する都道府県である。
4　全国の作付面積及び収穫量については、主産県の調査結果から推計したものである。

5　飼料作物（続き）

令和元年産飼料作物の収穫量（全国農業地域別・都道府県別）（続き）

(3)　ソルゴー

全国農業地域・都道府県	作付面積	10a当たり収量	収穫量	前年産との比較 作付面積 対差	前年産との比較 作付面積 対比	前年産との比較 10a当たり収量 対比	前年産との比較 収穫量 対差	前年産との比較 収穫量 対比	（参考）10a当たり平均収量対比	（参考）10a当たり平均収量
	(1)	(2)	(3)	(4)	(5)	(6)	(7)	(8)	(9)	(10)
	ha	kg	t	ha	%	%	t	%	%	kg
全国	**13,300**	**4,350**	**578,100**	**△ 700**	**95**	**99**	**△ 39,900**	**94**	**90**	**4,810**
（全国農業地域）										
北海道	15	3,640	546	x	x	x	x	x	nc	…
都府県	…	…	…	nc	nc	nc	nc	nc	nc	…
東北	…	…	…	nc	nc	nc	nc	nc	nc	…
北陸	…	…	…	nc	nc	nc	nc	nc	nc	…
関東・東山	…	…	…	nc	nc	nc	nc	nc	nc	…
東海	…	…	…	nc	nc	nc	nc	nc	nc	…
近畿	…	…	…	nc	nc	nc	nc	nc	nc	…
中国	…	…	…	nc	nc	nc	nc	nc	nc	…
四国	…	…	…	nc	nc	nc	nc	nc	nc	…
九州	…	…	…	nc	nc	nc	nc	nc	nc	…
沖縄	14	5,890	825	△ 30	32	196	△ 495	63	127	4,640
（都道府県）										
北海道	15	3,640	546	x	x	x	x	x	nc	…
青森	-	-	-	-	nc	nc	-	nc	nc	-
岩手	2	3,230	65	△ 1	67	104	△ 29	69	96	3,360
宮城	…	…	…	nc	nc	nc	nc	nc	nc	…
秋田	…	…	…	nc	nc	nc	nc	nc	nc	…
山形	…	…	…	nc	nc	nc	nc	nc	nc	…
福島	…	…	…	nc	nc	nc	nc	nc	nc	…
茨城	272	4,510	12,300	△ 43	86	100	△ 2,000	86	93	4,860
栃木	296	2,080	6,160	5	102	60	△ 3,940	61	52	3,990
群馬	76	3,750	2,850	△ 12	86	85	△ 1,020	74	82	4,600
埼玉	…	…	…	nc	nc	nc	nc	nc	nc	…
千葉	439	4,220	18,500	△ 7	98	71	△ 7,900	70	69	6,120
東京	…	…	…	nc	nc	nc	nc	nc	nc	…
神奈川	…	…	…	nc	nc	nc	nc	nc	nc	…
新潟	…	…	…	nc	nc	nc	nc	nc	nc	…
富山	…	…	…	nc	nc	nc	nc	nc	nc	…
石川	…	…	…	nc	nc	nc	nc	nc	nc	…
福井	…	…	…	nc	nc	nc	nc	nc	nc	…
山梨	2	5,360	107	nc	nc	nc	nc	nc	nc	…
長野	…	…	…	nc	nc	nc	nc	nc	nc	…
岐阜	…	…	…	nc	nc	nc	nc	nc	nc	…
静岡	…	…	…	nc	nc	nc	nc	nc	nc	…
愛知	383	3,880	14,900	△ 7	98	128	3,100	126	100	3,890
三重	…	…	…	nc	nc	nc	nc	nc	nc	…
滋賀	…	…	…	nc	nc	nc	nc	nc	nc	…
京都	…	…	…	nc	nc	nc	nc	nc	nc	…
大阪	…	…	…	nc	nc	nc	nc	nc	nc	…
兵庫	718	2,400	17,200	8	101	107	1,200	108	70	3,430
奈良	…	…	…	nc	nc	nc	nc	nc	nc	…
和歌山	…	…	…	nc	nc	nc	nc	nc	nc	…
鳥取	333	2,860	9,520	12	104	136	2,780	141	99	2,880
島根	177	2,950	5,220	△ 7	96	100	△ 190	96	96	3,060
岡山	…	…	…	nc	nc	nc	nc	nc	nc	…
広島	…	…	…	nc	nc	nc	nc	nc	nc	…
山口	408	2,400	9,790	△ 27	94	105	△ 170	98	85	2,830
徳島	…	…	…	nc	nc	nc	nc	nc	nc	…
香川	…	…	…	nc	nc	nc	nc	nc	nc	…
愛媛	…	…	…	nc	nc	nc	nc	nc	nc	…
高知	…	…	…	nc	nc	nc	nc	nc	nc	…
福岡	…	…	…	nc	nc	nc	nc	nc	nc	…
佐賀	333	3,260	10,900	4	101	106	800	108	94	3,470
長崎	2,100	4,060	85,300	△ 40	98	85	△ 16,600	84	83	4,880
熊本	744	5,290	39,400	△ 24	97	98	△ 2,000	95	100	5,300
大分	780	5,000	39,000	△ 43	95	97	△ 3,600	92	97	5,140
宮崎	2,780	5,440	151,200	△ 70	98	100	△ 3,300	98	99	5,480
鹿児島	1,560	5,190	81,000	△ 280	85	107	△ 7,900	91	90	5,790
沖縄	14	5,890	825	△ 30	32	196	△ 495	63	127	4,640
関東農政局	…	…	…	nc	nc	nc	nc	nc	nc	…
東海農政局	…	…	…	nc	nc	nc	nc	nc	nc	…
中国四国農政局	…	…	…	nc	nc	nc	nc	nc	nc	…

注：1　ソルゴーの作付面積調査及び収穫量調査は主産県調査であり、３年又は６年周期で全国調査を実施している。
　　2　令和元年産調査については、作付面積調査及び収穫量調査ともに主産県を対象に調査を実施した。
　　3　主産県とは、直近の全国調査年である平成29年産調査における全国の作付面積のおおむね80％を占めるまでの上位都道府県又は農業競争力強化基盤整備事業のうち飼料作物に係るものを実施する都道府県である。
　　4　全国の作付面積及び収穫量については、主産県の調査結果から推計したものである。

6　工芸農作物

令和元年産工芸農作物の収穫量

(1)　茶

ア　栽培面積（全国農業地域別・都道府県別）

全国農業地域・都道府県	栽培面積	対前年比
	(1)	(2)
	ha	%
全国	**40,600**	**98**
主産県計	**35,600**	**98**
（全国農業地域）		
北海道	…	nc
都府県	…	nc
東北	…	nc
北陸	…	nc
関東・東山	…	nc
東海	…	nc
近畿	…	nc
中国	…	nc
四国	…	nc
九州	…	nc
沖縄	…	nc
（都道府県）		
北海道	…	nc
青森	…	nc
岩手	…	nc
宮城	…	nc
秋田	…	nc
山形	…	nc
福島	…	nc
茨城	…	nc
栃木	…	nc
群馬	…	nc
埼玉	843	99
千葉	…	nc
東京	…	nc
神奈川	…	nc
新潟	…	nc
富山	…	nc
石川	…	nc
福井	…	nc
山梨	…	nc
長野	…	nc
岐阜	…	nc
静岡	15,900	96
愛知	517	99
三重	2,780	97
滋賀	…	nc
京都	1,560	99
大阪	…	nc
兵庫	…	nc
奈良	…	nc
和歌山	…	nc
鳥取	…	nc
島根	…	nc
岡山	…	nc
広島	…	nc
山口	…	nc
徳島	…	nc
香川	…	nc
愛媛	…	nc
高知	…	nc
福岡	1,540	100
佐賀	749	94
長崎	737	99
熊本	1,220	97
大分	…	nc
宮崎	1,380	99
鹿児島	8,400	100
沖縄	…	nc
関東農政局	…	nc
東海農政局	…	nc
中国四国農政局	…	nc

注：1　茶の栽培面積については主産県調査であり、6年周期で全国調査を実施している。
　　2　令和元年調査については、主産県を対象に調査を実施した。
　　3　主産県とは、直近の全国調査年である平成28年調査における全国の栽培面積のおおむね80％を占めるまでの上位都道府県、茶に係る畑作物共済事業及び強い農業・担い手づくり総合支援交付金による茶に係る事業を実施する都道府県である。
　　4　全国の栽培面積については、主産県の調査結果から推計したものである。

6　工芸農作物（続き）

令和元年産工芸農作物の収穫量（続き）

(1)　茶（続き）

イ　摘採面積・10ａ当たり生葉収量・生葉収穫量・荒茶生産量（主産県別）

全国農業地域・都道府県	年間計					一番茶			
	摘採面積（実面積）	摘採延べ面積	10ａ当たり生葉収量	生葉収穫量	荒茶生産量	摘採面積	10ａ当たり生葉収量	生葉収穫量	荒茶生産量
	(1)	(2)	(3)	(4)	(5)	(6)	(7)	(8)	(9)
	ha	ha	kg	t	t	ha	kg	t	t
全国 (1)	…	…	…	…	**81,700**	…	…	…	…
主産県計 (2)	**32,400**	**79,100**	**1,100**	**357,400**	**76,500**	**32,400**	**428**	**138,700**	**27,800**
（全国農業地域）									
北海道 (3)	…	…	…	…	…	…	…	…	…
都府県 (4)	…	…	…	…	…	…	…	…	…
東北 (5)	…	…	…	…	…	…	…	…	…
北陸 (6)	…	…	…	…	…	…	…	…	…
関東・東山 (7)	…	…	…	…	…	…	…	…	…
東海 (8)	…	…	…	…	…	…	…	…	…
近畿 (9)	…	…	…	…	…	…	…	…	…
中国 (10)	…	…	…	…	…	…	…	…	…
四国 (11)	…	…	…	…	…	…	…	…	…
九州 (12)	…	…	…	…	…	…	…	…	…
沖縄 (13)	…	…	…	…	…	…	…	…	…
（都道府県）									
北海道 (14)	…	…	…	…	…	…	…	…	…
青森 (15)	…	…	…	…	…	…	…	…	…
岩手 (16)	…	…	…	…	…	…	…	…	…
宮城 (17)	…	…	…	…	…	…	…	…	…
秋田 (18)	…	…	…	…	…	…	…	…	…
山形 (19)	…	…	…	…	…	…	…	…	…
福島 (20)	…	…	…	…	…	…	…	…	…
茨城 (21)	…	…	…	…	…	…	…	…	…
栃木 (22)	…	…	…	…	…	…	…	…	…
群馬 (23)	…	…	…	…	…	…	…	…	…
埼玉 (24)	629	989	639	4,020	881	629	334	2,100	449
千葉 (25)	…	…	…	…	…	…	…	…	…
東京 (26)	…	…	…	…	…	…	…	…	…
神奈川 (27)	…	…	…	…	…	…	…	…	…
新潟 (28)	…	…	…	…	…	…	…	…	…
富山 (29)	…	…	…	…	…	…	…	…	…
石川 (30)	…	…	…	…	…	…	…	…	…
福井 (31)	…	…	…	…	…	…	…	…	…
山梨 (32)	…	…	…	…	…	…	…	…	…
長野 (33)	…	…	…	…	…	…	…	…	…
岐阜 (34)	…	…	…	…	…	…	…	…	…
静岡 (35)	14,400	30,800	898	129,300	29,500	14,400	364	52,400	11,000
愛知 (36)	463	734	868	4,020	832	463	555	2,570	504
三重 (37)	2,620	5,480	1,090	28,600	5,910	2,620	477	12,500	2,480
滋賀 (38)	…	…	…	…	…	…	…	…	…
京都 (39)	1,400	2,680	936	13,100	2,900	1,400	453	6,340	1,310
大阪 (40)	…	…	…	…	…	…	…	…	…
兵庫 (41)	…	…	…	…	…	…	…	…	…
奈良 (42)	…	…	…	…	…	…	…	…	…
和歌山 (43)	…	…	…	…	…	…	…	…	…
鳥取 (44)	…	…	…	…	…	…	…	…	…
島根 (45)	…	…	…	…	…	…	…	…	…
岡山 (46)	…	…	…	…	…	…	…	…	…
広島 (47)	…	…	…	…	…	…	…	…	…
山口 (48)	…	…	…	…	…	…	…	…	…
徳島 (49)	…	…	…	…	…	…	…	…	…
香川 (50)	…	…	…	…	…	…	…	…	…
愛媛 (51)	…	…	…	…	…	…	…	…	…
高知 (52)	…	…	…	…	…	…	…	…	…
福岡 (53)	1,490	2,750	625	9,310	1,780	1,490	351	5,230	957
佐賀 (54)	679	1,330	814	5,530	1,240	679	396	2,690	574
長崎 (55)	559	942	615	3,440	693	559	342	1,910	373
熊本 (56)	980	1,670	628	6,150	1,270	980	303	2,970	600
大分 (57)	…	…	…	…	…	…	…	…	…
宮崎 (58)	1,160	3,570	1,430	16,600	3,510	1,160	536	6,220	1,250
鹿児島 (59)	7,960	28,100	1,720	137,300	28,000	7,960	550	43,800	8,270
沖縄 (60)	…	…	…	…	…	…	…	…	…
関東農政局 (61)	…	…	…	…	…	…	…	…	…
東海農政局 (62)	…	…	…	…	…	…	…	…	…
中国四国農政局 (63)	…	…	…	…	…	…	…	…	…

注：1　茶の収穫量調査は主産県調査であり、６年周期で全国調査を実施している。
　　2　令和元年産調査については、主産県を対象に調査を実施した。
　　3　主産県とは、直近の全国調査年である平成28年産調査における全国の茶栽培面積のおおむね80％を占めるまでの上位都道府県、強い農業・担い手づくり総合支援交付金による茶に係る事業を実施する都道府県及び畑作物共済事業を実施し半相殺方式を採用している都道府県である。
　　4　全国の荒茶生産量（年間計）については、主産県の調査結果から推計したものである。
　　5　10ａ当たり生葉収量とは、生葉収穫量を摘採実面積（一番茶は摘採面積）で除して求めたものである。

対前年産比									
年間計					一番茶				
摘採面積（実面積）	摘採延べ面積	10a当たり生葉収量	生葉収穫量	荒茶生産量	摘採面積	10a当たり生葉収量	生葉収穫量	荒茶生産量	
(10)	(11)	(12)	(13)	(14)	(15)	(16)	(17)	(18)	
%	%	%	%	%	%	%	%	%	
nc	nc	nc	nc	95	nc	nc	nc	nc	(1)
97	97	96	93	94	98	93	91	91	(2)
nc	nc	nc	nc	nc	nc	nc	nc	nc	(3)
nc	nc	nc	nc	nc	nc	nc	nc	nc	(4)
nc	nc	nc	nc	nc	nc	nc	nc	nc	(5)
nc	nc	nc	nc	nc	nc	nc	nc	nc	(6)
nc	nc	nc	nc	nc	nc	nc	nc	nc	(7)
nc	nc	nc	nc	nc	nc	nc	nc	nc	(8)
nc	nc	nc	nc	nc	nc	nc	nc	nc	(9)
nc	nc	nc	nc	nc	nc	nc	nc	nc	(10)
nc	nc	nc	nc	nc	nc	nc	nc	nc	(11)
nc	nc	nc	nc	nc	nc	nc	nc	nc	(12)
nc	nc	nc	nc	nc	nc	nc	nc	nc	(13)
nc	nc	nc	nc	nc	nc	nc	nc	nc	(14)
nc	nc	nc	nc	nc	nc	nc	nc	nc	(15)
nc	nc	nc	nc	nc	nc	nc	nc	nc	(16)
nc	nc	nc	nc	nc	nc	nc	nc	nc	(17)
nc	nc	nc	nc	nc	nc	nc	nc	nc	(18)
nc	nc	nc	nc	nc	nc	nc	nc	nc	(19)
nc	nc	nc	nc	nc	nc	nc	nc	nc	(20)
nc	nc	nc	nc	nc	nc	nc	nc	nc	(21)
nc	nc	nc	nc	nc	nc	nc	nc	nc	(22)
nc	nc	nc	nc	nc	nc	nc	nc	nc	(23)
96	98	104	100	98	104	91	95	94	(24)
nc	nc	nc	nc	nc	nc	nc	nc	nc	(25)
nc	nc	nc	nc	nc	nc	nc	nc	nc	(26)
nc	nc	nc	nc	nc	nc	nc	nc	nc	(27)
nc	nc	nc	nc	nc	nc	nc	nc	nc	(28)
nc	nc	nc	nc	nc	nc	nc	nc	nc	(29)
nc	nc	nc	nc	nc	nc	nc	nc	nc	(30)
nc	nc	nc	nc	nc	nc	nc	nc	nc	(31)
nc	nc	nc	nc	nc	nc	nc	nc	nc	(32)
nc	nc	nc	nc	nc	nc	nc	nc	nc	(33)
nc	nc	nc	nc	nc	nc	nc	nc	nc	(34)
95	95	90	86	88	95	89	85	87	(35)
99	99	97	96	96	99	94	93	93	(36)
97	96	97	95	95	97	91	89	89	(37)
nc	nc	nc	nc	nc	nc	nc	nc	nc	(38)
100	88	95	95	94	100	91	91	92	(39)
nc	nc	nc	nc	nc	nc	nc	nc	nc	(40)
nc	nc	nc	nc	nc	nc	nc	nc	nc	(41)
nc	nc	nc	nc	nc	nc	nc	nc	nc	(42)
nc	nc	nc	nc	nc	nc	nc	nc	nc	(43)
nc	nc	nc	nc	nc	nc	nc	nc	nc	(44)
nc	nc	nc	nc	nc	nc	nc	nc	nc	(45)
nc	nc	nc	nc	nc	nc	nc	nc	nc	(46)
nc	nc	nc	nc	nc	nc	nc	nc	nc	(47)
nc	nc	nc	nc	nc	nc	nc	nc	nc	(48)
nc	nc	nc	nc	nc	nc	nc	nc	nc	(49)
nc	nc	nc	nc	nc	nc	nc	nc	nc	(50)
nc	nc	nc	nc	nc	nc	nc	nc	nc	(51)
nc	nc	nc	nc	nc	nc	nc	nc	nc	(52)
103	97	94	97	94	103	101	104	101	(53)
94	94	104	98	98	94	101	95	95	(54)
97	93	98	95	95	97	96	93	94	(55)
96	99	105	100	101	96	104	100	101	(56)
nc	nc	nc	nc	nc	nc	nc	nc	nc	(57)
97	98	94	92	92	97	101	99	99	(58)
100	99	100	100	100	100	95	94	94	(59)
nc	nc	nc	nc	nc	nc	nc	nc	nc	(60)
nc	nc	nc	nc	nc	nc	nc	nc	nc	(61)
nc	nc	nc	nc	nc	nc	nc	nc	nc	(62)
nc	nc	nc	nc	nc	nc	nc	nc	nc	(63)

6　工芸農作物（続き）

令和元年産工芸農作物の収穫量（続き）

(1)　茶（続き）

ウ　摘採面積率（主産県別）　　エ　製茶歩留まり（主産県別）

単位：%　　単位：%

都道府県	ウ 摘採面積率 年間（実面積）	ウ 摘採面積率 一番茶	エ 製茶歩留まり 年間平均	エ 製茶歩留まり 一番茶
	(1)	(2)	(3)	(4)
全国	…	…	…	…
主産県計	**91**	**91**	**21**	**20**
（全国農業地域）				
北海道	…	…	…	…
都府県	…	…	…	…
東北	…	…	…	…
北陸	…	…	…	…
関東・東山	…	…	…	…
東海	…	…	…	…
近畿	…	…	…	…
中国	…	…	…	…
四国	…	…	…	…
九州	…	…	…	…
沖縄	…	…	…	…
（都道府県）				
北海道	…	…	…	…
青森	…	…	…	…
岩手	…	…	…	…
宮城	…	…	…	…
秋田	…	…	…	…
山形	…	…	…	…
福島	…	…	…	…
茨城	…	…	…	…
栃木	…	…	…	…
群馬	…	…	…	…
埼玉	75	75	22	21
千葉	…	…	…	…
東京	…	…	…	…
神奈川	…	…	…	…
新潟	…	…	…	…
富山	…	…	…	…
石川	…	…	…	…
福井	…	…	…	…
山梨	…	…	…	…
長野	…	…	…	…
岐阜	…	…	…	…
静岡	91	91	23	21
愛知	90	90	21	20
三重	94	94	21	20
滋賀	…	…	…	…
京都	90	90	22	21
大阪	…	…	…	…
兵庫	…	…	…	…
奈良	…	…	…	…
和歌山	…	…	…	…
鳥取	…	…	…	…
島根	…	…	…	…
岡山	…	…	…	…
広島	…	…	…	…
山口	…	…	…	…
徳島	…	…	…	…
香川	…	…	…	…
愛媛	…	…	…	…
高知	…	…	…	…
福岡	97	97	19	18
佐賀	91	91	22	21
長崎	76	76	20	20
熊本	80	80	21	20
大分	…	…	…	…
宮崎	84	84	21	20
鹿児島	95	95	20	19
沖縄	…	…	…	…
関東農政局	…	…	…	…
東海農政局	…	…	…	…
中国四国農政局	…	…	…	…

注：1　摘採面積率は、茶栽培面積に占める摘採面積の比率である。
　　2　製茶歩留まりは、生葉収穫量に占める荒茶生産量の比率である。

(2) なたね（子実用）（全国農業地域別・都道府県別）

全国農業地域 ・ 都道府県	作付面積	10 a 当たり収量	収穫量	前年産との比較 作付面積 対差	作付面積 対比	10 a 当たり収量 対比	収穫量 対差	収穫量 対比	（参考）10 a 当たり平均収量対比	（参考）10 a 当たり平均収量
	(1)	(2)	(3)	(4)	(5)	(6)	(7)	(8)	(9)	(10)
	ha	kg	t	ha	%	%	t	%	%	kg
全国	**1,900**	**217**	**4,130**	**△ 20**	**99**	**133**	**1,010**	**132**	**141**	**154**
（全国農業地域）										
北海道	1,030	320	3,300	59	106	130	910	138	130	247
都府県	870	96	831	△ 83	91	126	103	114	105	91
東北	433	112	484	△ 76	85	113	△ 21	96	106	106
北陸	x	38	x	x	x	141	x	x	84	45
関東・東山	60	87	52	x	x	124	x	x	99	88
東海	93	49	46	△ 9	91	169	16	153	78	63
近畿	x	104	x	x	x	193	x	x	116	90
中国	x	70	x	x	x	108	x	x	233	30
四国	x	x	x	x	x	x	x	x	x	50
九州	182	93	170	△ 16	92	160	56	149	122	76
沖縄	-	-	-	-	nc	nc	-	nc	nc	-
（都道府県）										
北海道	1,030	320	3,300	59	106	130	910	138	130	247
青森	193	197	380	△ 77	71	124	△ 49	89	105	187
岩手	26	69	18	△ 4	87	130	2	113	90	77
宮城	32	3	1	△ 2	94	50	△ 1	50	16	19
秋田	76	41	31	29	162	84	8	135	91	45
山形	12	45	5	0	100	132	1	125	96	47
福島	94	52	49	△ 22	81	193	18	158	144	36
茨城	9	40	4	△ 2	82	98	△ 1	80	73	55
栃木	13	63	8	5	163	131	4	200	109	58
群馬	10	100	10	1	111	108	2	125	105	95
埼玉	12	68	8	8	300	77	4	200	61	111
千葉	x	x	x	x	x	x	x	x	x	44
東京	x	x	x	x	x	x	x	x	x	74
神奈川	1	187	1	0	100	283	1	nc	240	78
新潟	9	67	6	1	113	176	3	200	197	34
富山	15	36	5	△ 2	88	164	1	125	71	51
石川	x	x	x	x	x	x	x	x	x	50
福井	x	x	x	x	x	x	x	x	x	12
山梨	x	x	x	x	x	x	x	x	x	31
長野	12	157	19	2	120	131	7	158	134	117
岐阜	-	-	-	-	nc	nc	-	nc	nc	…
静岡	3	30	1	△ 1	75	214	0	100	120	25
愛知	40	60	24	△ 2	95	133	5	126	77	78
三重	50	42	21	△ 6	89	233	11	210	78	54
滋賀	36	122	44	4	113	194	24	220	113	108
京都	x	x	x	x	x	x	x	x	x	7
大阪	x	x	x	x	x	x	x	x	x	91
兵庫	14	57	8	△ 2	88	150	2	133	124	46
奈良	1	80	1	△ 1	50	133	0	100	131	61
和歌山	-	-	-	-	nc	nc	-	nc	nc	-
鳥取	3	33	1	△ 1	75	66	△ 1	50	127	26
島根	7	108	8	△ 2	78	121	0	100	245	44
岡山	10	54	5	6	250	169	4	500	225	24
広島	-	-	-	-	nc	nc	-	nc	-	11
山口	x	x	x	x	x	x	x	x	x	65
徳島	-	-	-	x	x	x	x	x	-	17
香川	x	x	x	x	x	x	x	x	x	57
愛媛	x	x	x	x	x	x	x	x	x	38
高知	-	-	-	-	nc	nc	-	nc	-	18
福岡	33	133	44	△ 2	94	166	16	157	110	121
佐賀	27	104	28	7	135	117	10	156	149	70
長崎	12	42	5	2	120	117	1	125	74	57
熊本	42	95	40	△ 16	72	183	10	133	158	60
大分	35	61	21	△ 1	97	210	11	210	120	51
宮崎	6	98	6	△ 1	86	132	1	120	120	82
鹿児島	27	95	26	△ 5	84	158	7	137	108	88
沖縄	-	-	-	-	nc	nc	-	nc	nc	-
関東農政局	63	84	53	x	x	125	x	x	98	86
東海農政局	90	50	45	△ 8	92	167	16	155	78	64
中国四国農政局	22	68	15	x	x	105	x	x	213	32

6　工芸農作物（続き）

令和元年産工芸農作物の収穫量（続き）

(3)　てんさい（北海道）

都道府県	作付面積	10 a 当たり収量	収穫量	前年産との比較					（参考）	
				作付面積		10 a 当たり収量	収穫量		10 a 当たり平均収量対比	10 a 当たり平均収量
				対差	対比	対比	対差	対比		
	(1)	(2)	(3)	(4)	(5)	(6)	(7)	(8)	(9)	(10)
	ha	kg	t	ha	%	%	t	%	%	kg
北海道	**56,700**	**7,030**	**3,986,000**	**△ 600**	**99**	**112**	**375,000**	**110**	**112**	**6,290**

注：てんさいの調査は、北海道を対象に行っている。

(4)　さとうきび

区分	栽培面積	収穫面積				10 a 当たり収量			
		計	夏植え	春植え	株出し	計	夏植え	春植え	株出し
	(1)	(2)	(3)	(4)	(5)	(6)	(7)	(8)	(9)
	ha	ha	ha	ha	ha	kg	kg	kg	kg
全国	**27,200**	**22,100**	**4,680**	**2,940**	**14,500**	**5,310**	**6,660**	**5,110**	**4,910**
鹿児島	10,600	9,170	1,180	1,740	6,250	5,430	7,130	5,310	5,140
沖縄	16,600	12,900	3,500	1,200	8,210	5,240	6,500	4,810	4,760

区分	収穫量				前年産との比較				（参考）	
	計	夏植え	春植え	株出し	栽培面積	収穫面積	10 a 当たり収量	収穫量	10 a 当たり平均収量対比	10 a 当たり平均収量
	(10)	(11)	(12)	(13)	(14)	(15)	(16)	(17)	(18)	(19)
	t	t	t	t	%	%	%	%	%	kg
全国	**1,174,000**	**311,600**	**150,100**	**712,100**	**98**	**98**	**100**	**98**	**100**	**5,330**
鹿児島	497,800	84,100	92,400	321,300	97	97	113	110	108	5,030
沖縄	676,000	227,500	57,700	390,800	99	98	92	91	94	5,570

注：さとうきびの調査は、鹿児島県及び沖縄県を対象に行っている。

(5)　い（主産県別）

主産県	い生産農家数	作付面積	10 a 当たり収量	収穫量	前年産との比較					（参考）		畳表生産農家数	畳生産
					作付面積		10 a 当たり収量	収穫量		10 a 当たり平均収量対比	10 a 当たり平均収量		
					対差	対比	対比	対差	対比				
	(1)	(2)	(3)	(4)	(5)	(6)	(7)	(8)	(9)	(10)	(11)	(12)	(13)
	戸	ha	kg	t	ha	%	%	t	%	%	kg	戸	千
主産県計	**406**	**476**	**1,500**	**7,130**	**△ 65**	**88**	**108**	**△ 370**	**95**	**111**	**1,350**	**402**	**2,5**
福岡	7	5	1,230	62	△ 2	71	103	△ 21	75	100	1,230	8	
熊本	399	471	1,500	7,070	△ 63	88	108	△ 350	95	111	1,350	394	2,4

注：1　「い」の調査は、福岡県及び熊本県を対象に行っている。
　　2　い生産農家数は、令和元年産の「い」の生産を行った農家の数である。
　　3　畳表生産農家数は、「い」の生産から畳表の生産まで一貫して行っている農家で、平成30年７月から令和元年６月までに畳表の生産を行った農家の数である。
　　4　畳表生産量は、畳表生産農家によって平成30年７月から令和元年６月までに生産されたものである。
　　5　主産県計の10 a 当たり平均収量は、各県の10 a 当たり平均収量に当年産の作付面積を乗じて求めた平均収穫量を積み上げ、当年産の主産県計作付面積で除して算出している。

(6) こんにゃくいも（全国農業地域別・都道府県別）

全国農業地域・都道府県	栽培面積	収穫面積	10a当たり収量	収穫量	前年産との比較 栽培面積 対差	対比	収穫面積 対差	対比	10a当たり収量 対比	収穫量 対差	対比	（参考） 10a当たり平均収量対比	10a当たり平均収量
	(1)	(2)	(3)	(4)	(5)	(6)	(7)	(8)	(9)	(10)	(11)	(12)	(13)
	ha	ha	kg	t	ha	%	ha	%	%	t	%	%	kg
全国	**3,660**	**2,150**	**2,750**	**59,100**	**△ 40**	**99**	**△ 10**	**100**	**106**	**3,200**	**106**	**99**	**2,780**
（全国農業地域）													
北海道	…	…	…	…	nc	nc	nc	nc	nc	nc	nc	nc	…
都府県	…	…	…	…	nc	nc	nc	nc	nc	nc	nc	nc	…
東北	…	…	…	…	nc	nc	nc	nc	nc	nc	nc	nc	…
北陸	…	…	…	…	nc	nc	nc	nc	nc	nc	nc	nc	…
関東・東山	…	…	…	…	nc	nc	nc	nc	nc	nc	nc	nc	…
東海	…	…	…	…	nc	nc	nc	nc	nc	nc	nc	nc	…
近畿	…	…	…	…	nc	nc	nc	nc	nc	nc	nc	nc	…
中国	…	…	…	…	nc	nc	nc	nc	nc	nc	nc	nc	…
四国	…	…	…	…	nc	nc	nc	nc	nc	nc	nc	nc	…
九州	…	…	…	…	nc	nc	nc	nc	nc	nc	nc	nc	…
沖縄	…	…	…	…	nc	nc	nc	nc	nc	nc	nc	nc	…
（都道府県）													
北海道	…	…	…	…	nc	nc	nc	nc	nc	nc	nc	nc	…
青森	…	…	…	…	nc	nc	nc	nc	nc	nc	nc	nc	…
岩手	…	…	…	…	nc	nc	nc	nc	nc	nc	nc	nc	…
宮城	…	…	…	…	nc	nc	nc	nc	nc	nc	nc	nc	…
秋田	…	…	…	…	nc	nc	nc	nc	nc	nc	nc	nc	…
山形	…	…	…	…	nc	nc	nc	nc	nc	nc	nc	nc	…
福島	…	…	…	…	nc	nc	nc	nc	nc	nc	nc	nc	…
茨城	…	…	…	…	nc	nc	nc	nc	nc	nc	nc	nc	…
栃木	84	57	2,380	1,360	△ 5	94	△ 5	92	99	△ 130	91	92	2,580
群馬	3,250	1,900	2,910	55,300	△ 30	99	△ 30	98	108	3,200	106	96	3,040
埼玉	…	…	…	…	nc	nc	nc	nc	nc	nc	nc	nc	…
千葉	…	…	…	…	nc	nc	nc	nc	nc	nc	nc	nc	…
東京	…	…	…	…	nc	nc	nc	nc	nc	nc	nc	nc	…
神奈川	…	…	…	…	nc	nc	nc	nc	nc	nc	nc	nc	…
新潟	…	…	…	…	nc	nc	nc	nc	nc	nc	nc	nc	…
富山	…	…	…	…	nc	nc	nc	nc	nc	nc	nc	nc	…
石川	…	…	…	…	nc	nc	nc	nc	nc	nc	nc	nc	…
福井	…	…	…	…	nc	nc	nc	nc	nc	nc	nc	nc	…
山梨	…	…	…	…	nc	nc	nc	nc	nc	nc	nc	nc	…
長野	…	…	…	…	nc	nc	nc	nc	nc	nc	nc	nc	…
岐阜	…	…	…	…	nc	nc	nc	nc	nc	nc	nc	nc	…
静岡	…	…	…	…	nc	nc	nc	nc	nc	nc	nc	nc	…
愛知	…	…	…	…	nc	nc	nc	nc	nc	nc	nc	nc	…
三重	…	…	…	…	nc	nc	nc	nc	nc	nc	nc	nc	…
滋賀	…	…	…	…	nc	nc	nc	nc	nc	nc	nc	nc	…
京都	…	…	…	…	nc	nc	nc	nc	nc	nc	nc	nc	…
大阪	…	…	…	…	nc	nc	nc	nc	nc	nc	nc	nc	…
兵庫	…	…	…	…	nc	nc	nc	nc	nc	nc	nc	nc	…
奈良	…	…	…	…	nc	nc	nc	nc	nc	nc	nc	nc	…
和歌山	…	…	…	…	nc	nc	nc	nc	nc	nc	nc	nc	…
鳥取	…	…	…	…	nc	nc	nc	nc	nc	nc	nc	nc	…
島根	…	…	…	…	nc	nc	nc	nc	nc	nc	nc	nc	…
岡山	…	…	…	…	nc	nc	nc	nc	nc	nc	nc	nc	…
広島	…	…	…	…	nc	nc	nc	nc	nc	nc	nc	nc	…
山口	…	…	…	…	nc	nc	nc	nc	nc	nc	nc	nc	…
徳島	…	…	…	…	nc	nc	nc	nc	nc	nc	nc	nc	…
香川	…	…	…	…	nc	nc	nc	nc	nc	nc	nc	nc	…
愛媛	…	…	…	…	nc	nc	nc	nc	nc	nc	nc	nc	…
高知	…	…	…	…	nc	nc	nc	nc	nc	nc	nc	nc	…
福岡	…	…	…	…	nc	nc	nc	nc	nc	nc	nc	nc	…
佐賀	…	…	…	…	nc	nc	nc	nc	nc	nc	nc	nc	…
長崎	…	…	…	…	nc	nc	nc	nc	nc	nc	nc	nc	…
熊本	…	…	…	…	nc	nc	nc	nc	nc	nc	nc	nc	…
大分	…	…	…	…	nc	nc	nc	nc	nc	nc	nc	nc	…
宮崎	…	…	…	…	nc	nc	nc	nc	nc	nc	nc	nc	…
鹿児島	…	…	…	…	nc	nc	nc	nc	nc	nc	nc	nc	…
沖縄	…	…	…	…	nc	nc	nc	nc	nc	nc	nc	nc	…
関東農政局	…	…	…	…	nc	nc	nc	nc	nc	nc	nc	nc	…
東海農政局	…	…	…	…	nc	nc	nc	nc	nc	nc	nc	nc	…
中国四国農政局	…	…	…	…	nc	nc	nc	nc	nc	nc	nc	nc	…

注：1　こんにゃくいもの作付面積調査及び収穫量調査は主産県調査であり、3年又は6年周期で全国調査を実施している。
2　令和元年産調査については、作付面積調査及び収穫量調査ともに主産県を対象に調査を実施した。
3　主産県とは、栃木県及び群馬県である。
4　全国の栽培面積、収穫面積及び収穫量については、主産県の調査結果から推計したものである。

Ⅳ　累年統計表

全国累年統計表

全国農業地域別・都道府県別累年統計表
（平成27年産～令和元年産）

全国累年統計表
1 米
(1) 水陸稲の収穫量

年産	水陸稲計		水稲						陸稲			
	作付面積（子実用）	収穫量（子実用）	作付面積（子実用）	10 a 当たり収量	収穫量（子実用）	参考 主食用作付面積	参考 収穫量（主食用）	作況指数	作付面積（子実用）	10 a 当たり収量	収穫量（子実用）	作況指数
	(1)	(2)	(3)	(4)	(5)	(6)	(7)	(8)	(9)	(10)	(11)	(12)
	ha	t	ha	kg	t	ha	t		ha	kg	t	
明治11年産	…	3,792,000	…	…	…	…	…	…	…	…	…	…
12	2,516,000	4,753,000	…	…	…	…	…	…	…	…	…	…
13	2,549,000	4,715,000	…	…	…	…	…	…	…	…	…	…
14	2,538,000	4,487,000	…	…	…	…	…	…	…	…	…	…
15	2,571,000	4,560,000	…	…	…	…	…	…	…	…	…	…
16	2,586,000	4,587,000	2,565,000	178	4,566,000	…	…	…	20,700	103	21,300	…
17	2,594,000	4,070,000	2,551,000	158	4,041,000	…	…	…	42,400	69	29,000	…
18	2,590,000	5,106,000	2,552,000	198	5,063,000	…	…	…	38,100	114	43,300	…
19	2,606,000	5,583,000	2,576,000	216	5,557,000	…	…	…	29,800	87	26,000	…
20	2,620,000	6,004,000	2,591,000	230	5,970,000	…	…	…	29,300	114	33,500	…
21	2,670,000	5,803,000	2,643,000	218	5,772,000	…	…	…	26,700	115	30,800	…
22	2,709,000	4,957,000	2,678,000	184	4,926,000	…	…	…	31,100	101	31,400	…
23	2,729,000	6,463,000	2,694,000	238	6,422,000	…	…	…	34,900	117	40,700	…
24	2,740,000	5,727,000	2,701,000	211	5,686,000	…	…	…	39,700	105	41,400	…
25	2,738,000	6,214,000	2,692,000	229	6,160,000	…	…	…	46,100	118	54,500	…
26	2,752,000	5,590,000	2,707,000	205	5,545,000	…	…	…	44,700	100	44,600	…
27	2,714,000	6,279,000	2,664,000	234	6,236,000	…	…	…	49,400	88	43,300	…
28	2,762,000	5,994,000	2,708,000	219	5,933,000	…	…	…	53,500	114	60,700	…
29	2,769,000	5,436,000	2,713,000	198	5,376,000	…	…	…	56,100	111	60,300	…
30	2,764,000	4,956,000	2,703,000	181	4,890,000	…	…	…	61,500	107	65,600	…
31	2,794,000	7,108,000	2,727,000	257	7,015,000	…	…	…	66,800	139	92,900	…
32	2,816,000	5,955,000	2,745,000	214	5,872,000	…	…	…	70,700	117	82,700	…
33	2,805,000	6,220,000	2,731,000	224	6,122,000	…	…	…	74,200	132	98,200	…
34	2,824,000	7,037,000	2,745,000	252	6,929,000	…	…	…	79,200	136	108,100	…
35	2,824,000	5,540,000	2,740,000	199	5,449,000	…	…	…	83,500	109	91,000	…
36	2,840,000	6,971,000	2,755,000	249	6,872,000	…	…	…	85,500	116	99,300	…
37	2,857,000	7,715,000	2,775,000	275	7,627,000	…	…	…	82,000	106	87,300	…
38	2,858,000	5,726,000	2,783,000	203	5,637,000	…	…	…	74,500	120	89,000	…
39	2,875,000	6,945,000	2,799,000	244	6,842,000	…	…	…	75,800	136	103,400	…
40	2,882,000	7,358,000	2,804,000	258	7,238,000	…	…	…	78,200	153	119,600	…
41	2,898,000	7,790,000	2,815,000	272	7,658,000	…	…	…	83,100	159	132,400	…
42	2,914,000	7,866,000	2,827,000	273	7,732,000	…	…	…	86,500	154	133,600	…
43	2,925,000	6,995,000	2,834,000	242	6,855,000	…	…	…	91,400	153	139,600	…
44	2,949,000	7,757,000	2,852,000	267	7,602,000	…	…	…	96,500	160	154,300	…
大正元	2,978,000	7,533,000	2,869,000	258	7,389,000	…	…	…	109,000	132	144,200	…
2	3,005,000	7,539,000	2,886,000	255	7,374,000	…	…	…	118,500	139	165,000	…
3	3,008,000	8,551,000	2,886,000	290	8,382,000	…	…	…	122,500	133	169,400	…
4	3,031,000	8,389,000	2,907,000	282	8,189,000	…	…	…	124,400	161	199,900	…
5	3,046,000	8,768,000	2,918,000	292	8,534,000	…	…	…	127,600	183	233,500	…
6	3,058,000	8,185,000	2,928,000	274	8,015,000	…	…	…	130,200	131	170,400	…
7	3,067,000	8,205,000	2,935,000	273	8,021,000	…	…	…	131,900	139	183,600	…
8	3,079,000	9,123,000	2,943,000	302	8,887,000	…	…	…	135,600	174	236,100	…
9	3,101,000	9,481,000	2,960,000	311	9,205,000	…	…	…	140,300	197	276,200	…
10	3,109,000	8,277,000	2,968,000	271	8,055,000	…	…	…	141,000	157	221,700	…
11	3,115,000	9,104,000	2,972,000	300	8,901,000	…	…	…	143,200	142	203,400	…
12	3,121,000	8,317,000	2,982,000	272	8,120,000	…	…	…	139,500	141	196,800	…
13	3,116,000	8,576,000	2,980,000	283	8,425,000	…	…	…	136,700	110	150,500	…
14	3,128,000	8,956,000	2,992,000	291	8,717,000	…	…	…	135,200	177	239,000	…
昭和元	3,132,000	8,339,000	2,996,000	272	8,150,000	…	…	94	136,100	138	188,500	…
2	3,147,000	9,315,000	3,013,000	301	9,083,000	…	…	106	134,200	173	232,300	…
3	3,165,000	9,045,000	3,030,000	291	8,812,000	…	…	102	135,500	172	233,000	…
4	3,184,000	8,934,000	3,049,000	289	8,802,000	…	…	101	134,500	98	131,700	…
5	3,212,000	10,031,000	3,079,000	318	9,790,000	…	…	112	133,400	181	241,800	…

注：1 この統計表は、明治11年産から大正12年産までは『農商務統計表』から、大正13年産から昭和32年産までは『農林省統計表』（昭和17年及び昭和18年産のみ『農商省統計表』）からそれぞれ作成した（昭和33年産から『作物統計』を発刊）。
2 昭和29年産までの数値は農作物累年統計表・稲（農林省統計調査部編）の全国数値を ha あるいは t に換算した。
また、昭和29年産以後は『農林省統計表』から作成した。
3 昭和元年産から昭和22年産までの水稲の作況指数は、過去７か年の実績値のうち、最高及び最低を除いた５か年の平均値を10ａ当たり平年収量とみなして算出した。
また、昭和23年産から平成26年産までの水稲の作況指数は1.70㎜のふるい目幅以上に選別された玄米をもとに算出し、平成27年以降の作況指数は農家等使用ふるい目幅ベースで算出した数値である。
4 明治11年産から明治15年産までは北海道及び沖縄県を含まない。明治17年産及び明治18年産並びに昭和19年産から昭和48年産までは沖縄県を含まない。
5 四捨五入のため、水稲・陸稲の計と水陸稲計とは一致しないことがある。

年産	水陸稲計		水稲						陸稲			
						参考						
	作付面積（子実用）	収穫量（子実用）	作付面積（子実用）	10 a当たり収量	収穫量（子実用）	主食用作付面積	収穫量（主食用）	作況指数	作付面積（子実用）	10 a当たり収量	収穫量（子実用）	作況指数
	(1)	(2)	(3)	(4)	(5)	(6)	(7)	(8)	(9)	(10)	(11)	(12)
	ha	t	ha	kg	t	ha	t		ha	kg	t	
昭和６年産	3,222,000	8,282,000	3,089,000	262	8,098,000	…	…	90	132,900	138	184,000	…
7	3,230,000	9,059,000	3,097,000	286	8,852,000	…	…	99	133,200	155	206,300	…
8	3,147,000	10,624,000	3,022,000	345	10,439,000	…	…	120	124,600	148	184,900	…
9	3,146,000	7,776,000	3,022,000	253	7,634,000	…	…	85	124,600	114	141,800	…
10	3,178,000	8,619,000	3,044,000	276	8,414,000	…	…	96	133,900	153	204,700	…
11	3,180,000	10,101,000	3,042,000	323	9,836,000	…	…	113	138,800	191	265,100	…
12	3,190,000	9,948,000	3,044,000	321	9,766,000	…	…	110	146,300	125	182,300	…
13	3,194,000	9,880,000	3,048,000	316	9,628,000	…	…	107	146,100	172	251,900	…
14	3,166,000	10,345,000	3,016,000	333	10,052,000	…	…	110	150,500	194	292,400	…
15	3,152,000	9,131,000	3,004,000	298	8,955,000	…	…	95	147,700	119	175,600	…
16	3,156,000	8,263,000	3,011,000	269	8,111,000	…	…	88	144,700	105	152,200	…
17	3,138,000	10,016,000	3,001,000	329	9,859,000	…	…	107	137,000	115	157,000	…
18	3,084,000	9,433,000	2,967,000	313	9,273,000	…	…	99	117,300	136	159,700	…
19	2,955,000	8,784,000	2,852,000	304	8,666,000	…	…	97	102,800	115	118,100	…
20	2,869,000	5,872,000	2,798,000	208	5,823,000	…	…	67	71,000	69	49,100	…
21	2,781,000	9,208,000	2,719,000	336	9,124,000	…	…	111	61,300	136	83,500	…
22	2,883,000	8,798,000	2,811,000	311	8,746,000	…	…	103	72,700	72	52,100	…
23	2,957,000	9,966,000	2,866,000	342	9,792,000	…	…	112	90,900	191	173,700	…
24	2,987,000	9,383,000	2,875,000	322	9,243,000	…	…	100	112,100	125	140,500	…
25	3,011,000	9,651,000	2,877,000	327	9,412,000	…	…	99	133,900	178	238,400	…
26	3,016,000	9,042,000	2,877,000	309	8,888,000	…	…	93	139,200	110	153,800	…
27	3,009,000	9,923,000	2,872,000	337	9,676,000	…	…	101	137,500	180	247,000	…
28	3,014,000	8,239,000	2,866,000	280	8,038,000	…	…	84	148,400	135	200,500	…
29	3,051,000	9,113,000	2,888,000	308	8,895,000	…	…	92	163,400	133	218,000	…
30	3,222,000	12,385,000	3,045,000	396	12,073,000	…	…	118	177,200	175	311,600	…
31	3,243,000	10,899,000	3,059,000	348	10,647,000	…	…	104	183,200	138	252,200	…
32	3,239,000	11,464,000	3,075,000	364	11,188,000	…	…	107	164,000	168	276,100	…
33	3,253,000	11,993,000	3,080,000	379	11,689,000	…	…	108	173,700	175	304,000	109
34	3,288,000	12,501,000	3,105,000	391	12,158,000	…	…	109	182,800	188	343,100	115
35	3,308,000	12,858,000	3,124,000	401	12,539,000	…	…	108	184,000	173	319,900	101
36	3,301,000	12,419,000	3,134,000	387	12,138,000	…	…	102	166,700	168	280,700	98
37	3,285,000	13,009,000	3,134,000	407	12,762,000	…	…	105	150,300	164	247,300	91
38	3,272,000	12,812,000	3,133,000	400	12,529,000	…	…	101	139,100	203	282,600	111
39	3,260,000	12,584,000	3,126,000	396	12,362,000	…	…	99	134,700	165	222,100	89
40	3,255,000	12,409,000	3,123,000	390	12,181,000	…	…	97	132,400	172	228,100	91
41	3,254,000	12,745,000	3,129,000	400	12,526,000	…	…	99	125,300	175	219,400	93
42	3,263,000	14,453,000	3,149,000	453	14,257,000	…	…	112	113,600	172	195,800	91
43	3,280,000	14,449,000	3,171,000	449	14,223,000	…	…	109	108,800	207	225,700	108
44	3,274,000	14,003,000	3,173,000	435	13,797,000	…	…	102	101,300	203	205,800	106
45	2,923,000	12,689,000	2,836,000	442	12,528,000	…	…	103	87,400	184	160,800	94
46	2,695,000	10,887,000	2,626,000	411	10,782,000	…	…	93	68,500	153	104,900	78
47	2,640,000	11,889,000	2,581,000	456	11,766,000	…	…	103	58,600	210	123,100	108
48	2,620,000	12,144,000	2,568,000	470	12,068,000	…	…	106	52,400	145	76,000	74
49	2,724,000	12,292,000	2,675,000	455	12,182,000	…	…	102	48,800	225	109,700	116
50	2,764,000	13,165,000	2,719,000	481	13,085,000	…	…	107	44,900	179	80,400	90
51	2,779,000	11,772,000	2,741,000	427	11,699,000	…	…	94	37,700	194	73,200	95
52	2,757,000	13,095,000	2,723,000	478	13,022,000	…	…	105	33,500	218	73,000	107
53	2,548,000	12,589,000	2,516,000	499	12,546,000	…	…	108	31,900	135	43,000	66
54	2,497,000	11,958,000	2,468,000	482	11,898,000	…	…	103	29,200	207	60,400	101
55	2,377,000	9,751,000	2,350,000	412	9,692,000	…	…	87	27,200	215	58,600	106
56	2,278,000	10,259,000	2,251,000	453	10,204,000	…	…	96	27,000	202	54,500	100
57	2,257,000	10,270,000	2,230,000	458	10,212,000	…	…	96	27,300	212	58,000	104
58	2,273,000	10,366,000	2,246,000	459	10,308,000	…	…	96	27,000	216	58,300	106
59	2,315,000	11,878,000	2,290,000	517	11,832,000	…	…	108	25,200	181	45,700	89
60	2,342,000	11,662,000	2,318,000	501	11,613,000	…	…	104	23,600	206	48,500	100
61	2,303,000	11,647,000	2,280,000	508	11,592,000	…	…	105	22,500	244	54,800	118
62	2,146,000	10,627,000	2,123,000	498	10,571,000	…	…	102	23,000	243	56,000	116
63	2,110,000	9,935,000	2,087,000	474	9,888,000	…	…	97	22,800	205	46,800	97

6　平成16年産から平成19年産までの主食用作付面積及び収穫量（主食用）は、農林水産省生産局資料による。
　平成20年産以降は、水稲作付面積（青刈り面積を含む。）から、生産数量目標の外数として取り扱う米穀等（備蓄米、加工用米、新規需要米等）の作付面積を除いた面積である（以下水稲の各統計表において同じ。）。

7　平成17年産以降の陸稲の作況指数は、10a当たり平均収量対比（過去７か年の実績のうち、最高及び最低を除いた５か年の平均値と当年産の10a当たり収量との対比）である。

全国累年統計表
1 米（続き）
(1) 水陸稲の収穫量（続き）

年産	水陸稲計 作付面積（子実用）	水陸稲計 収穫量（子実用）	水稲 作付面積（子実用）	水稲 10a当たり収量	水稲 収穫量（子実用）	水稲 参考 主食用作付面積	水稲 参考 収穫量（主食用）	水稲 作況指数	陸稲 作付面積（子実用）	陸稲 10a当たり収量	陸稲 収穫量（子実用）	陸稲 作況指数
	(1)	(2)	(3)	(4)	(5)	(6)	(7)	(8)	(9)	(10)	(11)	(12)
	ha	t	ha	kg	t	ha	t		ha	kg	t	
平成元年産	2,097,000	10,347,000	2,076,000	496	10,297,000	…	…	101	21,600	229	49,500	107
2	2,074,000	10,499,000	2,055,000	509	10,463,000	…	…	103	18,900	189	35,700	88
3	2,049,000	9,604,000	2,033,000	470	9,565,000	…	…	95	16,100	243	39,200	112
4	2,106,000	10,573,000	2,092,000	504	10,546,000	…	…	101	13,700	196	26,900	89
5	2,139,000	7,834,000	2,127,000	367	7,811,000	…	…	74	12,400	183	22,700	83
6	2,212,000	11,981,000	2,200,000	544	11,961,000	…	…	109	12,300	160	19,700	72
7	2,118,000	10,748,000	2,106,000	509	10,724,000	…	…	102	11,600	209	24,300	95
8	1,977,000	10,344,000	1,967,000	525	10,328,000	…	…	105	9,440	166	15,700	75
9	1,953,000	10,025,000	1,944,000	515	10,004,000	…	…	102	8,600	243	20,900	117
10	1,801,000	8,960,000	1,793,000	499	8,939,000	…	…	98	8,040	256	20,600	122
11	1,788,000	9,175,000	1,780,000	515	9,159,000	…	…	101	7,470	214	16,000	102
12	1,770,000	9,490,000	1,763,000	537	9,472,000	…	…	104	7,060	256	18,100	121
13	1,706,000	9,057,000	1,700,000	532	9,048,000	…	…	103	6,380	144	9,170	68
14	1,688,000	8,889,000	1,683,000	527	8,876,000	…	…	101	5,560	225	12,500	106
15	1,665,000	7,792,000	1,660,000	469	7,779,000	…	…	90	5,010	250	12,500	117
16	1,701,000	8,730,000	1,697,000	514	8,721,000	1,658,000	8,600,000	98	4,690	200	9,400	92
17	1,706,000	9,074,000	1,702,000	532	9,062,000	1,652,000	8,930,000	101	4,470	266	11,900	116
18	1,688,000	8,556,000	1,684,000	507	8,546,000	1,643,000	8,400,000	96	4,100	246	10,100	106
19	1,673,000	8,714,000	1,669,000	522	8,705,000	1,637,000	8,540,000	99	3,640	257	9,370	108
20	1,627,000	8,823,000	1,624,000	543	8,815,000	1,596,000	8,658,000	102	3,200	265	8,490	111
21	1,624,000	8,474,000	1,621,000	522	8,466,000	1,592,000	8,309,000	98	3,000	276	8,280	110
22	1,628,000	8,483,000	1,625,000	522	8,478,000	1,580,000	8,239,000	98	2,890	189	5,460	72
23	1,576,000	8,402,000	1,574,000	533	8,397,000	1,526,000	8,133,000	101	2,370	220	5,220	88
24	1,581,000	8,523,000	1,579,000	540	8,519,000	1,524,000	8,210,000	102	2,110	172	3,630	68
25	1,599,000	8,607,000	1,597,000	539	8,603,000	1,522,000	8,182,000	102	1,720	249	4,290	104
26	1,575,000	8,439,000	1,573,000	536	8,435,000	1,474,000	7,882,000	101	1,410	257	3,630	107
27	1,506,000	7,989,000	1,505,000	531	7,986,000	1,406,000	7,442,000	100	1,160	233	2,700	97
28	1,479,000	8,044,000	1,478,000	544	8,042,000	1,381,000	7,496,000	103	944	218	2,060	94
29	1,466,000	7,824,000	1,465,000	534	7,822,000	1,370,000	7,306,000	100	813	236	1,920	106
30	1,470,000	7,782,000	1,470,000	529	7,780,000	1,386,000	7,327,000	98	750	232	1,740	100
令和元	**1,470,000**	**7,764,000**	**1,469,000**	**528**	**7,762,000**	**1,379,000**	**7,261,000**	**99**	**702**	**228**	**1,600**	**97**

1　米（続き）

(2)　水稲の被害

年産	合計				気象被害											
	被害面積	被害量	被害面積率	被害率	計		風水害		干害		冷害		日照不足		高温障害	
					被害面積	被害量	被害面積	被害量	被害面積	被害量	被害面積	被害量	被害面積	被害量	被害面積	被害量
	(1)	(2)	(3)	(4)	(5)	(6)	(7)	(8)	(9)	(10)	(11)	(12)	(13)	(14)	(15)	(16)
	千ha	千t	%	%	千ha	千t	千ha	千t	千ha	千t	千ha	千t	千ha	千t	千ha	千t
昭和24年産	1,499.0	896.1	51.7	9.7	…	…	500.4	288.8	74.1	53.7	41.6	23.0	…	…	…	…
25	1,318.0	732.1	45.4	7.7	…	…	757.8	440.4	28.8	20.0	1.9	1.2	…	…	…	…
26	2,526.0	1,047.0	87.1	11.0	…	…	568.7	207.3	141.1	87.0	497.0	195.3	…	…	…	…
27	1,697.0	630.8	58.6	6.6	…	…	269.1	121.6	12.5	5.1	70.8	25.0	…	…	…	…
28	4,180.0	2,019.0	144.6	21.2	…	…	950.9	471.8	9.8	3.4	777.0	539.9	…	…	…	…
29	5,536.0	1,455.0	190.1	15.1	…	…	2,198.0	573.3	33.5	9.5	955.4	373.4	…	…	…	…
30	3,270.0	645.9	106.5	6.3	809.8	247.1	714.2	204.6	86.5	39.6	4.5	1.3	…	…	…	…
31	4,765.0	1,394.0	154.5	13.6	1,477.0	677.7	1,000.0	308.4	45.7	22.5	410.5	341.6	…	…	…	…
32	4,498.0	1,129.0	145.1	10.8	1,144.0	447.1	846.9	291.5	5.1	2.7	284.4	148.8	…	…	…	…
33	4,691.0	1,443.0	151.1	13.4	1,384.0	784.0	1,098.0	599.6	200.2	135.0	75.4	40.5	…	…	…	…
34	4,830.0	1,395.0	154.3	12.5	1,489.0	813.5	1,367.0	755.9	55.6	19.5	58.2	30.8	…	…	…	…
35	4,836.0	1,099.0	153.5	9.5	758.5	316.9	578.6	196.2	144.8	103.2	22.6	8.4	…	…	…	…
36	6,093.0	1,975.0	192.8	16.6	1,998.0	1,176.0	1,895.0	1,118.0	95.7	55.3	5.6	2.2	…	…	…	…
37	4,869.0	1,105.0	154.0	9.1	752.7	342.3	511.7	201.0	86.4	49.7	122.0	75.9	…	…	…	…
38	5,262.0	1,342.0	166.6	10.8	918.0	317.5	536.3	155.5	17.7	11.9	128.9	115.8	…	…	…	…
39	5,592.0	1,719.0	178.9	13.8	1,666.0	995.3	1,093.0	487.0	185.0	112.6	232.1	332.6	…	…	…	…
40	5,861.0	1,828.0	187.7	14.5	2,360.0	1,184.0	1,379.0	612.1	131.2	68.7	769.6	467.0	…	…	…	…
41	4,885.0	1,647.0	156.1	13.1	1,131.0	739.9	667.6	313.6	50.1	31.4	383.3	381.3	…	…	…	…
42	3,929.0	1,057.0	124.8	8.3	804.8	469.2	450.7	179.6	321.0	268.8	20.9	13.1	…	…	…	…
43	4,194.0	1,058.0	132.4	8.1	1,101.0	433.3	634.9	243.5	50.9	23.0	263.7	124.4	…	…	…	…
44	4,326.0	1,381.0	136.3	10.2	1,201.0	709.3	554.7	221.3	44.8	20.8	506.0	445.6	…	…	…	…
45	4,505.0	1,127.0	158.9	9.2	1,173.0	369.9	750.9	228.7	62.0	37.4	38.8	19.4	…	…	…	…
46	4,839.0	1,758.0	184.3	15.2	2,032.0	1,090.0	941.4	361.4	18.6	10.2	727.1	606.9	…	…	…	…
47	3,056.0	835.9	118.4	7.3	722.9	358.5	585.8	286.8	24.0	12.5	90.4	47.6	…	…	…	…
48	2,819.0	757.1	109.8	6.6	544.2	275.3	300.6	116.1	192.5	136.5	15.1	6.6	…	…	…	…
49	3,435.0	1,113.0	128.4	9.3	736.6	308.6	458.8	177.6	18.5	10.3	252.3	117.2	…	…	…	…
50	3,233.0	778.4	118.9	6.4	898.0	298.0	474.8	172.1	83.6	47.5	156.9	42.7	…	…	…	…
51	4,557.0	2,071.0	166.3	16.6	1,963.0	1,321.0	547.4	261.3	5.5	3.6	1,394.0	1,052.0	…	…	…	…
52	2,775.0	735.0	101.9	5.9	517.2	213.9	204.9	84.9	86.5	24.5	157.8	81.8	…	…	…	…
53	2,312.0	644.7	91.9	5.6	664.2	294.6	422.2	154.8	156.1	110.8	1.9	0.5	…	…	…	…
54	2,766.0	820.9	112.1	7.1	976.8	420.4	741.0	302.8	20.9	10.1	208.7	102.8	…	…	…	…
55	4,449.0	2,431.0	189.3	22.0	1,992.0	1,603.0	376.2	163.9	1.2	0.4	1,613.0	1,438.0	…	…	…	…
56	3,361.0	1,390.0	149.3	13.0	1,504.0	956.3	602.6	326.1	15.4	7.2	868.4	618.1	…	…	…	…
57	3,888.0	1,434.0	174.3	13.5	1,792.0	896.9	777.6	325.0	46.0	16.1	658.6	472.5	…	…	…	…
58	4,100.0	1,323.0	182.5	12.3	1,646.0	711.5	486.5	173.5	11.5	5.0	563.8	395.8	…	…	…	…
59	2,217.0	440.5	96.8	4.0	508.8	142.5	370.8	103.9	50.4	16.5	49.8	12.8	…	…	…	…
60	2,854.0	714.5	123.1	6.4	671.1	271.1	534.6	159.4	51.5	23.9	16.1	5.2	…	…	…	…
61	2,577.0	651.4	113.0	5.9	880.9	366.1	294.9	139.9	15.7	6.0	407.4	184.9	…	…	…	…
62	3,173.0	795.8	149.5	7.7	1,360.0	463.3	767.7	273.3	19.7	5.1	173.8	84.5	…	…	…	…
63	3,478.0	1,325.0	166.7	13.0	1,487.0	830.7	347.1	108.6	2.8	0.7	1,031.0	707.1	…	…	…	…
平成元	3,367.0	828.9	162.2	8.1	1,525.0	467.4	599.0	194.9	30.3	14.8	430.6	157.7	…	…	…	…
2	2,988.0	677.8	145.4	6.7	1,248.0	362.4	531.3	184.2	44.3	13.8	59.6	10.9	…	…	…	…
3	4,178.0	1,452.0	205.5	14.4	2,112.0	948.2	859.6	431.6	12.1	3.5	413.0	247.1	…	…	…	…
4	3,115.0	791.9	148.9	7.6	1,495.0	506.3	496.0	111.8	35.8	8.6	559.3	325.3	…	…	…	…
5	5,305.0	3,834.0	249.4	36.1	2,798.0	3,031.0	746.9	303.3	2.0	0.3	1,090.0	2,325.0	…	…	…	…
6	2,174.0	434.9	98.8	4.0	887.2	279.6	469.4	127.5	131.3	100.4	1.8	0.5	…	…	…	…
7	3,352.0	819.4	159.2	7.8	1,440.0	473.0	345.9	84.9	13.0	6.4	228.6	72.4	…	…	…	…
8	2,766.0	591.6	140.6	6.0	1,279.0	382.8	432.0	87.9	22.7	7.7	220.6	94.1	…	…	…	…
9	3,165.0	672.8	162.8	6.9	1,569.0	404.3	527.4	138.3	43.7	4.8	176.8	65.7	…	…	…	…
10	3,584.0	998.7	199.9	11.0	1,887.0	644.9	513.7	229.2	5.6	1.6	294.9	129.4	…	…	…	…
11	3,157.0	728.7	177.4	8.0	1,605.0	486.4	577.8	258.7	40.7	9.9	31.7	8.4	…	…	…	…
12	2,455.0	416.6	139.3	4.6	1,068.0	220.4	440.2	113.1	21.1	6.1	34.0	6.7	…	…	…	…
13	2,546.0	507.7	149.8	5.8	1,048.0	283.1	363.1	90.7	12.5	4.2	235.5	100.6	…	…	…	…
14	2,653.0	601.4	157.6	6.8	1,182.0	367.5	468.2	113.7	44.2	9.6	160.6	118.7	284.8	92.9	185.4	25.6
15	3,891.0	1,657.0	234.4	19.0	1,974.0	1,191.0	288.5	77.6	0.7	0.3	684.6	830.4	953.0	276.0	29.9	3.4

注：1　昭和39年産以前の被害面積は尺貫法（町歩）によって調査したものをそのまま ha に読み替え、昭和40年産以降はメートル法によって調査したものを表示した。

2　被害面積率 ＝ $\frac{\text{被害面積}}{\text{作付面積}}$ ×100　　3　被害率 ＝ $\frac{\text{被害量}}{\text{平年収量}}$ ×100　　4　昭和48年産以前は、沖縄県を含まない。

5　平成29年産からは、6種類（冷害、日照不足、高温障害、いもち病、ウンカ及びカメムシ）の被害について調査を実施し、公表をしている。

年産	合計				気象被害											
	被害面積	被害量	被害面積率	被害率	計		風水害		干害		冷害		日照不足		高温障害	
					被害面積	被害量	被害面積	被害量	被害面積	被害量	被害面積	被害量	被害面積	被害量	被害面積	被害量
	(1)	(2)	(3)	(4)	(5)	(6)	(7)	(8)	(9)	(10)	(11)	(12)	(13)	(14)	(15)	(16)
	千ha	千t	%	%	千ha	千t	千ha	千t	千ha	千t	千ha	千t	千ha	千t	千ha	千t
平成16年産	3,260.0	970.6	192.1	10.9	1,766.0	739.3	956.0	503.6	13.0	4.1	93.1	21.4	479.9	165.2	209.8	42.6
17	3,337.0	636.9	196.1	7.1	1,713.0	371.2	607.8	154.8	24.8	6.7	264.0	48.9	528.2	97.9	284.9	62.4
18	3,966.0	1,072.0	235.5	12.0	2,336.0	790.0	453.4	260.6	4.7	1.1	171.8	42.8	1,512.0	468.3	185.2	16.3
19	4,209.0	851.2	252.2	9.6	2,520.0	579.7	456.1	134.3	10.9	2.9	281.9	120.0	1,248.0	241.3	519.2	80.8
20	3,119.0	518.1	192.1	6.0	1,620.0	314.1	363.1	88.2	7.0	2.7	348.7	82.4	688.0	116.7	207.9	21.8
21	3,478.0	807.9	214.6	9.4	2,014.0	588.9	363.9	83.9	12.7	3.9	287.9	154.5	1,329.0	344.5	16.7	1.3
22	4,913.0	826.8	302.3	9.6	3,363.0	600.0	445.1	78.3	19.7	5.3	1.5	0.2	952.6	161.2	979.5	176.2
23	3,947.0	630.1	250.8	7.6	2,552.0	426.4	586.2	144.4	5.1	1.5	301.2	24.5	1,036.0	183.2	126.7	13.1
24	3,083.0	526.0	195.3	6.3	1,729.0	329.9	260.4	56.8	19.6	6.6	75.5	14.1	666.7	149.0	454.6	44.5
25	3,067.0	563.0	192.0	6.7	1,530.0	297.8	404.8	101.4	15.4	7.2	86.0	20.1	421.6	92.4	475.3	51.8
26	3,268.0	594.5	207.8	7.1	1,737.0	342.2	348.8	75.8	3.7	1.4	50.7	11.3	1,217.0	239.5	77.3	5.8
27	3,259.0	647.4	216.5	8.1	1,924.0	432.7	401.7	102.7	6.9	2.7	123.9	24.6	1,227.0	280.9	124.9	17.6
28	2,746.0	478.0	185.8	6.1	1,503.0	294.8	309.4	66.5	9.4	2.4	125.2	26.9	808.5	170.6	189.1	23.2
29	…	…	…	…	…	…	…	…	…	…	211.7	44.8	1,070.0	243.1	105.3	11.8
30	…	…	…	…	…	…	…	…	…	…	110.9	36.4	1,045.0	251.5	653.3	94.3
令和元	**…**	**…**	**…**	**…**	**…**	**…**	**…**	**…**	**…**	**…**	**80.6**	**12.4**	**1,185.0**	**237.6**	**699.2**	**94.1**

1 米（続き）

(2) 水稲の被害（続き）

年産	病害						虫害								その他	
	計		いもち病		紋枯病		計		ニカメイチュウ		ウンカ		カメムシ		被害面積	被害量
	被害面積	被害量	被害面積	被害量	被害面積	被害量	被害面積	被害量	被害面積	被害量	被害面積	被害量	被害面積	被害量		
	(17)	(18)	(19)	(20)	(21)	(22)	(23)	(24)	(25)	(26)	(27)	(28)	(29)	(30)	(31)	(32)
	千ha	千t	千ha	千t	千ha	千t	千ha	千t	千ha	千t	千ha	千t	千ha	千t	千ha	千t
昭和24年産	587.5	402.7	438.9	366.9	…	…	252.8	104.0	107.1	38.3	72.4	35.2	…	…	…	…
25	379.0	208.3	253.6	158.1	…	…	109.4	43.7	67.0	26.1	17.2	7.0	…	…	…	…
26	495.5	234.0	353.0	193.7	…	…	626.2	280.0	279.6	107.9	296.7	160.8	…	…	…	…
27	616.5	231.5	385.1	179.4	…	…	694.7	230.2	460.0	165.2	97.6	34.9	…	…	…	…
28	1,473.0	751.9	1,167.0	693.0	…	…	885.2	234.5	609.2	177.3	110.3	26.2	…	…	…	…
29	1,082.0	235.4	558.8	139.8	…	…	1,202.0	239.5	592.4	104.9	206.6	67.0	…	…	…	…
30	1,502.0	254.9	753.0	144.0	281.3	36.0	944.0	136.0	631.7	83.0	156.9	34.1	…	…	…	…
31	2,216.0	532.7	1,377.0	406.7	341.4	51.1	1,055.0	174.8	789.8	121.5	121.8	35.8	…	…	…	…
32	2,187.0	480.2	1,120.0	304.8	351.5	47.8	1,141.0	189.5	873.1	128.5	129.9	43.9	…	…	…	…
33	2,135.0	454.6	968.5	270.2	549.5	92.4	1,144.0	190.6	779.8	106.6	257.1	70.5	…	…	…	…
34	2,180.0	408.7	861.5	214.6	625.7	98.5	1,138.0	165.5	724.4	88.3	219.2	56.4	…	…	…	…
35	2,604.4	539.5	987.0	273.2	826.3	143.4	1,448.0	233.3	973.6	137.1	283.5	73.1	…	…	…	…
36	2,685.0	540.3	1,023.0	263.0	801.2	131.9	1,387.0	245.5	1,040.0	185.3	152.2	36.6	…	…	…	…
37	2,712.0	529.7	1,028.0	298.7	714.4	93.1	1,368.0	218.5	1,034.0	166.9	154.8	28.4	…	…	…	…
38	3,169.0	876.4	1,559.0	649.1	697.0	93.2	1,143.0	136.9	820.7	95.9	118.2	18.2	…	…	…	…
39	2,850.0	585.7	1,126.0	323.5	931.5	162.1	1,042.0	126.4	644.9	67.9	235.8	39.4	…	…	…	…
40	2,465.0	515.0	1,015.0	304.6	543.4	72.3	1,009.0	119.0	670.5	77.1	202.6	27.8	…	…	…	…
41	2,209.0	470.5	856.2	242.9	685.8	103.2	1,514.0	429.0	560.1	62.9	780.5	348.9	…	…	…	…
42	2,010.0	422.4	673.9	174.9	707.1	110.8	1,070.0	157.2	545.3	68.1	345.0	72.3	…	…	…	…
43	2,154.0	478.8	926.1	290.4	644.3	97.8	891.4	131.2	614.6	88.8	169.7	33.7	…	…	…	…
44	1,859.0	389.3	736.4	212.9	608.2	97.3	1,224.0	272.5	534.7	74.9	516.9	176.5	…	…	41.3	9.7
45	2,265.0	536.6	829.4	252.6	779.5	155.8	1,023.0	203.7	551.0	79.8	338.3	111.1	…	…	43.4	10.3
46	2,034.0	553.4	754.3	302.4	587.0	109.8	717.6	99.5	432.3	54.2	164.9	33.4	…	…	55.4	14.4
47	1,672.0	376.6	576.4	181.7	515.4	89.7	589.2	83.2	298.4	35.9	182.4	32.9	…	…	71.2	17.7
48	1,432.0	321.7	516.6	172.8	530.5	91.2	761.3	138.9	280.1	31.7	284.0	83.4	…	…	80.1	21.1
49	2,038.0	692.5	1,120.0	544.5	470.0	77.7	614.0	101.8	265.2	30.1	176.3	52.0	…	…	47.2	10.9
50	1,574.0	350.1	689.2	202.0	482.1	73.7	709.7	119.5	211.9	25.4	229.6	66.7	…	…	50.7	10.7
51	2,054.0	679.4	1,194.0	531.4	396.8	61.8	495.0	60.2	186.4	21.0	110.4	19.0	…	…	45.2	10.3
52	1,681.0	432.0	750.1	255.7	478.9	83.9	531.5	79.3	165.4	18.6	176.7	41.1	…	…	45.6	9.8
53	1,115.0	250.4	430.7	109.4	379.4	65.8	484.8	89.0	130.2	14.6	178.3	55.3	…	…	48.2	10.7
54	1,214.0	296.9	526.3	160.2	373.1	66.3	529.7	94.3	145.3	17.9	191.4	59.5	…	…	45.2	9.3
55	1,791.0	729.5	1,031.0	576.2	340.4	58.8	624.8	90.9	129.2	17.6	126.3	26.7	…	…	40.8	7.2
56	1,283.0	354.9	566.9	196.6	321.3	53.5	530.2	71.9	123.6	14.6	154.8	33.7	…	…	44.0	7.4
57	1,526.0	463.7	687.7	280.4	499.6	99.1	515.1	65.2	113.5	13.0	147.6	32.7	…	…	54.6	7.9
58	1,610.0	437.1	584.2	200.3	618.6	134.2	802.2	167.9	86.9	10.3	363.8	123.9	…	…	41.8	6.6
59	1,212.0	246.8	435.3	109.7	419.4	68.4	454.4	44.8	82.6	9.7	105.3	18.7	…	…	42.0	6.6
60	1,199.0	275.2	372.3	100.9	462.5	93.9	742.3	162.0	81.1	9.7	371.6	133.0	…	…	41.8	6.2
61	1,074.0	219.8	371.2	98.7	355.6	64.2	574.5	59.1	86.0	10.5	151.5	23.9	…	…	47.5	6.4
62	1,004.0	204.3	320.2	79.8	410.0	75.1	755.5	121.5	76.3	9.0	289.8	79.9	…	…	53.4	6.7
63	1,343.0	422.3	641.0	308.7	395.6	72.0	586.5	64.9	71.5	9.2	151.6	27.6	…	…	61.4	7.1
平成元	1,262.0	305.1	522.8	166.4	445.4	90.2	516.9	48.2	74.6	8.2	114.5	16.8	…	…	62.6	8.2
2	1,065.0	231.0	414.6	116.1	379.9	70.1	609.7	75.9	73.6	9.8	206.3	39.7	…	…	65.1	8.5
3	1,295.0	406.6	719.2	305.3	312.1	58.3	696.7	87.6	76.4	9.7	235.8	48.2	…	…	74.4	9.8
4	1,022.0	222.5	374.9	104.4	405.1	77.4	520.9	52.0	74.6	10.1	115.0	16.4	…	…	77.5	11.1
5	1,774.0	725.8	1,097.0	597.8	290.1	54.1	659.1	66.8	65.7	8.2	116.7	18.7	…	…	74.1	10.3
6	693.8	104.9	280.9	54.1	285.1	37.0	515.1	41.3	58.7	6.1	84.3	8.3	…	…	77.8	9.1
7	1,109.0	270.9	576.0	191.0	286.5	44.5	716.7	64.5	75.9	9.9	109.7	13.2	…	…	85.9	11.0
8	829.4	153.5	405.5	95.9	239.2	34.1	567.3	43.8	70.0	8.2	69.0	7.3	…	…	90.4	11.5
9	975.3	216.8	498.5	146.1	268.5	42.3	524.0	40.8	71.2	7.3	76.9	9.7	…	…	97.1	10.9
10	1,022.0	268.7	572.9	201.2	272.0	45.7	589.8	74.1	65.9	7.3	144.1	40.4	…	…	85.6	11.0
11	795.6	165.1	319.0	84.2	302.3	57.6	657.3	64.3	61.5	6.9	82.9	13.0	…	…	98.7	12.9
12	755.5	138.8	303.2	71.2	283.5	43.3	534.1	43.3	57.1	6.0	75.2	9.6	…	…	97.4	14.1
13	871.2	164.4	337.6	85.2	281.3	45.4	516.2	45.7	57.4	6.4	68.8	10.2	…	…	110.1	14.5
14	859.0	174.4	324.9	92.2	288.9	48.5	485.8	41.5	52.8	6.0	65.0	8.0	114.3	9.9	125.7	18.0
15	1,160.0	390.0	652.6	317.5	240.9	42.2	635.2	59.7	64.3	6.7	70.0	9.2	95.8	9.5	121.8	16.4

年産	病害						虫害								その他	
	計		いもち病		紋枯病		計		ニカメイチュウ		ウンカ		カメムシ		被害面積	被害量
	被害面積	被害量	被害面積	被害量	被害面積	被害量	被害面積	被害量	被害面積	被害量	被害面積	被害量	被害面積	被害量		
	(17)	(18)	(19)	(20)	(21)	(22)	(23)	(24)	(25)	(26)	(27)	(28)	(29)	(30)	(31)	(32)
	千ha	千t	千ha	千t	千ha	千t	千ha	千t	千ha	千t	千ha	千t	千ha	千t	千ha	千t
平成16年産	840.0	170.9	341.9	89.1	291.8	58.5	523.0	42.1	58.5	5.9	64.6	6.9	113.9	11.5	130.6	18.3
17	814.4	167.8	266.1	79.0	336.7	62.5	663.6	80.1	60.8	6.5	112.4	30.8	155.2	19.1	146.3	17.8
18	848.7	199.0	338.1	116.6	277.7	51.5	662.1	66.0	59.9	6.8	88.1	13.6	135.3	19.8	119.1	16.6
19	849.3	177.2	314.3	93.0	295.9	54.5	721.9	78.4	62.3	6.6	108.4	28.5	124.6	11.6	117.4	15.9
20	793.4	141.0	274.4	67.0	274.8	44.5	579.8	45.9	57.3	5.4	57.5	6.2	121.1	11.7	125.9	17.1
21	795.2	147.0	311.7	81.7	239.3	35.3	546.6	52.7	53.9	5.2	83.0	17.4	95.4	10.2	122.2	19.3
22	749.6	138.9	268.8	66.5	267.9	46.8	672.8	64.4	54.8	5.5	82.4	15.3	121.3	11.7	127.6	23.5
23	731.3	135.2	276.8	73.2	248.9	39.2	538.9	44.6	64.6	6.8	60.6	7.5	92.7	9.2	124.6	23.9
24	701.8	123.7	239.3	56.8	235.5	37.4	532.2	49.7	58.9	5.6	80.0	15.3	113.1	11.1	120.0	22.7
25	784.5	150.3	284.0	72.4	251.6	39.6	632.7	91.6	64.2	6.4	152.3	55.0	105.2	10.1	119.7	23.3
26	910.1	172.6	383.3	102.6	258.4	40.1	508.6	55.4	60.8	5.9	96.8	23.9	104.7	10.4	112.0	24.3
27	774.7	154.6	324.3	92.0	245.8	37.7	446.8	36.8	53.5	5.4	52.1	7.2	108.0	9.7	113.5	23.3
28	683.3	118.6	237.1	58.9	218.0	34.2	449.3	41.1	50.3	5.4	61.9	11.9	104.8	8.9	110.6	23.5
29	…	…	238.8	60.9	…	…	…	…	…	…	69.8	14.6	110.3	10.6	…	…
30	…	…	211.3	49.1	…	…	…	…	…	…	48.3	6.5	109.3	12.8	…	…
令和元	…	…	**239.5**	**55.9**	…	…	…	…	…	…	**110.6**	**40.6**	**143.1**	**17.6**	…	…

2　麦類

(1)　4麦計

年産	作付面積 計 (1)	作付面積 田 (2)	作付面積 畑 (3)	収穫量 計 (4)	収穫量 田 (5)	収穫量 畑 (6)
	ha	ha	ha	t	t	t
明治11年産	1,354,000	…	…	1,163,000	…	…
12	1,405,000	…	…	1,220,000	…	…
13	1,417,000	…	…	1,517,000	…	…
14	1,419,000	…	…	1,304,000	…	…
15	1,452,000	…	…	1,572,000	…	…
16	1,475,000	…	…	1,491,000	…	…
17	1,478,000	…	…	1,608,000	…	…
18	1,523,000	…	…	1,492,000	…	…
19	1,574,000	…	…	1,993,000	…	…
20	1,578,000	…	…	1,977,000	…	…
21	1,608,000	…	…	1,906,000	…	…
22	1,643,000	519,300	1,124,000	1,903,000	594,600	1,309,000
23	1,690,000	555,600	1,134,000	1,321,000	386,900	933,700
24	1,702,000	581,000	1,121,000	2,261,000	796,900	1,464,000
25	1,725,000	595,300	1,130,000	2,003,000	758,300	1,245,000
26	1,732,000	583,200	1,149,000	2,086,000	734,400	1,352,000
27	1,739,000	611,800	1,127,000	2,487,000	903,900	1,583,000
28	1,759,000	628,100	1,131,000	2,447,000	897,700	1,550,000
29	1,752,000	631,400	1,121,000	2,164,000	774,700	1,389,000
30	1,735,000	649,300	1,086,000	2,250,000	854,900	1,395,000
31	1,792,000	646,600	1,145,000	2,564,000	967,500	1,596,000
32	1,788,000	650,000	1,138,000	2,407,000	881,800	1,525,000
33	1,782,000	655,200	1,127,000	2,556,000	964,800	1,592,000
34	1,801,000	654,300	1,147,000	2,588,000	977,600	1,611,000
35	1,790,000	676,400	1,114,000	2,305,000	875,200	1,430,000
36	1,784,000	648,400	1,136,000	1,652,000	519,800	1,132,000
37	1,785,000	663,900	1,122,000	2,450,000	916,000	1,534,000
38	1,802,000	682,900	1,120,000	2,337,000	914,300	1,422,000
39	1,799,000	686,600	1,112,000	2,535,000	964,900	1,570,000
40	1,783,000	682,700	1,100,000	2,758,000	1,056,000	1,702,000
41	1,768,000	679,600	1,088,000	2,683,000	1,061,000	1,621,000
42	1,757,000	677,600	1,080,000	2,699,000	1,068,000	1,631,000
43	1,757,000	683,100	1,074,000	2,572,000	984,500	1,588,000
44	1,751,000	686,600	1,064,000	2,748,000	1,105,000	1,643,000
大正元	1,760,000	695,100	1,065,000	2,870,000	1,150,000	1,720,000
2	1,813,000	727,700	1,086,000	3,147,000	1,301,000	1,845,000
3	1,807,000	742,700	1,064,000	2,653,000	1,069,000	1,584,000
4	1,797,000	729,300	1,067,000	2,982,000	1,228,000	1,754,000
5	1,772,000	726,000	1,046,000	2,941,000	1,226,000	1,715,000
6	1,732,000	722,100	1,010,000	3,063,000	1,300,000	1,763,000
7	1,720,000	723,800	996,600	2,869,000	1,239,000	1,631,000
8	1,715,000	714,600	1,000,000	2,998,000	1,207,000	1,790,000
9	1,738,000	727,900	1,010,000	2,859,000	1,269,000	1,590,000
10	1,697,000	705,600	991,000	2,725,000	1,100,000	1,625,000
11	1,608,000	662,900	945,600	2,727,000	1,140,000	1,587,000
12	1,515,000	621,500	894,000	2,349,000	948,000	1,401,000
13	1,460,000	600,500	859,500	2,396,000	959,200	1,436,000
14	1,463,000	615,000	848,100	2,877,000	1,253,000	1,625,000
昭和元	1,448,000	624,600	823,000	2,771,000	1,228,000	1,543,000
2	1,418,000	614,100	804,000	2,667,000	1,217,000	1,450,000
3	1,393,000	618,300	774,700	2,690,000	1,247,000	1,443,000
4	1,379,000	622,700	756,200	2,656,000	1,282,000	1,373,000
5	1,343,000	623,300	720,000	2,454,000	1,153,000	1,301,000

注：1　4麦計は、小麦、大麦（二条大麦＋六条大麦）及びはだか麦の計である。
　　2　昭和32年産以降の作付面積は、子実用作付面積である（以下2の各統計表において同じ。）。
　　3　明治22年産以前及び昭和19年産から昭和48年産までは沖縄県を含まない。
　　4　平成19年産から麦類の田畑別の収穫量調査は行っていない。

年産	作付面積			収穫量		
	計	田	畑	計	田	畑
	(1)	(2)	(3)	(4)	(5)	(6)
	ha	ha	ha	t	t	t
昭和６年産	1,346,000	626,300	719,400	2,583,000	1,229,000	1,354,000
7	1,357,000	631,900	725,200	2,623,000	1,253,000	1,370,000
8	1,390,000	651,800	738,000	2,591,000	1,158,000	1,433,000
9	1,393,000	659,800	733,200	2,887,000	1,384,000	1,503,000
10	1,434,000	675,600	757,900	3,032,000	1,470,000	1,562,000
11	1,457,000	685,000	772,100	2,728,000	1,330,000	1,398,000
12	1,472,000	699,700	772,200	2,943,000	1,433,000	1,510,000
13	1,485,000	711,400	773,700	2,625,000	1,286,000	1,340,000
14	1,497,000	723,700	772,900	3,436,000	1,760,000	1,676,000
15	1,574,000	775,100	798,600	3,479,000	1,770,000	1,710,000
16	1,639,000	812,100	827,100	3,104,000	1,667,000	1,436,000
17	1,753,000	844,900	907,900	3,037,000	1,558,000	1,479,000
18	1,664,000	804,700	859,100	2,399,000	1,241,000	1,158,000
19	1,758,000	866,000	892,100	3,078,000	1,625,000	1,453,000
20	1,602,000	803,600	798,100	2,199,000	1,203,000	995,500
21	1,446,000	713,600	732,200	1,483,000	776,400	707,000
22	1,333,000	…	…	1,923,000	…	…
23	1,727,000	814,100	913,300	3,025,000	…	…
24	1,766,000	828,600	937,100	3,300,000	…	…
25	1,784,000	826,700	957,300	3,298,000	…	…
26	1,714,000	763,800	950,200	3,659,000	1,573,000	2,085,000
27	1,651,000	728,000	922,600	3,695,000	1,588,000	2,107,000
28	1,607,000	711,200	895,900	3,465,000	1,470,000	1,995,000
29	1,686,000	753,900	932,100	4,098,000	1,842,000	2,256,000
30	1,659,000	751,500	907,300	3,875,000	1,794,000	2,081,000
31	1,639,000	742,900	896,000	3,716,000	1,681,000	2,035,000
32	1,548,000	698,000	849,600	3,490,000	1,508,000	1,982,000
33	1,513,000	687,100	825,900	3,348,000	1,524,000	1,824,000
34	1,494,000	677,200	817,000	3,724,000	1,632,000	2,092,000
35	1,440,000	653,500	786,700	3,831,000	1,733,000	2,098,000
36	1,341,000	605,100	735,900	3,758,000	1,716,000	2,042,000
37	1,255,000	563,500	691,400	3,357,000	1,499,000	1,858,000
38	1,149,000	513,500	635,400	1,474,000	385,500	1,089,000
39	986,500	422,800	563,700	2,446,000	994,300	1,452,000
40	898,100	381,900	516,400	2,521,000	1,084,000	1,437,000
41	809,100	337,300	471,900	2,129,000	859,900	1,269,000
42	718,900	302,100	416,700	2,029,000	804,400	1,225,000
43	638,300	267,300	371,000	2,033,000	872,500	1,160,000
44	569,600	242,600	327,000	1,570,000	657,800	911,700
45	455,000	198,500	256,500	1,046,000	400,400	645,700
46	329,700	146,500	183,200	943,100	422,000	520,900
47	234,800	108,800	126,000	608,800	262,700	346,300
48	154,800	67,700	87,100	418,600	174,700	243,900
49	160,200	76,800	83,400	464,800	231,800	233,000
50	167,700	82,600	85,100	461,600	226,800	234,700
51	169,300	88,400	80,900	432,700	199,800	232,900
52	163,900	86,200	77,700	442,200	214,300	228,000
53	208,000	124,700	83,300	692,700	411,600	280,700
54	264,600	169,200	95,400	947,700	592,500	355,100
55	313,300	206,500	106,800	968,100	609,100	358,800
56	346,800	232,300	114,500	970,400	690,900	279,500
57	350,700	240,100	110,600	1,132,000	734,600	396,800
58	353,300	245,000	108,300	1,075,000	789,200	285,500
59	348,700	241,500	107,200	1,136,000	814,500	321,200
60	346,900	237,100	109,800	1,252,000	812,800	438,700
61	352,800	236,900	115,900	1,220,000	790,600	429,500
62	382,600	256,600	126,000	1,217,000	780,100	436,500
63	396,000	262,400	133,600	1,420,000	872,900	547,500

2　麦類（続き）

(1)　４麦計（続き）

年産	作付面積			収穫量		
	計	田	畑	計	田	畑
	(1)	(2)	(3)	(4)	(5)	(6)
	ha	ha	ha	t	t	t
平成元年産	396,700	262,200	134,500	1,356,000	849,200	506,900
2	366,400	241,500	124,900	1,297,000	789,500	507,700
3	333,800	217,400	116,400	1,042,000	582,100	460,100
4	298,900	184,400	114,500	1,045,000	590,400	454,400
5	260,800	157,200	103,600	921,200	540,500	381,200
6	214,300	115,500	98,700	789,600	401,400	388,200
7	210,200	113,700	96,500	661,800	412,000	250,000
8	215,600	117,800	97,700	711,300	438,000	273,000
9	214,900	118,600	96,300	766,200	389,300	377,000
10	217,000	121,900	95,100	713,100	306,800	406,300
11	220,700	126,600	94,100	788,400	466,200	321,900
12	236,600	139,600	96,900	902,500	516,000	386,500
13	257,400	161,100	96,400	906,300	507,000	399,600
14	271,500	173,500	98,000	1,047,000	573,800	472,500
15	275,800	177,500	98,300	1,054,000	565,500	488,900
16	272,400	173,900	98,600	1,059,000	569,200	489,700
17	268,300	167,100	101,200	1,058,000	575,100	483,200
18	272,100	167,300	104,800	1,012,000	546,300	465,200
19	264,000	162,900	101,100	1,105,000	…	…
20	265,400	165,900	99,500	1,098,000	…	…
21	266,200	167,100	99,100	853,300	…	…
22	265,700	167,300	98,400	732,100	…	…
23	271,700	170,600	101,100	917,800	…	…
24	269,500	168,300	101,300	1,030,000	…	…
25	269,500	166,600	102,900	994,600	…	…
26	272,700	168,700	104,000	1,022,000	…	…
27	274,400	171,300	103,100	1,181,000	…	…
28	275,900	173,200	102,600	961,000	…	…
29	273,700	171,600	102,100	1,092,000	…	…
30	272,900	171,300	101,600	939,600	…	…
令和元	**273,000**	**172,300**	**100,800**	**1,260,000**	**…**	**…**

(2) 小麦

年産	作付面積			10a当たり収量			収穫量			作況指数
	計	田	畑	平均	田	畑	計	田	畑	(対平年比)
	(1)	(2)	(3)	(4)	(5)	(6)	(7)	(8)	(9)	(10)
	ha	ha	ha	kg	kg	kg	t	t	t	
明治11年産	343,900	…	…	71	…	…	244,800	…	…	…
12	366,400	…	…	72	…	…	263,700	…	…	…
13	356,900	…	…	87	…	…	310,500	…	…	…
14	357,700	…	…	78	…	…	279,700	…	…	…
15	369,900	…	…	90	…	…	331,900	…	…	…
16	385,700	…	…	88	…	…	340,300	…	…	…
17	388,200	…	…	94	…	…	363,900	…	…	…
18	394,700	…	…	84	…	…	330,400	…	…	…
19	399,900	…	…	110	…	…	439,900	…	…	…
20	387,200	…	…	108	…	…	416,300	…	…	…
21	401,600	…	…	106	…	…	424,900	…	…	…
22	433,400	109,200	324,200	102	108	100	441,800	118,000	323,800	…
23	454,800	114,300	340,500	74	73	74	336,700	84,000	252,700	…
24	423,400	108,300	315,000	115	130	109	485,400	140,900	344,500	…
25	431,600	109,500	322,100	98	121	90	421,400	133,000	288,400	…
26	433,900	108,600	325,300	104	125	97	451,000	136,000	314,900	…
27	438,900	119,000	319,900	124	142	117	543,700	168,600	375,100	…
28	444,100	120,600	323,600	123	138	117	544,600	166,300	378,400	…
29	439,600	119,800	319,900	111	122	107	487,200	145,900	341,300	…
30	454,400	133,200	321,200	115	122	112	521,600	162,000	359,600	…
31	461,700	128,800	333,000	124	141	117	572,400	181,900	390,500	…
32	461,500	127,600	333,900	123	135	118	566,800	171,900	394,900	…
33	464,800	134,700	330,100	125	141	119	582,500	189,500	393,000	…
34	483,300	141,600	341,700	124	144	116	598,900	204,200	394,700	…
35	480,200	158,400	321,800	113	120	109	541,300	190,200	351,100	…
36	466,000	142,400	323,600	55	39	62	256,700	55,300	201,400	…
37	454,800	136,600	318,200	116	129	111	528,200	176,300	351,900	…
38	449,700	139,400	310,300	110	128	101	493,000	178,600	314,300	…
39	439,500	140,500	299,000	123	136	117	542,300	191,400	351,000	…
40	440,300	143,900	296,500	138	152	132	609,500	219,400	390,200	…
41	445,800	147,000	298,900	135	152	127	604,000	223,900	380,100	…
42	447,600	149,400	298,200	137	154	129	614,100	229,500	384,600	…
43	471,500	165,800	305,700	134	145	128	629,900	240,100	389,800	…
44	495,100	174,800	320,300	139	155	130	685,800	270,100	415,700	…
大正元	492,200	171,800	320,400	144	159	136	708,900	273,400	435,500	…
2	479,400	162,800	316,600	149	168	140	715,400	272,900	442,500	…
3	474,700	166,400	308,300	129	141	123	614,300	234,400	380,000	…
4	496,600	177,100	319,500	144	159	136	716,000	281,300	434,800	…
5	527,600	194,900	332,700	153	169	143	805,800	328,500	477,400	…
6	563,700	218,600	345,100	165	182	154	929,000	398,400	530,700	…
7	562,400	218,900	343,500	157	174	145	880,300	381,600	498,700	…
8	544,000	206,100	337,900	160	164	157	870,600	338,600	532,100	…
9	529,500	196,200	333,300	152	169	142	806,300	331,700	474,600	…
10	511,400	185,000	326,400	149	155	146	764,100	285,900	478,100	…
11	497,200	182,500	314,700	158	170	150	783,800	311,100	472,800	…
12	483,800	182,100	301,700	147	155	142	710,500	283,100	427,400	…
13	465,100	175,600	289,600	155	161	151	721,100	282,900	438,200	…
14	464,900	180,100	284,800	180	197	169	837,900	355,200	482,600	…
昭和元	463,700	184,600	279,100	174	190	163	807,200	351,500	455,700	…
2	469,800	191,500	278,300	176	201	159	829,000	385,200	443,800	…
3	485,900	207,600	278,300	180	201	164	874,500	418,000	456,600	…
4	490,900	214,200	276,600	176	200	158	865,500	428,000	437,500	…
5	487,400	220,300	267,100	172	184	162	838,300	405,400	432,900	…

注：1　明治23年産から明治29年産、明治33年産、明治34年産及び明治40年産の作付面積は、後年その総数のみ訂正したが、田畑別作付面積が不明であるので、便宜案分をもって総数に符合させた。
2　明治23年産から明治30年産、明治32年産から明治34年産の収穫量は、後年その総数のみ訂正したが、田畑別収穫量が不明であるので、便宜案分をもって総数に符合させた。
3　明治22年産以前及び昭和19年産から昭和48年産までは沖縄県を含まない。
4　作況指数については、平成17年産からは平年収量を算出していないため、10a当たり平均収量（原則として直近7か年のうち、最高及び最低を除いた5か年の平均値）に対する当年産の10a当たり収量の比率（%）である（以下2の各統計表において同じ。）。
5　平成19年産から小麦の田畑別の収穫量調査は行っていない。

2 麦類（続き）

(2) 小麦（続き）

年産	作付面積			10a当たり収量			収穫量			作況指数
	計	田	畑	平均	田	畑	計	田	畑	(対平年比)
	(1)	(2)	(3)	(4)	(5)	(6)	(7)	(8)	(9)	(10)
	ha	ha	ha	kg	kg	kg	t	t	t	
昭和6年産	497,000	227,700	269,300	176	191	164	876,800	434,000	442,700	…
7	504,500	231,900	272,600	176	191	164	889,300	441,900	447,400	…
8	611,400	288,800	322,500	179	177	181	1,097,000	512,200	584,600	…
9	643,100	306,900	336,300	201	212	192	1,294,000	649,400	644,200	…
10	658,400	307,700	350,700	201	215	188	1,322,000	661,900	659,700	…
11	683,200	317,500	365,700	180	196	165	1,227,000	622,500	604,100	…
12	718,600	342,600	376,000	190	203	179	1,368,000	696,800	671,400	…
13	719,100	347,600	371,500	171	182	160	1,228,000	632,800	595,200	…
14	739,400	361,000	378,400	224	247	202	1,658,000	893,400	764,700	…
15	834,200	419,300	414,900	215	230	199	1,792,000	966,200	826,000	…
16	818,900	398,600	420,300	178	201	156	1,460,000	802,300	657,500	…
17	855,900	390,200	465,700	162	181	145	1,384,000	707,000	677,500	…
18	803,200	365,800	437,300	136	153	122	1,094,000	561,300	532,400	…
19	830,500	379,300	451,200	167	190	147	1,384,000	719,700	664,300	…
20	723,600	339,900	383,700	130	151	112	943,300	513,700	429,600	…
21	632,100	296,700	335,500	97	110	86	615,400	325,700	289,700	…
22	578,100	…	…	133	…	…	766,500	…	…	…
23	743,200	329,000	414,200	162	…	…	1,207,000	…	…	112
24	760,700	332,200	428,500	171	…	…	1,304,000	…	…	121
25	763,500	322,100	441,400	175	…	…	1,338,000	…	…	109
26	735,100	307,000	428,100	203	207	200	1,490,000	634,400	855,500	112
27	720,700	301,900	418,800	213	216	211	1,537,000	653,400	883,900	114
28	686,200	286,900	399,300	200	205	197	1,374,000	587,000	787,100	104
29	671,900	283,200	388,700	226	235	219	1,516,000	665,400	850,400	116
30	663,200	279,400	383,800	221	235	211	1,468,000	656,500	811,200	111
31	657,600	278,100	379,500	209	221	201	1,375,000	613,600	761,600	102
32	617,300	265,200	352,100	215	212	218	1,330,000	561,300	768,700	105
33	598,800	258,200	340,600	214	223	207	1,281,000	575,800	705,200	100
34	601,200	260,500	340,700	236	235	236	1,416,000	611,800	804,200	110
35	602,300	261,600	340,700	254	265	246	1,531,000	692,800	837,800	117
36	648,700	293,000	355,700	275	288	264	1,781,000	842,500	938,700	123
37	642,000	295,500	346,600	254	258	250	1,631,000	763,400	867,800	106
38	583,700	264,300	319,400	123	69	167	715,500	182,500	533,000	49
39	508,200	222,500	285,700	245	233	253	1,244,000	519,500	724,200	98
40	475,900	208,900	266,900	270	281	262	1,287,000	586,700	699,800	107
41	421,200	181,400	239,800	243	238	247	1,024,000	431,600	592,400	94
42	366,600	157,800	208,800	272	259	281	996,900	409,100	587,700	105
43	322,400	138,800	183,600	314	330	302	1,012,000	458,500	554,000	118
44	286,500	126,500	160,000	265	260	268	757,900	328,300	429,500	97
45	229,200	104,300	124,900	207	178	231	473,600	185,200	288,500	75
46	166,300	76,900	89,400	265	273	258	440,300	209,700	230,600	96
47	113,700	54,500	59,200	250	231	267	283,900	125,900	158,100	90
48	74,900	33,100	41,800	270	263	276	202,300	87,000	115,300	94
49	82,800	39,800	43,000	280	291	269	231,700	115,900	115,700	99
50	89,600	41,700	47,900	269	273	265	240,700	114,000	126,700	96
51	89,100	43,100	46,000	250	204	293	222,400	87,800	134,600	88
52	86,000	39,300	46,700	275	255	291	236,400	100,300	136,100	96
53	112,000	59,600	52,400	327	308	350	366,700	183,400	183,200	115
54	149,000	84,700	64,300	363	342	392	541,300	289,400	252,000	127
55	191,100	113,700	77,400	305	278	344	582,800	316,300	266,300	102
56	224,400	136,800	87,600	262	285	225	587,400	390,300	197,100	86
57	227,800	142,000	85,800	326	301	367	741,800	426,800	315,000	107
58	229,400	145,200	84,200	303	334	250	695,300	484,500	210,800	97
59	231,900	147,600	84,400	319	330	301	740,500	486,600	253,900	101
60	234,000	145,400	88,600	374	347	417	874,200	504,900	369,100	117
61	245,500	149,400	96,100	357	344	377	875,700	513,500	362,100	109
62	271,100	163,700	107,400	319	298	350	863,700	487,400	376,400	95
63	282,000	166,000	116,000	362	323	418	1,021,000	536,100	485,200	107

年産	作付面積			10 a 当たり収量			収穫量			作況指数
	計	田	畑	平均	田	畑	計	田	畑	(対平年比)
	(1)	(2)	(3)	(4)	(5)	(6)	(7)	(8)	(9)	(10)
	ha	ha	ha	kg	kg	kg	t	t	t	
平成元年産	283,800	165,700	118,100	347	321	383	984,500	531,900	452,800	101
2	260,400	150,400	109,900	365	328	417	951,500	492,900	458,400	105
3	238,700	135,000	103,700	318	255	400	759,000	344,100	415,000	89
4	214,500	110,800	103,700	354	310	401	758,700	343,300	415,500	96
5	183,600	90,100	93,500	347	327	367	637,800	294,900	343,200	94
6	151,900	62,700	89,300	372	336	396	564,800	210,800	353,900	98
7	151,300	63,700	87,600	293	351	251	443,600	223,500	220,100	77
8	158,500	68,900	89,700	302	338	273	478,100	233,200	244,700	80
9	157,500	69,100	88,400	364	322	397	573,100	222,200	351,000	97
10	162,200	74,400	87,800	351	251	436	569,500	186,500	382,900	94
11	168,800	81,600	87,100	345	348	343	583,100	284,100	298,800	92
12	183,000	92,500	90,600	376	349	403	688,200	322,800	365,400	100
13	196,900	107,000	90,000	355	301	420	699,900	322,600	377,600	95
14	206,900	115,200	91,700	401	330	490	829,000	379,600	449,400	108
15	212,200	119,900	92,300	403	323	508	855,900	387,000	468,900	109
16	212,600	119,800	92,700	405	325	509	860,300	388,800	471,400	109
17	213,500	118,000	95,500	410	348	486	874,700	410,900	463,900	108
18	218,300	119,100	99,200	384	327	452	837,200	388,900	448,400	98
19	209,700	114,000	95,700	434	…	…	910,100	…	…	110
20	208,800	114,700	94,100	422	…	…	881,200	…	…	104
21	208,300	114,600	93,700	324	…	…	674,200	…	…	79
22	206,900	113,700	93,200	276	…	…	571,300	…	…	68
23	211,500	115,800	95,700	353	…	…	746,300	…	…	91
24	209,200	113,200	96,000	410	…	…	857,800	…	…	108
25	210,200	112,300	97,900	386	…	…	811,700	…	…	102
26	212,600	113,600	99,000	401	…	…	852,400	…	…	106
27	213,100	115,100	98,000	471	…	…	1,004,000	…	…	127
28	214,400	117,000	97,400	369	…	…	790,800	…	…	99
29	212,300	115,500	96,800	427	…	…	906,700	…	…	111
30	211,900	115,600	96,300	361	…	…	764,900	…	…	90
令和元	**211,600**	**116,100**	**95,500**	**490**	**…**	**…**	**1,037,000**	**…**	**…**	**123**

2 麦類（続き）

(3) 二条大麦

年産	作付面積 計	作付面積 田	作付面積 畑	10a当たり収量 平均	10a当たり収量 田	10a当たり収量 畑	収穫量 計	収穫量 田	収穫量 畑	作況指数（対平年比）
	(1)	(2)	(3)	(4)	(5)	(6)	(7)	(8)	(9)	(10)
	ha	ha	ha	kg	kg	kg	t	t	t	
昭和33年産	63,300	…	…	238	…	…	150,900	…	…	…
34	77,300	33,900	43,400	273	255	287	211,000	86,300	124,600	…
35	82,700	38,500	44,200	279	261	295	230,800	100,600	130,200	…
36	95,800	46,200	49,600	299	287	309	286,100	132,600	153,400	113
37	113,800	55,300	58,500	288	278	298	328,100	153,700	174,400	106
38	124,700	59,900	64,800	162	117	205	202,400	69,900	132,500	56
39	112,100	50,200	61,900	273	239	301	305,900	119,700	186,200	94
40	113,300	45,400	67,900	281	261	295	318,100	118,300	200,000	97
41	110,200	40,800	69,500	297	275	309	327,000	112,400	214,800	102
42	112,000	41,000	70,900	307	269	329	343,400	110,200	233,200	105
43	108,300	38,300	70,000	333	321	339	360,100	122,900	237,200	113
44	107,400	39,200	68,200	296	286	302	318,400	112,100	206,100	98
45	99,300	39,400	59,900	271	263	276	269,400	103,800	165,500	88
46	82,000	37,100	44,900	317	318	317	260,300	118,100	142,200	105
47	68,000	34,500	33,500	265	247	284	180,400	85,300	95,100	88
48	47,500	23,300	24,200	262	242	280	124,300	56,400	67,800	87
49	48,000	25,900	22,100	302	312	290	144,800	80,900	64,000	102
50	49,700	28,800	20,900	276	267	288	137,000	76,800	60,200	93
51	53,200	33,300	19,900	254	241	275	135,200	80,400	54,800	87
52	53,300	35,500	17,800	252	230	298	134,500	81,500	53,000	86
53	69,800	51,300	18,500	342	352	311	238,500	180,800	57,600	116
54	83,500	64,300	19,200	352	358	333	294,100	230,100	63,900	119
55	84,900	67,300	17,600	317	318	312	269,200	214,300	54,900	105
56	83,000	66,800	16,200	318	322	299	263,600	215,100	48,400	104
57	81,900	67,200	14,700	317	315	326	259,400	211,600	47,900	103
58	83,900	69,400	14,500	297	297	299	249,200	205,900	43,400	95
59	81,500	67,200	14,400	362	372	309	294,800	250,100	44,500	116
60	79,600	66,000	13,600	331	332	328	263,800	219,100	44,600	104
61	75,700	62,400	13,300	329	326	344	249,200	203,300	45,800	102
62	76,100	63,500	12,600	312	310	319	237,200	196,900	40,200	95
63	74,200	62,100	12,100	356	357	356	264,500	221,500	43,100	107
平成元	75,500	64,000	11,500	344	348	327	260,000	222,400	37,600	103
2	73,900	63,100	10,700	344	346	333	253,900	218,300	35,600	102
3	68,200	58,400	9,730	303	293	367	206,800	171,100	35,700	88
4	63,000	54,600	8,400	357	355	370	224,900	193,900	31,100	103
5	60,600	52,400	8,200	375	375	380	227,500	196,500	31,200	108
6	55,100	47,300	7,810	362	362	366	199,500	171,100	28,600	103
7	51,300	44,000	7,350	375	381	339	192,400	167,700	24,900	106
8	46,100	39,600	6,510	411	422	347	189,600	167,000	22,600	115
9	43,800	37,600	6,150	337	340	322	147,600	127,800	19,800	92
10	39,200	33,700	5,500	273	263	342	107,200	88,500	18,800	74
11	36,600	31,200	5,330	411	426	328	150,500	133,000	17,500	112
12	36,700	32,000	4,710	419	433	327	153,900	138,600	15,400	113
13	39,500	35,000	4,460	351	352	343	138,600	123,200	15,300	94
14	40,700	36,700	4,030	334	330	365	136,100	121,200	14,700	89
15	39,500	36,000	3,470	312	310	337	123,300	111,700	11,700	84
16	37,200	33,700	3,480	355	355	353	131,900	119,700	12,300	96
17	34,800	31,300	3,520	357	359	335	124,300	112,500	11,800	101
18	34,100	30,600	3,540	347	347	347	118,300	106,100	12,300	95
19	34,500	31,100	3,470	372	…	…	128,200	…	…	106
20	35,400	32,000	3,380	410	…	…	145,100	…	…	119
21	36,000	32,500	3,470	322	…	…	115,800	…	…	91
22	36,600	33,200	3,390	285	…	…	104,300	…	…	81
23	37,600	34,200	3,410	317	…	…	119,100	…	…	91
24	38,300	34,800	3,460	293	…	…	112,400	…	…	86
25	37,500	34,300	3,200	311	…	…	116,600	…	…	94
26	37,600	34,400	3,180	288	…	…	108,200	…	…	89
27	37,900	34,800	3,130	299	…	…	113,300	…	…	96
28	38,200	35,000	3,240	280	…	…	106,800	…	…	92
29	38,300	34,900	3,410	313	…	…	119,700	…	…	106
30	38,300	34,900	3,330	318	…	…	121,700	…	…	106
令和元	**38,000**	**34,600**	**3,360**	**386**	**…**	**…**	**146,600**	**…**	**…**	**128**

注：1 昭和48年産以前は沖縄県を含まない。
2 平成19年産から二条大麦の田畑別の収穫量調査は行っていない。

(4)　六条大麦

年産	作付面積 計	作付面積 田	作付面積 畑	10 a 当たり収量 平均	10 a 当たり収量 田	10 a 当たり収量 畑	収穫量 計	収穫量 田	収穫量 畑	作況指数(対平年比)
	(1)	(2)	(3)	(4)	(5)	(6)	(7)	(8)	(9)	(10)
	ha	ha	ha	kg	kg	kg	t	t	t	
昭和33年産	354,500	…	…	277	…	…	981,400	…	…	…
34	344,600	102,800	241,700	299	285	305	1,030,000	293,500	736,300	…
35	319,300	95,200	224,100	305	289	313	974,800	272,800	702,000	…
36	261,500	75,500	186,000	322	321	322	841,100	242,600	598,500	112
37	223,300	61,100	162,300	311	308	312	695,100	188,100	507,000	106
38	191,900	51,500	140,400	231	172	253	443,200	88,500	354,800	74
39	160,500	39,800	120,800	315	307	318	506,500	122,100	384,400	101
40	131,900	30,800	101,200	305	287	311	402,600	88,300	314,300	96
41	115,200	25,300	89,900	333	335	333	383,900	84,800	299,000	105
42	95,200	20,700	74,500	346	335	349	329,500	69,300	260,200	108
43	81,100	16,800	64,300	345	349	343	279,400	58,600	220,800	106
44	66,400	12,500	53,900	331	327	331	219,500	40,900	178,500	98
45	46,300	6,970	39,300	320	310	322	148,100	21,600	126,500	95
46	30,700	3,640	27,100	338	349	336	103,800	12,700	91,100	100
47	21,300	2,120	19,200	329	349	327	70,000	7,400	62,700	97
48	14,100	1,410	12,700	332	356	330	46,800	5,020	41,900	99
49	12,000	1,260	10,700	308	322	307	36,900	4,060	32,800	93
50	11,100	1,540	9,570	334	353	330	37,100	5,440	31,600	100
51	10,600	1,720	8,830	328	312	334	34,900	5,360	29,500	98
52	9,710	1,840	7,870	336	344	334	32,600	6,340	26,300	100
53	11,100	3,540	7,570	336	336	334	37,300	11,900	25,300	101
54	15,400	8,110	7,320	347	343	351	53,500	27,800	25,700	107
55	19,300	11,800	7,450	325	313	348	62,800	36,900	25,900	100
56	23,300	16,100	7,150	286	266	334	66,700	42,800	23,900	90
57	26,400	19,400	6,940	312	295	362	82,400	57,200	25,100	98
58	26,500	19,500	6,960	343	337	359	90,900	65,800	25,000	107
59	24,100	17,800	6,340	241	233	263	58,200	41,500	16,700	74
60	22,900	17,100	5,820	331	325	345	75,700	55,600	20,100	101
61	22,100	17,000	5,100	295	279	349	65,200	47,500	17,800	89
62	27,000	22,100	4,930	330	325	349	89,200	71,900	17,200	102
63	31,100	26,500	4,640	339	333	366	105,300	88,300	17,000	107
平成元	28,900	24,600	4,230	298	289	352	86,000	71,100	14,900	95
2	24,600	20,900	3,760	282	272	332	69,400	56,900	12,500	89
3	20,800	18,200	2,570	300	296	335	62,500	53,900	8,620	96
4	17,000	14,900	2,120	291	284	337	49,400	42,300	7,140	93
5	13,300	11,500	1,730	328	325	359	43,600	37,400	6,210	104
6	4,000	2,520	1,480	345	338	355	13,800	8,510	5,260	100
7	3,770	2,400	1,370	324	317	334	12,200	7,610	4,580	93
8	6,930	5,490	1,440	374	375	366	25,900	20,600	5,270	113
9	8,650	7,080	1,570	334	326	368	28,900	23,100	5,780	99
10	10,100	8,600	1,540	253	248	277	25,600	21,300	4,270	74
11	10,300	8,860	1,440	338	336	347	34,800	29,800	5,000	100
12	11,400	9,970	1,430	336	334	347	38,300	33,300	4,960	100
13	15,100	13,400	1,670	320	317	353	48,300	42,500	5,900	95
14	17,600	15,700	1,970	348	341	391	61,300	53,600	7,700	102
15	18,200	15,900	2,320	312	308	333	56,800	49,000	7,730	90
16	17,600	15,500	2,160	291	294	261	51,200	45,600	5,640	86
17	15,500	13,400	2,070	303	298	344	47,000	39,900	7,130	95
18	15,300	13,400	1,920	278	285	222	42,500	38,200	4,270	85
19	15,700	13,900	1,850	332	…	…	52,100	…	…	105
20	16,900	15,000	1,860	331	…	…	56,000	…	…	107
21	17,600	15,800	1,820	297	…	…	52,200	…	…	96
22	17,400	15,700	1,780	257	…	…	44,800	…	…	84
23	17,400	15,600	1,790	222	…	…	38,700	…	…	74
24	17,100	15,400	1,690	280	…	…	47,800	…	…	97
25	16,900	15,200	1,700	305	…	…	51,500	…	…	105
26	17,300	15,500	1,710	272	…	…	47,000	…	…	93
27	18,200	16,400	1,820	287	…	…	52,300	…	…	100
28	18,200	16,500	1,790	295	…	…	53,600	…	…	105
29	18,100	16,300	1,760	290	…	…	52,400	…	…	104
30	17,300	15,600	1,710	225	…	…	39,000	…	…	79
令和元	**17,700**	**16,000**	**1,650**	**315**	**…**	**…**	**55,800**	**…**	**…**	**111**

注：1　昭和48年産以前は沖縄県を含まない。
　　2　平成19年産から六条大麦の田畑別の収穫量調査は行っていない。

2 麦類（続き）

(5) はだか麦

年産	作付面積			10a当たり収量			収穫量			作況指数
	計	田	畑	平均	田	畑	計	田	畑	(対平年比)
	(1)	(2)	(3)	(4)	(5)	(6)	(7)	(8)	(9)	(10)
	ha	ha	ha	kg	kg	kg	t	t	t	
明治11年産	421,100	…	…	100	…	…	421,600	…	…	…
12	434,800	…	…	96	…	…	417,900	…	…	…
13	461,900	…	…	124	…	…	571,700	…	…	…
14	466,100	…	…	97	…	…	454,100	…	…	…
15	484,000	…	…	126	…	…	607,700	…	…	…
16	483,700	…	…	106	…	…	510,600	…	…	…
17	492,800	…	…	120	…	…	591,400	…	…	…
18	524,400	…	…	108	…	…	568,900	…	…	…
19	537,700	…	…	136	…	…	732,800	…	…	…
20	570,300	…	…	138	…	…	787,900	…	…	…
21	580,900	…	…	122	…	…	710,500	…	…	…
22	580,900	293,000	287,900	117	117	117	679,700	343,600	336,100	…
23	590,200	301,700	288,500	67	64	70	394,400	193,900	200,500	…
24	633,800	326,400	307,400	141	146	135	892,700	476,400	416,300	…
25	645,000	337,600	307,400	130	136	124	840,900	459,900	381,000	…
26	649,000	329,200	319,800	131	135	128	853,000	443,300	409,700	…
27	656,400	343,900	312,500	155	157	152	1,015,000	540,100	475,000	…
28	666,600	355,200	311,400	146	150	142	973,700	532,200	441,500	…
29	666,700	356,800	309,900	123	124	122	822,400	443,600	378,900	…
30	646,000	343,600	302,500	132	138	127	855,500	472,400	383,100	…
31	675,700	360,700	315,000	151	156	146	1,022,000	561,800	460,300	…
32	675,000	362,400	312,600	135	137	133	914,300	497,700	416,600	…
33	678,100	362,200	316,000	152	153	151	1,031,000	555,400	476,000	…
34	674,900	355,900	319,000	150	154	145	1,012,000	549,600	462,500	…
35	669,800	356,500	313,400	131	133	129	877,600	473,600	404,000	…
36	665,800	352,600	313,100	88	85	90	583,800	301,100	282,700	…
37	684,300	370,700	313,600	139	142	135	951,300	526,500	424,800	…
38	688,700	377,900	310,800	133	137	128	915,000	516,800	398,300	…
39	695,100	381,000	314,000	139	140	137	965,400	535,000	430,400	…
40	689,200	376,600	312,600	152	156	147	1,046,000	585,900	460,500	…
41	682,900	372,900	310,000	154	158	149	1,052,000	589,000	462,500	…
42	684,700	371,000	313,800	157	162	152	1,077,000	599,900	476,600	…
43	670,100	362,500	307,700	139	142	136	932,100	513,900	418,300	…
44	661,700	359,700	301,900	157	163	150	1,041,000	588,100	453,300	…
大正元	674,400	372,100	302,300	163	169	155	1,096,000	627,900	468,200	…
2	714,900	402,500	312,400	178	188	166	1,274,000	755,700	518,100	…
3	721,300	408,100	313,200	139	141	136	1,000,000	575,400	424,600	…
4	709,300	399,400	309,900	162	172	150	1,151,000	686,900	464,400	…
5	679,700	384,600	295,100	162	170	151	1,099,000	652,800	446,000	…
6	636,500	363,700	272,800	179	185	171	1,137,000	671,300	466,100	…
7	632,300	366,700	265,600	171	176	164	1,079,000	644,500	434,600	…
8	641,000	369,400	271,600	165	170	158	1,057,000	627,000	430,400	…
9	671,800	388,900	282,800	171	181	158	1,151,000	705,600	445,600	…
10	660,700	382,300	278,400	148	153	142	978,700	584,300	394,400	…
11	609,800	352,100	257,600	162	172	150	989,500	604,000	385,600	…
12	557,800	320,400	237,300	146	150	140	812,500	480,200	332,400	…
13	539,600	311,100	228,400	148	155	137	796,300	482,700	313,600	…
14	545,200	319,800	225,400	198	211	180	1,079,000	673,200	406,100	…
昭和元	540,000	324,400	215,600	191	202	175	1,032,000	654,200	378,100	…
2	526,300	313,900	212,300	193	202	180	1,015,000	633,100	381,700	…
3	506,700	306,400	200,400	195	206	178	988,700	631,900	356,800	…
4	496,900	304,500	192,400	204	215	187	1,016,000	655,500	360,600	…
5	478,800	298,900	179,900	176	185	163	844,700	551,900	292,900	…

注：1　明治23年産から明治30年産まで及び明治32年産から明治34年産までの作付面積は、後年その総数のみ訂正したが、田畑別作付面積が不明であるので、便宜案分をもって総数に符合させた。
2　明治23年産から明治29年産まで及び明治32年産から明治34年産までの収穫量は、後年その総数のみ訂正したが、田畑別収穫量が不明であるので、便宜案分をもって総数に符合させた。
3　明治22年産以前及び昭和19年産から昭和48年産までは沖縄県を含まない。
4　平成19年産から、はだか麦の田畑別の収穫量調査は行っていない。

年産	作付面積 計	作付面積 田	作付面積 畑	10 a 当たり収量 平均	10 a 当たり収量 田	10 a 当たり収量 畑	収穫量 計	収穫量 田	収穫量 畑	作況指数 (対平年比)
	(1)	(2)	(3)	(4)	(5)	(6)	(7)	(8)	(9)	(10)
	ha	ha	ha	kg	kg	kg	t	t	t	
昭和6年産	471,400	293,000	178,500	192	202	175	903,500	591,800	311,800	…
7	475,700	294,000	181,700	191	205	169	909,700	603,200	306,500	…
8	434,000	265,400	168,600	171	174	166	742,100	462,900	279,200	…
9	420,900	259,500	161,300	203	212	190	854,800	548,900	305,800	…
10	436,100	270,900	165,200	211	224	189	918,000	605,600	312,500	…
11	435,900	268,800	167,100	186	195	171	810,000	524,000	285,900	…
12	425,900	261,100	164,800	194	206	175	827,000	538,400	288,600	…
13	411,400	252,700	158,700	172	180	160	709,600	455,500	254,100	…
14	406,300	251,800	154,500	230	246	203	933,900	619,900	314,000	…
15	401,600	249,600	152,000	217	231	193	869,500	575,700	293,800	…
16	465,600	297,000	168,600	201	215	177	937,000	637,800	299,200	…
17	504,600	320,300	184,400	182	194	162	919,100	620,600	298,500	…
18	481,200	307,600	173,600	152	162	135	732,700	499,100	233,600	…
19	503,600	326,400	177,300	181	192	161	912,600	628,000	284,600	…
20	477,300	312,300	165,000	151	159	135	720,400	497,200	223,300	…
21	445,500	292,600	152,800	101	108	89	450,800	315,100	135,700	…
22	415,900	…	…	154	…	…	642,200	…	…	…
23	536,000	350,700	185,400	181	…	…	972,700	…	…	111
24	564,900	369,400	195,500	184	…	…	1,041,000	…	…	116
25	591,200	385,100	206,000	180	…	…	1,063,000	…	…	98
26	558,700	340,200	218,500	199	198	201	1,111,000	672,800	438,200	104
27	522,400	314,300	208,000	207	211	200	1,080,000	664,600	415,500	106
28	516,300	311,100	205,200	192	196	186	992,100	610,000	382,100	97
29	567,600	338,000	229,500	233	241	222	1,322,000	813,000	508,600	118
30	562,000	337,700	224,400	224	233	211	1,260,000	785,400	474,400	110
31	556,300	333,400	223,000	217	221	211	1,208,000	736,900	471,300	105
32	516,400	308,600	207,800	200	204	194	1,031,000	628,000	403,400	96
33	496,500	296,400	200,000	188	195	178	934,600	578,400	356,200	88
34	471,200	280,000	191,200	227	229	223	1,067,000	640,600	426,700	107
35	435,900	258,200	177,700	251	258	241	1,095,000	666,900	427,700	116
36	335,000	190,300	144,700	253	262	243	849,100	497,900	351,200	113
37	275,700	151,600	124,100	255	260	249	703,000	394,200	308,800	114
38	248,500	137,800	110,800	46	32	62	113,300	44,700	68,600	18
39	205,700	110,400	95,400	190	211	165	390,400	233,100	157,300	76
40	177,000	96,800	80,200	290	300	277	513,300	290,800	222,400	116
41	162,500	89,800	72,700	242	257	224	394,000	231,200	162,800	94
42	145,100	82,600	62,500	248	261	230	359,400	215,800	143,600	96
43	126,500	73,400	53,100	301	317	279	381,000	232,500	148,400	116
44	109,300	64,400	44,900	251	274	217	274,200	176,500	97,600	95
45	80,200	47,800	32,400	193	188	201	155,000	89,800	65,200	72
46	50,700	28,900	21,800	274	282	261	138,700	81,500	57,000	102
47	31,900	17,700	14,100	233	250	214	74,400	44,200	30,200	86
48	18,400	9,880	8,470	246	266	223	45,200	26,300	18,900	90
49	17,500	9,870	7,610	294	313	269	51,400	30,900	20,500	107
50	17,300	10,600	6,740	271	289	240	46,800	30,600	16,200	99
51	16,500	10,300	6,200	244	254	226	40,200	26,200	14,000	88
52	14,800	9,520	5,280	261	275	239	38,700	26,200	12,600	93
53	15,200	10,300	4,860	330	345	300	50,200	35,500	14,600	116
54	16,700	12,100	4,580	352	374	295	58,800	45,200	13,500	123
55	18,000	13,800	4,230	296	301	277	53,300	41,600	11,700	101
56	16,100	12,600	3,520	327	339	287	52,700	42,700	10,100	109
57	14,700	11,500	3,110	326	339	283	47,900	39,000	8,810	107
58	13,500	10,900	2,560	291	303	246	39,300	33,000	6,300	94
59	11,100	9,040	2,080	383	403	291	42,500	36,400	6,050	122
60	10,400	8,690	1,740	366	383	277	38,100	33,300	4,820	114
61	9,550	8,140	1,410	314	321	274	30,000	26,100	3,870	95
62	8,370	7,340	1,030	317	324	263	26,500	23,800	2,710	94
63	8,580	7,760	821	340	348	270	29,200	27,000	2,220	100

2　麦類（続き）

(5)　はだか麦（続き）

年産	作付面積 計	作付面積 田	作付面積 畑	10a当たり収量 平均	10a当たり収量 田	10a当たり収量 畑	収穫量 計	収穫量 田	収穫量 畑	作況指数（対平年比）
	(1)	(2)	(3)	(4)	(5)	(6)	(7)	(8)	(9)	(10)
	ha	ha	ha	kg	kg	kg	t	t	t	
平成元年産	8,570	7,930	644	296	300	253	25,400	23,800	1,630	85
2	7,590	7,130	460	298	300	261	22,600	21,400	1,200	85
3	6,080	5,710	376	225	228	199	13,700	13,000	750	65
4	4,280	4,020	257	269	271	243	11,500	10,900	625	78
5	3,280	3,070	206	375	381	280	12,300	11,700	576	112
6	3,230	3,070	160	356	358	291	11,500	11,000	466	106
7	3,800	3,630	164	358	364	285	13,600	13,200	467	107
8	4,040	3,900	144	438	441	326	17,700	17,200	469	130
9	5,000	4,780	217	332	339	198	16,600	16,200	430	98
10	5,420	5,160	259	199	203	141	10,800	10,500	366	58
11	5,100	4,850	249	392	398	260	20,000	19,300	648	114
12	5,400	5,170	239	409	412	328	22,100	21,300	784	117
13	5,940	5,660	282	328	330	299	19,500	18,700	842	92
14	6,190	5,910	273	325	328	258	20,100	19,400	703	91
15	5,900	5,660	233	312	314	232	18,400	17,800	541	88
16	5,060	4,880	176	306	309	220	15,500	15,100	387	87
17	4,540	4,420	121	267	267	265	12,100	11,800	321	80
18	4,420	4,290	121	303	305	229	13,400	13,100	277	90
19	4,020	3,920	99	356	…	…	14,300	…	…	113
20	4,350	4,240	106	370	…	…	16,100	…	…	119
21	4,350	4,260	93	257	…	…	11,200	…	…	82
22	4,720	4,640	81	250	…	…	11,800	…	…	81
23	5,130	4,950	178	267	…	…	13,700	…	…	91
24	4,970	4,840	130	245	…	…	12,200	…	…	84
25	5,010	4,880	135	293	…	…	14,700	…	…	102
26	5,250	5,100	149	276	…	…	14,500	…	…	97
27	5,200	5,060	141	217	…	…	11,300	…	…	80
28	4,990	4,820	169	200	…	…	10,000	…	…	78
29	4,970	4,800	175	256	…	…	12,700	…	…	102
30	5,420	5,200	212	258	…	…	14,000	…	…	102
令和元	**5,780**	**5,520**	**259**	**351**	**…**	**…**	**20,300**	**…**	**…**	**140**

2 麦類（続き）

〔参考〕 大麦

年産	作付面積			10 a 当たり収量			収穫量		
	計	田	畑	平均	田	畑	計	田	畑
	(1)	(2)	(3)	(4)	(5)	(6)	(7)	(8)	(9)
	ha	ha	ha	kg	kg	kg	t	t	t
大正元年産	593,100	151,300	441,800	180	165	185	1,065,000	248,900	815,900
2	618,900	162,300	456,600	187	168	194	1,157,000	272,800	884,600
3	611,200	168,200	443,000	170	154	176	1,038,000	259,400	779,100
4	590,900	152,900	438,000	189	170	195	1,115,000	259,700	855,400
5	564,600	146,500	418,100	184	167	189	1,037,000	245,100	791,500
6	532,300	139,800	392,400	187	165	195	997,100	230,700	766,500
7	525,600	138,200	387,500	173	154	180	910,100	212,600	697,500
8	529,800	139,200	390,700	202	174	212	1,070,000	241,800	827,800
9	536,800	142,800	394,100	168	162	170	901,500	231,800	669,700
10	524,500	138,300	386,200	187	166	195	981,800	229,700	752,100
11	501,400	128,200	373,200	190	176	195	953,900	225,100	728,800
12	473,800	118,900	354,900	174	155	181	826,000	184,800	641,200
13	455,300	113,800	341,500	193	170	200	878,200	193,500	684,700
14	453,000	115,100	337,900	212	195	218	960,200	224,200	735,900
昭和元	443,800	115,600	328,300	210	193	216	931,900	222,700	709,200
2	422,000	108,600	313,400	195	183	199	823,200	198,700	624,500
3	400,400	104,400	296,000	207	189	213	827,100	197,500	629,600
4	391,200	104,000	287,200	198	191	200	773,900	198,800	575,200
5	377,200	104,200	273,000	204	188	211	771,200	196,100	575,100
6	377,200	105,600	271,600	213	192	221	802,400	203,300	599,100
7	376,900	106,100	270,800	219	196	227	823,700	207,700	615,900
8	344,400	97,600	246,900	218	187	231	752,200	182,600	569,600
9	329,000	93,400	235,600	225	199	235	739,100	185,900	553,200
10	339,100	97,000	242,100	234	209	244	792,600	202,500	590,100
11	337,900	98,700	239,300	205	186	212	691,100	183,300	507,900
12	327,400	96,000	231,500	228	207	238	748,100	198,200	549,900
13	354,600	111,100	243,500	194	178	201	687,900	197,400	490,500
14	351,000	110,900	240,000	241	223	249	844,300	246,900	597,400
15	337,900	106,200	231,700	242	215	255	817,700	228,000	589,800
16	354,800	116,500	238,200	199	195	201	706,800	227,000	479,800
17	392,300	134,500	257,800	187	171	195	733,600	230,600	503,000
18	379,600	131,300	248,200	151	137	158	572,700	180,300	392,300
19	423,900	160,400	263,500	184	173	191	781,000	277,300	503,700
20	400,700	151,400	249,400	134	127	137	535,300	192,600	342,700
21	368,200	124,300	243,900	113	109	115	417,200	135,600	281,600
22	339,500	…	…	152	…	…	514,600	…	…
23	448,200	134,500	313,700	189	…	…	845,000	…	…
24	440,000	126,900	313,200	217	…	…	954,400	…	…
25	429,200	119,400	309,800	209	…	…	896,800	…	…
26	420,200	116,500	303,600	252	229	261	1,058,000	266,300	791,400
27	407,400	111,700	295,700	265	242	273	1,078,000	270,300	807,700
28	404,600	113,200	291,400	272	241	283	1,099,000	273,000	825,700
29	446,500	132,600	313,900	282	274	286	1,261,000	363,300	897,400
30	433,500	134,400	299,100	265	262	266	1,148,000	352,100	795,600
31	425,100	131,400	293,600	266	251	273	1,132,000	330,200	802,200
32	413,900	124,300	289,700	273	256	280	1,129,000	318,500	810,300

注：昭和19年産から32年産は沖縄県を含まない。

2 麦類（続き）

〔参考〕 えん麦

年産	作付面積	10 a 当たり収量	収穫量
	(1)	(2)	(3)
	ha	kg	t
昭和元年産	108,900	144	156,200
2	122,400	147	179,600
3	115,200	145	167,200
4	117,100	137	160,300
5	120,100	152	182,300
6	118,100	136	160,800
7	127,000	87	111,100
8	127,200	126	160,600
9	119,400	167	199,800
10	121,300	127	153,500
11	124,500	135	168,400
12	121,600	126	152,700
13	136,200	151	205,200
14	122,800	125	153,400
15	120,400	128	154,500
16	138,200	127	175,600
17	144,300	118	170,800
18	134,500	72	96,800
19	118,000	99	116,300
20	109,000	84	91,900
21	81,600	70	57,400
22	75,400	75	56,600
23	79,300	114	90,200
24	84,100	113	95,000
25	86,800	154	134,000
26	78,600	177	138,800
27	82,700	165	136,700
28	88,400	165	145,500
29	90,300	181	163,300
30	96,300	172	165,900
31	89,000	180	160,500
32	94,000	200	188,000
33	89,800	218	195,800
34	78,100	222	173,400
35	79,100	203	160,800
36	81,800	205	167,900
37	83,800	180	150,400
38	75,300	208	156,300
39	68,600	177	121,400
40	62,100	220	136,700
41	54,400	188	102,300
42	45,600	221	100,800
43	41,400	224	92,700
44	33,700	198	66,700
45	27,400	224	61,400
46	29,900	201	60,000
47	25,100	227	57,100
48	20,600	199	41,000
49	16,800	221	37,100
50	13,300	212	28,200
昭和51年産	9,860	218	21,500
52	8,230	220	18,100
53	10,600	186	19,700
54	6,570	…	…
55	6,480	…	…
56	4,880	1) 156	1) 7,610
57	4,410	1) 216	1) 7,560
58	4,190	1) 228	1) 7,350
59	3,710	209	7,750
60	3,130	1) 234	1) 5,570
61	3,210	1) 221	1) 5,780
62	2,990	202	6,030
63	2,510	1) 216	1) 4,600
平成元	2,420	1) 223	1) 4,610
2	2,110	222	4,690
3	1,800	1) 220	1) 3,250
4	1) 1,350	1) 215	1) 2,240
5	1) 1,160	1) 226	1) 1,990
6	1,150	223	2,570
7	1) 1,090	…	…
8	1) 1,220	…	…
9	1,380	…	…
10	1) 1,440	…	…
11	1) 1,210	…	…
12	844	…	…
13	1) 938	…	…
14	1) 1,090	…	…
15	996	…	…
16	423	…	…
17	300	…	…
18	227	…	…
19	211	…	…
20	180	…	…
21	139	…	…
22	150	…	…
23	143	…	…
24	136	…	…
25	149	…	…
26	182	…	…
27	158	…	…
28	146	…	…

注：1　昭和48年産以前は沖縄県を含まない。
2　平成７年産以降は、収穫量調査を廃止した。
3　えん麦の作付面積調査は、平成29年産から廃止した。
1)については、主産県調査の合計値である。

3　豆類・そば

(1)　豆類

ア　大豆

年産	作付面積	10a当たり収量	収穫量	作況指数（対平年比）
	(1)	(2)	(3)	(4)
	ha	kg	t	
明治11年産	411,200	51	211,700	…
12	438,000	67	294,100	…
13	420,200	72	301,300	…
14	424,000	66	280,600	…
15	429,300	71	303,300	…
16	437,000	66	287,300	…
17	439,100	69	302,700	…
18	…	…	…	…
19	…	…	…	…
20	462,400	91	419,700	…
21	…	…	…	…
22	…	…	…	…
23	…	…	…	…
24	…	…	…	…
25	439,800	91	401,300	…
26	…	…	…	…
27	432,200	88	379,700	…
28	427,700	95	408,100	…
29	437,100	89	386,900	…
30	432,000	93	400,000	…
31	478,000	84	401,000	…
32	451,800	97	440,000	…
33	453,900	101	459,500	…
34	470,000	112	525,000	…
35	462,300	88	404,700	…
36	461,200	102	470,600	…
37	443,100	108	478,600	…
38	454,900	92	420,800	…
39	457,100	99	453,700	…
40	468,000	101	473,100	…
41	491,700	102	502,200	…
42	475,800	102	485,900	…
43	474,200	92	438,200	…
44	485,300	98	476,400	…
大正元	471,700	96	453,000	…
2	471,300	82	386,100	…
3	460,700	103	472,700	…
4	466,900	105	491,200	…
5	462,300	105	483,700	…
6	430,600	108	465,000	…
7	428,600	104	445,200	…
8	425,900	119	507,100	…
9	472,000	117	550,900	…
10	469,600	114	534,200	…
11	442,800	107	473,200	…
12	422,200	105	443,000	…
13	405,300	103	418,200	…
14	393,800	118	465,500	…
昭和元	387,700	100	386,800	…
2	379,000	111	421,000	…
3	369,900	104	384,000	…
4	344,000	100	342,500	…
5	346,700	113	391,400	…
6	350,300	91	320,500	…
7	341,700	91	311,200	…
8	323,700	112	362,200	…
9	336,400	83	279,100	…
10	332,600	88	291,700	…
11	326,700	104	339,800	…
12	328,800	112	366,700	…
13	326,900	107	348,400	…
14	321,700	110	354,400	…
15	324,800	98	319,900	…
16	298,200	79	235,100	…
17	308,600	97	300,700	…
18	301,500	103	309,600	…
19	286,500	93	267,300	…
20	257,000	66	170,400	…
21	224,600	90	202,000	…
22	223,100	78	173,500	…
23	229,700	93	214,000	…
24	254,100	85	216,900	…
25	413,100	108	446,900	…
昭和26年産	422,000	112	474,400	…
27	409,900	127	521,500	…
28	421,400	102	429,400	88
29	429,900	87	376,000	74
30	385,200	132	507,100	112
31	383,400	119	455,500	99
32	363,700	126	458,500	104
33	346,500	113	391,200	92
34	338,600	126	426,200	102
35	306,900	136	417,600	109
36	286,700	135	386,900	105
37	265,500	127	335,800	98
38	233,400	136	317,900	104
39	216,600	111	239,800	83
40	184,100	125	229,700	94
41	168,800	118	199,200	89
42	141,300	135	190,400	103
43	122,400	137	167,500	104
44	102,600	132	135,700	100
45	95,500	132	126,000	100
46	100,500	122	122,400	92
47	89,100	142	126,500	108
48	88,400	134	118,200	101
49	92,800	143	132,800	106
50	86,900	145	125,600	105
51	82,900	132	109,500	95
52	79,300	140	110,800	103
53	127,000	150	189,900	111
54	130,300	147	191,700	107
55	142,200	122	173,900	88
56	148,800	142	211,700	104
57	147,100	154	226,300	113
58	143,400	151	217,200	109
59	134,300	177	238,000	123
60	133,500	171	228,300	112
61	138,400	177	245,200	111
62	162,700	177	287,200	107
63	162,400	171	276,900	99
平成元	151,600	179	271,700	102
2	145,900	151	220,400	85
3	140,800	140	197,300	77
4	109,900	171	188,100	96
5	87,400	115	100,600	66
6	60,900	162	98,800	95
7	68,600	173	119,000	100
8	81,800	181	148,100	105
9	83,200	174	144,600	99
10	109,100	145	158,000	81
11	108,200	173	187,200	97
12	122,500	192	235,000	108
13	143,900	189	271,400	104
14	149,900	180	270,200	101
15	151,900	153	232,200	85
16	136,800	119	163,200	68
17	134,000	168	225,000	99
18	142,100	161	229,200	91
19	138,300	164	226,700	97
20	147,100	178	261,700	109
21	145,400	158	229,900	96
22	137,700	162	222,500	100
23	136,700	160	218,800	96
24	131,100	180	235,900	105
25	128,800	155	199,900	91
26	131,600	176	231,800	104
27	142,000	171	243,100	99
28	150,000	159	238,000	92
29	150,200	168	253,000	101
30	146,600	144	211,300	86
令和元	**143,500**	**152**	**217,800**	**92**

注：1　明治23年産から明治29年産まで、明治33年産、明治34年産及び明治40年産の作付面積は、後年その総数のみ訂正したが田畑別作付面積が不明であるので便宜案分をもって総数に符合させた。
　2　明治23年産から明治30年産まで、明治32年産から明治34年産までの収穫量は、後年その総数のみ訂正したが田畑別収穫量が不明であるので便宜案分をもって総数に符合させた。
　3　昭和元年産から昭和15年産は、未成熟のまま採取したものを成熟した時の数量に見積もり、これを含めて計上した。ただし、それ以前は不詳である。
　4　明治29年産以前及び昭和19年産から昭和48年産までは沖縄県を含まない。
　5　作況指数については、平成14年産からは平年収量を算出していないため、10a当たり平均収量（原則として直近7か年のうち、最高及び最低を除いた5か年の平均値）に対する当年産の10a当たり収量の比率である（以下3の各統計表において同じ。）。

3　豆類・そば（続き）

(1)　豆類（続き）

イ　小豆

年産	作付面積 (1)	10 a 当たり収量 (2)	収穫量 (3)	作況指数（対平年比） (4)
	ha	kg	t	
明治11年産	…	…	…	…
12	…	…	…	…
13	…	…	…	…
14	…	…	…	…
15	…	…	…	…
16	44,200	68	29,900	…
17	63,800	72	46,300	…
18	…	…	…	…
19	…	…	…	…
20	…	…	…	…
21	…	…	…	…
22	…	…	…	…
23	…	…	…	…
24	…	…	…	…
25	…	…	…	…
26	…	…	…	…
27	100,600	80	80,700	…
28	104,800	85	88,700	…
29	103,100	81	83,000	…
30	108,400	82	89,100	…
31	118,300	80	94,300	…
32	119,700	99	118,500	…
33	121,800	102	124,800	…
34	128,100	104	133,100	…
35	128,200	80	102,100	…
36	127,400	104	132,200	…
37	125,000	84	105,100	…
38	124,700	93	115,800	…
39	129,400	100	129,100	…
40	134,700	99	133,300	…
41	138,800	91	126,000	…
42	134,100	97	130,000	…
43	139,900	99	139,100	…
44	139,900	98	137,600	…
大正元	135,600	101	136,400	…
2	139,800	62	86,600	…
3	128,900	102	131,400	…
4	129,800	107	138,500	…
5	131,400	97	127,700	…
6	122,200	103	125,500	…
7	118,800	98	116,800	…
8	125,000	101	126,400	…
9	136,700	113	153,800	…
10	150,600	118	177,300	…
11	142,500	97	137,800	…
12	134,900	95	128,000	…
13	129,300	100	129,600	…
14	128,500	119	152,800	…
昭和元	121,400	80	97,300	…
2	114,200	111	126,300	…
3	116,000	91	105,500	…
4	109,600	100	109,500	…
5	111,400	116	129,100	…
6	176,300	51	90,000	…
7	119,100	67	80,100	…
8	114,000	120	136,600	…
9	119,500	75	89,900	…
10	108,900	70	76,800	…
11	100,300	99	99,600	…
12	103,400	116	120,000	…
13	102,100	95	97,400	…
14	96,600	105	101,000	…
15	100,400	89	89,200	…
16	88,700	68	60,700	…
17	82,600	91	75,100	…
18	88,800	95	84,700	…
19	68,600	89	61,200	…
20	49,800	66	32,800	…
21	44,600	84	37,600	…
22	42,000	74	31,000	…
23	45,600	86	39,200	…
24	50,400	76	38,500	…
25	85,000	94	80,100	…
昭和26年産	102,500	91	93,600	…
27	118,900	110	130,700	…
28	117,800	78	92,200	…
29	124,900	65	81,700	…
30	135,300	111	150,000	…
31	150,100	72	107,600	…
32	141,000	99	139,800	…
33	142,100	104	147,500	10
34	144,300	109	156,600	10
35	138,700	122	169,700	11
36	145,300	127	184,900	11
37	140,200	100	140,100	8
38	121,700	114	138,500	10
39	125,000	68	84,500	5
40	108,400	100	107,900	8
41	122,400	76	92,800	6
42	112,600	128	143,600	10
43	101,000	113	114,300	9
44	91,700	104	95,500	8
45	90,000	121	109,000	10
46	99,600	78	77,700	6
47	108,100	144	155,300	11
48	101,800	142	144,100	11
49	93,500	138	129,400	10
50	76,300	116	88,400	8
51	62,400	97	60,400	7
52	65,600	133	87,100	10
53	60,600	158	95,700	12
54	62,400	141	87,900	10
55	55,900	100	56,000	7
56	52,600	98	51,500	7
57	62,700	150	94,200	11
58	69,800	87	60,700	6
59	66,300	163	108,400	11
60	61,200	158	97,000	11
61	57,000	155	88,200	11
62	64,100	147	94,000	10
63	66,400	146	96,700	10
平成元	66,700	159	106,200	10
2	66,300	178	117,900	11
3	56,200	159	89,200	10
4	50,800	135	68,600	8
5	52,600	87	45,500	5
6	52,500	171	90,000	10
7	51,200	183	93,800	11
8	48,700	160	78,100	9
9	49,000	147	72,100	8
10	46,700	166	77,600	9
11	45,400	178	80,600	10
12	43,600	202	88,200	11
13	45,700	155	70,800	8
14	42,000	157	65,900	9
15	42,000	140	58,800	8
16	42,600	212	90,500	13
17	38,300	206	78,900	11
18	32,200	198	63,900	11
19	32,700	201	65,600	10
20	32,100	216	69,300	11
21	31,700	167	52,800	8
22	30,700	179	54,900	9
23	30,600	196	60,000	r
24	30,700	222	68,200	r
25	32,300	211	68,000	r
26	32,000	240	76,800	r
27	27,300	233	63,700	r
28	21,300	138	29,500	r
29	22,700	235	53,400	11
30	23,700	178	42,100	8
令和元	**25,500**	**232**	**59,100**	**10**

注：明治29年産以前及び昭和19年産から昭和48年産までは沖縄県を含まない。

ウ　いんげん

年　産	作付面積	10 a 当たり収量	収穫量	作況指数（対平年比）
	(1)	(2)	(3)	(4)
	ha	kg	t	
昭和元年産	63,500	93	58,900	…
2	61,700	117	71,900	…
3	64,200	103	65,900	…
4	82,500	112	92,700	…
5	97,000	131	127,300	…
6	82,700	72	59,400	…
7	81,100	46	37,200	…
8	92,300	124	114,200	…
9	82,400	87	71,900	…
10	82,800	62	51,400	…
11	87,700	80	69,900	…
12	90,600	136	122,700	…
13	87,300	104	90,700	…
14	95,500	106	101,000	…
15	97,500	86	83,600	…
16	63,700	59	37,300	…
17	54,100	119	64,100	…
18	41,400	95	39,300	…
19	21,800	105	22,900	…
20	16,300	90	14,700	…
21	18,000	102	18,400	…
22	17,900	81	14,500	…
23	24,500	93	22,700	…
24	22,800	96	21,800	…
25	35,900	135	48,400	…
26	42,900	115	49,300	…
27	55,800	134	75,100	…
28	68,100	95	65,000	…
29	85,700	85	73,100	…
30	96,700	146	141,000	…
31	85,300	91	77,400	…
32	94,600	116	109,800	…
33	105,200	141	148,900	108
34	102,200	146	148,800	109
35	89,300	159	142,200	119
36	78,400	166	129,800	121
37	84,700	119	100,700	84
38	95,400	142	135,200	99
39	87,900	89	78,600	60
40	92,200	146	134,400	99
41	91,700	88	80,900	59
42	79,700	150	119,800	101
43	68,400	153	104,800	103
44	63,800	156	99,600	105
45	73,600	168	123,700	113
46	62,300	143	89,100	94
47	53,200	182	96,800	117
48	44,500	175	77,900	109
49	42,900	167	71,600	101
50	44,100	152	67,200	91

年　産	作付面積	10 a 当たり収量	収穫量	作況指数（対平年比）
	(1)	(2)	(3)	(4)
	ha	kg	t	
昭和51年産	46,600	179	83,400	107
52	43,700	194	84,800	114
53	26,800	193	51,600	114
54	21,200	193	40,900	112
55	23,400	143	33,400	79
56	26,400	139	36,700	76
57	30,300	191	57,900	104
58	28,600	114	32,700	62
59	29,800	201	60,000	109
60	23,600	185	43,700	101
61	20,600	193	39,700	106
62	20,700	182	37,700	99
63	20,100	174	34,900	95
平成元	23,800	151	36,000	81
2	22,700	143	32,400	76
3	20,200	216	43,600	115
4	17,600	192	33,800	100
5	17,200	152	26,200	79
6	19,500	96	18,700	50
7	19,600	226	44,300	118
8	18,900	173	32,700	90
9	16,300	200	32,600	104
10	13,300	186	24,800	97
11	12,400	173	21,400	91
12	12,900	119	15,300	63
13	13,300	179	23,800	95
14	14,700	231	34,000	127
15	12,800	180	23,000	99
16	11,800	231	27,300	126
17	11,200	229	25,700	121
18	10,000	191	19,100	96
19	10,400	211	21,900	104
20	10,900	225	24,500	107
21	11,200	142	15,900	65
22	11,600	190	22,000	90
23	10,200	97	9,870	nc
24	9,650	187	18,000	nc
25	9,120	168	15,300	nc
26	9,260	221	20,500	nc
27	10,200	250	25,500	nc
28	8,560	66	5,650	nc
29	7,150	236	16,900	136
30	7,350	133	9,760	73
令和元	**6,860**	**195**	**13,400**	**103**

注：1　昭和元年産から昭和15年産には未成熟のまま採取したものを成熟した時の数量に見積もり、これを含めて計上した。ただし、それ以前は不詳である。
　　2　昭和19年産から昭和48年産までは沖縄県を含まない。

3　豆類・そば（続き）

(1)　豆類（続き）

エ　らっかせい

年産	作付面積	10a当たり収量	収穫量	作況指数（対平年比）
	(1)	(2)	(3)	(4)
	ha	kg	t	
明治38年産	5,410	206	11,200	…
39	5,730	251	14,400	…
40	6,010	186	11,200	…
41	5,950	177	10,500	…
42	6,540	170	11,100	…
43	7,040	150	10,500	…
44	7,750	166	12,900	…
大正元	9,960	165	16,400	…
2	9,120	198	18,100	…
3	9,450	192	18,200	…
4	10,000	169	16,900	…
5	12,200	165	20,100	…
6	13,300	144	19,100	…
7	12,500	187	23,300	…
8	11,800	159	18,700	…
9	11,300	150	16,900	…
10	11,000	129	14,200	…
11	10,200	163	16,500	…
12	9,340	181	16,900	…
13	9,440	177	16,700	…
14	8,320	171	14,200	…
昭和元	6,670	191	12,700	…
2	6,020	187	11,200	…
3	5,830	186	10,800	…
4	5,810	177	10,300	…
5	5,670	187	10,600	…
6	6,160	183	11,200	…
7	6,320	184	11,600	…
8	7,060	203	14,300	…
9	7,510	151	11,400	…
10	7,510	163	12,300	…
11	7,780	176	13,700	…
12	8,150	140	11,400	…
13	7,960	165	13,100	…
14	8,190	191	15,600	…
15	9,300	202	18,700	…
16	12,000	150	18,000	…
17	11,000	170	18,700	…
18	…	…	…	…
19	…	…	…	…
20	…	…	…	…
21	5,200	125	6,480	…
22	5,280	86	4,570	…
23	7,150	129	9,220	…
24	7,610	119	9,030	…
25	19,200	136	26,300	…
26	23,100	124	28,500	…
27	25,000	133	33,200	…
28	24,900	108	26,800	…
29	26,900	146	39,300	…
30	25,900	181	46,800	…
31	31,800	156	49,600	…
32	39,600	181	71,800	…
33	43,900	190	83,300	116
34	42,900	219	94,000	134
35	54,800	230	126,200	117
36	65,600	216	141,800	100
37	64,200	222	142,500	102
38	61,400	234	144,000	99
39	62,800	208	130,600	89
40	66,500	205	136,600	90
昭和41年産	64,900	214	138,800	94
42	61,500	221	135,900	100
43	59,100	207	122,400	93
44	59,500	211	125,600	97
45	60,100	207	124,200	95
46	57,300	193	110,800	88
47	52,000	221	115,000	105
48	47,900	203	97,200	95
49	46,100	196	90,500	91
50	40,500	174	70,500	82
51	37,800	173	65,400	83
52	35,000	197	68,900	99
53	34,700	179	62,100	91
54	33,700	199	66,900	103
55	33,200	165	54,800	87
56	31,700	193	61,100	104
57	30,200	154	46,600	83
58	29,700	166	49,400	89
59	28,700	179	51,300	97
60	26,800	188	50,500	102
61	24,300	192	46,600	103
62	22,700	203	46,100	110
63	20,700	154	31,800	83
平成元	19,000	196	37,300	105
2	18,400	218	40,100	112
3	17,100	175	30,000	90
4	16,200	191	30,900	98
5	15,400	153	23,500	77
6	14,400	242	34,900	117
7	13,800	189	26,100	88
8	13,100	226	29,600	102
9	12,400	245	30,400	110
10	11,800	210	24,800	95
11	11,300	234	26,400	105
12	10,800	247	26,700	108
13	10,300	224	23,100	96
14	9,950	241	24,000	106
15	9,530	231	22,000	99
16	9,110	234	21,300	100
17	8,990	238	21,400	103
18	8,600	233	20,000	99
19	8,310	226	18,800	96
20	8,070	240	19,400	103
21	7,870	258	20,300	109
22	7,720	210	16,200	88
23	7,440	273	20,300	nc
24	7,180	241	17,300	nc
25	6,970	232	16,200	nc
26	6,840	235	16,100	nc
27	6,700	184	12,300	nc
28	6,550	237	15,500	nc
29	6,420	240	15,400	104
30	6,370	245	15,600	103
令和元	**6,330**	**196**	**12,400**	**83**

注：1　収穫量はさや付きである。
　　2　昭和19年産から昭和48年産までは沖縄県を含まない。

(2) そば

年産	作付面積	10 a 当たり収量	収穫量
	(1)	(2)	(3)
	ha	kg	t
明治11年産	146,000	44	64,300
12	154,600	53	82,400
13	155,000	51	78,600
14	157,600	50	78,500
15	157,000	49	77,700
16	158,200	51	81,200
17	152,500	48	73,500
18	…	…	…
19	…	…	…
20	157,100	80	125,700
21	…	…	…
22	…	…	…
23	…	…	…
24	…	…	…
25	160,500	81	130,100
26	…	…	…
27	170,900	79	135,300
28	174,500	77	134,100
29	169,800	72	122,700
30	172,700	65	111,400
31	178,500	75	134,200
32	174,700	64	112,400
33	167,600	86	144,600
34	164,600	82	134,300
35	164,400	65	106,800
36	165,600	80	131,900
37	166,300	80	132,300
38	163,100	77	125,900
39	159,700	85	135,300
40	165,300	84	139,300
41	164,200	85	138,800
42	155,900	92	143,300
43	155,300	95	147,600
44	149,800	91	136,800
大正元	145,400	77	112,100
2	150,200	78	117,100
3	160,200	96	154,000
4	152,900	92	141,300
5	147,600	89	131,800
6	141,600	74	105,200
7	135,200	71	95,900
8	135,600	94	127,500
9	136,800	99	135,900
10	130,400	98	128,400
11	126,500	99	125,300
12	119,000	98	116,700
13	116,000	87	100,700
14	113,700	102	116,200
昭和元	107,500	85	91,900
2	105,400	99	103,900
3	100,400	92	92,000
4	89,100	92	82,100
5	96,300	109	105,100
6	105,100	87	91,300
7	103,100	80	82,300
8	100,500	102	102,800
9	102,900	73	75,400
10	96,200	71	68,300
11	95,200	88	83,700
12	89,600	100	89,500
13	84,000	93	78,100
14	80,900	92	74,800
15	83,300	87	72,600
16	84,500	82	69,100
17	83,800	82	69,000
18	87,700	72	63,300
19	73,900	72	53,100
20	69,900	48	33,800
21	68,700	71	49,100
22	63,400	56	35,600
23	62,800	73	45,600
24	60,700	64	39,000
25	68,000	76	52,000
昭和26年産	63,700	71	45,500
27	57,000	92	52,300
28	52,400	79	41,700
29	50,600	55	28,000
30	48,000	82	39,300
31	48,700	80	39,100
32	47,800	84	40,400
33	47,900	90	43,000
34	46,700	96	44,900
35	47,300	110	52,200
36	43,500	98	42,800
37	39,500	94	37,200
38	37,500	108	40,500
39	34,700	78	27,100
40	31,300	96	30,100
41	28,100	99	27,700
42	25,100	110	27,500
43	23,800	93	22,100
44	20,500	107	21,900
45	18,500	93	17,200
46	…	…	…
47	…	…	…
48	26,500	…	…
49	23,300	122	28,400
50	18,300	…	…
51	14,700	…	…
52	16,600	122	20,200
53	25,100	…	…
54	22,500	…	…
55	24,200	67	16,100
56	23,100	…	…
57	23,700	…	…
58	21,100	82	17,200
59	19,200	…	…
60	18,700	…	…
61	19,600	94	18,400
62	23,600	…	…
63	25,700	…	…
平成元	25,900	79	20,500
2	27,800	…	…
3	28,100	…	…
4	24,200	90	21,700
5	22,600	…	…
6	20,200	…	…
7	22,600	93	21,100
8	26,500	…	…
9	27,700	…	…
10	34,400	52	17,900
11	37,100	…	…
12	37,400	…	…
13	(39,900) 41,800	(65)	(26,000)
14	(39,300) 41,400	(65)	(25,400)
15	(41,200) 43,500	(65)	(26,800)
16	(41,300) 43,500	(49)	(20,400)
17	(42,600) 44,700	(73)	(31,200)
18	(42,800) 44,800	(77)	(33,000)
19	(38,400) 46,100	(68)	(26,300)
20	(39,800) 47,300	(58)	(23,200)
21	(37,800) 45,400	(40)	(15,300)
22	47,700	62	29,700
23	56,400	57	32,000
24	61,000	73	44,600
25	61,400	54	33,400
26	59,900	52	31,100
27	58,200	60	34,800
28	60,600	48	28,800
29	62,900	55	34,400
30	63,900	45	29,000
令和元	**65,400**	**65**	**42,600**

注：1　明治29年産以前及び昭和19年産から昭和48年産までは沖縄県を含まない。
2　（　）内は収穫量調査の調査対象県の合計値である。
3　収穫量調査は、平成13年産から主産県を調査対象県として実施しており、平成13年産から平成18年産における主産県は、作付面積が500ha以上の都道府県、事業（強い農業づくり交付金）実施県及び作付面積の増加が著しい府県である（27都道府県）。
平成19年産からは主産県の範囲を変更し、前年産の作付面積が全国の作付面積のおおむね80%を占めるまでの都道府県及び事業実施県とした（11都道府県）。
平成22年産からは全国調査である。

4 かんしょ

年産	作付面積	10 a 当たり収量	収穫量
	(1)	(2)	(3)
	ha	kg	t
明治11年産	148,200	559	828,600
12	158,200	631	998,200
13	159,100	618	983,300
14	159,500	660	1,053,000
15	166,600	694	1,157,000
16	167,900	653	1,096,000
17	176,000	790	1,391,000
18	…	…	…
19	…	…	…
20	219,700	958	2,105,000
21	…	…	…
22	…	…	…
23	…	…	…
24	…	…	…
25	241,200	884	2,131,000
26	…	…	…
27	237,000	785	1,860,000
28	338,000	790	2,669,000
29	253,500	1,070	2,722,000
30	257,000	966	2,484,000
31	265,000	1,010	2,689,000
32	265,800	933	2,480,000
33	269,200	1,050	2,839,000
34	266,800	1,000	2,669,000
35	274,700	972	2,670,000
36	281,000	1,000	2,817,000
37	277,500	893	2,477,000
38	245,300	996	2,444,000
39	284,700	1,050	2,995,000
40	291,300	1,190	3,473,000
41	301,900	1,200	3,614,000
42	292,500	1,160	3,403,000
43	290,800	1,070	3,123,000
44	291,400	1,290	3,772,000
大正元	296,800	1,240	3,677,000
2	304,800	1,280	3,890,000
3	302,500	1,220	3,679,000
4	304,800	1,300	3,959,000
5	307,000	1,330	4,095,000
6	307,900	1,220	3,751,000
7	311,400	1,320	4,119,000
8	317,600	1,410	4,465,000
9	316,200	1,400	4,437,000
10	300,200	1,310	3,940,000
11	296,500	1,300	3,867,000
12	292,700	1,310	3,823,000
13	286,400	1,250	3,585,000
14	283,400	1,320	3,733,000
昭和元	274,400	1,210	3,322,000
2	270,700	1,220	3,296,000
3	268,000	1,270	3,413,000
4	250,300	1,200	3,005,000
5	259,500	1,310	3,402,000
6	262,200	1,290	3,382,000
7	265,800	1,310	3,471,000
8	269,400	1,370	3,699,000
9	266,000	1,140	3,037,000
10	275,600	1,300	3,583,000
11	282,500	1,330	3,748,000
12	286,400	1,350	3,863,000
13	279,500	1,350	3,782,000
14	275,500	1,270	3,499,000
15	273,200	1,290	3,534,000
16	308,300	1,300	4,017,000
17	320,700	1,180	3,771,000
18	325,400	1,390	4,540,000
19	307,100	1,290	3,951,000
20	400,200	974	3,897,000
21	372,600	1,480	5,515,000
22	377,800	1,170	4,415,000
23	427,600	1,420	6,067,000
24	440,800	1,340	5,912,000
25	398,000	1,580	6,290,000

年産	作付面積	10 a 当たり収量	収穫量
	(1)	(2)	(3)
	ha	kg	t
昭和26年産	376,200	1,470	5,534,000
27	377,300	1,640	6,205,000
28	362,100	1,490	5,391,000
29	354,600	1,470	5,226,000
30	376,400	1,910	7,180,000
31	386,200	1,830	7,073,000
32	364,500	1,710	6,228,000
33	359,500	1,770	6,370,000
34	366,200	1,910	6,981,000
35	329,800	1,900	6,277,000
36	326,500	1,940	6,333,000
37	322,900	1,930	6,217,000
38	313,100	2,130	6,662,000
39	296,700	1,980	5,875,000
40	256,900	1,930	4,955,000
41	243,300	1,980	4,810,000
42	214,400	1,880	4,031,000
43	185,900	1,930	3,594,000
44	153,600	1,860	2,855,000
45	128,700	1,990	2,564,000
46	107,000	1,910	2,041,000
47	91,700	2,170	1,987,000
48	73,600	2,110	1,550,000
49	67,500	2,130	1,435,000
50	68,700	2,060	1,418,000
51	65,600	1,950	1,279,000
52	64,400	2,220	1,431,000
53	65,000	2,110	1,371,000
54	63,900	2,130	1,360,000
55	64,800	2,030	1,317,000
56	65,000	2,240	1,458,000
57	65,700	2,110	1,384,000
58	64,800	2,130	1,379,000
59	64,600	2,170	1,400,000
60	66,000	2,310	1,527,000
61	65,000	2,320	1,507,000
62	64,000	2,220	1,423,000
63	62,900	2,110	1,326,000
平成元	61,900	2,310	1,431,000
2	60,600	2,310	1,402,000
3	58,600	2,060	1,205,000
4	55,100	2,350	1,295,000
5	53,000	1,950	1,033,000
6	51,300	2,460	1,264,000
7	49,400	2,390	1,181,000
8	47,500	2,330	1,109,000
9	46,500	2,430	1,130,000
10	45,600	2,500	1,139,000
11	44,500	2,270	1,008,000
12	43,400	2,470	1,073,000
13	42,300	2,510	1,063,000
14	40,500	2,540	1,030,000
15	39,700	2,370	941,100
16	40,300	2,500	1,009,000
17	40,800	2,580	1,053,000
18	40,800	2,420	988,900
19	40,700	2,380	968,400
20	40,700	2,480	1,011,000
21	40,500	2,530	1,026,000
22	39,700	2,180	863,600
23	38,900	2,280	885,900
24	38,800	2,260	875,900
25	38,600	2,440	942,300
26	38,000	2,330	886,500
27	36,600	2,220	814,200
28	36,000	2,390	860,700
29	35,600	2,270	807,100
30	35,700	2,230	796,500
令和元	**34,300**	**2,180**	**748,700**

注：明治29年産以前及び昭和19年産から昭和48年産までは沖縄県を含まない。

5　飼料作物

(1) 牧草　(2) 青刈りとうもろこし　(3) ソルゴー　(4) 青刈りえん麦

年産		(1) 牧草 作付（栽培）面積	(1) 牧草 収穫量	(2) 青刈りとうもろこし 作付面積	(2) 青刈りとうもろこし 収穫量	(3) ソルゴー 作付面積	(3) ソルゴー 収穫量	(4) 青刈りえん麦 作付面積	(4) 青刈りえん麦 収穫量
		(1)	(2)	(1)	(2)	(1)	(2)	(1)	(2)
		ha	t	ha	t	ha	t	ha	t
昭和11年産	(1)	…	…	…	…	…	…	…	..
12	(2)	…	…	…	…	…	…	…	..
13	(3)	…	…	13,800	370,800	…	…	1,740	24,100
14	(4)	…	…	15,000	418,700	…	…	1,990	27,600
15	(5)	…	…	17,700	424,000	…	…	2,060	29,400
16	(6)	…	…	15,900	348,000	…	…	3,030	32,700
17	(7)	…	…	17,200	428,000	…	…	3,760	41,900
18	(8)	…	…	…	…	…	…	…	..
19	(9)	…	…	…	…	…	…	…	..
20	(10)	…	…	…	…	…	…	…	..
21	(11)	…	…	…	…	…	…	…	..
22	(12)	…	…	…	…	…	…	…	..
23	(13)	…	…	…	…	…	…	…	..
24	(14)	…	…	…	…	…	…	…	..
25	(15)	…	…	…	…	…	…	…	..
26	(16)	…	…	10,500	489,200	…	…	2,090	28,200
27	(17)	…	…	32,300	1,059,000	…	…	2,450	35,100
28	(18)	…	…	29,300	928,100	…	…	3,500	45,600
29	(19)	…	…	33,700	828,700	…	…	4,460	56,800
30	(20)	…	…	38,500	1,368,000	…	…	7,090	95,600
31	(21)	…	…	39,700	1,086,000	…	…	4,580	114,100
32	(22)	…	…	43,800	1,441,000	…	…	7,320	155,900
33	(23)	…	…	48,000	1,706,000	…	…	10,900	245,500
34	(24)	…	…	50,100	1,742,000	…	…	13,400	238,800
35	(25)	153,200	2,982,000	52,600	1,862,000	…	…	15,100	290,400
36	(26)	183,400	4,061,000	57,400	2,107,000	…	…	18,900	381,700
37	(27)	214,900	4,693,000	63,100	2,190,000	…	…	23,500	528,20
38	(28)	248,700	5,995,000	65,800	2,507,000	…	…	26,400	462,50
39	(29)	275,500	6,764,000	68,300	2,557,000	…	…	30,500	699,800
40	(30)	302,700	8,262,000	68,300	2,764,000	…	…	30,500	701,60
41	(31)	324,100	8,844,000	69,200	2,679,000	…	…	31,100	743,40
42	(32)	356,100	11,281,000	68,900	3,060,000	…	…	29,800	731,70
43	(33)	398,200	13,193,000	70,300	3,241,000	…	…	31,000	812,30
44	(34)	435,000	14,816,000	71,900	3,228,000	…	…	31,400	826,00
45	(35)	483,700	17,506,000	76,800	3,483,000	…	…	29,900	782,40
46	(36)	557,100	18,560,000	79,000	3,440,000	…	…	27,600	721,10
47	(37)	600,800	22,646,000	77,600	3,762,000	…	…	22,600	650,60
48	(38)	643,400	23,161,000	77,400	3,675,000	15,600	…	20,600	596,10
49	(39)	672,200	25,438,000	76,500	3,809,000	17,600	1,133,000	19,200	604,90
50	(40)	691,200	25,368,000	79,700	3,908,000	18,800	1,314,000	16,300	502,00
51	(41)	704,400	25,167,000	82,500	3,873,000	19,300	1,334,000	15,500	481,10
52	(42)	722,700	27,530,000	88,100	4,538,000	21,300	1,530,000	15,000	472,30
53	(43)	758,400	28,776,000	100,600	5,274,000	27,200	1,947,000	15,200	486,10
54	(44)	773,700	29,007,000	107,200	5,663,000	30,000	2,144,000	15,100	498,80
55	(45)	787,900	28,463,000	112,400	5,400,000	33,700	2,150,000	15,900	473,30
56	(46)	797,700	29,531,000	116,200	5,330,000	36,900	2,534,000	16,100	482,60
57	(47)	808,400	31,706,000	122,200	6,071,000	37,500	2,496,000	16,100	515,30
58	(48)	814,800	30,873,000	123,000	5,446,000	37,300	2,547,000	15,800	481,90
59	(49)	818,900	30,289,000	120,300	6,285,000	36,200	2,492,000	15,700	489,50
60	(50)	814,800	31,600,000	121,800	6,306,000	35,500	2,385,000	15,100	495,80
61	(51)	814,600	32,733,000	123,900	6,493,000	36,100	2,469,000	15,200	506,50
62	(52)	828,100	32,497,000	127,200	6,617,000	37,200	2,377,000	14,900	499,00
63	(53)	834,300	31,722,000	125,200	6,201,000	36,900	2,426,000	14,900	471,00

注：1　昭和30年産以前の作付面積は収穫面積である。
　　2　牧草、青刈りえん麦及び青刈りらい麦の昭和45年産以前の作付面積には肥料用を含む。
　　3　青刈りその他麦の昭和45年産以前の作付面積及び昭和44年産以前の収穫量には肥料用を含む。
　　4　昭和19年産から昭和48年産までは沖縄県を含まない。

(5) 家畜用ビート 作付面積	収穫量	(6) 飼料用かぶ 作付面積	収穫量	(7) れんげ 作付面積	収穫量	(8) 青刈りらい麦 作付面積	収穫量	(9) 青刈りその他麦 作付面積	収穫量	
(1)	(2)	(1)	(2)	(1)	(2)	(1)	(2)	(1)	(2)	
ha	t	ha	t	ha	t	ha	t	ha	t	
…	…	…	…	…	…	…	…	…	…	(1)
…	…	…	…	…	…	…	…	…	…	(2)
…	…	…	…	23,400	358,800	…	…	…	…	(3)
…	…	…	…	27,500	432,800	…	…	…	…	(4)
…	…	…	…	31,200	449,800	…	…	…	…	(5)
…	…	…	…	28,400	400,100	…	…	…	…	(6)
…	…	…	…	30,900	417,600	…	…	…	…	(7)
…	…	…	…	28,300	387,600	…	…	…	…	(8)
…	…	…	…	25,500	341,100	…	…	…	…	(9)
…	…	…	…	26,100	259,900	…	…	…	…	(10)
…	…	…	…	23,300	297,300	…	…	…	…	(11)
…	…	…	…	24,100	320,700	…	…	…	…	(12)
…	…	…	…	25,400	328,600	…	…	…	…	(13)
…	…	…	…	28,300	428,900	…	…	…	…	(14)
…	…	…	…	32,000	492,500	…	…	…	…	(15)
…	…	…	…	33,500	563,800	…	…	…	…	(16)
…	…	…	…	57,200	985,900	…	…	…	…	(17)
…	…	…	…	55,000	991,600	…	…	…	…	(18)
…	…	…	…	56,500	990,700	…	…	…	…	(19)
…	…	…	…	54,800	994,300	…	…	…	…	(20)
…	…	…	…	48,700	922,500	…	…	…	…	(21)
…	…	…	…	49,200	981,400	…	…	…	…	(22)
…	…	…	…	63,300	1,209,000	…	…	…	…	(23)
…	…	…	…	69,300	1,317,000	5,230	96,700	3,690	55,200	(24)
3,250	82,000	6,770	155,400	108,400	1,746,000	6,710	133,800	3,530	63,200	(25)
3,220	84,300	8,600	228,300	107,100	1,839,000	8,130	172,600	3,570	69,800	(26)
3,340	86,200	10,400	273,500	111,600	2,050,000	10,100	229,900	3,610	74,300	(27)
3,800	108,100	11,800	340,200	97,700	1,264,000	10,700	240,600	4,170	71,500	(28)
3,880	114,100	12,200	360,800	89,400	1,822,000	11,400	171,600	3,970	78,700	(29)
4,100	135,000	13,600	444,000	85,000	1,790,000	11,000	240,900	3,070	56,500	(30)
4,380	136,300	13,800	446,600	81,200	1,805,000	11,200	272,200	2,820	56,000	(31)
4,550	169,800	14,400	500,900	71,100	1,565,000	10,800	258,600	2,700	47,900	(32)
4,520	175,200	14,400	526,600	67,400	1,492,000	10,800	257,600	2,230	40,700	(33)
4,460	167,000	15,300	591,800	61,100	1,375,000	10,600	253,500	1,730	33,800	(34)
4,520	183,200	14,800	590,800	52,500	1,216,000	9,520	201,200	1,270	21,500	(35)
4,350	174,300	14,000	546,000	44,800	1,039,000	7,310	195,400	1,140	22,900	(36)
4,200	186,000	13,700	585,700	31,400	779,400	6,340	174,900	935	…	(37)
3,720	159,100	12,500	542,400	24,900	614,400	5,230	149,500	596	…	(38)
3,450	147,800	11,800	520,000	20,500	…	4,850	…	489	…	(39)
2,990	127,300	11,100	492,200	15,800	…	4,370	…	458	…	(40)
2,520	112,300	10,800	471,600	13,600	…	4,100	…	631	…	(41)
2,290	107,500	11,000	502,100	11,200	…	4,030	…	757	…	(42)
2,250	108,300	11,200	516,100	11,200	…	4,010	…	739	…	(43)
2,070	100,000	11,100	532,300	10,100	…	3,850	…	983	…	(44)
1,840	86,700	10,900	508,800	8,090	…	3,760	…	1,040	…	(45)
1,670	74,300	10,300	492,700	7,130	…	3,530	…	1,190	…	(46)
1,480	75,600	10,200	499,700	6,240	…	3,410	…	1,460	…	(47)
1,240	57,200	10,100	480,500	5,640	…	3,360	…	1,730	…	(48)
1,080	50,500	9,380	446,300	5,080	…	3,580	…	1,870	…	(49)
962	47,700	8,960	447,400	4,540	…	3,410	…	1,960	…	(50)
835	42,700	8,220	422,800	4,370	…	3,350	…	1,830	…	(51)
625	32,600	7,200	369,700	3,700	…	3,070	…	1,910	…	(52)
504	25,700	5,990	289,800	3,320	…	2,890	…	1,590	…	(53)

5　飼料作物（続き）

年産		(1) 牧草		(2) 青刈りとうもろこし		(3) ソルゴー		(4) 青刈りえん麦		
		作付（栽培）面積	収穫量	作付面積	収穫量	作付面積	収穫量	作付面積		収穫量
		(1)	(2)	(1)	(2)	(1)	(2)	(1)		(2)
		ha	t	ha	t	ha	t		ha	
平成元年産	(1)	835,100	32,389,000	125,600	6,495,000	36,500	2,353,000	13,900		474,00
2	(2)	837,600	34,060,000	125,900	6,845,000	36,300	2,323,000	13,200		477,00
3	(3)	842,200	32,962,000	124,300	6,078,000	35,800	2,072,000	12,800		432,80
4	(4)	840,300	33,316,000	121,800	6,446,000	34,000	2,290,000	…	(8,800)	(315,40
5	(5)	837,500	30,970,000	118,300	4,903,000	32,400	1,671,000	…	(8,400)	(304,40
6	(6)	830,400	32,080,000	110,600	5,984,000	29,300	1,863,000	11,100		407,20
7	(7)	827,400	32,744,000	106,800	5,701,000	28,100	1,844,000	…	(7,580)	(273,30
8	(8)	826,200	31,472,000	104,600	5,368,000	26,900	1,732,000	…	(7,140)	(256,10
9	(9)	820,900	31,782,000	103,000	5,487,000	26,300	1,692,000	9,220		335,20
10	(10)	825,000	31,636,000	101,100	5,184,000	26,800	1,706,000	…	(6,860)	(245,60
11	(11)	820,100	31,154,000	99,000	4,795,000	25,800	1,500,000	…	(6,610)	(249,20
12	(12)	809,100	31,945,000	95,900	5,287,000	24,800	1,625,000	8,060	(6,580)	(249,60
13	(13)	804,600	30,545,000	93,100	5,114,000	24,200	1,599,000	…	(6,570)	(248,30
14	(14)	801,200	30,305,000	91,300	4,867,000	23,100	1,501,000	…	(6,050)	(229,10
15	(15)	798,000	28,700,000	90,100	4,563,000	21,600	1,312,000	8,200	(6,310)	(229,90
16	(16)	788,300	30,723,000	87,400	4,659,000	20,800	1,194,000	7,700	(6,460)	(239,70
17	(17)	782,400	29,682,000	85,300	4,640,000	20,100	1,275,000	7,400	(5,880)	(221,00
18	(18)	777,000	29,128,000	84,400	4,290,000	19,100	1,124,000	6,950	(5,510)	(194,70
19	(19)	773,300	28,805,000	86,100	4,541,000	19,000	1,155,000	7,060		
20	(20)	769,000	28,805,000	90,800	4,933,000	18,800	1,150,000	7,730		
21	(21)	764,100	27,726,000	92,300	4,645,000	18,700	1,092,000	7,540		
22	(22)	759,100	27,580,000	92,200	4,643,000	17,900	1,001,000	7,380		
23	(23)	755,100	26,783,000	92,200	4,713,000	17,600	939,200	7,070		
24	(24)	750,800	(24,243,000)	92,000	4,826,000	17,000	890,700	7,520		
25	(25)	745,500	(23,454,000)	92,500	4,787,000	16,500	877,000	7,620		
26	(26)	739,600	25,193,000	91,900	4,825,000	15,900	787,900	7,400		
27	(27)	737,600	26,092,000	92,400	4,823,000	15,200	728,600	7,370		
28	(28)	735,200	24,689,000	93,400	4,255,000	14,800	655,300	7,830		
29	(29)	728,300	25,497,000	94,800	4,782,000	14,400	665,000	…		
30	(30)	726,000	24,621,000	94,600	4,488,000	14,000	618,000	…		
令和元	(31)	**724,400**	**24,850,000**	**94,700**	**4,841,000**	**13,300**	**578,100**	…		

注：1　牧草の平成24年産及び平成25年産の収穫量は、放射性物質調査の結果により給与自粛措置が行われた地域があったことから、全国値の推計を行っていない
　　2　飼料作物の青刈りえん麦、れんげ、青刈りらい麦及び青刈りその他麦の作付面積については、平成29年産から調査を廃止した。
　　3　(　)内の数値は収穫量調査の調査対象県の合計値である。
　　4　[　]内の数値は、面積調査の調査対象県の合計値である。

(5) 家畜用ビート		(6) 飼料用かぶ		(7) れんげ		(8) 青刈りらい麦		(9) 青刈りその他麦		
作付面積	収穫量	作付面積	収穫量	作付面積	収穫量	作付面積	収穫量	作付面積	収穫量	
(1)	(2)	(1)	(2)	(1)	(2)	(1)	(2)	(1)	(2)	
ha	t	ha	t	ha	t	ha	t	ha	t	
415	21,700	5,220	266,500	2,870	…	2,750	…	1,430	…	(1)
325	17,200	4,360	221,700	2,320	…	2,680	…	1,320	…	(2)
304	16,100	3,760	184,300	2,010	…	2,400	…	1,260	…	(3)
177	…	3,350	…	[1,620]	…	[2,030]	…	[950]	…	(4)
126	…	2,620	…	[1,240]	…	[1,710]	…	[759]	…	(5)
73	…	2,200	…	993	…	1,750	…	836	…	(6)
45	…	1,840	…	[909]	…	[1,420]	…	[595]	…	(7)
53	…	1,540	…	[704]	…	[1,360]	…	[638]	…	(8)
33	…	1,300	…	503	…	1,370	…	677	…	(9)
21	…	1,130	…	[418]	…	[1,210]	…	[589]	…	(10)
14	…	997	…	[334]	…	[1,220]	…	[579]	…	(11)
9	…	862	…	225	…	1,240	…	540	…	(12)
8	…	793	…	[187]	…	[1,080]	…	[536]	…	(13)
…	…	678	…	[158]	…	[1,030]	…	[572]	…	(14)
…	…	557	…	122	…	1,090	…	555	…	(15)
…	…	463	…	103	…	1,070	…	594	…	(16)
…	…	389	…	78	…	1,010	…	631	…	(17)
…	…	339	…	58	…	970	…	652	…	(18)
…	…	…	…	46	…	933	…	641	…	(19)
…	…	…	…	32	…	965	…	711	…	(20)
…	…	…	…	35	…	938	…	780	…	(21)
…	…	…	…	19	…	918	…	704	…	(22)
…	…	…	…	41	…	903	…	719	…	(23)
…	…	…	…	59	…	889	…	686	…	(24)
…	…	…	…	60	…	877	…	917	…	(25)
…	…	…	…	53	…	845	…	925	…	(26)
…	…	…	…	49	…	807	…	977	…	(27)
…	…	…	…	48	…	876	…	977	…	(28)
…	…	…	…	…	…	…	…	…	…	(29)
…	…	…	…	…	…	…	…	…	…	(30)
…	…	…	…	…	…	…	…	…	…	(31)

6　工芸農作物

(1)　茶

ア　栽培農家数　イ　栽培面積　ウ　荒茶生産量

単位：戸　単位：ha

年　産		茶栽培農家数	茶栽培面積			荒茶生				
			計	専用茶園	兼用茶園	計	おおい茶			普通せん茶
							玉露	かぶせ茶	てん茶	
		(1)	(1)	(2)	(3)	(1)	(2)	(3)	(4)	(5)
昭和元年産	(1)	…	44,100	28,900	15,300	35,225.2	264.6	…	…	28,154.4
2	(2)	…	42,900	28,800	14,100	36,966.9	252.7	…	…	29,092.5
3	(3)	…	42,800	29,400	13,400	39,087.3	267.1	…	…	31,063.2
4	(4)	…	42,500	29,200	13,200	39,392.5	242.0	…	…	31,153.1
5	(5)	…	37,800	26,300	11,500	38,646.9	273.9	…	…	30,934.5
6	(6)	…	37,800	26,700	11,100	38,305.4	268.4	…	…	30,812.0
7	(7)	…	38,000	27,000	11,000	40,410.0	267.6	…	…	32,451.2
8	(8)	…	38,200	27,300	10,900	43,487.2	286.6	…	…	34,746.7
9	(9)	…	38,600	27,700	10,900	44,204.0	295.2	…	…	34,547.5
10	(10)	…	39,000	28,200	10,800	45,630.6	328.4	…	…	35,519.9
11	(11)	…	39,400	28,700	10,700	47,943.5	299.2	…	…	35,209.2
12	(12)	…	39,800	29,200	10,600	53,912.6	310.9	…	…	38,394.3
13	(13)	…	39,800	29,400	10,400	54,717.0	278.2	…	…	39,993.1
14	(14)	…	40,000	29,700	10,400	57,469.6	291.0	…	…	41,712.6
15	(15)	…	40,700	30,100	10,600	58,232.4	276.7	…	…	41,140.3
16	(16)	…	38,900	25,400	13,500	61,907.0	299.0	…	137.7	44,564.8
17	(17)	…	36,100	25,600	10,600	61,028.0	331.6	…	278.8	48,910.1
18	(18)	…	34,200	24,400	9,810	56,470.4	368.4	…	222.9	43,979.8
19	(19)	…	31,300	22,200	9,090	47,074.4	358.4	…	289.5	34,705.0
20	(20)	…	26,500	17,900	8,600	23,650.8	406.1	…	331.7	15,936.2
21	(21)	…	24,400	15,300	9,020	21,418.3	354.5	…	173.7	14,286.5
22	(22)	…	24,600	…	…	22,142.4	1,069.7	…	131.1	14,212.7
23	(23)	…	25,500	17,100	8,350	26,022.4	309.7	…	127.5	17,837.0
24	(24)	…	26,600	18,200	8,470	32,582.1	286.4	…	88.0	22,646.8
25	(25)	…	27,400	18,800	8,670	41,725.6	224.1	…	206.1	29,425.5
26	(26)	…	28,300	19,200	9,000	44,010.2	159.4	112.8	45.7	30,850.4
27	(27)	…	30,000	21,400	8,560	57,151.7	180.7	116.6	195.8	40,592.3
28	(28)	…	33,200	24,300	8,940	56,462.7	179.6	194.2	198.3	37,934.2
29	(29)	…	35,200	26,300	8,890	67,830.1	154.7	163.1	227.3	40,012.5
30	(30)	…	38,600	29,700	8,940	72,854.2	242.6	136.8	265.9	43,696.5
31	(31)	…	42,300	31,700	10,600	70,747.1	213.6	119.3	187.5	51,606.4
32	(32)	…	44,800	32,500	12,300	72,383.2	234.6	171.2	264.8	51,008.7
33	(33)	…	46,800	32,900	13,900	74,588.4	248.1	237.8	266.7	53,556.3
34	(34)	1,397,000	47,400	33,800	13,700	79,478.9	331.6	314.0	323.7	60,858.7
35	(35)	1,376,000	48,500	34,500	14,000	77,566.3	310.6	290.0	299.8	60,283.0
36	(36)	1,346,000	48,800	34,900	13,900	81,392.0	340.2	390.3	347.3	61,939.1
37	(37)	1,337,000	49,100	35,100	14,000	77,456.9	326.9	332.0	271.4	60,304.0
38	(38)	1,319,000	48,900	35,000	13,900	81,099.8	277.2	285.6	325.2	65,130.5
39	(39)	1,297,000	48,700	35,000	13,700	83,280.1	352.9	485.3	374.6	66,294.9
40	(40)	1,269,000	48,500	34,900	13,500	77,430.6	394.8	338.0	315.7	61,188.9
41	(41)	1,234,000	48,400	34,300	14,100	83,150.0	426.4	414.6	369.5	65,357.0
42	(42)	1,203,000	48,500	35,000	13,500	83,143.6	427.0	432.8	349.9	67,157.4
43	(43)	…	48,900	35,800	13,000	84,971.5	351.6	436.3	352.3	67,827.4
44	(44)	1,069,000	49,700	37,500	12,200	89,604.3	422.0	522.6	382.4	69,479.0
45	(45)	1,026,000	51,600	39,900	11,800	91,198.2	409.0	526.2	351.3	71,906.1
46	(46)	990,000	53,900	42,600	11,300	92,911.4	427.0	442.0	311.2	74,038.3
47	(47)	917,900	55,500	44,700	10,800	94,999.5	477.3	590.9	337.8	75,298.4
48	(48)	917,200	57,300	46,700	10,500	101,181.3	522.8	1,045.4	343.3	79,620.3
49	(49)	890,800	58,400	48,200	10,200	95,237.7	514.9	1,378.0	344.7	76,403.6
50	(50)	870,200	59,200	49,200	9,940	105,449	551	1,963	351	83,268
51	(51)	843,700	59,600	50,100	9,510	100,098	520	1,242	330	76,741
52	(52)	807,200	59,700	51,000	8,790	102,301	494	1,450	353	80,587
53	(53)	787,600	60,000	51,700	8,410	104,738	574	1,850	454	82,855
54	(54)	773,400	60,700	52,600	8,020	98,000	495	2,060	425	75,600
55	(55)	749,900	61,000	53,500	7,490	102,300	553	2,320	415	81,400
56	(56)	718,400	61,000	53,800	7,150	102,300	515	2,510	404	79,900
57	(57)	687,300	61,000	54,100	6,920	98,500	549	2,440	432	78,200
58	(58)	665,500	61,000	54,400	6,620	102,700	483	2,890	476	81,200
59	(59)	641,300	60,800	54,500	6,300	92,500	377	2,510	481	72,300
60	(60)	614,200	60,600	54,800	5,860	95,500	420	2,950	552	74,700
61	(61)	582,500	60,200	54,600	5,570	93,600	384	2,830	580	73,600
62	(62)	553,900	59,900	54,600	5,280	96,300	390	3,130	667	76,400
63	(63)	528,000	59,600	54,700	4,940	89,800	380	3,060	731	71,700

注：1　昭和30年産から奄美大島を含む。昭和19年産から昭和48年産までは沖縄県を含まない。
　2　昭和15年産以前の普通せん茶には玉緑茶を、その他にはてん茶を含む。
　3　昭和51年産からかぶせ茶は、一番茶のみと調査基準を改正した。
　4　昭和25年産以前のかぶせ茶は普通せん茶又は玉露の一部として扱われていたが、昭和26年産からこれを区別して調査した。
　5　荒茶工場数の昭和15年産までは、その間において製茶に従事した戸数であり、昭和16年産以降は、その年に製茶した工場数である。
　また、昭和30年産以降は機械製茶工場のみ調査した数値である。
　6　栽培面積は、平成13年までは８月１日現在において調査したものである。

エ　荒茶工場数

単位：t　　　　単位：工場

産		量		荒	茶	工	場数	
玉緑茶	番茶	その他	紅茶	計	機械製茶	半機械製茶	手もみ製茶	
(6)	(7)	(8)	(9)	(1)	(2)	(3)	(4)	
…	7,466.4	317.4	22.4	1,147,548	…	…	…	(1)
…	7,364.6	240.5	16.6	1,146,894	…	…	…	(2)
…	7,550.8	185.4	20.8	1,153,767	…	…	…	(3)
…	7,795.7	191.6	10.1	1,136,971	…	…	…	(4)
…	7,211.6	205.3	11.6	1,120,240	…	…	…	(5)
…	7,029.1	183.8	12.1	1,126,318	…	…	…	(6)
…	7,487.8	177.2	26.2	1,132,089	…	…	…	(7)
…	8,222.6	181.1	50.2	1,136,426	…	…	…	(8)
…	8,095.1	215.1	1,051.1	1,137,584	…	…	…	(9)
…	8,286.9	238.2	1,257.2	1,111,095	…	…	…	(10)
…	9,239.3	211.9	2,983.9	1,129,324	…	…	…	(11)
…	10,171.9	400.9	4,634.6	1,124,406	…	…	…	(12)
…	10,582.3	961.8	2,901.6	1,109,715	…	…	…	(13)
…	11,354.4	2,182.7	1,928.9	1,093,691	…	…	…	(14)
…	11,943.5	1,947.4	2,924.5	1,074,149	…	…	…	(15)
3,672.2	10,126.8	792.3	2,314.2	851,690	10,023	4,820	836,856	(16)
1,230.2	9,496.0	658.6	212.7	786,174	10,055	3,855	772,264	(17)
1,792.0	9,323.1	661.1	123.1	749,592	10,094	2,697	736,801	(18)
1,288.4	8,239.7	2,074.0	119.4	709,620	8,724	2,965	697,931	(19)
716.5	5,168.9	969.0	121.5	710,491	6,895	4,643	698,953	(20)
1,057.3	5,226.8	233.3	86.2	587,863	8,111	1,856	577,896	(21)
822.2	5,430.7	335.0	141.0	547,177	9,220	1,749	536,208	(22)
1,615.5	5,529.9	329.4	273.3	563,739	8,568	1,530	553,641	(23)
1,110.4	8,121.6	243.4	85.5	862,900	9,442	5,399	848,552	(24)
2,065.3	8,983.4	91.8	729.4	960,781	9,419	4,904	946,458	(25)
3,215.9	8,511.8	56.6	1,057.6	1,011,288	10,255	1,161	999,872	(26)
7,978.7	7,649.1	67.2	371.3	976,128	11,140	1,807	963,181	(27)
7,662.9	8,801.7	31.9	1,459.9	952,024	12,231	1,728	938,065	(28)
10,548.5	9,469.0	44.6	7,210.4	932,580	12,590	1,728	918,262	(29)
10,508.4	9,427.0	51.8	8,525.2	13,991	13,991	…	…	(30)
8,069.9	9,871.8	22.5	656.1	…	…	…	…	(31)
7,262.1	9,463.7	6.7	3,971.4	14,677	14,677	…	…	(32)
9,558.5	8,190.2	3.0	2,527.8	15,161	15,161	…	…	(33)
8,628.0	8,156.4	2.1	864.4	15,593	15,593	…	…	(34)
6,737.4	7,984.1	0.8	1,660.6	16,162	16,162	…	…	(35)
8,143.0	8,306.3	−	1,925.8	16,320	16,320	…	…	(36)
7,012.8	8,322.9	3.0	883.9	16,328	16,328	…	…	(37)
5,291.9	9,095.4	4.0	690.0	16,239	16,239	…	…	(38)
4,768.6	10,168.1	1.7	834.0	16,216	16,216	…	…	(39)
4,155.1	9,480.8	−	1,557.3	16,181	16,181	…	…	(40)
4,341.0	10,907.2	−	1,334.3	16,283	16,283	…	…	(41)
4,190.5	11,441.7	−	1,144.3	16,109	16,109	…	…	(42)
4,011.3	11,456.7	−	535.9	15,786	15,786	…	…	(43)
4,350.3	14,175.3	−	272.7	15,311	15,311	…	…	(44)
4,152.1	13,509.7	−	253.8	15,139	15,139	…	…	(45)
3,907.1	13,762.8	−	23.0	14,922	14,922	…	…	(46)
4,236.6	14,042.7	−	15.8	14,671	14,671	…	…	(47)
4,889.8	14,755.5	−	4.2	14,494	14,494	…	…	(48)
4,474.7	12,117.4	−	4.4	14,400	14,400	…	…	(49)
5,022	14,201	−	3	14,300	14,300	…	…	(50)
4,783	13,481	−	1	…	…	…	…	(51)
4,989	14,400	−	26	…	…	…	…	(52)
5,171	13,827	−	2	13,649	13,649	…	…	(53)
5,440	14,100	1	1	…	…	…	…	(54)
5,470	12,100	1	5	…	…	…	…	(55)
5,480	13,500	0	4	13,600	13,600	…	…	(56)
5,290	11,600	0	3	…	…	…	…	(57)
5,830	11,700	−	1	…	…	…	…	(58)
5,490	11,300	−	1	13,200	13,200	…	…	(59)
5,420	11,500	−	1	…	…	…	…	(60)
5,220	11,000	1	1	…	…	…	…	(61)
5,310	10,400	28	1	12,300	12,300	…	…	(62)
5,180	8,780	24	1	…	…	…	…	(63)

6　工芸農作物（続き）

(1)　茶（続き）

ア　栽培農家数　イ　栽培面積　ウ　荒茶生産量

単位：戸　単位：ha

年産		茶栽培農家数	茶栽培面積			荒茶生産量				
			計	専用茶園	兼用茶園	計	おおい茶			普通せん茶
							玉露	かぶせ茶	てん茶	
		(1)	(1)	(2)	(3)	(1)	(2)	(3)	(4)	(5)
平成元年産	(1)	502,600	59,000	54,400	4,530	90,500	339	2,510	796	71,800
2	(2)	466,800	58,500	54,200	4,260	89,900	357	3,180	896	72,700
3	(3)	433,700	57,600	53,700	3,950	87,800	384	3,100	811	69,400
4	(4)	410,300	56,700	53,000	3,700	92,100	346	3,290	837	71,800
5	(5)	381,500	55,700	52,200	3,490	92,100	326	3,250	820	72,200
6	(6)	(199,400)	54,500	51,300	3,270	(81,800)	(317)	(3,380)	(739)	(64,600)
7	(7)	(185,800)	53,700	50,700	3,060	(80,400)	(305)	(3,080)	(820)	(63,900)
8	(8)	307,300	52,700	49,900	2,720	88,600	299	3,400	955	66,600
9	(9)	(157,300)	51,800	49,300	2,520	(87,100)	(254)	(4,090)	(1,100)	(66,600)
10	(10)	(148,500)	51,200	48,900	2,320	(78,700)	(261)	(4,120)	(988)	(61,300)
11	(11)	238,600	50,700	48,600	…	88,500	236	3,920	925	65,800
12	(12)	(117,400)	50,400	48,500	…	(84,700)	(207)	(3,820)	(1,010)	(63,500)
13	(13)	(102,400)	50,100	48,200	…	(84,500)	(208)	(3,540)	(1,120)	(62,500)
14	(14)	…	49,700	48,000	…	84,200	196	3,630	1,350	63,200
15	(15)	…	49,500	47,800	…	91,900	208	3,910	1,420	67,100
16	(16)	…	49,100	47,600	…	100,700	213	3,740	1,490	70,800
17	(17)	…	48,700	47,200	…	100,000	227	4,040	1,630	70,200
18	(18)	…	48,500	47,100	…	91,800	222	3,650	1,650	64,900
19	(19)	…	48,200	46,900	…	94,100	277	3,920	1,660	65,400
20	(20)	…	48,000	46,700	…	95,500	412	4,220	1,780	65,300
21	(21)	…	47,300	46,100	…	86,000	…	1) 5,970	…	58,600
22	(22)	…	46,800	…	…	85,000	…	1) 5,840	…	54,400
23	(23)	…	46,200	…	…	(82,100)	…	1) (5,840)	…	(53,400)
24	(24)	…	45,900	…	…	(85,900)	…	1) (6,420)	…	(54,900)
25	(25)	…	45,400	…	…	84,800	…	1) 5,990	…	53,800
26	(26)	…	44,800	…	…	83,600	…	1) 6,260	…	52,400
27	(27)	…	44,000	…	…	79,500	…	1) 7,000	…	47,700
28	(28)	…	43,100	…	…	80,200	…	1) 6,980	…	47,300
29	(29)	…	42,400	…	…	82,000	…	…	…	…
30	(30)	…	41,500	…	…	86,300	…	…	…	…
令和元	**(31)**	**…**	**40,600**	**…**	**…**	**81,700**	**…**	**…**	**…**	**…**

注：1　(　)内の数値は主産県の合計値である。
2　全国の荒茶生産量（年間計）については、従来、主産県調査結果を基に推計していたが、平成23年産及び平成24年産は原子力災害対策特別措置法に基づき、主産県以外の都道府県においても出荷制限が行われたことから推計を行わなかったため、主産県の合計値を掲載した。
3　栽培面積は、平成13年までは８月１日現在、平成14年からは７月15日現在において調査したものである。
4　平成19年産から「その他」には「紅茶」を含む。
5　平成29年産から茶種別荒茶生産量の調査は廃止した。
1)は、近年増加している20日前後の直接被覆による栽培方法の取扱いが明確化するまでの間、暫定的に玉露、かぶせ茶及びてん茶を一括しておおい茶として表章した。

エ　荒茶工場数

単位：t　　　　単位：工場

産	量			荒	茶工場数			
玉緑茶	番茶	その他	紅茶	計	機械製茶	半機械製茶	手もみ製茶	
(6)	(7)	(8)	(9)	(1)	(2)	(3)	(4)	
5,000	10,000	31	1	…	…	…	…	(1)
4,780	8,020	26	3	11,700	11,700	…	…	(2)
4,640	9,500	29	3	…	…	…	…	(3)
4,610	11,200	75	0	…	…	…	…	(4)
4,510	11,100	44	3	…	…	…	…	(5)
(3,850)	(8,290)	(571)	(−)	…	…	…	…	(6)
(3,840)	(8,020)	(544)	(4)	…	…	…	…	(7)
4,060	12,500	909	9	…	…	…	…	(8)
(4,250)	(9,710)	(1,140)	(11)	…	…	…	…	(9)
(3,700)	(7,720)	(735)	(9)	…	…	…	…	(10)
3,870	12,600	1,230	12	…	…	…	…	(11)
(3,810)	(11,400)	(983)	(9)	…	…	…	…	(12)
(3,690)	(12,300)	(1,260)	(9)	…	…	…	…	(13)
3,660	11,000	1,140	15	…	…	…	…	(14)
3,490	14,500	1,220	23	…	…	…	…	(15)
3,930	19,300	1,350	20	…	…	…	…	(16)
3,720	18,200	1,830	16	…	…	…	…	(17)
3,410	16,400	1,650	15	…	…	…	…	(18)
3,200	17,600	1,990	…	…	…	…	…	(19)
2,930	19,100	1,780	…	…	…	…	…	(20)
2,560	17,600	1,320	…	…	…	…	…	(21)
2,310	21,000	1,460	…	…	…	…	…	(22)
(2,200)	(18,700)	(1,890)	…	…	…	…	…	(23)
(2,320)	(20,300)	(2,050)	…	…	…	…	…	(24)
2,270	21,000	1,860	…	…	…	…	…	(25)
2,060	20,800	2,070	…	…	…	…	…	(26)
1,790	20,300	2,680	…	…	…	…	…	(27)
1,760	21,800	2,320	…	…	…	…	…	(28)
…	…	…	…	…	…	…	…	(29)
…	…	…	…	…	…	…	…	(30)
…	…	…	…	…	…	…	…	(31)

6　工芸農作物（続き）

(2) なたね　(3) てんさい　(4) さとうきび

年産		(2) なたね 作付面積（子実用）	10a当たり収量	収穫量	(3) てんさい 作付面積	10a当たり収量	収穫量	(4) さとうきび 収穫面積	10a当たり収量	収穫量
		(1)	(2)	(3)	(1)	(2)	(3)	(1)	(2)	(3)
		ha	kg	t	ha	kg	t	ha	kg	t
昭和元年産	(1)	72,400	96	69,700	7,400	1,960	145,200	26,600	3,300	878,000
2	(2)	71,600	100	71,600	9,900	1,870	185,000	26,500	3,760	997,100
3	(3)	70,000	102	71,500	10,300	2,030	208,900	27,300	3,530	963,400
4	(4)	70,600	106	74,600	8,700	2,250	195,800	25,800	3,300	851,300
5	(5)	74,700	104	77,800	9,100	2,090	190,400	24,600	3,500	860,300
6	(6)	73,900	104	77,200	9,700	1,830	177,500	24,900	4,270	1,063,000
7	(7)	81,600	112	91,500	8,600	1,990	170,800	23,900	4,530	1,083,000
8	(8)	80,800	109	87,900	10,100	1,850	187,000	22,800	4,280	975,600
9	(9)	90,600	119	108,100	10,000	2,420	241,700	22,700	4,590	1,043,000
10	(10)	98,700	123	121,400	12,700	1,800	228,900	22,400	5,010	1,123,000
11	(11)	106,400	114	121,200	18,900	1,700	321,400	21,100	4,820	1,016,000
12	(12)	111,000	119	132,300	17,800	1,660	295,300	20,000	5,350	1,069,000
13	(13)	110,500	105	116,500	17,800	1,940	345,300	20,000	6,560	1,312,000
14	(14)	95,400	126	120,300	16,500	1,300	214,500	20,200	5,140	1,038,000
15	(15)	89,400	122	108,800	14,500	1,320	190,900	19,800	3,950	782,500
16	(16)	87,600	121	105,900	16,500	1,520	251,000	21,500	3,260	700,600
17	(17)	78,700	106	83,500	16,300	1,540	251,500	…	…	…
18	(18)	62,000	85	53,000	14,100	916	129,100	…	…	…
19	(19)	38,800	84	32,500	15,600	702	109,500	…	…	…
20	(20)	35,300	57	20,000	14,800	587	86,900	…	…	…
21	(21)	14,800	47	6,930	12,800	696	89,100	…	…	…
22	(22)	24,500	56	13,600	17,300	719	124,400	…	…	…
23	(23)	35,200	77	27,200	12,000	553	66,300	…	…	…
24	(24)	46,600	83	38,800	11,400	1,170	133,800	…	…	108,100
25	(25)	118,400	101	119,200	14,100	1,240	174,800	…	…	105,300
26	(26)	146,000	122	178,500	13,300	1,610	214,500	…	…	98,200
27	(27)	221,700	127	282,300	12,700	1,890	240,100	…	…	63,700
28	(28)	244,800	118	288,900	13,800	1,930	266,000	…	…	68,600
29	(29)	174,500	126	219,700	14,400	2,080	299,000	…	…	61,600
30	(30)	207,700	130	269,500	16,800	2,230	374,500	6,900	3,400	234,600
31	(31)	252,000	127	320,200	20,700	2,240	463,100	7,050	3,180	224,100
32	(32)	258,600	111	286,200	28,700	2,340	672,800	7,020	3,250	228,300
33	(33)	225,200	119	266,900	35,800	2,540	910,500	6,760	2,900	196,300
34	(34)	188,200	139	261,900	39,900	2,500	999,100	6,810	3,580	244,000
35	(35)	191,400	138	263,600	47,700	2,250	1,074,000	7,850	4,750	372,800
36	(36)	194,900	140	273,500	48,200	2,360	1,136,000	8,150	5,550	452,100
37	(37)	173,100	143	246,800	52,100	2,420	1,261,000	9,560	4,910	469,200
38	(38)	140,700	77	108,900	49,800	2,410	1,200,000	9,470	6,780	641,900
39	(39)	119,600	113	134,600	49,200	2,450	1,203,000	11,700	7,110	832,200
40	(40)	85,400	147	125,500	60,400	3,000	1,813,000	13,100	6,030	789,500
41	(41)	66,500	142	94,600	61,100	2,680	1,639,000	13,100	6,520	853,800
42	(42)	54,400	146	79,400	59,800	3,320	1,984,000	13,000	6,690	869,700
43	(43)	39,500	173	68,400	54,900	3,840	2,110,000	13,000	5,840	759,200
44	(44)	29,600	162	48,000	58,900	3,540	2,083,000	13,000	6,270	815,100
45	(45)	19,200	157	30,100	54,100	4,310	2,332,000	12,200	5,580	680,800
46	(46)	13,700	166	22,800	54,300	4,050	2,197,000	10,700	5,990	640,900
47	(47)	10,800	150	16,200	57,800	4,780	2,760,000	10,400	6,200	644,800
48	(48)	7,810	163	12,700	61,800	4,780	2,951,000	9,940	6,690	664,600
49	(49)	5,280	172	9,100	47,500	3,950	1,878,000	30,000	6,080	1,823,000
50	(50)	4,410	165	7,270	48,100	3,660	1,759,000	30,600	6,450	1,973,000
51	(51)	3,740	166	6,210	42,400	5,120	2,169,000	31,900	6,210	1,981,000
52	(52)	3,140	165	5,190	49,300	4,730	2,333,000	32,600	7,140	2,328,000
53	(53)	2,690	177	4,760	57,800	4,990	2,884,000	34,100	7,460	2,544,000
54	(54)	2,600	175	4,540	58,900	5,680	3,344,000	35,200	6,570	2,311,000
55	(55)	2,420	171	4,140	65,000	5,460	3,550,000	33,800	6,200	2,095,000
56	(56)	2,310	162	3,740	74,000	4,530	3,355,000	35,000	6,390	2,237,000
57	(57)	2,090	180	3,760	69,700	5,890	4,108,000	33,900	6,650	2,256,000
58	(58)	1,980	163	3,220	73,000	4,630	3,377,000	35,200	7,180	2,526,000
59	(59)	1,710	158	2,700	75,200	5,370	4,040,000	35,100	7,270	2,553,000
60	(60)	1,570	174	2,730	72,500	5,410	3,921,000	35,700	7,390	2,638,000
61	(61)	1,330	168	2,230	72,100	5,360	3,862,000	34,800	6,440	2,240,000
62	(62)	1,150	171	1,970	71,500	5,350	3,827,000	34,900	6,800	2,374,000
63	(63)	1,030	169	1,740	71,900	5,360	3,849,000	34,000	6,650	2,261,000

注：1　さとうきびの昭和24年産から昭和30年産には奄美群島を含まない。
　　2　さとうきびの昭和24年産から昭和29年産までの収穫面積については、調査を行わなかったため「…」とした。
　　3　昭和19年産から昭和48年産までは沖縄県を含まない。

(5) こんにゃくいも (6) い

栽培面積 (1)	収穫面積 (2)	10a当たり収量 (3)	収穫量 (4)	作付面積 (1)	10a当たり収量 (2)	収穫量 (3)	
ha	ha	kg	t	ha	kg	t	
7,150	…	…	55,000	4,580	934	42,800	(1)
7,200	…	…	54,000	4,350	952	41,400	(2)
7,570	…	…	56,100	4,720	979	46,200	(3)
7,710	…	…	53,200	5,320	1,020	54,400	(4)
7,790	…	…	52,800	5,270	983	51,800	(5)
8,080	…	…	56,600	4,610	974	44,900	(6)
8,260	…	…	57,400	5,340	978	52,200	(7)
8,560	…	…	59,000	6,200	939	58,200	(8)
8,590	…	…	55,100	7,210	1,030	74,400	(9)
8,650	…	…	55,500	6,910	1,040	71,500	(10)
8,910	…	…	55,100	5,950	946	56,300	(11)
9,200	…	…	57,400	6,030	1,070	64,700	(12)
9,290	…	…	57,900	6,070	1,010	61,300	(13)
10,100	…	…	59,000	6,420	1,130	72,700	(14)
10,200	…	…	65,300	7,390	1,080	79,500	(15)
11,900	9,770	702	68,600	5,060	1,010	51,200	(16)
11,900	9,190	656	60,300	4,480	1,100	49,200	(17)
10,400	7,360	769	56,600	4,350	805	35,000	(18)
8,190	5,980	592	35,400	2,410	763	18,400	(19)
5,510	3,770	594	22,400	986	763	7,520	(20)
3,230	2,320	496	11,500	454	650	2,950	(21)
2,510	1,800	572	10,300	792	585	4,630	(22)
2,500	1,790	724	12,900	1,930	731	14,100	(23)
2,370	1,630	687	11,200	3,400	753	25,600	(24)
2,430	1,790	793	14,200	4,080	870	35,500	(25)
2,940	2,210	1,110	24,500	7,290	908	66,200	(26)
3,630	2,880	1,060	30,400	10,600	980	103,900	(27)
5,000	3,500	994	34,800	8,310	812	67,500	(28)
6,220	3,690	1,020	37,600	7,590	939	71,300	(29)
9,550	4,630	1,140	52,800	6,080	982	59,700	(30)
11,300	5,210	1,150	59,800	6,840	985	67,400	(31)
13,000	6,330	1,260	79,600	8,730	1,060	92,600	(32)
14,400	7,110	1,190	84,900	10,600	1,060	112,500	(33)
15,400	7,860	1,030	81,000	7,610	1,070	81,300	(34)
14,400	7,170	1,290	92,300	7,540	1,050	79,000	(35)
15,000	7,480	1,330	99,200	8,130	1,070	86,700	(36)
14,900	7,540	1,360	102,700	9,010	1,070	96,000	(37)
13,800	7,100	1,330	94,100	10,400	876	91,100	(38)
14,300	7,470	1,340	100,300	12,300	1,150	141,100	(39)
15,300	7,940	1,300	103,100	9,280	1,060	98,600	(40)
16,100	8,270	1,490	123,000	8,860	1,130	99,900	(41)
17,600	8,920	1,470	131,300	9,020	1,180	106,000	(42)
17,300	8,860	1,470	129,800	10,300	1,170	120,800	(43)
16,900	8,760	1,440	125,900	10,300	1,160	119,400	(44)
16,800	8,670	1,320	114,200	9,540	1,040	99,100	(45)
16,100	8,430	1,250	105,000	11,100	1,040	114,900	(46)
15,600	8,170	1,230	100,500	11,800	1,110	130,500	(47)
15,800	8,330	1,210	101,000	10,400	1,020	105,700	(48)
15,800	8,240	1,180	97,600	10,700	1,140	122,200	(49)
15,800	8,110	1,300	105,300	8,610	1,060	91,000	(50)
15,400	8,100	1,310	106,500	8,350	1,030	86,100	(51)
14,800	7,780	1,310	102,100	9,510	1,020	96,600	(52)
14,200	7,280	1,290	93,900	9,620	1,140	109,600	(53)
13,700	6,870	1,460	100,400	9,720	1,150	111,800	(54)
13,400	6,840	1,340	91,600	9,370	1,010	94,200	(55)
12,600	6,550	1,360	88,900	8,470	1,060	90,200	(56)
11,800	6,170	1,090	67,000	7,530	1,150	86,300	(57)
11,300	5,940	1,160	69,100	7,820	1,040	81,700	(58)
11,000	5,610	1,340	74,900	7,510	1,160	87,000	(59)
11,800	6,200	1,590	98,300	7,420	1,090	80,700	(60)
12,200	6,370	1,700	108,200	7,430	1,090	81,200	(61)
12,100	6,420	1,830	117,400	7,770	1,070	83,300	(62)
11,300	5,860	1,620	95,200	8,360	1,010	84,400	(63)

6 工芸農作物（続き）

(2) なたね　(3) てんさい　(4) さとうきび

年　産		なたね 作付面積（子実用）	なたね 10a当たり収量	なたね 収穫量	てんさい 作付面積	てんさい 10a当たり収量	てんさい 収穫量	さとうきび 収穫面積	さとうきび 10a当たり収量	さとうきび 収穫量
		(1)	(2)	(3)	(1)	(2)	(3)	(1)	(2)	(3)
		ha	kg	t	ha	kg	t	ha	kg	t
平成元年産	(1)	1,040	174	1,810	71,900	5,100	3,664,000	33,600	7,990	2,684,000
2	(2)	925	179	1,660	72,000	5,550	3,994,000	32,800	6,050	1,983,000
3	(3)	915	177	1,620	71,900	5,720	4,115,000	30,100	6,290	1,894,000
4	(4)	827	193	1,600	70,600	5,070	3,581,000	27,700	6,420	1,779,000
5	(5)	753	171	1,290	70,100	4,830	3,388,000	25,900	6,330	1,640,000
6	(6)	(491)	(232)	(1,140)	69,800	5,520	3,853,000	24,800	6,460	1,602,000
7	(7)	(409)	(238)	(974)	70,000	5,450	3,813,000	24,100	6,730	1,622,000
8	(8)	593	185	1,100	69,700	4,730	3,295,000	23,800	5,390	1,284,000
9	(9)	(373)	(243)	(907)	68,500	5,380	3,685,000	22,500	6,420	1,445,000
10	(10)	(433)	(247)	(1,070)	70,200	5,930	4,164,000	22,400	7,440	1,666,000
11	(11)	607	129	783	70,000	5,410	3,787,000	22,800	6,890	1,571,000
12	(12)	(319)	(204)	(650)	69,200	5,310	3,673,000	23,100	6,040	1,395,000
13	(13)	(301)	(217)	(652)	66,000	5,750	3,796,000	22,800	6,570	1,499,000
14	(14)	…	…	…	66,600	6,150	4,098,000	23,800	5,580	1,328,000
15	(15)	…	…	…	67,900	6,130	4,161,000	23,900	5,810	1,389,000
16	(16)	…	…	…	68,000	6,850	4,656,000	23,200	5,120	1,187,000
17	(17)	…	…	…	67,500	6,220	4,201,000	21,300	5,700	1,214,000
18	(18)	…	…	…	67,400	5,820	3,923,000	21,700	6,040	1,310,000
19	(19)	…	…	…	66,600	6,450	4,297,000	22,100	6,790	1,500,000
20	(20)	…	…	…	66,000	6,440	4,248,000	22,200	7,200	1,598,000
21	(21)	…	…	…	64,500	5,660	3,649,000	23,000	6,590	1,515,000
22	(22)	1,690	93	1,570	62,600	4,940	3,090,000	23,200	6,330	1,469,000
23	(23)	1,700	115	1,950	60,500	5,860	3,547,000	22,600	4,420	1,000,000
24	(24)	1,610	116	1,870	59,300	6,340	3,758,000	23,000	4,820	1,108,000
25	(25)	1,590	111	1,770	58,200	5,900	3,435,000	21,900	5,440	1,191,000
26	(26)	1,470	121	1,780	57,400	6,210	3,567,000	22,900	5,060	1,159,000
27	(27)	1,630	194	3,160	58,800	6,680	3,925,000	23,400	5,380	1,260,000
28	(28)	1,980	184	3,650	59,700	5,340	3,189,000	22,900	6,870	1,574,000
29	(29)	1,980	185	3,670	58,200	6,700	3,901,000	23,700	5,470	1,297,000
30	(30)	1,920	163	3,120	57,300	6,300	3,611,000	22,600	5,290	1,196,000
令和元	**(31)**	**1,900**	**217**	**4,130**	**56,700**	**7,030**	**3,986,000**	**22,100**	**5,310**	**1,174,000**

注：1　なたねについては、平成14年産から平成21年産までは調査を実施していない。
　　2　（　）内の数値は主産県の合計値である。

(5) こんにゃくいも

栽培面積	収穫面積	10 a 当たり収量	収穫量	
(1)	(2)	(3)	(4)	
ha	ha	kg	t	
10,800	5,570	1,540	85,600	(1)
10,700	5,630	1,580	88,700	(2)
10,400	5,630	2,180	122,500	(3)
9,370	5,140	2,030	104,400	(4)
8,910	4,770	1,830	87,100	(5)
8,790	4,730	1,920	90,800	(6)
(6,280)	(3,440)	(1,990)	(68,600)	(7)
(5,950)	(3,380)	(2,430)	(82,100)	(8)
7,160	3,950	2,500	98,700	(9)
(5,620)	(3,250)	(2,640)	(85,700)	(10)
(5,190)	(2,790)	(2,060)	(57,400)	(11)
6,060	3,260	2,230	72,600	(12)
(4,710)	(2,660)	(2,630)	(69,900)	(13)
(4,590)	(2,560)	(2,550)	(65,200)	(14)
5,350	2,870	2,200	63,100	(15)
(4,260)	(2,400)	(2,800)	(67,100)	(16)
(4,160)	(2,380)	(2,820)	(67,000)	(17)
4,720	2,670	2,580	68,900	(18)
(3,780)	(2,290)	(2,680)	(61,400)	(19)
(3,720)	(2,090)	(2,660)	(55,500)	(20)
4,310	2,450	2,730	66,900	(21)
(3,690)	(2,150)	(3,000)	(64,600)	(22)
(3,660)	(2,010)	(2,880)	(57,800)	(23)
4,070	2,240	2,990	67,000	(24)
(3,570)	(2,000)	(3,110)	(62,200)	(25)
(3,490)	(1,930)	(2,910)	(56,100)	(26)
3,910	2,220	2,760	61,300	(27)
(3,470)	(2,060)	(3,460)	(71,300)	(28)
3,860	2,330	2,780	64,700	(29)
3,700	2,160	2,590	55,900	(30)
3,660	**2,150**	**2,750**	**59,100**	(31)

(6) い

作付面積	10 a 当たり収量	収穫量	
(1)	(2)	(3)	
ha	kg	t	
8,580	1,120	96,000	(1)
8,500	1,060	90,300	(2)
7,070	925	65,400	(3)
6,790	1,160	78,500	(4)
6,520	1,030	67,100	(5)
6,090	1,090	66,300	(6)
(5,610)	(1,150)	(64,500)	(7)
(5,210)	(1,120)	(58,400)	(8)
(5,020)	(1,150)	(57,700)	(9)
(4,420)	(1,060)	(47,000)	(10)
(3,490)	(1,040)	(36,300)	(11)
(2,730)	(1,080)	(29,400)	(12)
(1,870)	(1,140)	(21,300)	(13)
(1,810)	(1,140)	(20,700)	(14)
(1,870)	(1,100)	(20,500)	(15)
(1,800)	(1,150)	(20,700)	(16)
(1,700)	(1,280)	(21,800)	(17)
(1,370)	(1,120)	(15,300)	(18)
(1,110)	(1,370)	(15,200)	(19)
(1,070)	(1,280)	(13,700)	(20)
(1,000)	(1,430)	(14,300)	(21)
(899)	(1,280)	(11,500)	(22)
(838)	(1,150)	(9,640)	(23)
(854)	(1,240)	(10,600)	(24)
(818)	(1,440)	(11,800)	(25)
(739)	(1,370)	(10,100)	(26)
(701)	(1,110)	(7,800)	(27)
(643)	(1,300)	(8,340)	(28)
(578)	(1,480)	(8,530)	(29)
(541)	(1,390)	(7,500)	(30)
(476)	**(1,500)**	**(7,130)**	(31)

注：こんにゃくいもについては、平成11年産以降の主産県調査においては福島県を含まない。

全国農業地域別・都道府県別累年統計表（平成27年産～令和元年産）
1　米
(1)　水陸稲の収穫量及び作況指数
ア　水陸稲計

全国農業地域・都道府県		平成27年産 作付面積（子実用）	平成27年産 収穫量（子実用）	28 作付面積（子実用）	28 収穫量（子実用）	29 作付面積（子実用）
		(1)	(2)	(3)	(4)	(5)
		ha	t	ha	t	ha
全国	(1)	**1,506,000**	**7,989,000**	**1,479,000**	**8,044,000**	**1,466,000**
（全国農業地域）						
北海道	(2)	107,800	602,600	105,000	578,600	103,900
都府県	(3)	1,398,000	7,386,000	1,374,000	7,466,000	1,362,000
東北	(4)	381,300	2,209,000	375,900	2,165,000	374,800
北陸	(5)	207,800	1,104,000	205,600	1,165,000	204,100
関東・東山	(6)	276,300	1,450,000	271,500	1,467,000	269,300
東海	(7)	95,200	470,200	93,400	480,300	92,400
近畿	(8)	105,800	537,200	104,500	538,700	103,200
中国	(9)	108,100	543,900	106,000	557,300	104,300
四国	(10)	52,100	242,800	50,900	250,500	49,900
九州	(11)	170,700	826,800	165,700	839,700	163,100
沖縄	(12)	788	2,320	785	2,300	727
（都道府県）						
北海道	(13)	107,800	602,600	105,000	578,600	103,900
青森	(14)	43,500	268,000	42,600	257,300	43,400
岩手	(15)	51,400	287,800	50,300	271,600	49,800
宮城	(16)	66,700	364,800	66,600	369,000	66,300
秋田	(17)	88,700	522,400	87,200	515,400	86,900
山形	(18)	65,300	400,900	65,000	395,200	64,500
福島	(19)	65,600	365,400	64,200	356,300	64,000
茨城	(20)	71,100	356,900	70,000	362,500	68,700
栃木	(21)	58,600	310,300	57,600	316,900	57,800
群馬	(22)	15,800	77,300	15,400	77,800	15,500
埼玉	(23)	32,200	154,600	31,700	156,600	31,600
千葉	(24)	57,000	307,300	55,800	305,900	55,200
東京	(25)	157	634	152	629	143
神奈川	(26)	3,140	15,200	3,120	15,400	3,100
新潟	(27)	117,500	619,200	116,800	678,600	116,300
富山	(28)	38,600	215,800	38,100	215,600	37,600
石川	(29)	26,100	136,200	25,600	136,700	25,300
福井	(30)	25,600	132,600	25,100	134,300	24,900
山梨	(31)	5,030	27,100	4,990	27,300	4,960
長野	(32)	33,200	200,500	32,700	204,000	32,300
岐阜	(33)	22,500	108,200	22,200	107,900	21,900
静岡	(34)	16,300	82,000	16,000	84,000	15,700
愛知	(35)	28,100	141,300	27,700	144,300	27,500
三重	(36)	28,300	138,700	27,600	144,100	27,400
滋賀	(37)	32,200	166,800	31,900	170,300	31,700
京都	(38)	15,000	76,500	14,800	76,400	14,700
大阪	(39)	5,440	26,900	5,310	26,800	5,150
兵庫	(40)	37,300	186,900	37,000	185,400	36,600
奈良	(41)	8,870	45,700	8,710	45,700	8,610
和歌山	(42)	6,900	34,400	6,720	34,100	6,560
鳥取	(43)	12,900	66,000	12,700	66,300	12,600
島根	(44)	17,900	90,000	17,700	93,500	17,500
岡山	(45)	31,000	156,600	30,400	162,000	30,100
広島	(46)	24,700	125,200	24,100	128,000	23,700
山口	(47)	21,600	106,100	21,000	107,500	20,300
徳島	(48)	11,900	54,400	11,700	57,300	11,500
香川	(49)	13,600	63,900	13,200	67,100	12,800
愛媛	(50)	14,600	71,200	14,200	72,100	13,900
高知	(51)	12,000	53,300	11,800	54,000	11,600
福岡	(52)	36,500	175,200	36,000	180,400	35,700
佐賀	(53)	25,300	129,800	24,800	129,200	24,600
長崎	(54)	12,500	59,900	12,000	59,500	11,600
熊本	(55)	35,600	178,000	33,800	178,100	33,300
大分	(56)	21,900	104,700	21,300	107,400	21,000
宮崎	(57)	17,300	80,300	16,800	83,700	16,300
鹿児島	(58)	21,600	98,900	21,000	101,400	20,400
沖縄	(59)	788	2,320	785	2,300	727

注：1　陸稲については、平成30年産から、調査の範囲を全国から主産県に変更し、作付面積調査にあっては３年、収穫量調査にあっては６年ごとに全国調査を実施することとした。令和元年産の陸稲については、主産県調査年であり、全国調査を行った平成29年の調査結果に基づき、全国値を推計している。
　　2　令和元年産の水陸稲計の全国値については、水稲の全国値と全国調査を行った平成29年の調査結果に基づいて推計した陸稲の全国値の合計である。

	30		令和元年産		
収穫量（子実用）	作付面積（子実用）	収穫量（子実用）	作付面積（子実用）	収穫量（子実用）	
(6)	(7)	(8)	(9)	(10)	
t	ha	t	ha	t	
7,824,000	1,470,000	7,782,000	1,470,000	7,764,000	(1)
581,800	…	…	…	…	(2)
7,242,000	…	…	…	…	(3)
2,115,000	…	…	…	…	(4)
1,079,000	…	…	…	…	(5)
1,433,000	…	…	…	…	(6)
460,100	…	…	…	…	(7)
526,600	…	…	…	…	(8)
552,400	…	…	…	…	(9)
242,400	…	…	…	…	(10)
831,900	…	…	…	…	(11)
2,190	…	…	…	…	(12)
581,800	…	…	…	…	(13)
258,700	…	…	…	…	(14)
265,400	…	…	…	…	(15)
354,700	…	…	…	…	(16)
498,800	…	…	…	…	(17)
385,700	…	…	…	…	(18)
351,400	…	…	…	…	(19)
358,900	68,900	359,700	68,800	345,400	(20)
294,200	58,700	322,200	59,400	311,800	(21)
77,300	…	…	…	…	(22)
156,100	…	…	…	…	(23)
299,700	…	…	…	…	(24)
583	…	…	…	…	(25)
15,700	…	…	…	…	(26)
611,700	…	…	…	…	(27)
205,300	…	…	…	…	(28)
131,300	…	…	…	…	(29)
130,700	…	…	…	…	(30)
27,200	…	…	…	…	(31)
203,200	…	…	…	…	(32)
106,900	…	…	…	…	(33)
80,900	…	…	…	…	(34)
140,800	…	…	…	…	(35)
131,500	…	…	…	…	(36)
163,900	…	…	…	…	(37)
75,000	…	…	…	…	(38)
26,100	…	…	…	…	(39)
183,400	…	…	…	…	(40)
44,900	…	…	…	…	(41)
33,300	…	…	…	…	(42)
65,500	…	…	…	…	(43)
90,800	…	…	…	…	(44)
163,700	…	…	…	…	(45)
126,600	…	…	…	…	(46)
105,800	…	…	…	…	(47)
55,200	…	…	…	…	(48)
62,000	…	…	…	…	(49)
70,600	…	…	…	…	(50)
54,600	…	…	…	…	(51)
181,700	…	…	…	…	(52)
130,600	…	…	…	…	(53)
57,400	…	…	…	…	(54)
175,500	…	…	…	…	(55)
106,300	…	…	…	…	(56)
81,300	…	…	…	…	(57)
99,100	…	…	…	…	(58)
2,190	…	…	…	…	(59)

1　米（続き）

(1)　水陸稲の収穫量及び作況指数（続き）
イ　水稲

全国農業地域・都道府県		平成27年産							28									
		作付面積（子実用）	10a当たり収量	収穫量（子実用）	（参考）農家等使用ふるい目幅ベース 10a当たり収量	（参考）農家等使用ふるい目幅ベース 作況指数	参考 主食用作付面積	参考 収穫量（主食用）	作付面積（子実用）	10a当たり収量	収穫量（子実用）	（参考）農家等使用ふるい目幅ベース 10a当たり収量	（参考）農家等使用ふるい目幅ベース 作況指数	参考 主食用作付面積	参考 収穫量（主食用）	作付面積（子実用）	10a当たり収量	収穫量（子実用）
		(1)	(2)	(3)	(4)	(5)	(6)	(7)	(8)	(9)	(10)	(11)	(12)	(13)	(14)	(15)	(16)	(17)
		ha	kg	t	kg		ha	t	ha	kg	t	kg		ha	t	ha	kg	t
全国	(1)	**1,505,000**	**531**	**7,986,000**	**515**	**100**	**1,406,000**	**7,442,000**	**1,478,000**	**544**	**8,042,000**	**531**	**103**	**1,381,000**	**7,496,000**	**1,465,000**	**534**	**7,822,000**
（全国農業地域）																		
北海道	(2)	107,800	559	602,600	543	104	100,100	559,600	105,000	551	578,600	536	102	99,000	545,500	103,900	560	581,800
都府県	(3)	1,397,000	528	7,383,000	513	99	1,306,000	6,882,000	1,373,000	544	7,464,000	531	103	1,282,000	6,951,000	1,361,000	532	7,240,000
東北	(4)	381,300	579	2,209,000	561	103	339,500	1,964,000	375,900	576	2,165,000	563	103	333,700	1,917,000	374,800	564	2,115,000
北陸	(5)	207,800	531	1,104,000	513	99	184,100	977,800	205,600	567	1,165,000	553	107	182,100	1,031,000	204,100	529	1,079,000
関東・東山	(6)	275,100	526	1,447,000	513	98	264,200	1,390,000	270,500	542	1,465,000	530	101	259,900	1,407,000	268,500	533	1,431,000
東海	(7)	95,200	494	470,200	484	98	93,100	459,800	93,400	514	480,300	505	102	91,400	469,500	92,400	498	460,100
近畿	(8)	105,800	508	537,200	495	100	101,900	517,700	104,500	516	538,700	505	102	100,500	519,000	103,200	510	526,600
中国	(9)	108,100	503	543,900	491	97	104,100	523,400	106,000	526	557,300	516	102	102,200	537,900	104,300	530	552,400
四国	(10)	52,100	466	242,800	461	96	51,700	241,000	50,900	492	250,500	488	102	50,500	248,700	49,900	486	242,400
九州	(11)	170,700	484	826,800	467	96	166,300	806,100	165,700	507	839,700	489	101	161,300	817,500	163,100	510	831,900
沖縄	(12)	788	294	2,320	291	95	788	2,320	785	293	2,300	289	95	785	2,300	727	301	2,190
（都道府県）																		
北海道	(13)	107,800	559	602,600	543	104	100,100	559,600	105,000	551	578,600	536	102	99,000	545,500	103,900	560	581,800
青森	(14)	43,500	616	268,000	597	105	37,300	229,800	42,600	604	257,300	590	104	36,800	222,300	43,400	596	258,700
岩手	(15)	51,400	560	287,800	545	105	48,100	269,400	50,300	540	271,600	530	102	47,100	254,300	49,800	533	265,400
宮城	(16)	66,700	547	364,800	531	103	63,700	348,400	66,600	554	369,000	542	105	63,600	352,300	66,300	535	354,700
秋田	(17)	88,700	589	522,400	572	103	71,200	419,400	87,200	591	515,400	577	104	69,300	409,600	86,900	574	498,800
山形	(18)	65,300	614	400,900	594	103	57,700	354,300	65,000	608	395,200	597	103	56,800	345,300	64,500	598	385,700
福島	(19)	65,600	557	365,400	531	101	61,500	342,600	64,200	555	356,300	538	102	60,100	333,600	64,000	549	351,400
茨城	(20)	70,300	505	355,000	496	96	68,400	345,400	69,300	521	361,100	509	99	67,200	350,100	68,100	525	357,500
栃木	(21)	58,300	531	309,600	518	98	54,100	287,300	57,400	551	316,300	541	102	53,600	295,300	57,600	510	293,800
群馬	(22)	15,800	489	77,300	468	98	14,400	70,400	15,400	505	77,800	489	102	14,100	71,200	15,500	499	77,300
埼玉	(23)	32,200	480	154,600	461	97	31,700	152,200	31,700	494	156,600	481	101	31,200	154,100	31,600	494	156,100
千葉	(24)	57,000	539	307,200	529	101	55,200	297,500	55,700	549	305,800	538	102	53,900	295,900	55,200	543	299,700
東京	(25)	156	405	632	392	98	156	632	151	415	627	406	101	151	627	141	411	580
神奈川	(26)	3,130	485	15,200	457	96	3,130	15,200	3,120	495	15,400	484	101	3,110	15,400	3,090	509	15,700
新潟	(27)	117,500	527	619,200	509	97	102,400	539,600	116,800	581	678,600	565	108	101,500	589,700	116,300	526	611,700
富山	(28)	38,600	559	215,800	542	103	34,200	191,200	38,100	566	215,600	555	106	33,800	191,300	37,600	546	205,300
石川	(29)	26,100	522	136,200	509	101	23,600	123,200	25,600	534	136,700	525	104	23,200	123,900	25,300	519	131,300
福井	(30)	25,600	518	132,600	495	99	23,900	123,800	25,100	535	134,300	518	104	23,600	126,300	24,900	525	130,700
山梨	(31)	5,030	539	27,100	522	98	4,980	26,800	4,990	547	27,300	537	101	4,940	27,000	4,960	549	27,200
長野	(32)	33,200	604	200,500	590	97	32,200	194,500	32,700	624	204,000	615	101	31,700	197,800	32,300	629	203,200
岐阜	(33)	22,500	481	108,200	471	99	22,100	106,300	22,200	486	107,900	476	100	21,700	105,500	21,900	488	106,900
静岡	(34)	16,300	503	82,000	493	96	16,100	81,000	16,000	525	84,000	519	101	15,800	83,000	15,700	515	80,900
愛知	(35)	28,100	503	141,300	495	99	27,200	136,800	27,700	521	144,300	512	103	26,900	140,100	27,500	512	140,800
三重	(36)	28,300	490	138,700	479	98	27,700	135,700	27,600	522	144,100	511	105	27,000	140,900	27,400	480	131,500
滋賀	(37)	32,200	518	166,800	504	100	30,600	158,500	31,900	534	170,300	525	104	30,200	161,300	31,700	517	163,900
京都	(38)	15,000	510	76,500	500	100	14,400	73,400	14,800	516	76,400	507	101	14,300	73,800	14,700	510	75,000
大阪	(39)	5,440	495	26,900	477	100	5,440	26,900	5,310	505	26,800	491	102	5,310	26,800	5,150	506	26,100
兵庫	(40)	37,300	501	186,900	488	99	35,700	178,900	37,000	501	185,400	490	100	35,400	177,400	36,600	501	183,400
奈良	(41)	8,870	515	45,700	501	100	8,850	45,600	8,710	525	45,700	512	102	8,680	45,600	8,610	521	44,900
和歌山	(42)	6,900	499	34,400	488	101	6,900	34,400	6,720	507	34,100	496	102	6,720	34,100	6,560	507	33,300
鳥取	(43)	12,900	512	66,000	501	99	12,400	63,500	12,700	522	66,300	515	102	12,500	65,300	12,600	520	65,500
島根	(44)	17,900	503	90,000	492	98	17,500	88,000	17,700	528	93,500	521	104	17,300	91,300	17,500	519	90,800
岡山	(45)	31,000	505	156,600	493	96	29,600	149,500	30,400	533	162,000	521	101	29,200	155,600	30,100	544	163,700
広島	(46)	24,700	507	125,200	495	96	24,000	121,700	24,100	531	128,000	523	102	23,400	124,300	23,700	534	126,600
山口	(47)	21,600	491	106,100	478	97	20,500	100,700	21,000	512	107,500	502	102	19,800	101,400	20,300	521	105,800
徳島	(48)	11,900	457	54,400	453	97	11,700	53,500	11,700	490	57,300	487	104	11,500	56,400	11,500	480	55,200
早期栽培	(49)	4,580	450	20,600	447	97	…	…	4,470	480	21,500	478	104	…	…	4,450	481	21,400
普通栽培	(50)	7,340	461	33,800	456	96	…	…	7,180	497	35,700	494	104	…	…	7,080	479	33,900
香川	(51)	13,600	470	63,900	465	94	13,500	63,500	13,200	508	67,100	504	102	13,200	67,100	12,800	484	62,000
愛媛	(52)	14,600	488	71,200	482	98	14,600	71,200	14,200	508	72,100	501	102	14,200	72,100	13,900	508	70,600
高知	(53)	12,000	444	53,300	440	96	11,900	52,800	11,800	458	54,000	456	100	11,600	53,100	11,600	471	54,600
早期栽培	(54)	6,750	462	31,200	459	96	…	…	6,580	481	31,600	479	101	…	…	6,500	498	32,400
普通栽培	(55)	5,290	420	22,200	415	97	…	…	5,180	428	22,200	425	100	…	…	5,060	435	22,000
福岡	(56)	36,500	480	175,200	459	95	35,900	172,300	36,000	501	180,400	481	100	35,400	177,400	35,700	509	181,700
佐賀	(57)	25,300	513	129,800	496	99	25,000	128,300	24,800	521	129,200	504	100	24,600	128,200	24,600	531	130,600
長崎	(58)	12,500	479	59,900	460	100	12,500	59,900	12,000	496	59,500	481	104	12,000	59,500	11,600	495	57,400
熊本	(59)	35,600	500	178,000	484	97	34,300	171,500	33,800	527	178,100	508	102	32,500	171,300	33,300	527	175,500
大分	(60)	21,900	478	104,700	457	95	21,700	103,700	21,300	504	107,400	481	100	21,100	106,300	21,000	506	106,300
宮崎	(61)	17,300	464	80,300	448	93	16,100	74,700	16,800	498	83,700	485	100	15,500	77,200	16,300	499	81,300
早期栽培	(62)	7,090	411	29,100	399	85	…	…	6,730	461	31,000	454	97	…	…	6,460	494	31,900
普通栽培	(63)	10,200	501	51,100	482	98	…	…	10,000	523	52,300	505	103	…	…	9,870	503	49,600
鹿児島	(64)	21,600	458	98,900	445	95	20,900	95,700	21,000	483	101,400	467	100	20,200	97,600	20,400	486	99,100
早期栽培	(65)	4,910	396	19,400	383	88	…	…	4,610	429	19,800	416	96	…	…	4,460	472	21,100
普通栽培	(66)	16,700	476	79,500	463	96	…	…	16,400	498	81,700	481	100	…	…	16,000	490	78,400
沖縄	(67)	788	294	2,320	291	95	788	2,320	785	293	2,300	289	95	785	2,300	727	301	2,190
第一期稲	(68)	556	342	1,900	341	92	…	…	560	351	1,970	348	95	…	…	537	354	1,900
第二期稲	(69)	232	180	418	171	99	…	…	225	148	333	143	89	…	…	190	151	287

考 ）使用幅ベース 作況指数	参考 主食用作付面積	参考 収穫量(主食用)	30 作付面積(子実用)	30 10 a当たり収量	30 収穫量(子実用)	30 (参考) 農家等使用ふるい目幅ベース 10 a当たり収量	30 (参考) 農家等使用ふるい目幅ベース 作況指数	30 参考 主食用作付面積	30 参考 収穫量(主食用)	令和元年産 作付面積(子実用)	令和元年産 10 a当たり収量	令和元年産 収穫量(子実用)	令和元年産 (参考) 農家等使用ふるい目幅ベース 10 a当たり収量	令和元年産 (参考) 農家等使用ふるい目幅ベース 作況指数	令和元年産 参考 主食用作付面積	令和元年産 参考 収穫量(主食用)	
(19)	(20)	(21)	(22)	(23)	(24)	(25)	(26)	(27)	(28)	(29)	(30)	(31)	(32)	(33)	(34)	(35)	
	ha	t	ha	kg	t	kg		ha	t	ha	kg	t	kg		ha	t	
100	**1,370,000**	**7,306,000**	**1,470,000**	**529**	**7,780,000**	**511**	**98**	**1,386,000**	**7,327,000**	**1,469,000**	**528**	**7,762,000**	**514**	**99**	**1,379,000**	**7,261,000**	(1)
103	98,600	552,200	104,000	495	514,800	480	90	98,900	489,600	103,000	571	588,100	555	104	97,000	553,900	(2)
99	1,272,000	6,754,000	1,366,000	532	7,265,000	514	99	1,287,000	6,837,000	1,366,000	525	7,174,000	511	99	1,282,000	6,707,000	(3)
99	334,300	1,882,000	379,100	564	2,137,000	540	99	345,500	1,947,000	382,000	586	2,239,000	567	104	344,600	2,015,000	(4)
98	180,100	952,100	205,600	533	1,096,000	508	98	184,800	985,300	206,500	540	1,115,000	526	101	186,400	1,007,000	(5)
99	257,400	1,372,000	270,300	539	1,457,000	524	100	259,300	1,398,000	271,100	522	1,414,000	510	97	258,400	1,348,000	(6)
99	90,500	450,000	93,400	495	462,400	484	98	91,000	450,600	93,100	491	457,100	481	98	90,500	444,800	(7)
100	99,400	507,000	103,100	502	517,500	489	98	99,500	498,700	102,600	503	516,400	491	99	99,000	498,000	(8)
103	101,200	536,100	103,700	519	537,800	509	101	101,100	524,200	102,100	503	513,200	490	97	99,400	499,800	(9)
101	49,500	241,000	49,300	473	233,400	468	98	49,000	232,000	48,300	457	220,700	451	94	47,800	218,500	(10)
101	158,700	811,400	160,400	512	821,300	494	102	156,100	800,000	160,000	435	696,400	418	86	155,100	674,300	(11)
97	727	2,190	716	307	2,200	304	99	716	2,200	677	295	2,000	293	96	665	1,960	(12)
103	98,600	552,200	104,000	495	514,800	480	90	98,900	489,600	103,000	571	588,100	555	104	97,000	553,900	(13)
101	38,000	226,500	44,200	596	263,400	577	101	39,600	236,000	45,000	627	282,200	612	106	39,200	245,800	(14)
98	47,000	250,500	50,300	543	273,100	526	101	48,800	265,000	50,500	554	279,800	538	103	48,300	267,600	(15)
99	63,500	339,700	67,400	551	371,400	527	101	64,500	355,400	68,400	551	376,900	531	102	64,800	357,000	(16)
99	69,500	398,900	87,700	560	491,100	533	96	75,000	420,000	87,800	600	526,800	577	104	74,900	449,400	(17)
100	56,400	337,300	64,500	580	374,100	556	96	56,400	327,100	64,500	627	404,400	611	105	56,900	356,800	(18)
100	59,900	328,900	64,900	561	364,100	535	101	61,200	343,300	65,800	560	368,500	540	102	60,400	338,200	(19)
99	66,400	348,600	68,400	524	358,400	508	99	66,800	350,000	68,300	504	344,200	493	96	66,400	334,700	(20)
93	53,600	273,400	58,500	550	321,800	537	102	54,700	300,900	59,200	526	311,400	514	97	54,900	288,800	(21)
101	13,900	69,400	15,600	506	78,900	489	102	13,700	69,300	15,500	486	75,300	470	98	13,600	66,100	(22)
101	30,700	151,700	31,900	487	155,400	471	99	30,800	150,000	32,000	482	154,200	468	98	30,900	148,900	(23)
100	53,300	289,400	55,600	542	301,400	525	99	53,900	292,100	56,000	516	289,000	508	95	53,700	277,100	(24)
99	141	580	133	417	555	410	101	133	555	129	402	519	390	97	129	519	(25)
102	3,090	15,700	3,080	492	15,200	470	98	3,080	15,200	3,040	470	14,300	454	95	3,040	14,300	(26)
96	100,300	527,600	118,200	531	627,600	500	95	104,700	556,000	119,200	542	646,100	530	100	106,800	578,900	(27)
100	33,300	181,800	37,300	552	205,900	535	102	33,300	183,800	37,200	553	205,700	540	102	33,300	184,100	(28)
99	23,200	120,400	25,100	519	130,300	507	100	23,200	120,400	25,000	532	133,000	515	102	22,700	120,800	(29)
101	23,300	122,300	25,000	530	132,500	503	101	23,600	125,100	25,100	520	130,500	497	100	23,600	122,700	(30)
100	4,880	26,800	4,900	542	26,600	526	99	4,820	26,100	4,890	541	26,500	526	99	4,810	26,000	(31)
101	31,300	196,900	32,200	618	199,000	607	100	31,300	193,400	32,000	620	198,400	609	100	30,900	191,600	(32)
100	21,500	104,900	22,500	478	107,600	465	97	21,500	102,800	22,500	482	108,500	473	99	21,400	103,100	(33)
99	15,600	80,300	15,800	506	79,900	496	97	15,700	79,400	15,700	517	81,200	507	99	15,600	80,700	(34)
101	26,600	136,200	27,600	499	137,700	489	98	26,700	133,200	27,500	499	137,200	490	98	26,600	132,700	(35)
95	26,800	128,600	27,500	499	137,200	489	100	27,100	135,200	27,300	477	130,200	465	95	26,900	128,300	(36)
100	30,000	155,100	31,700	512	162,300	501	99	30,100	154,100	31,700	509	161,400	498	98	30,200	153,700	(37)
100	14,100	71,900	14,500	502	72,800	491	98	13,900	69,800	14,400	505	72,700	495	99	13,800	69,700	(38)
102	5,150	26,100	5,010	494	24,700	475	99	5,000	24,700	4,850	502	24,300	485	101	4,850	24,300	(39)
100	35,100	175,900	37,000	492	182,000	479	98	35,500	174,700	36,800	497	182,900	484	99	35,300	175,400	(40)
102	8,580	44,700	8,580	514	44,100	499	100	8,530	43,800	8,490	515	43,700	502	100	8,450	43,500	(41)
102	6,560	33,300	6,430	492	31,600	479	99	6,430	31,600	6,360	494	31,400	482	99	6,360	31,400	(42)
101	12,400	64,500	12,800	498	63,700	488	97	12,700	63,200	12,700	514	65,300	503	100	12,600	64,800	(43)
102	17,200	89,300	17,500	524	91,700	515	103	17,200	90,100	17,300	506	87,500	496	99	16,900	85,500	(44)
103	29,100	158,300	30,200	517	156,100	504	98	29,400	152,000	30,100	517	155,600	503	98	29,300	151,500	(45)
102	23,100	123,400	23,400	525	122,900	517	101	22,900	120,200	22,700	499	113,300	487	95	22,200	110,800	(46)
103	19,300	100,600	19,800	522	103,400	513	104	18,900	98,700	19,300	474	91,500	461	94	18,400	87,200	(47)
101	11,300	54,200	11,400	470	53,600	466	99	11,200	52,600	11,300	464	52,400	459	98	11,000	51,000	(48)
104	…	…	4,400	466	20,500	463	101	…	…	4,340	456	19,800	451	98	…	…	(49)
100	…	…	7,000	474	33,200	470	99	…	…	6,940	470	32,600	465	98	…	…	(50)
98	12,800	62,000	12,500	479	59,900	470	96	12,500	59,900	12,000	471	56,500	464	95	12,000	56,500	(51)
102	13,900	70,600	13,900	498	69,200	492	100	13,900	69,200	13,600	470	63,900	463	94	13,500	63,500	(52)
103	11,500	54,200	11,500	441	50,700	437	96	11,400	50,300	11,400	420	47,900	414	91	11,300	47,500	(53)
104	…	…	6,470	465	30,100	462	97	…	…	6,440	455	29,300	450	95	…	…	(54)
101	…	…	5,000	411	20,600	407	96	…	…	4,980	375	18,700	368	87	…	…	(55)
102	35,100	178,700	35,300	518	182,900	497	104	34,900	180,800	35,000	454	158,900	433	91	34,500	156,600	(56)
102	24,400	129,600	24,300	532	129,300	514	102	24,000	127,700	24,100	298	71,800	291	58	23,700	70,600	(57)
101	11,600	57,400	11,500	499	57,400	483	104	11,400	56,900	11,400	455	51,900	435	94	11,300	51,400	(58)
102	32,200	169,700	33,300	529	176,200	510	103	32,300	170,900	33,300	483	160,800	466	94	32,300	156,000	(59)
101	20,900	105,800	20,700	501	103,700	478	100	20,600	103,200	20,600	435	89,600	407	85	20,400	88,700	(60)
101	15,000	74,900	16,100	493	79,400	480	100	14,700	72,500	16,100	465	74,900	451	94	14,600	67,900	(61)
103	…	…	6,410	476	30,500	469	100	…	…	6,300	459	28,900	450	96	…	…	(62)
99	…	…	9,670	505	48,800	487	99	…	…	9,780	469	45,900	452	92	…	…	(63)
100	19,600	95,300	19,200	481	92,400	468	100	18,300	88,000	19,500	454	88,500	440	94	18,300	83,100	(64)
107	…	…	4,340	450	19,500	439	101	…	…	4,370	438	19,100	427	98	…	…	(65)
98	…	…	14,800	490	72,500	477	100	…	…	15,200	458	69,600	444	93	…	…	(66)
97	727	2,190	716	307	2,200	304	99	716	2,200	677	295	2,000	293	96	665	1,960	(67)
96	…	…	527	364	1,920	362	101	…	…	506	331	1,670	330	92	…	…	(68)
92	…	…	189	149	282	144	90	…	…	171	188	321	184	116	…	…	(69)

1　米（続き）

(1)　水陸稲の収穫量及び作況指数（続き）
ウ　陸稲

全国農業地域・都道府県	平成27年産 作付面積（子実用）	平成27年産 10a当たり収量	平成27年産 収穫量（子実用）	平成27年産 （参考）10a当たり平均収量対比	28 作付面積（子実用）	28 10a当たり収量	28 収穫量（子実用）	28 （参考）10a当たり平均収量対比	作付面積（子実用）
	(1)	(2)	(3)	(4)	(5)	(6)	(7)	(8)	(9)
	ha	kg	t	%	ha	kg	t	%	ha
全国 (1)	**1,160**	**233**	**2,700**	**97**	**944**	**218**	**2,060**	**94**	**813**
（全国農業地域）									
北海道 (2)	−	−	−	nc	−	−	−	nc	0
都府県 (3)	1,160	233	2,700	97	944	218	2,060	94	813
東北 (4)	x	200	x	92	5	180	9	90	2
北陸 (5)	3	190	6	82	2	230	5	105	2
関東・東山 (6)	1,150	232	2,670	97	932	219	2,040	95	805
東海 (7)	x	100	x	50	1	100	1	50	1
近畿 (8)	−	−	−	nc	−	−	−	nc	−
中国 (9)	−	−	−	nc	−	−	−	nc	−
四国 (10)	−	−	−	nc	−	−	−	nc	−
九州 (11)	x	225	x	100	4	125	5	63	3
沖縄 (12)	−	−	−	nc	−	−	−	nc	−
（都道府県）									
北海道 (13)	−	−	−	nc	−	−	−	nc	0
青森 (14)	3	221	7	87	2	198	4	79	0
岩手 (15)	1	181	1	95	x	x	x	x	0
宮城 (16)	−	−	−	−	−	−	−	−	−
秋田 (17)	0	151	0	76	x	x	x	x	−
山形 (18)	x	x	x	x	−	−	−	−	−
福島 (19)	2	175	4	102	2	175	4	101	2
茨城 (20)	784	236	1,850	97	652	212	1,380	91	580
栃木 (21)	303	234	709	98	232	239	554	103	191
群馬 (22)	11	163	18	99	7	157	11	97	3
埼玉 (23)	8	120	10	81	4	139	5	103	2
千葉 (24)	36	177	64	96	31	246	76	134	22
東京 (25)	1	155	2	114	1	160	2	119	2
神奈川 (26)	7	214	15	133	5	207	10	119	5
新潟 (27)	3	190	6	82	2	230	5	105	2
富山 (28)	−	−	−	nc	−	−	−	nc	−
石川 (29)	−	−	−	nc	−	−	−	nc	−
福井 (30)	−	−	−	nc	−	−	−	nc	−
山梨 (31)	−	−	−	nc	−	−	−	nc	−
長野 (32)	−	−	−	nc	−	−	−	nc	−
岐阜 (33)	−	−	−	−	−	−	−	−	−
静岡 (34)	1	180	1	83	1	217	1	103	1
愛知 (35)	−	−	−	−	−	−	−	−	−
三重 (36)	x	x	x	x	−	−	−	−	−
滋賀 (37)	−	−	−	nc	−	−	−	nc	−
京都 (38)	−	−	−	−	−	−	−	−	−
大阪 (39)	−	−	−	nc	−	−	−	nc	−
兵庫 (40)	−	−	−	nc	−	−	−	nc	−
奈良 (41)	−	−	−	nc	−	−	−	nc	−
和歌山 (42)	−	−	−	nc	−	−	−	nc	−
鳥取 (43)	−	−	−	nc	−	−	−	nc	−
島根 (44)	−	−	−	nc	−	−	−	nc	−
岡山 (45)	−	−	−	nc	−	−	−	nc	−
広島 (46)	−	−	−	nc	−	−	−	nc	−
山口 (47)	−	−	−	nc	−	−	−	nc	−
徳島 (48)	−	−	−	−	−	−	−	−	−
香川 (49)	−	−	−	nc	−	−	−	nc	−
愛媛 (50)	−	−	−	nc	−	−	−	nc	−
高知 (51)	−	−	−	nc	−	−	−	nc	−
福岡 (52)	−	−	−	nc	−	−	−	nc	−
佐賀 (53)	−	−	−	nc	−	−	−	nc	−
長崎 (54)	x	x	x	x	−	−	−	−	−
熊本 (55)	0	143	1	99	0	139	0	99	0
大分 (56)	0	170	1	89	−	−	−	−	−
宮崎 (57)	1	192	2	91	1	113	1	56	1
鹿児島 (58)	3	125	4	56	3	143	4	67	2
沖縄 (59)	−	−	−	nc	−	−	−	nc	−

注：　陸稲については、平成30年産から、調査の範囲を全国から主産県に変更し、作付面積調査にあっては３年、収穫量調査にあっては６年ごとに全国調査を実施することとした。令和元年産の陸稲については、主産県調査年であり、全国調査を行った平成29年の調査結果に基づき、全国値を推計している。

29			30				令和元年産				
10a当たり収量	収穫量（子実用）	（参考）10a当たり平均収量対比	作付面積（子実用）	10a当たり収量	収穫量（子実用）	（参考）10a当たり平均収量対比	作付面積（子実用）	10a当たり収量	収穫量（子実用）	（参考）10a当たり平均収量対比	
(10)	(11)	(12)	(13)	(14)	(15)	(16)	(17)	(18)	(19)	(20)	
kg	t	%	ha	kg	t	%	ha	kg	t	%	
236	**1,920**	**106**	**750**	**232**	**1,740**	**100**	**702**	**228**	**1,600**	**97**	(1)
x	x	x	…	…	…	…	…	…	…	…	(2)
236	1,920	107	…	…	…	…	…	…	…	…	(3)
146	4	73	…	…	…	…	…	…	…	…	(4)
235	4	109	…	…	…	…	…	…	…	…	(5)
237	1,910	107	…	…	…	…	…	…	…	…	(6)
220	1	110	…	…	…	…	…	…	…	…	(7)
-	-	nc	…	…	…	…	…	…	…	…	(8)
-	-	nc	…	…	…	…	…	…	…	…	(9)
-	-	nc	…	…	…	…	…	…	…	…	(10)
167	5	84	…	…	…	…	…	…	…	…	(11)
-	-	nc	…	…	…	…	…	…	…	…	(12)
x	x	x	…	…	…	…	…	…	…	…	(13)
142	1	58	…	…	…	…	…	…	…	…	(14)
183	1	97	…	…	…	…	…	…	…	…	(15)
-	-	-	…	…	…	…	…	…	…	…	(16)
-	-	-	…	…	…	…	…	…	…	…	(17)
-	-	-	…	…	…	…	…	…	…	…	(18)
124	2	71	…	…	…	…	…	…	…	…	(19)
244	1,420	109	528	246	1,300	105	487	240	1,170	101	(20)
228	435	100	183	206	377	88	179	211	378	91	(21)
160	5	101	…	…	…	…	…	…	…	…	(22)
130	2	100	…	…	…	…	…	…	…	…	(23)
153	34	83	…	…	…	…	…	…	…	…	(24)
160	3	119	…	…	…	…	…	…	…	…	(25)
185	9	107	…	…	…	…	…	…	…	…	(26)
235	4	109	…	…	…	…	…	…	…	…	(27)
-	-	nc	…	…	…	…	…	…	…	…	(28)
-	-	nc	…	…	…	…	…	…	…	…	(29)
-	-	nc	…	…	…	…	…	…	…	…	(30)
-	-	nc	…	…	…	…	…	…	…	…	(31)
-	-	nc	…	…	…	…	…	…	…	…	(32)
-	-	nc	…	…	…	…	…	…	…	…	(33)
220	1	105	…	…	…	…	…	…	…	…	(34)
-	-	-	…	…	…	…	…	…	…	…	(35)
-	-	-	…	…	…	…	…	…	…	…	(36)
-	-	nc	…	…	…	…	…	…	…	…	(37)
-	-	-	…	…	…	…	…	…	…	…	(38)
-	-	nc	…	…	…	…	…	…	…	…	(39)
-	-	nc	…	…	…	…	…	…	…	…	(40)
-	-	nc	…	…	…	…	…	…	…	…	(41)
-	-	nc	…	…	…	…	…	…	…	…	(42)
-	-	nc	…	…	…	…	…	…	…	…	(43)
-	-	nc	…	…	…	…	…	…	…	…	(44)
-	-	nc	…	…	…	…	…	…	…	…	(45)
-	-	nc	…	…	…	…	…	…	…	…	(46)
-	-	nc	…	…	…	…	…	…	…	…	(47)
-	-	-	…	…	…	…	…	…	…	…	(48)
-	-	nc	…	…	…	…	…	…	…	…	(49)
-	-	nc	…	…	…	…	…	…	…	…	(50)
-	-	nc	…	…	…	…	…	…	…	…	(51)
-	-	nc	…	…	…	…	…	…	…	…	(52)
-	-	nc	…	…	…	…	…	…	…	…	(53)
-	-	-	…	…	…	…	…	…	…	…	(54)
135	0	95	…	…	…	…	…	…	…	…	(55)
-	-	-	…	…	…	…	…	…	…	…	(56)
174	1	87	…	…	…	…	…	…	…	…	(57)
181	4	93	…	…	…	…	…	…	…	…	(58)
-	-	nc	…	…	…	…	…	…	…	…	(59)

1 米（続き）

(2) 水稲の10ａ当たり平年収量

単位：kg

全国農業地域・都道府県	平成27年産 (1)	農家等使用ふるい目幅ベース (2)	28 (3)	農家等使用ふるい目幅ベース (4)	29 (5)	農家等使用ふるい目幅ベース (6)	30 (7)	農家等使用ふるい目幅ベース (8)	令和元年産 (9)	農家等使用ふるい目幅ベース (10)
全国	**531**	**517**	**531**	**517**	**532**	**518**	**532**	**519**	**533**	**519**
(全国農業地域)										
北海道	539	522	541	524	546	530	548	532	548	532
都府県	530	516	530	516	531	518	531	518	532	518
東北	560	543	560	544	561	546	562	546	563	547
北陸	534	518	535	519	536	521	537	521	538	522
関東・東山	535	524	536	525	536	525	536	525	537	526
東海	503	493	503	493	503	494	503	494	503	493
近畿	509	497	508	496	508	496	509	497	509	497
中国	517	506	517	506	516	505	517	506	518	507
四国	484	479	484	479	483	478	482	477	483	478
九州	502	485	501	484	501	484	500	484	501	484
沖縄	309	305	309	305	309	305	309	306	309	306
(都道府県)										
北海道	539	522	541	524	546	530	548	532	548	532
青森	584	566	586	569	589	573	590	573	592	575
岩手	533	518	534	519	535	522	536	522	537	522
宮城	530	516	531	517	533	519	534	520	536	522
秋田	573	553	573	554	573	556	573	554	573	554
山形	595	578	595	578	595	580	596	580	596	580
福島	542	526	542	526	543	527	544	528	545	529
茨城	524	515	524	516	524	515	524	515	524	515
栃木	540	528	540	528	540	529	540	528	540	529
群馬	494	479	495	479	495	479	495	479	498	482
埼玉	490	476	490	475	490	475	490	476	490	476
千葉	535	525	535	525	538	528	540	530	542	532
東京	411	402	411	401	414	404	414	404	414	404
神奈川	493	478	493	478	493	478	494	479	494	478
新潟	540	523	541	524	543	527	543	527	544	528
富山	537	524	539	525	540	527	540	527	542	528
石川	519	504	519	504	520	507	520	506	520	506
福井	519	500	519	499	519	500	519	500	519	499
山梨	547	533	547	532	547	533	547	533	547	533
長野	621	609	621	609	619	607	619	607	619	607
岐阜	488	478	488	478	488	478	488	478	488	478
静岡	521	513	521	513	521	513	521	513	521	513
愛知	507	499	507	499	507	499	507	499	507	499
三重	500	488	500	488	500	489	500	489	500	489
滋賀	518	506	518	506	518	506	518	506	518	506
京都	511	501	511	501	511	502	511	501	511	501
大阪	495	479	495	480	495	480	495	480	495	480
兵庫	504	491	502	489	502	489	502	490	502	489
奈良	513	499	513	500	513	500	513	500	513	500
和歌山	495	484	495	484	495	484	495	484	497	486
鳥取	514	504	514	504	514	504	514	504	514	504
島根	509	500	509	500	509	500	511	502	511	502
岡山	526	515	526	515	526	514	526	514	526	514
広島	523	513	523	512	523	513	523	513	526	515
山口	504	493	504	492	504	492	504	492	504	492
徳島	474	469	474	469	474	469	474	469	474	469
早期栽培	463	459	463	459	463	459	463	459	463	459
普通栽培	480	475	480	475	480	475	480	475	480	475
香川	499	493	499	493	496	490	496	491	496	491
愛媛	498	493	498	493	498	492	498	493	498	492
高知	460	456	458	454	458	454	458	454	458	454
早期栽培	481	478	480	476	480	477	480	475	480	476
普通栽培	430	426	431	427	431	426	431	425	430	425
福岡	499	481	497	479	496	477	496	478	496	477
佐賀	519	502	519	503	519	503	519	503	519	503
長崎	479	462	479	462	480	463	480	463	482	464
熊本	515	499	513	497	513	497	513	497	513	497
大分	503	481	502	480	502	480	502	480	502	480
宮崎	497	484	496	483	496	482	496	482	496	482
早期栽培	480	471	479	470	479	470	478	469	478	470
普通栽培	511	493	508	491	508	490	507	490	508	490
鹿児島	483	470	482	469	482	469	482	469	482	468
早期栽培	443	435	444	434	444	434	444	435	445	435
普通栽培	495	481	493	479	493	478	493	479	493	478
沖縄	309	305	309	305	309	305	309	306	309	306
第一期稲	370	369	368	365	366	363	360	358	361	359
第二期稲	180	172	167	161	166	160	165	160	164	159

(3) 水稲の耕種期日（最盛期）一覧表（都道府県別）

ア　は種期

単位：月日

都道府県	平成27年産 (1)	28 (2)	29 (3)	30 (4)	令和元年産 (5)	令和元年産対平年差 (6)
北海道	4.20	4.21	4.20	4.21	4.21	0
青森	4.14	4.14	4.13	4.14	4.14	0
岩手	4.15	4.15	4.16	4.16	4.16	0
宮城	4.11	4.11	4.11	4.12	4.12	0
秋田	4.21	4.20	4.21	4.22	4.22	0
山形	4.20	4.20	4.20	4.20	4.19	△ 1
福島	4.17	4.18	4.18	4.18	4.18	0
茨城	4. 9	4. 9	4. 9	4. 9	4. 9	△ 1
栃木	4.15	4.14	4.14	4.14	4.15	0
群馬	5.13	5.12	5.12	5.12	5.12	△ 1
埼玉	4.23	4.23	4.23	4.23	4.24	1
千葉	3.29	3.30	3.30	3.29	3.29	△ 1
東京	5.10	5. 9	5.10	5. 9	5. 9	△ 1
神奈川	5.10	5. 9	5. 9	5. 8	5. 7	△ 2
新潟	4.15	4.14	4.14	4.13	4.13	△ 1
富山	4.18	4.20	4.20	4.21	4.20	0
石川	4. 6	4. 6	4. 6	4. 6	4. 6	0
福井	4.23	4.23	4.23	4.24	4.24	0
山梨	4.28	4.28	4.28	4.28	4.28	0
長野	4.21	4.20	4.20	4.20	4.20	△ 1
岐阜	5. 2	5. 3	5. 3	5. 2	5. 3	0
静岡	4.25	4.25	4.24	4.23	4.23	△ 2
愛知	4.29	4.29	4.29	4.29	4.29	0
三重	4. 7	4. 6	4. 7	4. 7	4. 7	0
滋賀	4.15	4.15	4.16	4.15	4.16	1
京都	4.23	4.24	4.24	4.24	4.24	0
大阪	5.10	5.10	5.10	5.10	5.10	0
兵庫	5. 5	5. 4	5. 4	5. 4	5. 4	△ 1
奈良	5. 3	5. 3	5. 3	5. 3	5. 3	0
和歌山	5.11	5.11	5.11	5.10	5.10	△ 1
鳥取	4.28	4.28	4.27	4.27	4.26	△ 2
島根	4.20	4.21	4.21	4.21	4.22	1
岡山	5.10	5.10	5.11	5.11	5.11	0
広島	4.23	4.24	4.24	4.24	4.24	0
山口	5. 4	5. 5	5. 5	5. 4	5. 4	△ 1
徳島						
早期栽培	3.19	3.18	3.18	3.18	3.18	△ 1
普通栽培	4.26	4.26	4.27	4.26	4.26	△ 1
香川	5.20	5.20	5.21	5.21	5.22	1
愛媛	5. 6	5. 6	5. 6	5. 6	5. 7	1
高知						
早期栽培	3.13	3.12	3.12	3.12	3.12	△ 1
普通栽培	4.30	4.30	5. 1	5. 1	5. 1	0
福岡	5.21	5.21	5.21	5.21	5.20	△ 1
佐賀	5.22	5.21	5.21	5.22	5.21	△ 1
長崎	5.18	5.17	5.19	5.18	5.19	1
熊本	5.13	5.16	5.14	5.14	5.14	0
大分	5.13	5.13	5.13	5.13	5.14	1
宮崎						
早期栽培	2.21	2.21	2.20	2.20	2.19	△ 2
普通栽培	5.16	5.16	5.17	5.17	5.16	△ 1
鹿児島						
早期栽培	3. 7	3. 7	3. 7	3. 7	3. 7	0
普通栽培	5.28	5.29	5.29	5.29	5.29	0
沖縄						
第一期稲	2.10	2. 8	2.15	2. 8	2. 4	△ 7
第二期稲	7.30	8. 2	7.22	7.23	7.28	1

イ　田植期

単位：月日

都道府県	平成27年産 (1)	28 (2)	29 (3)	30 (4)	令和元年産 (5)	令和元年産対平年差 (6)
北海道	5.24	5.24	5.24	5.23	5.23	△ 2
青森	5.20	5.21	5.20	5.21	5.20	△ 1
岩手	5.15	5.17	5.17	5.17	5.17	0
宮城	5.10	5.11	5.11	5.11	5.11	0
秋田	5.21	5.21	5.22	5.23	5.22	0
山形	5.18	5.18	5.18	5.19	5.18	△ 1
福島	5.16	5.16	5.17	5.17	5.16	△ 1
茨城	5. 6	5. 6	5. 5	5. 5	5. 6	0
栃木	5. 6	5. 6	5. 6	5. 6	5. 8	2
群馬	6.12	6.13	6.14	6.13	6.14	0
埼玉	5.22	5.21	5.22	5.21	5.23	1
千葉	4.27	4.27	4.29	4.27	4.29	1
東京	6.13	6.13	6.11	6.10	6. 9	△ 2
神奈川	6. 1	6. 1	6. 2	6. 2	6. 1	△ 1
新潟	5.10	5. 9	5.10	5.10	5.10	0
富山	5.10	5.12	5.12	5.12	5.11	△ 1
石川	5. 4	5. 4	5. 5	5. 4	5. 5	0
福井	5.15	5.16	5.14	5.15	5.16	0
山梨	5.28	5.27	5.28	5.28	5.29	0
長野	5.22	5.22	5.22	5.22	5.22	△ 1
岐阜	5.27	5.27	5.28	5.28	5.28	0
静岡	5.19	5.18	5.19	5.19	5.21	1
愛知	5.23	5.23	5.23	5.23	5.24	0
三重	5. 1	4.30	5. 1	4.30	5. 1	0
滋賀	5. 9	5. 9	5. 9	5. 8	5.10	1
京都	5.22	5.23	5.21	5.22	5.24	1
大阪	6. 7	6. 8	6. 8	6. 8	6. 8	0
兵庫	6. 4	6. 3	6. 3	6. 3	6. 3	△ 1
奈良	6. 8	6. 8	6. 8	6. 8	6. 8	0
和歌山	6. 3	6. 3	6. 4	6. 3	6. 4	0
鳥取	5.25	5.25	5.24	5.26	5.24	△ 1
島根	5.13	5.13	5.15	5.16	5.16	1
岡山	6. 7	6. 8	6. 7	6. 7	6. 8	0
広島	5.18	5.18	5.18	5.18	5.18	0
山口	5.31	6. 2	6. 2	6. 1	6. 1	0
徳島						
早期栽培	4.17	4.16	4.16	4.16	4.15	△ 2
普通栽培	5.23	5.22	5.23	5.23	5.22	△ 1
香川	6.14	6.14	6.15	6.15	6.14	△ 1
愛媛	6. 1	6. 2	6. 1	6. 1	6. 3	1
高知						
早期栽培	4.11	4.11	4.13	4.11	4.11	△ 1
普通栽培	5.25	5.25	5.27	5.27	5.26	△ 1
福岡	6.17	6.16	6.17	6.16	6.17	0
佐賀	6.19	6.19	6.19	6.19	6.20	0
長崎	6.14	6.13	6.16	6.13	6.15	0
熊本	6.14	6.17	6.14	6.14	6.15	0
大分	6.13	6.13	6.13	6.12	6.13	0
宮崎						
早期栽培	3.27	3.26	3.26	3.25	3.25	△ 2
普通栽培	6.15	6.14	6.15	6.15	6.15	0
鹿児島						
早期栽培	4. 4	4. 4	4. 4	4. 3	4. 4	0
普通栽培	6.21	6.20	6.22	6.20	6.20	△ 1
沖縄						
第一期稲	3. 1	3. 5	3.12	3. 8	3. 3	△ 4
第二期稲	8. 9	8.18	8.18	8.13	8.17	2

注：1　最盛期とは、各期の面積割合が50%に達した期日である。
　　2　「対平年差」の「△」は、平年（過去５か年の平均値）より早いことを示している（以下(3)の各統計表において同じ。）。

1　米（続き）

(3)　水稲の耕種期日（最盛期）一覧表（都道府県別）（続き）

ウ　出穂期　／　エ　刈取期

単位：月日

都道府県	ウ 出穂期 平成27年産	28	29	30	令和元年産	令和元年産対平年差	エ 刈取期 平成27年産	28	29	30	令和元年産	令和元年産対平年差
	(1)	(2)	(3)	(4)	(5)	(6)	(1)	(2)	(3)	(4)	(5)	(6)
北海道	8. 2	8. 2	7.31	8. 2	7.29	△ 3	9.30	9.28	10. 2	10. 4	9.29	△ [illegible]
青森	8. 3	8. 5	8. 6	8. 5	8. 4	△ 1	10. 2	10. 2	10. 8	10. 7	9.30	△ [illegible]
岩手	8. 2	8. 6	8. 6	8. 3	8. 4	0	10. 3	10. 5	10.10	10. 7	10 .3	△ [illegible]
宮城	7.29	8. 2	8. 1	7.31	8. 2	1	9.29	10. 4	10. 5	10. 3	9.28	△ [illegible]
秋田	8. 2	8. 4	8. 6	8. 3	8. 2	△ 2	10. 1	10. 1	10. 8	10. 3	9.30	△ [illegible]
山形	8. 3	8. 6	8. 7	8. 3	8. 4	△ 1	10. 1	10. 2	10. 6	10. 4	9.30	△ [illegible]
福島	8. 7	8. 9	8. 9	8. 5	8. 9	1	10. 8	10.11	10.12	10. 9	10. 8	△ [illegible]
茨城	7.27	7.30	7.27	7.26	8. 1	4	9.15	9.14	9.13	9.11	9.14	[illegible]
栃木	7.29	7.31	7.28	7.26	8. 2	3	9.21	9.25	9.22	9.21	9.22	[illegible]
群馬	8.18	8.19	8.19	8.16	8.21	2	10.20	10.20	10.23	10.20	10.21	[illegible]
埼玉	8.10	8.10	8. 8	8. 7	8.12	2	9.28	9.27	9.24	9.24	9.24	△ [illegible]
千葉	7.20	7.23	7.22	7.20	7.26	4	9. 5	9. 3	9. 3	8.31	9. 5	[illegible]
東京	8.14	8.15	8.13	8. 9	8.15	2	10. 4	10. 6	10. 6	10. 4	10. 5	[illegible]
神奈川	8.10	8.13	8.11	8. 9	8.13	2	9.30	10. 4	10. 1	10. 3	9.30	△ [illegible]
新潟	8. 5	8. 4	8. 6	8. 3	8. 3	△ 2	9.22	9.17	9.21	9.22	9.19	△ [illegible]
富山	8. 2	7.31	8. 2	7.30	8. 1	0	9.16	9.11	9.14	9.19	9.11	△ [illegible]
石川	7.29	7.27	7.29	7.27	7.29	0	9.15	9. 8	9.12	9. 9	9.11	△ [illegible]
福井	8. 1	8. 1	7.30	7.27	8. 2	2	9.13	9.10	9. 9	9. 9	9.11	[illegible]
山梨	8. 8	8. 7	8. 9	8. 6	8.10	2	10. 2	10. 6	9.29	10. 4	10. 3	[illegible]
長野	8. 7	8. 6	8. 5	8. 3	8. 8	2	10. 1	10. 2	9.29	9.30	9.29	△ [illegible]
岐阜	8.20	8.18	8.20	8.18	8.21	1	10. 4	10. 3	10. 4	10. 3	10. 2	△ [illegible]
静岡	8. 7	8. 6	8. 5	8. 5	8. 9	2	9.21	9.19	9.19	9.22	9.21	[illegible]
愛知	8.18	8.17	8.17	8.16	8,19	1	10. 5	10. 5	10. 5	10. 5	10. 6	
三重	7.23	7.21	7.23	7.20	7.27	4	9. 7	8.30	9. 2	8.31	9. 5	[illegible]
滋賀	8. 2	7.30	7.29	7.28	7.31	0	9.18	9.11	9.13	9.12	9.16	
京都	8. 4	8. 2	8. 1	7.31	8. 1	△ 2	9.25	9.21	9.23	9.28	9.25	[illegible]
大阪	8.25	8.22	8.23	8.22	8.22	△ 2	10.14	10.14	10.11	10.13	10.14	
兵庫	8.13	8.12	8. 9	8. 8	8.11	0	10. 1	9.29	10. 1	10. 1	9.30	△
奈良	8.26	8.24	8.23	8.23	8.23	△ 1	10.15	10.15	10.14	10.15	10.13	△ [illegible]
和歌山	8. 7	8. 6	8. 7	8. 5	8. 8	1	9.19	9.18	9.18	9.18	9.18	△
鳥取	8. 7	8. 5	8. 2	8. 5	8. 8	3	9.28	9.24	9.22	9.27	9.30	
島根	8. 3	7.28	7.27	7.26	8. 1	2	9.22	9.18	9.18	9.19	9.17	△
岡山	8.24	8.18	8.18	8.18	8.21	1	10.11	10. 6	10. 9	10.11	10. 9	
広島	8. 9	8. 8	8. 5	8. 4	8. 8	1	9.30	9.27	9.24	9.26	9.28	
山口	8.12	8. 8	8. 7	8. 7	8. 9	0	9.27	9.25	9.24	9.23	9.23	△ [illegible]
徳島												
早期栽培	7.14	7.13	7.13	7.13	7.16	2	8.22	8.20	8.20	8.20	8.25	
普通栽培	8. 1	7.30	7.30	7.30	7.31	0	9.12	9. 7	9. 9	9. 9	9.13	
香川	8.24	8.20	8.19	8.20	8.22	1	10. 3	9.30	10. 1	10. 3	10. 2	
愛媛	8.15	8.11	8.12	8.12	8.14	1	9.27	9.21	9.22	9.24	9.25	
高知												
早期栽培	7. 1	6.30	7. 1	7. 1	7. 3	1	8. 9	8. 7	8. 8	8. 5	8.10	
普通栽培	8.19	8.18	8.17	8.18	8.18	△ 1	10. 8	10.10	10. 7	10.11	10. 3	△
福岡	8.25	8.22	8.21	8.21	8.23	0	10. 6	10. 4	10. 3	10. 3	10. 5	
佐賀	8.29	8.26	8.26	8.27	8.30	2	10.14	10.11	10.10	10.10	10.11	△
長崎	8.29	8.24	8.24	8.25	8.27	0	10.14	10.12	10.13	10.12	10.13	△
熊本	8.26	8.21	8.21	8.20	8.23	0	10.11	10. 8	10. 9	10.10	10.11	
大分	8.29	8.23	8.23	8.24	8.28	2	10.20	10.19	10.20	10.18	10.14	△
宮崎												
早期栽培	6.23	6.21	6.28	6.22	6.24	△ 1	8. 2	7.29	8. 1	7.28	8. 1	
普通栽培	8.28	8.23	8.24	8.24	8.25	0	10.17	10.15	10.12	10.14	10.11	△
鹿児島												
早期栽培	6.27	6.22	6.29	6.22	6.26	△ 1	8. 6	8. 2	8. 6	8. 1	8. 7	
普通栽培	8.30	8.22	8.24	8.25	8.28	2	10.19	10.14	10.20	10.17	10.17	△
沖縄												
第一期稲	5.19	5.23	5.25	5.21	5.19	△ 4	6.20	6.23	6.29	6.20	6.22	△
第二期稲	9.30	9.28	10. 6	10. 5	10. 8	4	11. 9	11. 7	11.12	11. 9	11.22	1

(4) 水稲の収量構成要素（水稲作況標本筆調査成績）

ア　1㎡当たり株数（単位：株）　　イ　1株当たり有効穂数（単位：本）

全国農業地域・都道府県	ア 平成27年産 (1)	ア 28 (2)	ア 29 (3)	ア 30 (4)	ア 令和元年産 (5)	イ 平成27年産 (1)	イ 28 (2)	イ 29 (3)	イ 30 (4)	イ 令和元年産 (5)
全国	**17.4**	**17.4**	**17.3**	**17.3**	**17.2**	**23.6**	**22.9**	**23.6**	**22.9**	**23.9**
（全国農業地域）										
北海道	22.1	22.2	22.0	22.2	21.9	25.3	25.4	24.5	22.5	27.4
都府県	17.1	17.1	17.0	16.9	16.9	23.3	22.6	23.5	23.0	23.5
東北	18.4	18.3	18.3	18.2	18.1	25.4	23.6	23.9	23.1	25.4
北陸	17.4	17.4	17.3	17.5	17.5	22.8	22.4	22.1	21.1	22.5
関東・東山	16.9	16.8	16.6	16.5	16.3	22.8	22.1	23.4	23.5	23.6
東海	16.7	16.7	16.5	16.3	16.4	22.2	21.7	23.2	22.7	22.3
近畿	16.2	16.2	16.2	15.9	16.1	22.2	21.5	22.5	22.1	21.7
中国	16.1	16.1	16.0	15.8	15.9	22.4	21.1	23.4	22.3	22.5
四国	15.3	15.5	15.2	15.2	15.0	23.9	23.4	24.8	24.1	23.9
九州	16.3	16.2	16.2	16.1	16.0	22.1	23.8	24.7	24.8	22.4
沖縄	…	…	…	…	…	…	…	…	…	…
（都道府県）										
北海道	22.1	22.2	22.0	22.2	21.9	25.3	25.4	24.5	22.5	27.4
青森	19.6	19.5	19.5	19.4	19.6	23.1	21.9	21.6	20.9	23.2
岩手	17.6	17.6	17.5	17.3	17.4	26.6	24.2	25.1	23.8	26.3
宮城	17.4	17.2	17.1	16.9	16.8	26.6	25.5	26.9	26.2	27.6
秋田	19.2	19.1	19.0	18.8	18.9	24.6	22.4	22.5	21.4	23.9
山形	19.4	19.4	19.3	19.3	19.3	27.0	24.2	24.5	24.0	26.9
福島	17.3	17.2	17.1	17.3	16.8	24.3	23.0	23.7	22.9	24.6
茨城	16.5	16.3	16.1	15.8	15.6	23.5	22.5	24.3	24.7	24.9
栃木	17.3	17.5	17.1	17.0	17.0	21.0	20.5	21.6	22.0	21.6
群馬	16.9	17.0	17.0	16.5	16.7	22.0	21.3	21.5	23.0	21.0
埼玉	16.6	16.5	16.4	16.2	15.9	22.5	21.9	23.4	24.0	23.1
千葉	16.1	16.1	16.0	16.0	15.7	24.0	23.1	24.6	24.9	25.4
東京	…	…	…	…	…	…	…	…	…	…
神奈川	17.1	17.5	17.0	17.0	16.8	20.0	18.8	21.2	19.7	18.2
新潟	16.8	16.8	16.7	16.9	17.0	23.7	23.2	22.4	21.2	23.0
富山	19.1	19.2	19.1	19.2	18.9	20.2	20.0	20.1	19.3	20.4
石川	17.2	17.5	17.4	17.9	17.8	22.9	22.2	22.4	21.9	22.4
福井	17.6	17.6	17.6	17.7	17.3	23.1	22.8	23.4	22.8	23.4
山梨	17.3	17.2	17.0	16.5	16.5	23.1	22.7	23.9	22.8	22.9
長野	18.3	18.0	18.1	18.0	17.7	23.6	22.9	23.1	22.6	23.6
岐阜	16.1	16.1	15.9	15.7	15.7	22.4	22.0	22.9	22.7	22.5
静岡	17.7	17.6	17.4	17.2	16.9	20.8	20.7	22.2	20.8	21.7
愛知	17.1	17.0	16.9	16.8	17.1	22.2	21.6	23.0	22.6	22.0
三重	16.2	16.2	16.1	15.8	16.0	23.0	22.3	24.0	23.9	22.9
滋賀	16.4	16.6	16.5	16.0	16.6	23.5	22.6	23.5	23.3	22.2
京都	16.2	16.4	16.5	16.4	16.4	21.5	20.2	21.4	20.3	20.7
大阪	16.2	15.9	15.8	15.1	15.0	22.3	22.5	23.5	23.8	23.9
兵庫	16.0	15.8	16.0	15.8	15.9	21.4	20.8	21.5	21.3	21.1
奈良	16.2	15.8	15.4	15.7	15.9	22.1	22.4	24.2	23.1	22.3
和歌山	16.4	16.2	16.0	16.0	15.8	21.7	22.4	23.6	22.6	22.2
鳥取	16.4	16.2	16.3	16.3	16.1	22.6	21.1	23.4	21.1	22.2
島根	16.6	16.8	16.2	16.3	16.3	21.3	20.2	22.7	20.6	21.2
岡山	15.7	15.4	15.5	15.2	15.5	22.4	21.5	23.6	23.4	22.1
広島	15.7	16.0	15.9	15.5	15.4	23.7	21.4	24.0	22.8	24.6
山口	16.5	16.4	16.3	16.4	16.4	22.0	21.0	23.1	22.3	22.1
徳島	15.8	15.9	16.0	15.6	15.5	23.7	23.0	24.6	23.7	24.3
香川	15.9	16.5	15.8	15.6	15.1	24.1	23.2	23.7	23.9	23.3
愛媛	14.9	15.0	14.7	15.0	14.8	23.6	23.7	24.6	24.8	23.7
高知	14.7	14.5	14.5	14.5	14.5	23.9	23.7	26.3	24.0	24.8
福岡	16.2	16.2	16.2	16.3	16.1	21.6	22.8	24.0	24.4	21.5
佐賀	17.1	16.9	16.8	16.6	16.5	22.6	24.1	25.3	26.4	22.2
長崎	16.4	16.6	16.4	16.0	16.1	21.5	23.7	24.3	25.1	22.0
熊本	15.5	15.3	15.2	15.2	15.2	23.2	25.6	27.1	26.6	24.9
大分	15.5	15.3	15.2	14.8	15.0	22.5	24.0	24.2	25.4	22.3
宮崎	16.6	16.6	16.4	16.4	16.4	22.8	23.4	24.9	24.0	22.7
鹿児島	17.5	17.4	17.5	17.6	17.4	20.1	22.0	22.6	21.6	20.4
沖縄	…	…	…	…	…	…	…	…	…	…

注：1　徳島県、高知県、宮崎県及び鹿児島県については作期別（早期栽培・普通期栽培）の平均値である。
　　2　東京都及び沖縄県については、水稲作況標本筆を設置していないことから「…」で示した。
　　3　千もみ当たり収量、玄米千粒重及び10ａ当たり玄米重は、1.70㎜のふるい目で選別された玄米の重量である。

1　米（続き）

(4)　水稲の収量構成要素（水稲作況標本筆調査成績）（続き）

ウ　1㎡当たり有効穂数　　エ　1穂当たりもみ数

全国農業地域・都道府県	ウ 1㎡当たり有効穂数（単位：本）					エ 1穂当たりもみ数（単位：粒）				
	平成27年産	28	29	30	令和元年産	平成27年産	28	29	30	令和元年産
	(1)	(2)	(3)	(4)	(5)	(1)	(2)	(3)	(4)	(5)
全国	**410**	**399**	**409**	**396**	**411**	**72.7**	**75.4**	**73.6**	**75.5**	**73.7**
（全国農業地域）										
北海道	559	563	538	500	599	59.7	60.2	63.2	61.6	58.1
都府県	399	387	399	388	397	74.2	77.0	74.7	76.8	75.6
東北	468	431	438	421	460	66.9	71.5	71.9	72.9	69.6
北陸	396	390	382	370	393	74.2	76.7	73.8	78.1	76.3
関東・東山	385	371	388	388	384	79.7	82.5	78.4	79.9	80.5
東海	371	362	382	370	366	74.7	77.3	72.8	76.2	76.8
近畿	360	349	364	352	350	79.4	81.9	78.3	80.1	80.3
中国	361	339	374	352	357	76.7	81.7	75.9	80.4	78.7
四国	365	362	377	366	359	75.6	77.9	74.0	76.2	76.6
九州	360	385	400	400	359	78.9	77.4	75.0	76.8	77.7
沖縄	…	…	…	…	…	…	…	…	…	…
（都道府県）										
北海道	559	563	538	500	599	59.7	60.2	63.2	61.6	58.1
青森	452	427	421	405	455	74.1	77.3	83.8	84.9	77.4
岩手	468	426	440	412	457	62.0	66.0	66.1	69.2	65.2
宮城	463	439	460	443	464	65.0	67.9	66.1	67.5	65.5
秋田	473	428	427	403	451	66.6	74.3	75.2	74.2	71.8
山形	524	470	473	464	520	62.6	67.9	67.4	68.3	64.4
福島	420	395	405	396	414	73.6	75.9	75.8	77.8	75.4
茨城	388	367	391	390	389	80.4	82.6	77.0	79.2	80.2
栃木	364	359	369	374	367	83.8	86.9	81.0	82.4	85.0
群馬	372	362	366	379	350	80.1	82.3	82.0	80.5	81.4
埼玉	374	362	384	389	368	77.3	81.2	75.3	74.3	79.3
千葉	386	372	394	398	398	79.0	82.5	77.7	80.2	77.4
東京	…	…	…	…	…	…	…	…	…	…
神奈川	342	329	360	335	305	80.4	82.7	82.8	80.3	81.6
新潟	398	389	374	358	391	74.4	78.4	74.6	80.7	77.7
富山	386	384	384	371	386	75.9	77.1	74.2	77.4	75.9
石川	394	389	389	392	398	73.4	74.3	73.5	74.5	73.6
福井	406	402	412	403	404	71.9	71.6	69.9	72.7	73.0
山梨	399	391	407	376	378	75.4	76.5	75.2	79.0	79.1
長野	431	413	419	406	418	76.1	78.5	79.2	80.3	81.1
岐阜	361	354	364	356	353	73.1	75.1	73.6	75.0	75.4
静岡	369	364	387	358	367	75.1	76.4	73.9	77.7	82.0
愛知	379	367	388	380	376	74.7	78.2	73.5	76.1	75.0
三重	373	362	387	377	367	75.3	79.0	71.3	76.9	76.8
滋賀	385	375	387	373	369	79.0	81.6	78.0	79.6	79.7
京都	348	331	353	333	339	81.0	84.9	79.0	82.6	81.1
大阪	362	358	372	360	358	79.6	81.8	79.3	80.0	80.7
兵庫	343	329	344	337	335	79.0	80.5	77.6	79.5	79.7
奈良	358	354	372	362	355	83.0	85.0	80.9	80.9	82.5
和歌山	356	363	378	361	351	78.7	79.3	76.2	78.9	80.9
鳥取	371	342	382	344	357	72.8	76.6	72.8	77.6	79.0
島根	354	339	368	335	346	78.2	81.1	76.4	85.1	82.1
岡山	352	331	366	356	343	79.0	84.3	78.7	80.6	81.3
広島	372	342	381	353	379	75.5	83.3	74.5	79.9	75.2
山口	363	344	376	366	363	76.0	80.5	75.8	78.7	76.6
徳島	375	366	394	370	377	74.1	80.1	72.6	75.9	75.9
香川	383	383	375	373	352	74.4	76.5	73.3	75.9	75.6
愛媛	352	355	361	372	351	78.7	80.6	78.7	79.3	80.1
高知	351	343	381	348	360	75.2	73.8	70.6	73.0	73.6
福岡	350	369	389	398	346	80.6	80.2	76.6	78.9	79.5
佐賀	386	407	425	438	367	76.7	76.9	75.1	73.7	76.8
長崎	353	394	399	402	354	78.8	77.7	73.9	75.6	79.4
熊本	359	392	412	405	378	81.1	77.0	73.8	78.3	77.0
大分	348	367	368	376	335	82.5	80.4	81.5	80.9	83.3
宮崎	378	389	409	393	373	72.8	73.3	69.4	73.5	72.9
鹿児島	351	382	395	380	355	75.8	75.1	72.4	72.6	74.4
沖縄	…	…	…	…	…	…	…	…	…	…

オ　1㎡当たり全もみ数

単位：百粒

カ　千もみ当たり収量

単位：g

全国農業地域・都道府県	オ 平成27年産 (1)	オ 28 (2)	オ 29 (3)	オ 30 (4)	オ 令和元年産 (5)	カ 平成27年産 (1)	カ 28 (2)	カ 29 (3)	カ 30 (4)	カ 令和元年産 (5)
全国	**298**	**301**	**301**	**299**	**303**	**18.2**	**18.5**	**18.1**	**18.1**	**17.9**
（全国農業地域）										
北海道	334	339	340	308	348	17.3	16.8	17.1	16.7	16.9
都府県	296	298	298	298	300	18.2	18.7	18.3	18.2	18.0
東北	313	308	315	307	320	18.9	19.1	18.3	18.7	18.8
北陸	294	299	282	289	300	18.5	19.4	19.2	18.9	18.4
関東・東山	307	306	304	310	309	17.7	18.1	17.9	17.7	17.2
東海	277	280	278	282	281	18.2	18.7	18.3	18.0	17.9
近畿	286	286	285	282	281	18.1	18.4	18.2	18.1	18.2
中国	277	277	284	283	281	18.5	19.4	19.1	18.8	18.3
四国	276	282	279	279	275	17.3	17.9	17.8	17.4	17.0
九州	284	298	300	307	279	17.4	17.4	17.4	17.0	16.8
沖縄	…	…	…	…	…	…	…	…	…	…
（都道府県）										
北海道	334	339	340	308	348	17.3	16.8	17.1	16.7	16.9
青森	335	330	353	344	352	18.7	18.6	17.3	17.7	18.4
岩手	290	281	291	285	298	19.7	19.6	18.7	19.4	19.0
宮城	301	298	304	299	304	18.6	19.0	18.0	18.8	18.5
秋田	315	318	321	299	324	19.1	19.0	18.3	19.1	18.9
山形	328	319	319	317	335	19.1	19.5	19.2	18.7	19.1
福島	309	300	307	308	312	18.4	18.9	18.3	18.6	18.6
茨城	312	303	301	309	312	17.1	17.6	17.8	17.3	16.5
栃木	305	312	299	308	312	17.9	18.1	17.4	18.2	17.2
群馬	298	298	300	305	285	16.8	17.2	17.0	17.0	17.3
埼玉	289	294	289	289	292	16.9	17.1	17.4	17.1	16.8
千葉	305	307	306	319	308	18.0	18.3	18.1	17.3	17.3
東京	…	…	…	…	…	…	…	…	…	…
神奈川	275	272	298	269	249	17.9	18.5	17.3	18.6	19.2
新潟	296	305	279	289	304	18.3	19.5	19.3	18.8	18.3
富山	293	296	285	287	293	19.6	19.6	19.6	19.7	19.3
石川	289	289	286	292	293	18.4	18.9	18.5	18.2	18.5
福井	292	288	288	293	295	18.1	18.9	18.6	18.5	18.1
山梨	301	299	306	297	299	18.1	18.5	18.2	18.5	18.3
長野	328	324	332	326	339	18.8	19.6	19.3	19.3	18.6
岐阜	264	266	268	267	266	18.6	18.6	18.6	18.3	18.5
静岡	277	278	286	278	301	18.6	19.4	18.5	18.6	17.6
愛知	283	287	285	289	282	18.1	18.5	18.3	17.7	18.1
三重	281	286	276	290	282	17.8	18.6	17.7	17.7	17.5
滋賀	304	306	302	297	294	17.4	17.8	17.5	17.6	17.6
京都	282	281	279	275	275	18.4	18.6	18.6	18.5	18.7
大阪	288	293	295	288	289	17.4	17.5	17.4	17.4	17.6
兵庫	271	265	267	268	267	18.8	19.3	19.3	18.7	19.0
奈良	297	301	301	293	293	17.6	17.7	17.6	17.8	17.8
和歌山	280	288	288	285	284	18.0	18.0	17.8	17.5	17.7
鳥取	270	262	278	267	282	19.3	20.2	19.1	19.0	18.6
島根	277	275	281	285	284	18.5	19.6	18.9	19.0	18.2
岡山	278	279	288	287	279	18.5	19.4	19.3	18.5	18.9
広島	281	285	284	282	285	18.5	19.2	19.2	19.3	17.9
山口	276	277	285	288	278	18.1	18.9	18.8	18.5	17.5
徳島	278	293	286	281	286	16.7	17.0	17.1	17.0	16.5
香川	285	293	275	283	266	16.9	17.7	18.0	17.3	18.1
愛媛	277	286	284	295	281	18.0	18.1	18.2	17.4	17.2
高知	264	253	269	254	265	17.5	18.7	17.9	17.9	16.2
福岡	282	296	298	314	275	17.4	17.4	17.5	16.8	17.0
佐賀	296	313	319	323	282	17.7	17.0	17.0	16.8	16.1
長崎	278	306	295	304	281	17.6	17.0	17.1	16.9	16.8
熊本	291	302	304	317	291	17.5	17.7	17.6	17.0	17.0
大分	287	295	300	304	279	16.9	17.4	17.3	16.7	16.0
宮崎	275	285	284	289	272	17.1	17.8	17.9	17.3	17.4
鹿児島	266	287	286	276	264	17.8	17.3	17.5	17.9	17.6
沖縄	…	…	…	…	…	…	…	…	…	…

1 米（続き）

(4) 水稲の収量構成要素（水稲作況標本筆調査成績）（続き）

キ 粗玄米粒数歩合（単位：%）／ク 玄米粒数歩合（単位：%）

全国農業地域・都道府県	キ 粗玄米粒数歩合 平成27年産 (1)	28 (2)	29 (3)	30 (4)	令和元年産 (5)	ク 玄米粒数歩合 平成27年産 (1)	28 (2)	29 (3)	30 (4)	令和元年産 (5)
全国	**88.3**	**88.7**	**87.0**	**88.3**	**88.4**	**95.4**	**96.6**	**95.0**	**95.5**	**95.9**
（全国農業地域）										
北海道	82.3	80.5	80.0	80.2	82.8	96.7	96.3	96.7	96.0	96.5
都府県	88.9	89.6	87.9	88.9	89.0	94.7	96.3	94.7	95.5	95.5
東北	89.5	89.9	87.0	89.6	90.3	95.7	97.5	95.3	96.4	96.2
北陸	89.1	91.6	91.1	91.0	89.7	95.8	97.1	94.9	95.8	96.7
関東・東山	89.9	88.9	88.2	89.7	88.7	94.9	95.6	94.0	94.6	95.6
東海	86.3	87.9	86.0	85.8	86.1	96.7	96.7	95.4	95.9	96.3
近畿	87.8	88.5	87.4	86.9	89.3	94.4	95.7	94.8	95.1	95.2
中国	89.9	91.0	88.4	89.4	89.3	94.4	96.8	96.4	96.4	95.6
四国	87.7	88.3	88.2	86.7	85.8	93.8	95.2	94.3	94.2	93.6
九州	86.6	87.6	87.0	85.7	86.7	93.1	94.6	93.9	93.5	93.4
沖縄	…	…	…	…	…	…	…	…	…	…
（都道府県）										
北海道	82.3	80.5	80.0	80.2	82.8	96.7	96.3	96.7	96.0	96.5
青森	88.1	87.9	79.9	83.4	85.5	93.6	96.6	95.7	96.5	96.7
岩手	91.7	91.1	89.7	91.2	91.3	95.9	98.4	95.0	96.9	96.7
宮城	88.4	90.3	86.2	90.6	92.1	96.2	97.8	95.4	95.9	95.0
秋田	89.8	89.0	86.3	91.0	91.0	96.8	97.5	95.3	96.3	96.6
山形	92.1	91.8	90.9	90.9	91.9	95.7	98.0	95.2	95.8	96.1
福島	88.0	89.7	87.6	89.3	89.4	94.1	97.0	95.2	96.0	95.3
茨城	88.5	87.8	87.0	89.0	87.2	96.4	96.2	94.7	94.5	96.3
栃木	92.1	89.7	88.3	94.2	88.5	94.7	95.7	91.7	94.8	95.3
群馬	87.9	86.6	83.3	85.6	88.8	87.8	92.2	94.4	93.5	92.5
埼玉	90.0	87.4	88.9	88.2	89.4	92.3	94.6	93.4	94.1	94.3
千葉	89.2	87.3	87.9	87.1	88.6	97.4	95.5	94.8	94.2	96.3
東京	…	…	…	…	…	…	…	…	…	…
神奈川	93.1	87.9	89.3	93.3	94.4	91.8	95.4	91.7	92.8	94.5
新潟	88.2	93.4	92.5	91.0	89.1	95.8	97.2	94.6	95.8	96.7
富山	92.5	90.2	91.6	93.0	92.2	97.0	97.8	95.4	96.3	97.4
石川	88.2	85.8	86.4	86.0	88.1	96.9	98.4	96.4	96.4	96.9
福井	89.0	89.6	89.2	91.1	90.8	94.2	96.1	93.8	95.5	94.4
山梨	93.0	90.3	91.8	90.9	90.0	91.8	96.3	93.6	94.8	95.5
長野	91.2	92.9	91.9	90.5	90.0	94.6	97.0	95.4	96.6	95.7
岐阜	84.8	85.0	84.7	85.0	85.0	96.0	96.5	96.0	95.6	96.9
静岡	88.4	89.6	86.0	88.1	86.0	95.9	97.6	96.3	95.9	96.5
愛知	85.5	87.1	85.3	84.1	85.1	96.7	96.4	96.3	95.9	96.7
三重	87.2	89.5	87.0	86.9	87.6	96.7	96.5	94.2	96.0	95.1
滋賀	85.5	85.6	84.4	83.5	87.1	94.6	96.2	94.1	97.2	96.5
京都	89.7	88.3	88.2	89.5	91.3	94.1	95.2	95.5	95.1	96.0
大阪	89.2	87.7	87.8	88.5	88.9	92.6	94.6	94.6	92.5	94.6
兵庫	90.0	92.5	90.3	89.6	91.8	93.9	95.5	95.4	94.2	94.7
奈良	85.9	86.0	87.0	86.3	87.4	95.7	95.8	93.5	94.5	95.3
和歌山	85.7	86.1	85.8	86.0	87.0	95.8	95.2	94.7	92.2	94.3
鳥取	89.6	90.8	88.1	88.8	88.3	95.0	97.5	95.9	96.6	96.0
島根	90.6	91.3	87.5	90.5	88.7	95.2	97.2	96.7	96.9	96.4
岡山	89.2	92.1	89.6	88.5	91.4	94.4	96.1	95.3	94.9	94.9
広島	89.7	89.5	87.7	90.4	87.4	94.8	98.0	97.6	97.3	96.0
山口	90.2	90.6	88.8	88.2	88.8	94.0	96.0	95.7	96.9	95.5
徳島	83.8	81.6	85.0	83.6	82.2	95.7	97.5	95.1	96.2	94.9
香川	89.1	91.8	90.5	88.7	90.2	90.6	92.2	91.6	90.4	92.5
愛媛	89.5	89.5	88.7	87.5	87.5	94.4	95.3	94.8	94.2	93.5
高知	86.7	89.7	88.8	87.0	83.8	95.6	96.9	95.8	96.8	93.2
福岡	86.9	87.2	86.9	85.7	86.5	91.0	94.2	93.1	92.9	93.3
佐賀	88.5	85.6	85.0	82.7	86.2	92.0	92.9	92.3	92.5	89.7
長崎	86.3	84.3	87.5	84.2	86.1	94.2	94.6	93.8	94.1	94.6
熊本	86.6	90.4	87.8	86.8	87.3	93.7	94.9	94.4	93.8	94.1
大分	85.4	88.1	87.0	85.9	85.3	92.7	94.6	93.1	92.7	92.0
宮崎	87.6	88.1	89.8	86.2	89.7	94.2	96.0	95.3	94.4	93.9
鹿児島	86.8	86.1	87.4	87.3	87.1	94.8	95.5	94.4	95.4	95.7
沖縄	…	…	…	…	…	…	…	…	…	…

ケ　玄米千粒重

単位：g

全国農業地域・都道府県	平成27年産 (1)	28 (2)	29 (3)	30 (4)	令和元年産 (5)
全国	**21.6**	**21.6**	**21.9**	**21.5**	**21.1**
（全国農業地域）					
北海道	21.7	21.6	22.1	21.6	21.2
都府県	21.6	21.6	21.9	21.5	21.2
東北	22.1	21.8	22.1	21.7	21.6
北陸	21.7	21.8	22.2	21.6	21.3
関東・東山	20.7	21.3	21.6	20.9	20.3
東海	21.8	22.0	22.3	21.9	21.6
近畿	21.8	21.7	22.0	21.9	21.4
中国	21.8	22.0	22.4	21.8	21.4
四国	21.0	21.3	21.4	21.3	21.2
九州	21.6	21.0	21.3	21.2	20.8
沖縄	…	…	…	…	…
（都道府県）					
北海道	21.7	21.6	22.1	21.6	21.2
青森	22.7	22.0	22.6	22.0	22.2
岩手	22.4	21.8	21.9	21.9	21.5
宮城	21.8	21.5	21.8	21.6	21.2
秋田	21.9	21.8	22.3	21.8	21.5
山形	21.7	21.6	22.1	21.4	21.6
福島	22.2	21.7	21.9	21.7	21.8
茨城	20.1	20.8	21.6	20.6	19.7
栃木	20.5	21.0	21.5	20.4	20.4
群馬	21.8	21.6	21.7	21.2	21.1
埼玉	20.4	20.7	21.0	20.6	20.0
千葉	20.7	22.0	21.7	21.1	20.2
東京	…	…	…	…	…
神奈川	20.9	22.0	21.1	21.4	21.5
新潟	21.7	21.5	22.1	21.5	21.2
富山	21.8	22.2	22.5	22.0	21.5
石川	21.5	22.3	22.2	21.9	21.7
福井	21.6	22.0	22.2	21.3	21.1
山梨	21.2	21.3	21.1	21.4	21.3
長野	21.7	21.8	22.1	22.1	21.6
岐阜	22.8	22.8	22.8	22.5	22.4
静岡	22.0	22.1	22.3	22.0	21.2
愛知	21.9	22.0	22.3	22.0	22.0
三重	21.1	21.6	21.6	21.2	21.0
滋賀	21.5	21.6	22.0	21.7	21.0
京都	21.8	22.2	22.0	21.8	21.3
大阪	21.1	21.1	20.9	21.2	20.9
兵庫	22.3	21.8	22.4	22.1	21.8
奈良	21.4	21.5	21.6	21.8	21.4
和歌山	22.0	21.9	21.9	22.1	21.6
鳥取	22.7	22.8	22.6	22.1	21.9
島根	21.5	22.1	22.3	21.6	21.2
岡山	21.9	21.9	22.6	22.0	21.8
広島	21.8	21.9	22.5	22.0	21.4
山口	21.4	21.7	22.1	21.6	20.6
徳島	20.8	21.4	21.1	21.2	21.2
香川	20.9	21.0	21.7	21.5	21.7
愛媛	21.3	21.2	21.6	21.1	21.0
高知	21.1	21.5	21.0	21.2	20.8
福岡	22.0	21.2	21.7	21.1	21.0
佐賀	21.7	21.4	21.7	21.9	20.8
長崎	21.6	21.3	20.8	21.4	20.7
熊本	21.6	20.7	21.3	20.9	20.7
大分	21.4	20.9	21.4	21.0	20.4
宮崎	20.7	21.0	20.9	21.3	20.7
鹿児島	21.6	21.0	21.2	21.4	21.1
沖縄	…	…	…	…	…

コ　10ａ当たり未調製乾燥もみ重

単位：kg

全国農業地域・都道府県	平成27年産 (1)	28 (2)	29 (3)	30 (4)	令和元年産 (5)
全国	**701**	**711**	**707**	**699**	**702**
（全国農業地域）					
北海道	724	721	731	657	742
都府県	700	710	705	702	699
東北	763	743	743	733	765
北陸	699	730	688	693	707
関東・東山	710	713	711	717	697
東海	651	669	657	661	653
近畿	674	682	678	670	670
中国	665	684	695	687	661
四国	617	659	655	633	614
九州	656	683	692	693	628
沖縄	…	…	…	…	…
（都道府県）					
北海道	724	721	731	657	742
青森	810	779	795	775	816
岩手	738	689	706	691	715
宮城	732	735	713	734	728
秋田	761	755	754	725	775
山形	806	778	783	750	817
福島	741	715	714	730	742
茨城	698	693	701	705	677
栃木	709	716	690	727	702
群馬	689	682	659	684	668
埼玉	659	658	674	660	651
千葉	707	724	715	716	682
東京	…	…	…	…	…
神奈川	681	660	698	674	633
新潟	699	748	683	690	712
富山	729	734	716	726	720
石川	677	683	671	656	689
福井	677	684	689	692	678
山梨	730	714	741	724	732
長野	802	804	820	805	815
岐阜	634	631	639	636	631
静岡	672	686	688	675	691
愛知	655	676	676	673	663
三重	647	681	636	661	640
滋賀	679	692	687	677	673
京都	675	684	673	661	666
大阪	661	667	669	666	660
兵庫	673	674	676	667	669
奈良	689	695	684	684	681
和歌山	642	667	658	651	659
鳥取	666	670	678	651	675
島根	663	687	686	693	659
岡山	669	692	710	695	680
広島	676	694	700	697	658
山口	648	668	685	683	630
徳島	593	636	633	620	619
香川	659	710	683	647	626
愛媛	650	675	675	676	640
高知	596	606	623	577	566
福岡	655	671	685	701	622
佐賀	713	718	738	734	630
長崎	657	682	662	683	624
熊本	693	707	712	717	656
大分	664	679	688	682	621
宮崎	614	655	661	647	614
鹿児島	623	652	658	642	607
沖縄	…	…	…	…	…

1　米（続き）

(4)　水稲の収量構成要素（水稲作況標本筆調査成績）（続き）

サ　10a当たり粗玄米重（単位：kg）　　シ　玄米重歩合（単位：%）

全国農業地域・都道府県	サ 平成27年産 (1)	サ 28 (2)	サ 29 (3)	サ 30 (4)	サ 令和元年産 (5)	シ 平成27年産 (1)	シ 28 (2)	シ 29 (3)	シ 30 (4)	シ 令和元年産 (5)
全国	**556**	**567**	**562**	**555**	**557**	**97.3**	**98.1**	**97.2**	**97.5**	**97.5**
（全国農業地域）										
北海道	588	578	589	524	598	98.3	98.3	98.5	97.9	98.3
都府県	553	567	559	558	553	97.3	98.1	97.3	97.3	97.6
東北	605	595	591	588	613	97.9	98.8	97.6	97.8	97.9
北陸	558	589	555	558	563	97.7	98.5	97.5	97.7	98.2
関東・東山	558	567	563	566	547	97.1	97.5	96.6	97.2	97.4
東海	513	533	520	520	514	98.2	98.3	97.7	97.7	98.1
近畿	534	538	535	525	525	96.8	97.6	97.2	97.1	97.5
中国	528	547	554	544	526	97.2	98.4	97.8	98.0	97.5
四国	496	519	513	501	486	96.2	97.1	96.7	96.8	96.3
九州	516	536	543	542	489	95.9	96.8	96.1	96.3	95.9
沖縄	…	…	…	…	…	…	…	…	…	…
（都道府県）										
北海道	588	578	589	524	598	98.3	98.3	98.5	97.9	98.3
青森	644	626	623	619	657	97.4	98.2	97.9	98.4	98.3
岩手	584	555	557	562	575	97.9	99.1	97.5	98.2	98.3
宮城	571	573	560	576	577	97.9	98.8	97.5	97.6	97.6
秋田	611	610	603	584	624	98.4	98.9	97.7	97.8	98.1
山形	642	628	627	606	653	97.8	98.9	97.4	97.7	98.0
福島	587	577	576	586	595	96.8	98.3	97.4	97.6	97.3
茨城	546	545	553	553	525	97.8	97.8	96.9	96.9	98.1
栃木	562	576	547	578	552	97.2	97.9	95.2	97.2	97.3
群馬	539	539	527	537	517	92.9	95.4	97.0	96.5	95.6
埼玉	514	521	524	513	510	95.1	96.7	96.0	96.5	96.5
千葉	556	576	568	570	542	98.7	97.6	97.4	96.8	98.2
東京	…	…	…	…	…	…	…	…	…	…
神奈川	518	514	541	520	493	94.8	97.7	95.4	96.0	96.8
新潟	555	606	553	556	566	97.7	98.3	97.5	97.5	98.2
富山	583	586	573	576	573	98.3	98.8	97.7	98.1	98.6
石川	542	551	540	539	551	98.2	98.9	98.0	98.3	98.4
福井	549	556	555	556	550	96.4	98.0	96.6	97.5	97.1
山梨	567	564	575	565	560	96.1	98.0	96.7	97.2	97.7
長野	633	648	658	641	647	97.2	98.1	97.6	98.1	97.7
岐阜	499	505	509	501	500	98.2	98.2	97.8	97.4	98.2
静岡	528	546	540	528	541	97.7	98.5	98.0	98.1	98.0
愛知	522	539	531	524	519	98.1	98.5	98.3	97.7	98.3
三重	508	543	505	526	506	98.2	98.2	96.8	97.7	97.4
滋賀	545	553	543	531	528	96.9	98.4	97.1	98.3	98.1
京都	534	538	530	520	523	97.0	97.4	97.7	97.9	98.1
大阪	527	529	530	524	525	95.3	96.8	96.8	95.6	97.0
兵庫	529	524	528	518	521	96.4	97.5	97.5	96.5	97.1
奈良	538	549	547	542	536	97.2	97.1	96.9	96.3	97.4
和歌山	517	530	529	523	520	97.7	97.7	97.0	95.6	96.9
鳥取	536	537	543	517	536	97.2	98.7	97.8	98.1	97.8
島根	527	547	540	550	527	97.3	98.5	98.1	98.4	97.9
岡山	528	553	569	547	542	97.2	98.0	97.5	97.1	97.2
広島	535	554	554	552	522	97.4	98.7	98.6	98.7	97.9
山口	518	535	549	542	499	96.5	97.9	97.4	98.2	97.4
徳島	476	506	499	488	487	97.5	98.4	97.8	98.0	96.9
香川	514	549	522	516	502	93.6	94.7	94.6	94.8	95.8
愛媛	515	532	532	531	502	96.7	97.2	97.0	96.4	96.4
高知	473	484	492	463	447	97.5	97.9	97.8	98.1	96.2
福岡	517	532	544	551	487	95.0	96.8	96.0	95.8	95.9
佐賀	548	555	568	566	482	95.6	96.0	95.6	95.8	94.2
長崎	506	537	524	532	491	96.4	96.6	96.2	96.8	96.3
熊本	530	552	555	559	513	96.2	97.1	96.6	96.4	96.5
大分	509	532	541	530	470	95.5	96.6	95.9	96.0	95.1
宮崎	488	520	525	516	490	96.5	97.5	97.0	97.1	96.5
鹿児島	487	510	517	504	477	97.3	97.3	96.7	97.8	97.5
沖縄	…	…	…	…	…	…	…	…	…	…

ス　10a当たり玄米重

単位：kg

全国農業地域・都道府県	平成27年産	28	29	30	令和元年産
	(1)	(2)	(3)	(4)	(5)
全国	**541**	**556**	**546**	**541**	**543**
(全国農業地域)					
北海道	578	568	580	513	588
都府県	538	556	544	543	540
東北	592	588	577	575	600
北陸	545	580	541	545	553
関東・東山	542	553	544	550	533
東海	504	524	508	508	504
近畿	517	525	520	510	512
中国	513	538	542	533	513
四国	477	504	496	485	468
九州	495	519	522	522	469
沖縄	…	…	…	…	…
(都道府県)					
北海道	578	568	580	513	588
青森	627	615	610	609	646
岩手	572	550	543	552	565
宮城	559	566	546	562	563
秋田	601	603	589	571	612
山形	628	621	611	592	640
福島	568	567	561	572	579
茨城	534	533	536	536	515
栃木	546	564	521	562	537
群馬	501	514	511	518	494
埼玉	489	504	503	495	492
千葉	549	562	553	552	532
東京	…	…	…	…	…
神奈川	491	502	516	499	477
新潟	542	596	539	542	556
富山	573	579	560	565	565
石川	532	545	529	530	542
福井	529	545	536	542	534
山梨	545	553	556	549	547
長野	615	636	642	629	632
岐阜	490	496	498	488	491
静岡	516	538	529	518	530
愛知	512	531	522	512	510
三重	499	533	489	514	493
滋賀	528	544	527	522	518
京都	518	524	518	509	513
大阪	502	512	513	501	509
兵庫	510	511	515	500	506
奈良	523	533	530	522	522
和歌山	505	518	513	500	504
鳥取	521	530	531	507	524
島根	513	539	530	541	516
岡山	513	542	555	531	527
広島	521	547	546	545	511
山口	500	524	535	532	486
徳島	464	498	488	478	472
香川	481	520	494	489	481
愛媛	498	517	516	512	484
高知	461	474	481	454	430
福岡	491	515	522	528	467
佐賀	524	533	543	542	454
長崎	488	519	504	515	473
熊本	510	536	536	539	495
大分	486	514	519	509	447
宮崎	471	507	509	501	473
鹿児島	474	496	500	493	465
沖縄	…	…	…	…	…

1　米（続き）

(5)　水稲の田植機利用面積（都道府県別）（平成29年産～令和元年産）

全国・都道府県	平成29年産				30				令和元年産			
	利用面積	面積割合			利用面積	面積割合			利用面積	面積割合		
			稚苗	中・成苗			稚苗	中・成苗			稚苗	中・成苗
	(1)	(2)	(3)	(4)	(5)	(6)	(7)	(8)	(9)	(10)	(11)	(12)
	ha	%	%	%	ha	%	%	%	ha	%	%	%
全国	**1,566,000**	**98**	**62**	**36**	**1,557,000**	**98**	**62**	**36**	**1,548,000**	**98**	**62**	**36**
（都道府県）												
北海道	104,900	98	1	97	104,300	98	1	97	103,300	98	1	97
青森	48,900	97	0	97	48,800	97	0	97	48,800	97	0	97
岩手	54,800	98	36	62	54,600	98	36	62	54,700	98	36	62
宮城	72,100	97	57	40	71,800	96	56	40	71,700	95	56	39
秋田	89,600	98	28	71	89,600	99	27	72	89,300	99	30	68
山形	66,600	96	65	31	66,500	96	65	31	66,100	96	64	32
福島	69,300	98	56	41	69,400	97	55	42	69,400	97	55	42
茨城	76,800	100	99	1	76,600	100	99	1	76,200	100	99	1
栃木	69,200	100	94	5	69,000	100	94	5	68,900	100	94	5
群馬	17,500	100	8	92	17,300	100	8	92	17,000	100	8	92
埼玉	33,900	100	41	59	33,500	100	40	59	33,300	100	40	59
千葉	61,100	100	84	16	60,700	100	84	16	60,600	100	84	16
東京	127	90	68	22	124	93	68	26	120	93	68	25
神奈川	3,090	99	85	14	3,070	99	85	14	3,030	99	87	12
新潟	118,600	98	93	5	119,300	98	94	4	119,600	98	94	4
富山	35,500	91	91	0	35,400	91	91	0	35,500	91	91	0
石川	25,000	96	95	1	24,600	95	94	1	24,400	95	94	1
福井	22,900	87	79	8	22,700	86	78	8	22,700	86	78	8
山梨	4,920	99	8	91	4,880	99	7	91	4,860	99	7	91
長野	32,600	99	35	64	32,400	99	35	64	32,200	99	35	64
岐阜	24,700	98	91	7	24,500	98	91	7	24,500	98	91	7
静岡	17,200	100	98	1	17,000	99	98	1	16,900	99	98	1
愛知	26,700	91	80	11	26,400	90	79	11	26,200	90	79	11
三重	29,300	99	99	0	29,200	99	99	1	29,100	99	99	1
滋賀	32,300	98	52	46	31,800	97	51	46	32,100	98	51	46
京都	14,800	99	58	41	14,600	99	58	41	14,500	99	58	41
大阪	5,150	100	95	5	5,010	100	95	5	4,860	100	95	5
兵庫	37,100	98	59	39	37,400	98	59	39	37,300	98	59	39
奈良	8,690	100	0	100	8,620	100	0	100	8,520	99	0	99
和歌山	6,540	100	90	10	6,410	100	89	11	6,340	100	89	11
鳥取	14,000	100	71	29	13,900	100	78	21	13,800	100	78	21
島根	18,900	99	79	19	18,700	99	79	19	18,100	97	78	19
岡山	29,600	92	60	32	29,400	92	60	32	29,000	92	60	32
広島	24,700	100	92	8	24,300	99	92	7	23,400	99	92	7
山口	21,400	99	98	2	20,900	99	98	2	20,300	99	98	2
徳島	12,500	100	65	35	12,100	100	65	34	12,000	100	64	35
香川	13,200	100	88	12	12,700	100	87	13	12,300	100	88	12
愛媛	14,400	100	92	8	14,300	100	92	8	13,900	100	92	8
高知	12,800	100	55	45	12,600	100	55	45	12,500	100	55	45
福岡	39,100	100	77	23	38,700	99	74	25	38,300	100	67	33
佐賀	26,400	100	78	22	26,300	100	78	22	26,000	100	77	22
長崎	12,900	100	89	11	12,800	100	90	10	12,700	100	90	10
熊本	42,400	100	15	85	42,300	100	14	85	42,200	100	15	85
大分	24,900	100	65	35	24,500	100	64	35	24,300	100	62	37
宮崎	23,100	98	74	24	22,800	98	74	25	22,800	98	74	24
鹿児島	24,900	100	99	1	23,600	100	99	1	23,900	100	99	1
沖縄	711	98	69	29	701	98	70	28	662	98	68	30

注：1　面積割合、稚苗及び中・成苗の面積割合は当該年の作付面積（青刈り面積を含む。）に対する比率である。
　　2　利用面積は、情報収集によるものである。

(6) 水稲の刈取機利用面積（都道府県別）（平成29年産～令和元年産）

全国・都道府県	平成29年産				30				令和元年産			
	刈取面積	面積割合			刈取面積	面積割合			刈取面積	面積割合		
			コンバイン	バインダー			コンバイン	バインダー			コンバイン	バインダー
	(1)	(2)	(3)	(4)	(5)	(6)	(7)	(8)	(9)	(10)	(11)	(12)
	ha	%	%	%	ha	%	%	%	ha	%	%	%
全国	**1,464,000**	**100**	**96**	**4**	**1,469,000**	**100**	**96**	**4**	**1,469,000**	**100**	**96**	**4**
（都道府県）												
北海道	103,900	100	100	0	104,000	100	100	0	103,000	100	100	0
青森	43,400	100	93	7	44,200	100	93	7	45,000	100	93	7
岩手	49,800	100	87	13	50,300	100	86	14	50,500	100	89	11
宮城	66,300	100	98	2	67,400	100	98	2	68,400	100	98	2
秋田	86,900	100	99	1	87,700	100	99	1	87,800	100	99	1
山形	64,500	100	98	2	64,500	100	98	2	64,500	100	98	2
福島	64,000	100	94	6	64,900	100	95	5	65,800	100	95	5
茨城	68,100	100	99	1	68,400	100	99	1	68,300	100	99	1
栃木	57,600	100	100	0	58,500	100	100	0	59,200	100	100	0
群馬	15,400	100	91	9	15,500	100	92	8	15,500	100	92	8
埼玉	31,600	100	99	1	31,800	100	99	1	32,000	100	99	1
千葉	55,100	100	99	1	55,600	100	99	1	55,900	100	99	1
東京	138	98	82	16	130	98	82	16	126	98	82	16
神奈川	3,070	99	82	17	3,060	99	83	16	3,020	99	83	16
新潟	116,200	100	99	1	118,100	100	99	1	119,100	100	99	1
富山	37,600	100	100	0	37,300	100	100	0	37,200	100	100	0
石川	25,300	100	98	2	25,100	100	98	2	24,900	100	98	1
福井	24,900	100	100	0	25,000	100	100	0	25,100	100	100	0
山梨	4,910	99	62	37	4,890	100	64	35	4,870	100	65	35
長野	32,300	100	78	22	32,200	100	79	21	32,000	100	81	19
岐阜	21,900	100	95	5	22,500	100	95	5	22,500	100	95	5
静岡	15,700	100	94	6	15,800	100	94	6	15,700	100	94	6
愛知	27,400	100	96	4	27,600	100	96	4	27,500	100	96	4
三重	27,300	100	100	0	27,500	100	100	0	27,300	100	100	0
滋賀	31,700	100	100	0	31,700	100	100	0	31,700	100	100	0
京都	14,700	100	94	6	14,500	100	93	7	14,400	100	94	6
大阪	5,150	100	87	13	5,000	100	87	13	4,850	100	88	12
兵庫	36,600	100	99	1	37,000	100	99	1	36,800	100	99	1
奈良	8,570	100	93	7	8,550	100	93	7	8,460	100	93	7
和歌山	6,520	99	79	20	6,380	99	80	20	6,310	99	80	20
鳥取	12,600	100	93	7	12,800	100	94	6	12,700	100	94	6
島根	17,500	100	93	7	17,400	100	92	8	17,300	100	92	8
岡山	30,100	100	96	4	30,200	100	97	3	30,100	100	97	3
広島	23,700	100	98	2	23,400	100	98	2	22,700	100	98	2
山口	20,300	100	97	3	19,800	100	97	3	19,300	100	97	3
徳島	11,500	100	99	1	11,400	100	98	2	11,300	100	98	2
香川	12,800	100	100	0	12,500	100	100	0	12,000	100	100	0
愛媛	13,900	100	90	10	13,900	100	91	9	13,600	100	91	9
高知	11,500	100	93	7	11,500	100	96	4	11,400	100	96	4
福岡	35,700	100	99	1	35,300	100	99	1	35,000	100	99	1
佐賀	24,600	100	99	0	24,300	100	99	0	24,100	100	99	0
長崎	11,600	100	67	33	11,500	100	71	29	11,400	100	75	25
熊本	33,300	100	93	7	33,300	100	94	6	33,300	100	94	6
大分	21,000	100	92	8	20,700	100	93	7	20,600	100	93	7
宮崎	16,300	100	87	13	16,100	100	87	13	16,100	100	87	13
鹿児島	20,400	100	67	33	19,200	100	68	32	19,500	100	73	27
沖縄	718	99	95	4	702	98	95	3	667	99	95	4

注：1　面積割合、コンバイン及びバインダーの面積割合は、当該年の子実用作付面積に対する比率である。
　　2　刈取面積は、情報収集によるものである。

2 麦類

(1) 麦類の収穫量

ア 4麦計（平成22年産～令和元年産）

全国農業地域・都道府県	平成22年産		23		24		25		26	
	作付面積	収穫量	作付面積	収穫量	作付面積	収穫量	作付面積	収穫量	作付面積	収穫量
	(1)	(2)	(3)	(4)	(5)	(6)	(7)	(8)	(9)	(10)
	ha	t	ha	t	ha	t	ha	t	ha	
全国 (1)	**265,700**	**732,100**	**271,700**	**917,800**	**269,500**	**1,030,000**	**269,500**	**994,600**	**272,700**	**1,022,00**
（全国農業地域）										
北海道 (2)	118,400	355,000	121,200	505,800	121,200	592,800	123,800	537,000	125,200	557,30
都府県 (3)	147,300	377,100	150,400	411,900	148,400	437,400	145,700	457,600	147,500	464,90
東北 (4)	9,790	18,600	9,510	16,300	8,490	16,600	8,260	18,400	8,270	15,40
北陸 (5)	9,710	25,500	9,690	19,800	9,940	30,800	9,860	29,300	10,000	30,40
関東・東山 (6)	40,100	116,300	40,200	124,000	39,900	126,500	38,800	144,400	38,500	116,70
東海 (7)	15,000	31,600	15,600	42,100	15,400	45,900	15,400	51,000	15,900	58,00
近畿 (8)	10,200	20,900	10,500	22,800	10,200	26,700	9,980	25,800	10,200	29,90
中国 (9)	4,280	11,700	4,630	13,900	4,690	12,800	4,760	14,400	5,050	15,40
四国 (10)	4,280	11,100	4,480	13,900	4,390	12,000	4,320	14,600	4,320	12,90
九州 (11)	53,900	141,500	55,800	159,000	55,400	165,900	54,300	159,600	55,200	186,10
沖縄 (12)	8	12	x	x	11	16	16	36	23	4
（都道府県）										
北海道 (13)	118,400	355,000	121,200	505,800	121,200	592,800	123,800	537,000	125,200	557,30
青森 (14)	2,230	2,720	1,900	2,450	1,610	2,210	1,410	2,980	1,280	2,34
岩手 (15)	3,830	6,460	3,970	6,880	3,910	6,280	3,930	7,430	3,930	6,53
宮城 (16)	2,670	7,630	2,630	5,830	2,160	6,650	2,150	6,820	2,310	5,39
秋田 (17)	460	827	416	512	405	756	391	425	382	62
山形 (18)	120	184	130	235	138	246	115	204	x	
福島 (19)	482	732	466	436	270	481	263	491	260	37
茨城 (20)	8,170	17,000	8,290	18,100	8,130	18,400	8,030	25,500	7,990	21,40
栃木 (21)	14,200	46,300	14,300	47,300	14,100	42,600	13,500	51,500	13,200	31,60
群馬 (22)	7,660	25,900	7,640	29,200	7,810	32,600	7,830	32,900	7,720	29,40
埼玉 (23)	6,800	18,100	6,650	18,800	6,390	20,900	6,030	24,400	6,000	22,40
千葉 (24)	687	1,370	724	1,680	739	1,620	738	2,040	755	2,59
東京 (25)	21	65	25	79	28	86	26	70	23	5
神奈川 (26)	36	92	42	107	43	112	x	x	x	
新潟 (27)	391	342	254	278	246	508	250	524	246	55
富山 (28)	3,040	7,910	3,010	7,080	3,250	11,200	3,180	9,860	3,230	10,30
石川 (29)	1,410	3,500	1,440	3,180	1,370	4,210	1,310	3,360	1,250	3,27
福井 (30)	4,880	13,700	4,980	9,250	5,080	14,900	5,120	15,600	5,290	16,30
山梨 (31)	53	177	76	246	81	267	94	264	x	
長野 (32)	2,410	7,310	2,520	8,460	2,570	9,930	2,560	7,630	2,650	8,92
岐阜 (33)	3,090	6,950	3,200	7,800	3,240	9,950	3,280	9,850	3,360	10,70
静岡 (34)	811	907	795	1,380	794	1,430	746	1,660	743	1,90
愛知 (35)	5,250	12,600	5,340	18,200	5,320	20,000	5,350	22,300	5,510	23,60
三重 (36)	5,890	11,100	6,270	14,700	6,050	14,500	5,990	17,200	6,310	21,80
滋賀 (37)	7,380	16,200	7,610	16,900	7,340	21,200	7,190	20,200	7,400	23,60
京都 (38)	281	306	298	406	x	x	x	x	x	
大阪 (39)	0	1	x	x	x	x	x	x	x	
兵庫 (40)	2,420	4,190	2,480	5,230	2,450	4,890	2,420	5,080	2,440	5,54
奈良 (41)	x	x	x	x	x	x	x	x	x	
和歌山 (42)	4	7	5	7	5	5	5	6	x	
鳥取 (43)	108	186	123	230	x	x	115	309	115	25
島根 (44)	667	1,500	668	1,410	x	x	622	1,590	x	
岡山 (45)	2,340	7,800	2,500	9,440	2,460	8,040	2,500	9,070	2,650	9,63
広島 (46)	174	260	233	331	245	454	x	x	x	
山口 (47)	990	1,930	1,100	2,520	1,190	2,230	1,280	2,890	1,430	3,50
徳島 (48)	102	194	122	339	129	337	131	347	132	35
香川 (49)	2,380	6,110	2,500	8,120	2,440	6,820	2,410	9,080	2,390	7,12
愛媛 (50)	1,790	4,830	1,850	5,460	1,810	4,820	1,770	5,100	1,800	5,42
高知 (51)	5	13	9	24	x	x	12	28	x	
福岡 (52)	20,400	59,900	21,000	59,300	21,000	67,000	21,100	67,600	21,400	77,60
佐賀 (53)	21,000	55,200	21,200	64,700	21,100	66,900	20,500	56,400	20,400	68,60
長崎 (54)	1,750	4,460	1,880	5,370	1,810	4,250	1,800	4,210	1,830	5,04
熊本 (55)	6,320	12,400	6,670	18,500	6,560	18,000	6,190	18,500	6,490	21,2
大分 (56)	4,200	9,050	4,760	10,500	4,590	9,220	4,520	12,300	4,750	12,80
宮崎 (57)	123	234	130	270	116	220	114	287	156	46
鹿児島 (58)	141	274	173	401	x	x	x	x	x	
沖縄 (59)	8	12	x	x	11	16	16	36	23	4

27		28		29		30		令和元年産		
作付面積	収穫量	作付面積	収穫量	作付面積	収穫量	作付面積	収穫量	作付面積	収穫量	
(11)	(12)	(13)	(14)	(15)	(16)	(17)	(18)	(19)	(20)	
ha	t	ha	t	ha	t	ha	t	ha	t	
274,400	**1,181,000**	**275,900**	**961,000**	**273,700**	**1,092,000**	**272,900**	**939,600**	**273,000**	**1,260,000**	(1)
124,200	737,600	124,600	531,100	123,400	613,500	123,100	476,800	123,300	685,700	(2)
150,100	443,600	151,300	429,900	150,400	478,200	149,800	462,800	149,800	574,100	(3)
8,240	19,500	8,120	21,800	8,230	21,400	7,870	16,100	7,690	22,900	(4)
10,400	29,300	10,600	32,400	10,500	29,800	9,790	18,300	9,660	28,600	(5)
38,400	143,600	38,400	134,500	38,700	143,400	38,500	130,500	38,100	140,800	(6)
16,500	49,200	16,700	51,500	16,600	58,400	16,300	54,500	16,800	71,100	(7)
10,600	24,700	10,600	24,200	10,500	25,700	10,400	26,200	10,300	32,800	(8)
5,410	13,200	5,600	13,000	5,700	17,500	5,830	16,200	6,040	22,700	(9)
4,580	11,900	4,590	11,100	4,700	14,700	4,840	14,200	4,920	20,400	(10)
56,000	152,300	56,600	141,300	55,400	167,200	56,300	186,800	56,400	234,700	(11)
13	23	27	32	x	x	x	x	x	x	(12)
124,200	737,600	124,600	531,100	123,400	613,500	123,100	476,800	123,300	685,700	(13)
1,170	2,930	1,120	2,980	1,030	2,210	x	x	794	1,800	(14)
3,990	7,530	3,970	8,680	4,110	8,370	3,920	6,590	3,820	10,200	(15)
2,330	7,550	2,230	8,570	2,270	9,140	2,280	7,110	2,310	8,850	(16)
x	x	x	x	369	778	317	494	x	x	(17)
x	x	x	x	x	x	x	x	x	x	(18)
x	x	x	x	x	x	354	706	369	1,000	(19)
8,090	24,800	7,900	22,000	8,020	23,800	7,920	21,400	7,860	25,000	(20)
13,000	50,800	13,000	47,100	13,000	50,200	12,900	43,700	12,600	47,100	(21)
7,590	30,800	7,640	30,500	7,670	31,800	7,760	29,800	7,650	30,200	(22)
5,960	25,000	6,100	22,800	6,190	24,900	6,170	22,900	6,100	25,900	(23)
x	x	830	2,280	815	2,650	x	x	x	x	(24)
x	x	x	x	x	x	x	x	x	x	(25)
x	x	37	98	x	x	35	99	44	123	(26)
x	x	x	x	304	703	246	515	264	781	(27)
3,380	10,200	3,490	11,500	3,460	9,700	3,330	7,270	3,230	9,430	(28)
1,340	3,750	1,370	4,460	1,450	4,770	1,420	3,090	1,430	4,910	(29)
5,450	14,900	5,430	15,800	5,300	14,600	4,800	7,460	4,730	13,500	(30)
x	x	113	300	114	307	123	313	119	347	(31)
2,740	9,250	2,820	9,400	2,790	9,600	2,750	9,540	2,810	9,170	(32)
3,430	9,090	3,460	9,260	3,470	10,400	3,420	9,650	3,540	12,200	(33)
786	928	791	1,480	752	1,510	768	1,760	x	x	(34)
5,660	21,500	5,630	24,000	5,620	26,600	5,500	23,100	5,750	32,200	(35)
6,670	17,700	6,820	16,800	6,750	19,900	6,590	20,000	6,680	24,300	(36)
7,750	19,400	7,830	19,200	7,760	19,400	7,680	21,800	7,580	25,200	(37)
x	x	x	x	x	x	x	x	248	529	(38)
x	x	x	x	x	x	x	x	x	x	(39)
2,460	4,680	2,400	4,370	2,410	5,720	2,330	3,870	2,310	6,760	(40)
x	x	x	x	110	269	111	219	x	x	(41)
x	x	x	x	x	x	x	x	x	x	(42)
131	331	150	393	x	x	163	408	x	x	(43)
641	1,500	636	1,330	628	1,850	617	1,320	x	x	(44)
2,790	7,360	2,800	7,730	2,860	10,400	2,870	9,100	2,930	12,600	(45)
x	x	x	x	x	x	x	x	x	x	(46)
1,610	3,540	1,760	3,130	1,810	4,270	1,900	4,910	2,010	6,910	(47)
132	323	145	232	x	x	x	x	x	x	(48)
2,540	7,270	2,500	6,750	2,550	8,920	2,670	8,290	2,770	12,200	(49)
1,900	4,290	1,940	4,110	1,990	5,380	2,030	5,590	2,010	7,890	(50)
x	x	x	x	13	26	13	24	12	38	(51)
21,700	62,400	21,700	59,100	21,200	66,900	21,400	75,500	21,500	96,900	(52)
20,500	58,100	20,800	51,800	20,600	63,900	20,800	72,000	20,700	90,300	(53)
1,860	4,680	1,890	4,070	1,840	4,690	1,920	5,690	1,880	6,620	(54)
6,710	18,000	6,950	17,000	6,740	19,300	6,870	20,000	6,890	24,300	(55)
4,760	8,550	4,900	8,800	4,660	11,600	4,850	12,900	4,970	15,600	(56)
172	239	180	245	166	411	185	317	180	477	(57)
199	300	210	238	x	x	x	x	x	x	(58)
13	23	27	32	x	x	x	x	x	x	(59)

2　麦類（続き）

(1)　麦類の収穫量（続き）

イ　小麦

全国農業地域・都道府県	平成27年産				28				
	作付面積	10a当たり収量	収穫量	（参考）10a当たり平均収量対比	作付面積	10a当たり収量	収穫量	（参考）10a当たり平均収量対比	作付面積
	(1)	(2)	(3)	(4)	(5)	(6)	(7)	(8)	(9)
	ha	kg	t	%	ha	kg	t	%	ha
全国 (1)	**213,100**	**471**	**1,004,000**	**127**	**214,400**	**369**	**790,800**	**99**	**212,300**
（全国農業地域）									
北海道 (2)	122,600	596	731,000	141	122,900	427	524,300	100	121,600
都府県 (3)	90,500	302	273,200	100	91,500	291	266,500	99	90,700
東北 (4)	7,040	232	16,300	115	6,940	264	18,300	132	7,040
北陸 (5)	182	190	346	112	313	261	816	143	376
関東・東山 (6)	20,800	383	79,600	115	21,000	359	75,400	106	21,100
東海 (7)	15,900	301	47,800	102	16,000	313	50,000	107	15,900
近畿 (8)	9,430	232	21,900	92	9,350	228	21,300	93	9,270
中国 (9)	2,020	252	5,100	95	2,210	212	4,680	83	2,290
四国 (10)	1,860	295	5,480	96	1,920	280	5,370	96	2,050
九州 (11)	33,300	290	96,700	91	33,800	268	90,700	88	32,700
沖縄 (12)	13	177	23	100	27	119	32	65	23
（都道府県）									
北海道 (13)	122,600	596	731,000	141	122,900	427	524,300	100	121,600
青森 (14)	1,170	250	2,930	146	1,120	266	2,980	152	1,030
岩手 (15)	3,900	187	7,290	105	3,860	219	8,450	124	4,020
宮城 (16)	1,240	376	4,660	117	1,180	446	5,260	138	1,200
秋田 (17)	385	192	739	108	387	169	654	100	367
山形 (18)	91	235	214	131	87	284	247	158	91
福島 (19)	251	197	494	119	301	224	674	136	336
茨城 (20)	4,670	329	15,400	129	4,580	304	13,900	111	4,780
栃木 (21)	2,330	402	9,370	118	2,380	358	8,520	105	2,280
群馬 (22)	5,580	421	23,500	102	5,580	424	23,700	103	5,570
埼玉 (23)	5,060	418	21,200	130	5,200	369	19,200	111	5,250
千葉 (24)	748	326	2,440	137	779	277	2,160	109	769
東京 (25)	16	251	40	83	16	289	46	99	21
神奈川 (26)	37	286	106	106	36	267	96	99	33
新潟 (27)	27	174	47	98	44	277	122	155	60
富山 (28)	33	263	87	126	59	227	134	100	72
石川 (29)	86	138	119	97	71	315	224	225	84
福井 (30)	36	258	93	137	139	242	336	129	160
山梨 (31)	70	245	172	77	68	309	210	102	70
長野 (32)	2,250	328	7,380	94	2,320	324	7,520	97	2,290
岐阜 (33)	3,200	275	8,800	92	3,210	275	8,830	95	3,190
静岡 (34)	771	117	902	60	776	188	1,460	111	742
愛知 (35)	5,580	380	21,200	108	5,550	427	23,700	119	5,530
三重 (36)	6,340	267	16,900	104	6,500	246	16,000	98	6,430
滋賀 (37)	7,190	248	17,800	93	7,220	241	17,400	93	7,150
京都 (38)	151	104	157	84	153	126	193	109	154
大阪 (39)	x	113	x	75	x	94	x	67	x
兵庫 (40)	1,980	188	3,720	89	1,860	185	3,440	93	1,850
奈良 (41)	110	200	220	100	108	232	250	121	109
和歌山 (42)	3	126	4	85	3	115	3	85	2
鳥取 (43)	26	269	70	158	40	220	88	112	47
島根 (44)	101	145	146	102	95	128	122	92	104
岡山 (45)	629	280	1,760	83	664	262	1,740	82	715
広島 (46)	166	176	292	91	172	169	291	92	162
山口 (47)	1,100	257	2,830	104	1,230	198	2,440	81	1,260
徳島 (48)	60	296	178	108	64	236	151	86	66
香川 (49)	1,620	297	4,810	96	1,670	282	4,710	96	1,780
愛媛 (50)	170	282	479	93	188	264	496	90	197
高知 (51)	5	172	9	86	6	160	10	84	7
福岡 (52)	15,200	307	46,700	90	15,300	288	44,100	89	14,800
佐賀 (53)	9,850	303	29,800	94	9,760	272	26,500	87	9,640
長崎 (54)	663	243	1,610	93	633	213	1,350	84	535
熊本 (55)	4,900	278	13,600	94	5,080	259	13,200	92	4,880
大分 (56)	2,560	187	4,790	74	2,810	190	5,340	80	2,690
宮崎 (57)	95	102	97	43	117	126	147	58	111
鹿児島 (58)	42	128	54	67	40	99	40	54	35
沖縄 (59)	13	177	23	100	27	119	32	65	23

29			30				令和元年産				
10a当たり収量	収穫量	(参考)10a当たり平均収量対比	作付面積	10a当たり収量	収穫量	(参考)10a当たり平均収量対比	作付面積	10a当たり収量	収穫量	(参考)10a当たり平均収量対比	
(10)	(11)	(12)	(13)	(14)	(15)	(16)	(17)	(18)	(19)	(20)	
kg	t	%	ha	kg	t	%	ha	kg	t	%	
427	**906,700**	**111**	**211,900**	**361**	**764,900**	**90**	**211,600**	**490**	**1,037,000**	**123**	(1)
500	607,600	113	121,400	388	471,100	84	121,400	558	677,700	121	(2)
330	299,100	111	90,500	325	293,800	105	90,200	398	359,400	126	(3)
246	17,300	121	6,570	192	12,600	90	6,370	290	18,500	133	(4)
234	879	126	403	170	685	84	376	188	705	90	(5)
381	80,400	110	20,900	355	74,200	98	20,800	389	81,000	106	(6)
356	56,600	117	15,500	341	52,800	107	16,000	429	68,600	131	(7)
242	22,400	102	9,040	257	23,200	104	8,430	310	26,100	123	(8)
298	6,830	121	2,410	282	6,800	108	2,540	385	9,780	146	(9)
359	7,360	120	2,170	317	6,880	100	2,270	438	9,940	139	(10)
328	107,300	112	33,400	349	116,600	115	33,400	433	144,700	136	(11)
122	28	67	29	155	45	89	16	94	15	58	(12)
500	607,600	113	121,400	388	471,100	84	121,400	558	677,700	121	(13)
215	2,210	118	907	106	961	53	747	229	1,710	115	(14)
203	8,160	115	3,830	167	6,400	91	3,760	266	10,000	146	(15)
437	5,240	130	1,100	356	3,920	100	1,130	419	4,730	114	(16)
211	774	129	314	157	493	94	286	294	841	170	(17)
233	212	119	72	236	170	113	85	274	233	127	(18)
203	682	119	348	200	696	110	358	270	967	141	(19)
321	15,300	111	4,610	293	13,500	95	4,590	353	16,200	112	(20)
396	9,030	115	2,250	350	7,880	98	2,290	408	9,340	113	(21)
436	24,300	105	5,680	406	23,100	96	5,570	412	22,900	97	(22)
403	21,200	116	5,220	370	19,300	99	5,170	438	22,600	114	(23)
325	2,500	121	801	311	2,490	108	793	347	2,750	114	(24)
275	58	96	20	255	51	91	17	182	31	68	(25)
294	97	110	34	285	97	105	43	279	120	101	(26)
242	145	128	67	210	141	104	68	200	136	96	(27)
192	138	86	44	193	85	85	47	170	80	75	(28)
237	199	165	84	188	158	117	85	202	172	120	(29)
248	397	130	208	145	301	67	176	180	317	80	(30)
311	218	104	77	290	223	99	78	310	242	108	(31)
337	7,720	105	2,210	341	7,540	103	2,240	306	6,850	92	(32)
312	9,950	109	3,160	292	9,230	98	3,280	355	11,600	118	(33)
201	1,490	114	758	229	1,740	118	791	303	2,400	148	(34)
473	26,200	122	5,390	423	22,800	104	5,620	563	31,600	136	(35)
296	19,000	117	6,230	305	19,000	115	6,320	364	23,000	130	(36)
246	17,600	96	6,990	285	19,900	110	6,450	322	20,800	120	(37)
132	203	115	147	141	207	118	155	183	284	144	(38)
95	x	73	1	157	1	134	1	197	2	161	(39)
234	4,330	123	1,790	162	2,900	81	1,710	274	4,690	137	(40)
246	268	121	110	198	218	92	114	285	325	131	(41)
134	3	108	2	131	2	107	1	128	2	105	(42)
355	167	170	61	257	157	112	69	296	204	121	(43)
196	204	146	104	146	152	104	120	203	244	141	(44)
379	2,710	125	747	311	2,320	97	784	467	3,660	146	(45)
202	328	112	156	168	262	88	158	222	351	117	(46)
271	3,420	116	1,340	292	3,910	118	1,410	377	5,320	150	(47)
300	198	108	56	230	129	80	42	307	129	110	(48)
364	6,480	121	1,890	321	6,060	101	2,000	443	8,860	140	(49)
338	666	119	220	311	684	105	224	421	943	138	(50)
164	11	93	6	143	9	80	5	159	8	95	(51)
337	49,900	108	14,800	371	54,900	116	14,700	469	68,900	139	(52)
359	34,600	121	10,100	365	36,900	117	10,300	449	46,200	136	(53)
278	1,490	112	608	258	1,570	100	583	328	1,910	129	(54)
291	14,200	102	4,970	308	15,300	106	4,900	377	18,500	128	(55)
252	6,780	113	2,750	281	7,730	122	2,780	320	8,900	132	(56)
257	285	140	116	120	139	62	103	261	269	142	(57)
164	57	98	35	124	43	77	33	168	55	111	(58)
122	28	67	29	155	45	89	16	94	15	58	(59)

2　麦類（続き）

(1)　麦類の収穫量（続き）

ウ　二条大麦

全国農業地域・都道府県	平成27年産				28				
	作付面積	10a当たり収量	収穫量	（参考）10a当たり平均収量対比	作付面積	10a当たり収量	収穫量	（参考）10a当たり平均収量対比	作付面積
	(1) ha	(2) kg	(3) t	(4) %	(5) ha	(6) kg	(7) t	(8) %	(9) ha
全国 (1)	**37,900**	**299**	**113,300**	**96**	**38,200**	**280**	**106,800**	**92**	**38,300**
（全国農業地域）									
北海道 (2)	1,640	397	6,510	125	1,690	398	6,720	125	1,720
都府県 (3)	36,300	294	106,800	94	36,500	274	100,100	90	36,600
東北 (4)	x	400	x	400	4	200	8	267	x
北陸 (5)	6	183	11	110	7	171	12	120	9
関東・東山 (6)	12,400	381	47,200	112	12,400	359	44,500	107	12,600
東海 (7)	9	156	14	108	6	100	6	75	2
近畿 (8)	173	235	406	105	158	247	390	112	154
中国 (9)	2,830	257	7,280	75	2,840	268	7,600	81	2,820
四国 (10)	x	265	x	78	x	188	x	58	30
九州 (11)	20,800	249	51,800	85	21,200	224	47,500	80	21,100
沖縄 (12)	-	-	-	nc	-	-	-	nc	x
（都道府県）									
北海道 (13)	1,640	397	6,510	125	1,690	398	6,720	125	1,720
青森 (14)	-	-	-	nc	-	-	-	nc	-
岩手 (15)	x	x	x	x	x	x	x	x	x
宮城 (16)	-	-	-	nc	x	x	x	nc	2
秋田 (17)	1	252	3	170	2	224	4	151	2
山形 (18)	-	-	-	nc	-	-	-	nc	-
福島 (19)	x	x	x	nc	x	x	x	x	x
茨城 (20)	1,080	274	2,960	112	1,070	231	2,470	95	1,110
栃木 (21)	9,170	391	35,900	114	9,070	375	34,000	109	9,160
群馬 (22)	1,480	364	5,390	102	1,530	336	5,140	96	1,570
埼玉 (23)	692	420	2,910	116	685	419	2,870	115	712
千葉 (24)	-	-	-	-	x	x	x	x	x
東京 (25)	1	208	2	91	2	192	3	86	2
神奈川 (26)	x	x	x	x	x	x	x	x	-
新潟 (27)	x	x	x	x	x	x	x	x	-
富山 (28)	x	x	x	x	x	x	x	x	x
石川 (29)	x	x	x	x	x	x	x	x	x
福井 (30)	-	-	-	nc	-	-	-	nc	-
山梨 (31)	x	x	x	nc	-	-	-	-	-
長野 (32)	-	-	-	nc	1	355	4	nc	2
岐阜 (33)	-	-	-	nc	-	-	-	nc	-
静岡 (34)	7	157	11	159	5	80	4	67	2
愛知 (35)	2	150	3	54	1	200	2	82	-
三重 (36)	-	-	-	nc	-	-	-	nc	-
滋賀 (37)	61	331	202	106	59	348	205	113	58
京都 (38)	112	182	204	105	99	187	185	111	96
大阪 (39)	-	-	-	nc	-	-	-	nc	-
兵庫 (40)	-	-	-	nc	-	-	-	nc	-
奈良 (41)	-	-	-	nc	-	-	-	nc	-
和歌山 (42)	-	-	-	nc	-	-	-	nc	-
鳥取 (43)	89	267	238	98	103	288	297	112	97
島根 (44)	513	253	1,300	92	507	227	1,150	85	493
岡山 (45)	2,130	261	5,560	71	2,110	281	5,930	79	2,100
広島 (46)	x	x	x	nc	x	x	x	nc	x
山口 (47)	96	191	183	83	119	186	221	87	135
徳島 (48)	20	258	52	75	23	178	41	55	25
香川 (49)	-	-	-	nc	-	-	-	nc	-
愛媛 (50)	-	-	-	nc	-	-	-	nc	-
高知 (51)	x	x	x	x	x	x	x	x	5
福岡 (52)	6,070	240	14,600	82	5,990	235	14,100	83	5,950
佐賀 (53)	10,500	265	27,800	85	10,800	231	24,900	78	10,700
長崎 (54)	1,110	264	2,930	96	1,150	229	2,630	87	1,200
熊本 (55)	1,730	248	4,290	95	1,780	205	3,650	81	1,720
大分 (56)	1,150	160	1,840	68	1,180	165	1,950	76	1,260
宮崎 (57)	71	194	138	83	56	170	95	75	46
鹿児島 (58)	149	160	238	73	159	114	181	56	152
沖縄 (59)	-	-	-	nc	-	-	-	nc	x

29			30				令和元年産				
10 a 当たり収量	収穫量	（参考）10 a 当たり平均収量対比	作付面積	10 a 当たり収量	収穫量	（参考）10 a 当たり平均収量対比	作付面積	10 a 当たり収量	収穫量	（参考）10 a 当たり平均収量対比	
(10)	(11)	(12)	(13)	(14)	(15)	(16)	(17)	(18)	(19)	(20)	
kg	t	%	ha	kg	t	%	ha	kg	t	%	
313	**119,700**	**106**	**38,300**	**318**	**121,700**	**106**	**38,000**	**386**	**146,600**	**128**	(1)
337	5,800	102	1,660	334	5,540	98	1,700	448	7,620	128	(2)
311	113,900	106	36,600	317	116,100	106	36,300	383	139,000	128	(3)
275	x	367	5	160	8	nc	14	307	43	119	(4)
156	14	108	7	86	6	50	2	100	2	67	(5)
380	47,900	112	12,500	336	42,000	nc	12,200	357	43,600	102	(6)
123	3	103	3	200	5	168	4	75	3	61	(7)
250	385	109	153	231	353	97	x	306	x	125	(8)
344	9,700	108	2,740	301	8,240	94	2,700	396	10,700	127	(9)
280	84	88	x	226	x	72	x	500	x	174	(10)
265	55,900	99	21,100	310	65,500	115	21,200	397	84,200	147	(11)
x	x	x	x	x	x	nc	x	x	x	nc	(12)
337	5,800	102	1,660	334	5,540	98	1,700	448	7,620	128	(13)
−	−	nc	−	−	−	nc	−	−	−	nc	(14)
x	x	x	x	x	x	x	x	x	x	x	(15)
318	6	nc	2	320	6	nc	11	327	36	123	(16)
210	4	147	x	x	x	x	x	x	x	x	(17)
−	−	nc	−	−	−	nc	−	−	−	nc	(18)
x	x	x	x	x	x	x	x	x	x	x	(19)
273	3,030	116	1,240	260	3,220	105	1,210	264	3,190	105	(20)
395	36,200	113	9,020	344	31,000	95	8,730	371	32,400	102	(21)
367	5,760	106	1,580	322	5,090	92	1,580	351	5,550	103	(22)
402	2,860	106	699	377	2,640	97	670	361	2,420	91	(23)
x	x	x	x	x	x	x	x	x	x	x	(24)
229	4	99	1	160	2	70	1	204	3	103	(25)
−	−	−	x	x	x	x	x	x	x	x	(26)
−	−	−	−	−	−	−	−	−	−	−	(27)
x	x	x	x	x	x	x	x	x	x	x	(28)
x	x	x	x	x	x	x	x	x	x	x	(29)
−	−	nc	−	−	−	nc	−	−	−	nc	(30)
−	−	−	−	−	−	−	−	−	−	−	(31)
335	6	nc	2	253	5	nc	2	309	6	98	(32)
−	−	nc	−	−	−	nc	−	−	−	nc	(33)
123	3	103	3	200	5	168	4	75	3	61	(34)
−	−	−	−	−	−	−	−	−	−	−	(35)
−	−	nc	−	−	−	nc	−	−	−	nc	(36)
400	232	125	55	424	233	121	53	379	201	101	(37)
159	153	91	98	122	120	69	93	263	245	156	(38)
−	−	nc	−	−	−	nc	x	x	x	x	(39)
−	−	nc	−	−	−	nc	−	−	−	nc	(40)
−	−	nc	−	−	−	nc	x	x	x	x	(41)
−	−	nc	−	−	−	nc	−	−	−	nc	(42)
297	288	116	100	247	247	90	94	318	299	116	(43)
325	1,600	126	459	233	1,070	87	474	347	1,640	130	(44)
360	7,570	106	2,030	323	6,560	94	1,970	418	8,230	126	(45)
x	x	x	x	x	x	x	x	x	x	x	(46)
180	243	84	150	239	359	113	161	301	485	145	(47)
280	70	88	22	223	49	71	12	533	64	186	(48)
−	−	nc	x	x	x	x	x	x	x	nc	(49)
−	−	nc	−	−	−	nc	−	−	−	nc	(50)
289	14	89	5	238	12	73	5	410	21	135	(51)
267	15,900	99	6,070	313	19,000	116	6,350	411	26,100	149	(52)
268	28,700	95	10,500	328	34,400	116	10,100	427	43,100	151	(53)
255	3,060	100	1,230	324	3,990	129	1,220	375	4,580	149	(54)
278	4,780	113	1,750	246	4,310	95	1,830	297	5,440	114	(55)
240	3,020	119	1,350	245	3,310	117	1,460	302	4,410	143	(56)
257	118	118	55	308	169	133	58	303	176	124	(57)
195	296	101	141	238	336	123	149	258	384	133	(58)
x	x	nc	x	x	x	nc	x	x	x	nc	(59)

2　麦類（続き）

(1)　麦類の収穫量（続き）

エ　六条大麦

全国農業地域・都道府県	平成27年産 作付面積	平成27年産 10a当たり収量	平成27年産 収穫量	平成27年産 （参考）10a当たり平均収量対比	28 作付面積	28 10a当たり収量	28 収穫量	28 （参考）10a当たり平均収量対比	作付面積
	(1)	(2)	(3)	(4)	(5)	(6)	(7)	(8)	(9)
	ha	kg	t	%	ha	kg	t	%	ha
全国 (1)	**18,200**	**287**	**52,300**	**100**	**18,200**	**295**	**53,600**	**105**	**18,100**
（全国農業地域）									
北海道 (2)	−	−	−	nc	−	−	−	nc	x
都府県 (3)	18,200	287	52,300	100	18,200	295	53,600	105	18,100
東北 (4)	1,200	263	3,160	107	1,180	303	3,580	128	1,180
北陸 (5)	10,200	283	28,900	94	10,300	308	31,700	106	10,100
関東・東山 (6)	5,140	323	16,600	118	5,080	287	14,600	104	4,950
東海 (7)	641	222	1,420	85	665	226	1,500	92	681
近畿 (8)	x	236	x	85	945	220	2,080	85	1,030
中国 (9)	x	167	x	90	x	149	x	86	91
四国 (10)	−	−	−	nc	−	−	−	nc	x
九州 (11)	x	307	x	86	x	200	x	59	12
沖縄 (12)	−	−	−	nc	−	−	−	nc	−
（都道府県）									
北海道 (13)	−	−	−	nc	−	−	−	nc	x
青森 (14)	−	−	−	nc	−	−	−	nc	−
岩手 (15)	90	264	238	117	106	216	229	91	93
宮城 (16)	1,090	265	2,890	107	1,050	315	3,310	132	1,060
秋田 (17)	x	x	x	x	x	x	x	x	−
山形 (18)	21	110	23	80	22	123	27	97	23
福島 (19)	2	356	9	127	2	335	7	120	2
茨城 (20)	2,340	273	6,390	133	2,240	251	5,620	120	2,090
栃木 (21)	1,510	363	5,480	121	1,540	296	4,560	99	1,560
群馬 (22)	523	360	1,880	99	532	310	1,650	88	527
埼玉 (23)	170	455	774	111	176	374	658	93	182
千葉 (24)	46	291	134	134	46	233	107	106	43
東京 (25)	−	−	−	−	−	−	−	nc	−
神奈川 (26)	1	375	4	173	x	x	x	x	x
新潟 (27)	236	158	373	81	240	229	550	127	244
富山 (28)	3,340	302	10,100	97	3,430	332	11,400	108	3,390
石川 (29)	1,250	290	3,620	105	1,300	325	4,230	119	1,360
福井 (30)	5,420	273	14,800	90	5,290	293	15,500	100	5,140
山梨 (31)	53	174	92	53	45	200	90	67	44
長野 (32)	495	378	1,870	99	506	371	1,880	100	496
岐阜 (33)	230	126	290	72	250	173	433	106	277
静岡 (34)	8	183	15	131	10	110	11	79	8
愛知 (35)	76	371	282	114	78	374	292	113	85
三重 (36)	327	254	831	82	327	234	765	80	311
滋賀 (37)	407	271	1,100	91	455	265	1,210	91	533
京都 (38)	x	99	x	90	x	104	x	98	x
大阪 (39)	−	−	−	nc	x	x	x	x	−
兵庫 (40)	440	205	902	79	489	178	870	76	497
奈良 (41)	x	x	x	x	x	x	x	x	x
和歌山 (42)	x	x	x	nc	x	x	x	nc	x
鳥取 (43)	16	146	23	86	7	114	8	71	1
島根 (44)	11	182	20	147	11	91	10	73	x
岡山 (45)	x	200	x	127	x	160	x	90	x
広島 (46)	77	170	131	87	77	161	124	88	80
山口 (47)	−	−	−	nc	−	−	−	nc	−
徳島 (48)	−	−	−	nc	−	−	−	nc	x
香川 (49)	−	−	−	nc	−	−	−	nc	−
愛媛 (50)	−	−	−	nc	−	−	−	nc	−
高知 (51)	−	−	−	nc	−	−	−	nc	−
福岡 (52)	−	−	−	nc	−	−	−	nc	−
佐賀 (53)	−	−	−	nc	−	−	−	nc	−
長崎 (54)	−	−	−	nc	−	−	−	nc	−
熊本 (55)	x	x	x	nc	x	x	x	x	x
大分 (56)	11	309	34	88	14	170	24	49	6
宮崎 (57)	−	−	−	nc	−	−	−	nc	−
鹿児島 (58)	−	−	−	−	−	−	−	−	x
沖縄 (59)	−	−	−	nc	−	−	−	nc	−

29			30				令和元年産				
10 a 当たり収量	収穫量	(参考) 10 a 当たり平均収量対比	作付面積	10 a 当たり収量	収穫量	(参考) 10 a 当たり平均収量対比	作付面積	10 a 当たり収量	収穫量	(参考) 10 a 当たり平均収量対比	
(10)	(11)	(12)	(13)	(14)	(15)	(16)	(17)	(18)	(19)	(20)	
kg	t	%	ha	kg	t	%	ha	kg	t	%	
290	**52,400**	**104**	**17,300**	**225**	**39,000**	**79**	**17,700**	**315**	**55,800**	**111**	(1)
x	x	x	x	x	x	nc	17	441	75	nc	(2)
290	52,400	104	17,300	225	39,000	79	17,700	315	55,700	111	(3)
349	4,120	143	1,280	266	3,400	nc	1,300	335	4,360	nc	(4)
286	28,900	98	9,380	188	17,600	64	9,280	301	27,900	102	(5)
299	14,800	108	4,810	287	13,800	100	4,730	319	15,100	109	(6)
247	1,680	103	693	237	1,640	94	709	329	2,330	129	(7)
271	2,790	108	1,070	221	2,360	84	1,520	378	5,750	nc	(8)
190	173	112	x	171	x	93	x	243	x	133	(9)
x	x	nc	x	x	x	nc	x	x	x	nc	(10)
392	47	118	3	387	13	129	x	385	x	119	(11)
-	-	nc	-	-	-	nc	-	-	-	nc	(12)
x	x	x	x	x	x	nc	17	441	75	nc	(13)
-	-	nc	x	x	x	x	47	196	92	nc	(14)
220	205	94	84	230	193	97	66	244	161	103	(15)
367	3,890	148	1,170	272	3,180	103	1,160	350	4,060	124	(16)
-	-	-	x	x	x	x	-	-	-	-	(17)
83	19	70	19	59	11	50	15	122	18	103	(18)
254	5	89	4	211	8	71	10	325	33	109	(19)
254	5,310	115	1,940	225	4,370	97	1,830	262	4,800	109	(20)
315	4,910	108	1,560	308	4,800	104	1,570	335	5,260	112	(21)
328	1,730	97	491	325	1,600	96	494	360	1,780	110	(22)
382	695	95	198	415	822	103	194	372	722	91	(23)
334	144	150	37	376	139	156	34	318	108	118	(24)
-	-	nc	-	-	-	nc	-	-	-	nc	(25)
x	x	x	x	x	x	x	x	x	x	x	(26)
229	558	126	179	209	374	101	196	329	645	152	(27)
282	9,560	92	3,280	219	7,180	71	3,180	294	9,350	95	(28)
335	4,560	118	1,330	220	2,930	74	1,350	351	4,740	118	(29)
276	14,200	96	4,590	156	7,160	54	4,550	291	13,200	101	(30)
203	89	75	46	196	90	80	41	256	105	115	(31)
377	1,870	104	538	370	1,990	101	570	405	2,310	109	(32)
161	446	96	260	163	424	98	257	214	550	126	(33)
158	13	118	7	176	13	123	7	86	6	56	(34)
458	389	132	96	304	292	79	116	468	543	122	(35)
268	833	97	330	276	911	98	329	374	1,230	135	(36)
284	1,510	99	585	251	1,470	87	1,010	384	3,880	132	(37)
107	x	104	x	x	x	x	-	-	-	-	(38)
-	-	nc	x	x	x	nc	x	x	x	nc	(39)
258	1,280	120	483	183	884	79	508	368	1,870	172	(40)
x	x	x	x	x	x	x	-	-	-	-	(41)
x	x	x	x	x	x	x	x	x	x	x	(42)
200	2	131	x	x	x	x	x	x	x	x	(43)
x	x	x	10	170	17	139	x	x	x	x	(44)
120	x	67	x	119	x	66	x	140	x	80	(45)
203	162	115	83	171	142	90	83	252	209	131	(46)
-	-	nc	-	-	-	nc	-	-	-	nc	(47)
x	x	x	x	x	x	nc	x	x	x	nc	(48)
-	-	nc	-	-	-	nc	-	-	-	nc	(49)
-	-	nc	-	-	-	nc	-	-	-	nc	(50)
-	-	nc	-	-	-	nc	-	-	-	nc	(51)
-	-	nc	-	-	-	nc	-	-	-	nc	(52)
-	-	nc	-	-	-	nc	-	-	-	nc	(53)
-	-	nc	-	-	-	nc	-	-	-	nc	(54)
x	x	x	-	-	-	-	x	x	x	x	(55)
426	26	123	x	x	x	x	5	380	19	104	(56)
-	-	nc	-	-	-	nc	-	-	-	nc	(57)
x	x	x	x	x	x	x	x	x	x	x	(58)
-	-	nc	-	-	-	nc	-	-	-	nc	(59)

2　麦類（続き）

(1)　麦類の収穫量（続き）

オ　はだか麦

全国農業地域・都道府県	平成27年産 作付面積	平成27年産 10a当たり収量	平成27年産 収穫量	平成27年産 （参考）10a当たり平均収量対比	28 作付面積	28 10a当たり収量	28 収穫量	28 （参考）10a当たり平均収量対比	作付面積
	(1)	(2)	(3)	(4)	(5)	(6)	(7)	(8)	(9)
	ha	kg	t	%	ha	kg	t	%	ha
全国 (1)	**5,200**	**217**	**11,300**	**80**	**4,990**	**200**	**10,000**	**78**	**4,970**
（全国農業地域）									
北海道 (2)	12	367	44	nc	19	349	66	105	35
都府県 (3)	5,180	218	11,300	81	4,970	200	9,940	79	4,940
東北 (4)	x	x	x	nc	x	x	x	nc	1
北陸 (5)	−	−	−	nc	−	−	−	nc	x
関東・東山 (6)	50	342	171	116	55	284	156	100	96
東海 (7)	2	350	7	175	2	150	3	75	14
近畿 (8)	x	272	x	114	x	299	x	128	x
中国 (9)	454	133	603	73	464	124	577	73	502
四国 (10)	2,700	236	6,360	81	2,640	216	5,690	78	2,620
九州 (11)	1,850	202	3,740	78	1,670	184	3,080	77	1,630
沖縄 (12)	−	−	−	nc	−	−	−	nc	−
（都道府県）									
北海道 (13)	12	367	44	nc	19	349	66	105	35
青森 (14)	−	−	−	nc	−	−	−	nc	−
岩手 (15)	−	−	−	nc	−	−	−	nc	−
宮城 (16)	−	−	−	nc	−	−	−	nc	−
秋田 (17)	−	−	−	nc	−	−	−	nc	−
山形 (18)	x	x	x	nc	x	x	x	nc	x
福島 (19)	−	−	−	nc	−	−	−	nc	x
茨城 (20)	x	x	x	x	10	410	41	209	40
栃木 (21)	4	205	8	93	x	x	x	x	10
群馬 (22)	−	−	−	nc	−	−	−	nc	−
埼玉 (23)	39	369	144	115	39	259	101	81	44
千葉 (24)	x	x	x	x	x	x	x	x	x
東京 (25)	x	x	x	x	x	x	x	x	x
神奈川 (26)	x	x	x	nc	x	x	x	nc	−
新潟 (27)	−	−	−	nc	−	−	−	nc	−
富山 (28)	−	−	−	nc	−	−	−	nc	x
石川 (29)	−	−	−	nc	−	−	−	nc	−
福井 (30)	−	−	−	nc	−	−	−	nc	−
山梨 (31)	−	−	−	nc	−	−	−	nc	−
長野 (32)	−	−	−	nc	−	−	−	nc	−
岐阜 (33)	−	−	−	nc	−	−	−	nc	−
静岡 (34)	−	−	−	nc	−	−	−	nc	−
愛知 (35)	x	x	x	x	x	x	x	x	5
三重 (36)	x	x	x	x	x	x	x	x	9
滋賀 (37)	97	321	311	115	98	378	370	134	19
京都 (38)	−	−	−	−	−	−	−	−	−
大阪 (39)	x	x	x	x	−	−	−	−	−
兵庫 (40)	39	152	59	114	47	134	63	104	58
奈良 (41)	x	134	x	82	x	138	x	89	x
和歌山 (42)	−	−	−	nc	−	−	−	nc	−
鳥取 (43)	−	−	−	nc	−	−	−	nc	x
島根 (44)	16	219	35	93	23	204	47	89	x
岡山 (45)	24	167	40	64	28	196	55	78	46
広島 (46)	3	163	5	85	7	114	8	68	25
山口 (47)	411	127	523	72	406	115	467	72	409
徳島 (48)	52	178	93	95	58	69	40	38	51
香川 (49)	918	268	2,460	88	831	245	2,040	87	770
愛媛 (50)	1,730	220	3,810	76	1,750	206	3,610	74	1,790
高知 (51)	0	153	0	96	0	140	0	90	1
福岡 (52)	445	248	1,100	83	375	249	934	86	447
佐賀 (53)	189	261	493	88	184	226	416	81	219
長崎 (54)	88	155	136	81	106	80	85	45	102
熊本 (55)	73	148	108	77	86	158	136	91	134
大分 (56)	1,040	182	1,890	74	899	166	1,490	74	705
宮崎 (57)	6	68	4	31	7	47	3	26	9
鹿児島 (58)	8	95	8	65	11	151	17	113	16
沖縄 (59)	−	−	−	nc	−	−	−	nc	−

29			30				令和元年産				
10 a 当たり収量	収穫量	（参考）10 a 当たり平均収量対比	作付面積	10 a 当たり収量	収穫量	（参考）10 a 当たり平均収量対比	作付面積	10 a 当たり収量	収穫量	（参考）10 a 当たり平均収量対比	
(10)	(11)	(12)	(13)	(14)	(15)	(16)	(17)	(18)	(19)	(20)	
kg	t	%	ha	kg	t	%	ha	kg	t	%	
256	**12,700**	**102**	**5,420**	**258**	**14,000**	**102**	**5,780**	**351**	**20,300**	**140**	(1)
371	130	110	64	172	110	50	149	213	317	63	(2)
253	12,500	101	5,350	260	13,900	103	5,630	355	20,000	141	(3)
23	0	nc	10	120	12	nc	7	329	23	nc	(4)
x	x	nc	x	225	x	nc	x	x	x	nc	(5)
345	331	136	x	266	x	nc	x	319	x	nc	(6)
271	38	181	44	320	141	190	x	330	x	169	(7)
206	x	120	x	230	x	106	x	341	x	152	(8)
157	788	98	x	170	x	105	707	293	2,070	nc	(9)
277	7,260	103	2,640	274	7,230	101	2,630	395	10,400	148	(10)
243	3,960	105	1,750	271	4,740	115	1,740	327	5,690	135	(11)
–	–	nc	–	–	–	nc	–	–	–	nc	(12)
371	130	110	64	172	110	50	149	213	317	63	(13)
–	–	nc	–	–	–	nc	–	–	–	nc	(14)
–	–	nc	–	–	–	nc	–	–	–	nc	(15)
–	–	nc	x	x	x	x	x	x	x	nc	(16)
–	–	nc	–	–	–	nc	–	–	–	nc	(17)
x	x	x	x	x	x	x	x	x	x	x	(18)
x	x	x	x	x	x	nc	x	x	x	nc	(19)
440	176	203	125	252	315	97	229	339	776	126	(20)
240	24	117	21	267	56	126	44	239	105	113	(21)
–	–	nc	3	200	6	nc	5	257	13	nc	(22)
291	128	98	51	300	153	98	62	308	191	99	(23)
x	x	x	16	281	45	141	8	288	23	122	(24)
x	x	x	x	x	x	x	x	x	x	x	(25)
–	–	–	x	x	x	x	x	x	x	x	(26)
–	–	nc	–	–	–	nc	–	–	–	nc	(27)
x	x	x	x	x	x	nc	x	x	x	nc	(28)
–	–	nc	–	–	–	nc	–	–	–	nc	(29)
–	–	nc	–	–	–	nc	–	–	–	nc	(30)
–	–	nc	–	–	–	nc	–	–	–	nc	(31)
–	–	nc	–	–	–	nc	–	–	–	nc	(32)
–	–	nc	–	–	–	nc	–	–	–	nc	(33)
–	–	nc	–	–	–	nc	x	x	x	x	(34)
260	13	138	13	208	27	102	15	260	39	120	(35)
278	25	201	31	368	114	241	25	372	93	206	(36)
277	53	91	47	355	167	115	66	503	332	155	(37)
–	–	–	–	–	–	nc	–	–	–	nc	(38)
–	–	–	–	–	–	–	–	–	–	–	(39)
183	106	143	63	137	86	93	90	221	199	146	(40)
153	x	97	x	153	x	95	x	174	x	107	(41)
–	–	nc	0	145	0	nc	0	134	0	nc	(42)
x	x	x	x	x	x	nc	7	200	14	nc	(43)
x	x	x	44	182	80	86	26	346	90	163	(44)
243	112	102	89	242	215	103	175	412	721	174	(45)
112	28	76	45	109	49	80	62	231	143	179	(46)
149	609	99	404	159	642	110	437	252	1,100	171	(47)
206	105	125	60	137	82	72	66	188	124	104	(48)
317	2,440	112	774	288	2,230	100	773	429	3,320	151	(49)
263	4,710	99	1,810	271	4,910	102	1,790	388	6,950	149	(50)
132	1	86	2	167	3	111	2	425	9	283	(51)
239	1,070	85	504	314	1,580	116	488	394	1,920	143	(52)
281	615	104	225	324	729	119	250	396	990	141	(53)
136	139	84	77	173	133	114	69	183	126	110	(54)
207	277	117	157	229	360	122	161	222	357	110	(55)
258	1,820	121	748	253	1,890	113	730	305	2,230	133	(56)
94	8	63	14	66	9	49	19	170	32	130	(57)
176	28	127	21	164	34	110	24	157	38	103	(58)
–	–	nc	–	–	–	nc	–	–	–	nc	(59)

2　麦類（続き）

(2)　麦類の10ａ当たり平均収量

ア　小麦　／　イ　二条大麦

単位：kg　　　　単位：kg

全国農業地域・都道府県	ア 小麦 平成27年産 (1)	28 (2)	29 (3)	30 (4)	令和元年産 (5)	イ 二条大麦 平成27年産 (1)	28 (2)	29 (3)	30 (4)	令和元年産 (5)
全国	**371**	**371**	**384**	**399**	**399**	**313**	**305**	**295**	**301**	**301**
（全国農業地域）										
北海道	423	428	444	460	460	318	318	331	340	349
都府県	301	295	296	309	315	312	304	294	299	299
東北	202	200	203	213	218	100	75	75	…	257
北陸	169	183	186	203	209	167	143	144	171	150
関東・東山	333	338	345	363	368	339	336	339	…	351
東海	296	293	303	319	328	144	133	119	119	122
近畿	253	244	238	246	253	223	220	230	238	245
中国	264	256	246	261	263	342	330	318	320	312
四国	306	293	298	316	314	339	323	317	315	288
九州	320	305	294	304	318	294	281	268	269	270
沖縄	177	183	182	175	163	…	…	…	…	…
（都道府県）										
北海道	423	428	444	460	460	318	318	331	340	349
青森	171	175	182	199	199	…	…	…	…	-
岩手	178	176	176	183	182	x	316	282	292	292
宮城	322	324	335	355	368	…	…	…	…	266
秋田	177	169	164	167	173	148	148	143	167	150
山形	180	180	195	208	215	-	-	-	-	-
福島	165	165	170	181	192	…	229	210	173	160
茨城	256	274	289	308	315	245	242	236	248	252
栃木	341	341	343	357	361	344	344	349	362	363
群馬	412	412	415	425	425	358	351	345	349	341
埼玉	322	333	348	374	384	363	363	378	390	396
千葉	238	255	268	289	304	175	175	153	175	187
東京	304	291	287	279	268	228	224	231	229	199
神奈川	271	271	268	272	275	315	346	313	298	252
新潟	178	179	189	201	208	191	129	79	66	84
富山	209	226	222	227	227	172	147	138	131	131
石川	142	140	144	161	168	104	136	156	176	176
福井	188	188	191	215	225	-	-	-	-	-
山梨	319	304	299	294	287	…	221	221	221	221
長野	348	334	322	332	332	-	-	…	…	314
岐阜	300	290	285	297	301	-	-	-	-	-
静岡	196	169	177	194	205	99	119	119	119	122
愛知	353	358	388	406	415	277	245	240	240	240
三重	256	252	253	266	280	…	…	…	-	-
滋賀	268	259	255	260	269	312	308	321	349	377
京都	124	116	115	120	127	174	168	175	176	169
大阪	150	140	130	117	122	…	…	…	…	-
兵庫	211	200	191	200	200	…	-	-	-	-
奈良	201	191	204	215	217	-	-	-	-	-
和歌山	148	135	124	123	122	-	-	-	-	-
鳥取	170	196	209	229	244	272	258	255	273	274
島根	142	139	134	140	144	275	266	258	268	267
岡山	336	320	302	321	320	366	355	341	342	333
広島	193	184	181	190	190	…	…	96	117	100
山口	247	244	234	248	251	230	215	215	212	208
徳島	273	273	277	289	278	342	321	317	314	286
香川	309	293	301	319	316	-	-	-	-	…
愛媛	304	292	284	295	305	…	…	…	…	-
高知	201	191	177	178	168	329	330	323	328	304
福岡	340	325	313	320	337	293	283	270	269	276
佐賀	323	312	296	313	329	310	296	282	282	282
長崎	261	253	248	258	254	275	264	256	251	251
熊本	295	283	284	290	294	262	252	245	260	260
大分	252	237	224	230	243	237	218	202	209	211
宮崎	239	217	183	195	184	233	226	217	231	245
鹿児島	191	182	168	161	151	220	205	194	194	194
沖縄	177	183	182	175	163	…	…	…	…	…

ウ　六条大麦

エ　はだか麦

単位：kg

全国農業地域・都道府県	ウ 六条大麦 平成27年産 (1)	28 (2)	29 (3)	30 (4)	令和元年産 (5)	エ はだか麦 平成27年産 (1)	28 (2)	29 (3)	30 (4)	令和元年産 (5)
全国	**286**	**281**	**278**	**285**	**285**	**270**	**255**	**251**	**252**	**250**
(全国農業地域)										
北海道	−	−	−	…	…	…	332	336	344	336
都府県	286	281	278	285	285	270	254	251	252	251
東北	245	236	244	…	…	…	…	…	…	…
北陸	301	291	292	294	295	−	−	…	…	…
関東・東山	274	276	277	287	292	294	285	253	…	…
東海	262	245	239	251	255	200	200	150	168	195
近畿	279	260	251	264	…	238	233	171	216	224
中国	185	174	170	183	183	183	169	161	162	…
四国	−	−	…	…	…	293	278	269	272	266
九州	355	341	333	300	323	258	239	232	235	243
沖縄	−	−	−	−	−	−	−	−	−	−
(都道府県)										
北海道	−	−	−	…	…	…	332	336	344	336
青森	…	…	−	−	…	−	−	−	−	−
岩手	225	237	234	236	236	−	−	−	−	−
宮城	248	238	248	265	283	−	−	−	−	…
秋田	236	200	191	201	201	−	−	−	−	−
山形	138	127	119	118	118	…	…	43	32	43
福島	280	280	286	297	297	−	−	−	…	…
茨城	206	209	221	233	241	190	196	217	259	269
栃木	300	300	293	296	298	221	227	205	212	212
群馬	363	353	339	339	327	−	−	−	−	…
埼玉	409	404	403	403	411	321	320	298	305	310
千葉	217	219	223	241	270	133	162	193	199	237
東京	252	…	…	…	…	281	244	210	188	188
神奈川	217	217	239	274	286	…	…	192	192	173
新潟	195	181	182	206	217	−	−	−	−	−
富山	312	307	305	309	309	−	−	−	…	…
石川	277	274	283	297	297	−	−	−	−	−
福井	302	293	289	288	288	−	−	−	−	−
山梨	329	297	269	246	223	−	−	−	−	−
長野	380	371	364	366	371	−	−	−	−	−
岐阜	174	163	167	166	170	…	…	…	…	…
静岡	140	140	134	143	154	−	−	−	−	−
愛知	326	330	348	384	384	210	211	189	204	217
三重	311	291	275	282	278	137	142	138	153	181
滋賀	297	290	286	290	290	280	283	305	308	324
京都	110	106	103	103	103	135	119	92	…	…
大阪	−	−	…	…	…	239	199	199	199	199
兵庫	261	234	215	231	214	133	129	128	147	151
奈良	143	120	93	96	96	164	155	157	161	162
和歌山	…	…	139	132	121	−	−	−	−	…
鳥取	170	161	153	153	149	−	−	−	…	…
島根	124	124	119	122	121	236	230	223	212	212
岡山	158	178	180	180	174	261	250	238	236	237
広島	196	182	176	190	192	192	168	148	137	129
山口	−	−	−	−	−	176	160	150	144	147
徳島	−	−	−	…	…	188	181	165	190	180
香川	−	−	−	−	−	305	283	283	289	284
愛媛	−	−	−	−	−	290	278	267	266	261
高知	−	−	−	−	−	160	156	153	150	150
福岡	−	−	−	−	−	298	291	280	270	276
佐賀	−	−	−	−	−	298	278	271	273	281
長崎	−	−	−	−	−	192	177	162	152	166
熊本	…	311	314	323	323	192	174	177	188	201
大分	353	349	345	359	364	245	225	213	223	230
宮崎	−	−	−	−	−	216	181	150	134	131
鹿児島	256	256	256	242	265	147	134	139	149	152
沖縄	−	−	−	−	−	−	−	−	−	−

2　麦類（続き）

(3)　小麦の秋まき、春まき別収穫量（北海道）

区分	平成27年産			28			29		
	作付面積	10a当たり収量	収穫量	作付面積	10a当たり収量	収穫量	作付面積	10a当たり収量	収穫量
	(1)	(2)	(3)	(4)	(5)	(6)	(7)	(8)	(9)
	ha	kg	t	ha	kg	t	ha	kg	t
北海道	122,600	596	731,000	122,900	427	524,300	121,600	500	607,600
秋まき	107,300	634	680,000	107,100	443	474,900	104,200	531	553,300
春まき	15,300	333	51,000	15,800	313	49,400	17,400	312	54,300

区分	30			令和元年産		
	作付面積	10a当たり収量	収穫量	作付面積	10a当たり収量	収穫量
	(10)	(11)	(12)	(13)	(14)	(15)
	ha	kg	t	ha	kg	t
北海道	121,400	388	471,100	121,400	558	677,700
秋まき	103,500	421	435,700	104,900	588	616,400
春まき	17,900	198	35,400	16,500	372	61,300

3　豆類

(1)　大豆

全国農業地域・都道府県	平成27年産 作付面積	平成27年産 10 a 当たり収量	平成27年産 収穫量	平成27年産 (参考) 10 a 当たり平均収量対比	28 作付面積	28 10 a 当たり収量	28 収穫量	28 (参考) 10 a 当たり平均収量対比	2 作付面積	2 10 a 当たり収量
	(1)	(2)	(3)	(4)	(5)	(6)	(7)	(8)	(9)	(10)
	ha	kg	t	%	ha	kg	t	%	ha	k
全国 (1)	**142,000**	**171**	**243,100**	**99**	**150,000**	**159**	**238,000**	**92**	**150,200**	**16**
(全国農業地域)										
北海道 (2)	33,900	253	85,900	107	40,200	210	84,400	88	41,000	24
都府県 (3)	108,100	145	157,200	95	109,900	140	153,600	94	109,200	14
東北 (4)	34,600	158	54,600	113	35,900	151	54,200	107	36,300	12
北陸 (5)	13,300	201	26,700	130	13,400	167	22,400	106	13,500	16
関東・東山 (6)	10,600	136	14,400	89	10,700	136	14,600	93	10,500	14
東海 (7)	12,200	100	12,200	79	12,200	112	13,700	96	12,100	11
近畿 (8)	9,840	133	13,100	96	9,840	135	13,300	99	9,880	12
中国 (9)	5,000	106	5,290	82	4,890	101	4,960	82	4,740	12
四国 (10)	599	88	525	67	588	99	583	78	557	10
九州 (11)	21,900	139	30,400	71	22,200	135	30,000	73	21,700	16
沖縄 (12)	1	74	1	264	1	34	0	106	0	5
(都道府県)										
北海道 (13)	33,900	253	85,900	107	40,200	210	84,400	88	41,000	24
青森 (14)	4,500	162	7,290	120	4,810	153	7,360	113	4,940	12
岩手 (15)	4,260	153	6,520	129	4,550	147	6,680	121	4,640	11
宮城 (16)	11,100	161	17,900	98	11,300	151	17,100	90	11,200	13
秋田 (17)	7,900	166	13,100	134	8,480	150	12,700	121	8,720	12
山形 (18)	5,140	147	7,560	111	5,150	159	8,190	120	5,130	14
福島 (19)	1,720	128	2,200	96	1,660	129	2,140	98	1,590	11
茨城 (20)	3,760	113	4,250	80	3,730	108	4,030	81	3,640	13
栃木 (21)	2,670	166	4,430	95	2,680	166	4,450	98	2,560	16
群馬 (22)	323	109	352	73	301	125	376	89	316	11
埼玉 (23)	665	91	605	77	705	99	698	93	679	13
千葉 (24)	835	107	893	84	876	103	902	84	900	11
東京 (25)	4	132	5	108	4	124	5	102	8	11
神奈川 (26)	40	177	71	105	39	162	63	95	42	14
新潟 (27)	5,260	193	10,200	121	5,150	194	9,990	121	5,160	17
富山 (28)	4,720	211	9,960	133	4,810	128	6,160	79	4,780	17
石川 (29)	1,580	187	2,950	135	1,680	147	2,470	104	1,730	15
福井 (30)	1,710	210	3,590	143	1,800	208	3,740	137	1,820	15
山梨 (31)	223	117	261	100	220	149	328	131	218	12
長野 (32)	2,120	167	3,540	104	2,170	172	3,730	107	2,140	16
岐阜 (33)	2,940	103	3,030	74	2,950	104	3,070	84	2,910	1
静岡 (34)	319	59	188	56	284	107	304	107	255	1
愛知 (35)	4,470	124	5,540	89	4,510	134	6,040	99	4,530	14
三重 (36)	4,490	77	3,460	72	4,470	95	4,250	99	4,420	9
滋賀 (37)	6,540	148	9,680	97	6,680	150	10,000	99	6,700	13
京都 (38)	359	130	467	121	324	117	379	106	304	1
大阪 (39)	15	110	17	85	16	112	18	88	16	1
兵庫 (40)	2,730	98	2,680	90	2,630	101	2,660	97	2,680	10
奈良 (41)	166	130	216	90	158	120	190	85	150	1
和歌山 (42)	30	105	32	91	29	96	28	86	29	9
鳥取 (43)	714	147	1,050	98	715	132	944	90	713	12
島根 (44)	953	104	991	78	873	121	1,060	98	823	13
岡山 (45)	1,840	106	1,950	83	1,820	79	1,440	65	1,730	1
広島 (46)	657	90	591	73	605	101	611	89	566	10
山口 (47)	839	84	705	70	882	103	908	91	906	1
徳島 (48)	65	72	47	80	52	51	27	62	42	4
香川 (49)	102	99	101	91	83	84	70	81	72	9
愛媛 (50)	328	104	341	67	364	119	433	80	354	1
高知 (51)	104	35	36	36	89	60	53	67	89	[illegible]
福岡 (52)	8,430	138	11,600	70	8,430	138	11,600	74	8,410	16
佐賀 (53)	8,530	161	13,700	72	8,370	146	12,200	69	8,150	1
長崎 (54)	466	79	368	57	438	93	407	74	449	1
熊本 (55)	2,090	124	2,590	70	2,680	143	3,830	81	2,440	1
大分 (56)	1,770	94	1,660	82	1,720	88	1,510	81	1,700	9
宮崎 (57)	254	97	246	71	261	71	185	53	233	1
鹿児島 (58)	341	73	249	55	355	84	298	65	328	[illegible]
沖縄 (59)	1	74	1	264	1	34	0	106	0	[illegible]

		30				令和元年産				
収穫量	（参考）10a当たり平均収量対比	作付面積	10a当たり収量	収穫量	（参考）10a当たり平均収量対比	作付面積	10a当たり収量	収穫量	（参考）10a当たり平均収量対比	
(11)	(12)	(13)	(14)	(15)	(16)	(17)	(18)	(19)	(20)	
t	%	ha	kg	t	%	ha	kg	t	%	
253,000	**101**	**146,600**	**144**	**211,300**	**86**	**143,500**	**152**	**217,800**	**92**	(1)
100,500	103	40,100	205	82,300	85	39,100	226	88,400	95	(2)
152,500	96	106,600	121	129,000	84	104,400	124	129,400	84	(3)
47,000	91	35,400	132	46,600	92	35,100	148	52,100	104	(4)
22,800	106	13,000	144	18,700	87	12,400	148	18,400	89	(5)
15,000	101	10,000	137	13,700	95	9,890	115	11,400	80	(6)
14,200	98	12,000	51	6,080	45	11,900	101	12,000	90	(7)
12,600	94	9,700	66	6,410	49	9,410	107	10,100	79	(8)
5,680	102	4,530	96	4,330	80	4,330	100	4,350	85	(9)
561	85	531	101	537	91	489	137	668	125	(10)
34,700	91	21,400	152	32,600	92	21,000	97	20,400	61	(11)
0	166	0	42	0	124	0	18	0	46	(12)
100,500	103	40,100	205	82,300	85	39,100	226	88,400	95	(13)
6,270	89	5,010	107	5,360	77	4,760	161	7,660	122	(14)
5,380	92	4,590	136	6,240	106	4,290	147	6,310	112	(15)
15,600	84	10,700	150	16,100	91	11,000	137	15,100	85	(16)
10,500	94	8,470	122	10,300	94	8,560	162	13,900	125	(17)
7,440	106	5,090	128	6,520	90	4,950	155	7,670	106	(18)
1,800	88	1,570	133	2,090	103	1,500	99	1,490	77	(19)
4,730	104	3,470	110	3,820	85	3,450	96	3,310	76	(20)
4,120	97	2,370	168	3,980	100	2,340	152	3,560	89	(21)
354	85	303	127	385	98	291	133	387	102	(22)
930	134	667	96	640	88	636	86	547	79	(23)
1,010	96	885	106	938	89	871	43	375	38	(24)
9	97	10	107	11	88	6	133	8	109	(25)
60	85	41	132	54	80	40	138	55	86	(26)
9,240	107	4,750	168	7,980	97	4,410	174	7,670	97	(27)
8,130	109	4,710	135	6,360	83	4,480	145	6,500	90	(28)
2,600	105	1,660	130	2,160	87	1,660	124	2,060	84	(29)
2,780	92	1,850	120	2,220	71	1,810	121	2,190	71	(30)
270	109	220	119	262	101	223	120	268	101	(31)
3,490	99	2,070	172	3,560	104	2,030	140	2,840	84	(32)
3,400	94	2,870	50	1,440	43	2,850	113	3,220	104	(33)
293	114	260	69	179	66	251	76	191	78	(34)
6,430	101	4,440	62	2,750	45	4,490	112	5,030	81	(35)
4,110	98	4,390	39	1,710	43	4,290	82	3,520	93	(36)
9,310	93	6,690	66	4,420	45	6,690	117	7,830	80	(37)
359	105	311	83	258	71	307	113	347	97	(38)
19	96	15	73	11	59	15	113	17	94	(39)
2,710	101	2,500	64	1,600	63	2,220	81	1,800	80	(40)
179	86	148	70	104	52	143	71	102	54	(41)
28	90	29	72	21	69	28	93	26	90	(42)
906	89	701	103	722	73	641	117	750	82	(43)
1,120	109	805	110	886	87	756	131	990	102	(44)
1,990	103	1,630	85	1,390	73	1,580	80	1,260	72	(45)
589	97	499	90	449	84	477	92	439	91	(46)
1,070	110	896	98	881	89	871	105	915	95	(47)
19	61	39	43	17	64	17	39	7	66	(48)
70	100	61	59	36	63	60	77	46	83	(49)
421	86	346	128	443	99	338	173	585	136	(50)
51	74	85	48	41	71	74	41	30	68	(51)
13,500	91	8,280	156	12,900	92	8,250	107	8,830	67	(52)
15,100	95	8,000	170	13,600	91	7,820	80	6,260	45	(53)
525	103	468	90	421	81	399	52	207	49	(54)
3,440	83	2,430	149	3,620	93	2,450	126	3,090	81	(55)
1,580	87	1,630	87	1,420	86	1,540	82	1,260	85	(56)
261	96	250	109	273	103	219	157	344	143	(57)
325	83	364	107	389	98	325	125	406	119	(58)
0	166	0	42	0	124	0	18	0	46	(59)

3　豆類（続き）

(2)　小豆

全国農業地域 ・ 都道府県	平成27年産				28					
	作付面積	10a当たり収量	収穫量	（参考）10a当たり平均収量対比	作付面積	10a当たり収量	収穫量	（参考）10a当たり平均収量対比	作付面積	10a当た収
	(1)	(2)	(3)	(4)	(5)	(6)	(7)	(8)	(9)	(10)
	ha	kg	t	%	ha	kg	t	%	ha	
全国 (1)	**27,300**	**233**	**63,700**	**nc**	**21,300**	**138**	**29,500**	**nc**	**22,700**	**2**
（全国農業地域）										
北海道 (2)	21,900	272	59,500	113	16,200	167	27,100	69	17,900	2
都府県 (3)	5,410	78	4,210	nc	5,060	…	…	nc	…	
東北 (4)	1,250	82	1,030	nc	1,070	…	…	nc	…	
北陸 (5)	356	72	258	nc	340	…	…	nc	…	
関東・東山 (6)	1,070	85	910	nc	x	…	…	nc	…	
東海 (7)	129	69	89	nc	124	…	…	nc	…	
近畿 (8)	1,270	80	1,020	nc	1,270	…	…	nc	…	
中国 (9)	814	69	565	nc	785	…	…	nc	…	
四国 (10)	106	62	66	nc	98	…	…	nc	…	
九州 (11)	416	66	273	nc	379	…	…	nc	…	
沖縄 (12)	-	-	-	nc	-	…	…	nc	…	
（都道府県）										
北海道 (13)	21,900	272	59,500	113	16,200	167	27,100	69	17,900	2
青森 (14)	203	84	171	84	175	…	…	nc	…	
岩手 (15)	397	88	349	124	339	…	…	nc	…	
宮城 (16)	118	57	67	nc	111	…	…	nc	…	
秋田 (17)	178	97	173	nc	149	…	…	nc	…	
山形 (18)	101	71	72	nc	86	…	…	nc	…	
福島 (19)	254	78	198	95	206	…	…	nc	…	
茨城 (20)	140	101	141	nc	132	…	…	nc	…	
栃木 (21)	188	87	164	nc	173	…	…	nc	…	
群馬 (22)	189	117	221	nc	174	…	…	nc	…	
埼玉 (23)	152	58	88	nc	144	…	…	nc	…	
千葉 (24)	120	77	92	nc	106	…	…	nc	…	
東京 (25)	x	x	x	nc	x	…	…	nc	…	
神奈川 (26)	19	52	10	nc	18	…	…	nc	…	
新潟 (27)	157	76	119	nc	148	…	…	nc	…	
富山 (28)	20	70	14	nc	20	…	…	nc	…	
石川 (29)	144	70	101	nc	138	…	…	nc	…	
福井 (30)	35	68	24	nc	34	…	…	nc	…	
山梨 (31)	49	69	34	nc	46	…	…	nc	…	
長野 (32)	208	77	160	nc	201	…	…	nc	…	
岐阜 (33)	46	76	35	nc	46	…	…	nc	…	
静岡 (34)	16	44	7	nc	14	…	…	nc	…	
愛知 (35)	33	82	27	nc	32	…	…	nc	…	
三重 (36)	34	59	20	nc	32	…	…	nc	…	
滋賀 (37)	49	87	43	113	51	69	35	90	52	
京都 (38)	521	80	417	143	493	52	256	91	461	
大阪 (39)	0	69	0	nc	0	…	…	nc	…	
兵庫 (40)	667	80	534	108	699	…	…	nc	690	
奈良 (41)	31	88	27	nc	29	…	…	nc	…	
和歌山 (42)	2	90	2	nc	2	…	…	nc	…	
鳥取 (43)	123	94	116	nc	116	…	…	nc	…	
島根 (44)	151	60	91	nc	147	…	…	nc	…	
岡山 (45)	352	70	246	nc	352	…	…	nc	…	
広島 (46)	134	59	79	nc	125	…	…	nc	…	
山口 (47)	54	62	33	nc	45	…	…	nc	…	
徳島 (48)	19	60	11	nc	17	…	…	nc	…	
香川 (49)	27	77	21	nc	25	…	…	nc	…	
愛媛 (50)	44	64	28	nc	42	…	…	nc	…	
高知 (51)	16	36	6	nc	14	…	…	nc	…	
福岡 (52)	49	59	29	nc	47	…	…	nc	…	
佐賀 (53)	53	66	35	nc	46	…	…	nc	…	
長崎 (54)	46	59	27	nc	43	…	…	nc	…	
熊本 (55)	146	75	110	nc	132	…	…	nc	…	
大分 (56)	75	48	36	nc	67	…	…	nc	…	
宮崎 (57)	34	72	24	nc	31	…	…	nc	…	
鹿児島 (58)	13	93	12	nc	13	…	…	nc	…	
沖縄 (59)	-	-	-	nc	-	…	…	nc	…	

注：1　主産県調査を実施した年産の全国値については、主産県の調査結果から推計したものである。
　　2　平成30年産以降、作付面積は３年、収穫量は６年ごとに全国調査を実施し、全国調査以外の年にあっては主産県調査を実施することとしている。

		30				令和元年産				
収穫量	（参考）10 a 当たり平均収量対比	作付面積	10 a 当たり収量	収穫量	（参考）10 a 当たり平均収量対比	作付面積	10 a 当たり収量	収穫量	（参考）10 a 当たり平均収量対比	
(11)	(12)	(13)	(14)	(15)	(16)	(17)	(18)	(19)	(20)	
t	%	ha	kg	t	%	ha	kg	t	%	
53,400	**113**	**23,700**	**178**	**42,100**	**81**	**25,500**	**232**	**59,100**	**107**	(1)
49,800	115	19,100	205	39,200	80	20,900	265	55,400	106	(2)
…	nc	4,620	63	2,920	nc	…	…	…	nc	(3)
…	nc	898	73	652	nc	…	…	…	nc	(4)
…	nc	328	47	153	nc	…	…	…	nc	(5)
…	nc	906	89	805	nc	…	…	…	nc	(6)
…	nc	115	65	75	nc	…	…	…	nc	(7)
…	nc	1,240	51	633	nc	…	…	…	nc	(8)
…	nc	732	48	349	nc	…	…	…	nc	(9)
…	nc	85	71	60	nc	…	…	…	nc	(10)
…	nc	314	61	193	nc	…	…	…	nc	(11)
…	nc	−	−	−	nc	…	…	…	nc	(12)
49,800	115	19,100	205	39,200	80	20,900	265	55,400	106	(13)
…	nc	150	85	128	nc	…	…	…	nc	(14)
…	nc	271	77	209	nc	…	…	…	nc	(15)
…	nc	104	40	42	nc	…	…	…	nc	(16)
…	nc	119	83	99	nc	…	…	…	nc	(17)
…	nc	75	65	49	nc	…	…	…	nc	(18)
…	nc	179	70	125	89	…	…	…	nc	(19)
…	nc	123	103	127	nc	…	…	…	nc	(20)
…	nc	149	130	194	nc	…	…	…	nc	(21)
…	nc	171	106	181	nc	…	…	…	nc	(22)
…	nc	127	63	80	nc	…	…	…	nc	(23)
…	nc	95	63	60	nc	…	…	…	nc	(24)
…	nc	−	−	−	nc	…	…	…	nc	(25)
…	nc	12	75	9	nc	…	…	…	nc	(26)
…	nc	137	61	84	nc	…	…	…	nc	(27)
…	nc	17	60	10	nc	…	…	…	nc	(28)
…	nc	140	27	38	nc	…	…	…	nc	(29)
…	nc	34	62	21	nc	…	…	…	nc	(30)
…	nc	42	69	29	nc	…	…	…	nc	(31)
…	nc	187	67	125	nc	…	…	…	nc	(32)
…	nc	44	73	32	nc	…	…	…	nc	(33)
…	nc	13	69	9	nc	…	…	…	nc	(34)
…	nc	28	75	21	nc	…	…	…	nc	(35)
…	nc	30	43	13	nc	…	…	…	nc	(36)
31	78	53	55	29	73	109	77	84	107	(37)
240	91	453	41	186	71	447	54	241	96	(38)
…	nc	0	54	0	nc	…	…	…	nc	(39)
483	89	707	56	396	74	786	61	479	86	(40)
…	nc	27	74	20	nc	…	…	…	nc	(41)
…	nc	2	76	2	nc	…	…	…	nc	(42)
…	nc	116	55	64	nc	…	…	…	nc	(43)
…	nc	144	43	62	nc	…	…	…	nc	(44)
…	nc	326	43	140	nc	…	…	…	nc	(45)
…	nc	110	59	65	nc	…	…	…	nc	(46)
…	nc	36	50	18	nc	…	…	…	nc	(47)
…	nc	16	53	8	nc	…	…	…	nc	(48)
…	nc	21	34	7	nc	…	…	…	nc	(49)
…	nc	39	103	40	nc	…	…	…	nc	(50)
…	nc	9	54	5	nc	…	…	…	nc	(51)
…	nc	40	73	29	nc	…	…	…	nc	(52)
…	nc	40	68	27	nc	…	…	…	nc	(53)
…	nc	36	56	20	nc	…	…	…	nc	(54)
…	nc	110	56	62	nc	…	…	…	nc	(55)
…	nc	60	58	35	nc	…	…	…	nc	(56)
…	nc	24	67	16	nc	…	…	…	nc	(57)
…	nc	4	90	4	nc	…	…	…	nc	(58)
…	nc	−	−	−	nc	…	…	…	nc	(59)

3　豆類（続き）

(3)　いんげん

全国農業地域・都道府県	平成27年産 作付面積	10a当たり収量	収穫量	（参考）10a当たり平均収量対比	28 作付面積	10a当たり収量	収穫量	（参考）10a当たり平均収量対比	29 作付面積	10a当たり収量
	(1)	(2)	(3)	(4)	(5)	(6)	(7)	(8)	(9)	(10)
	ha	kg	t	%	ha	kg	t	%	ha	kg
全国 (1)	**10,200**	**250**	**25,500**	**nc**	**8,560**	**66**	**5,650**	**nc**	**7,150**	**23**
（全国農業地域）										
北海道 (2)	9,550	260	24,800	139	7,940	69	5,480	37	6,630	24
都府県 (3)	689	103	711	nc	624	…	…	nc	…	…
東北 (4)	111	116	129	nc	82	…	…	nc	…	…
北陸 (5)	86	87	75	nc	84	…	…	nc	…	…
関東・東山 (6)	467	104	486	nc	440	…	…	nc	…	…
東海 (7)	4	100	4	nc	2	…	…	nc	…	…
近畿 (8)	4	100	4	nc	4	…	…	nc	…	…
中国 (9)	12	67	8	nc	8	…	…	nc	…	…
四国 (10)	4	100	4	nc	4	…	…	nc	…	…
九州 (11)	1	75	1	nc	0	…	…	nc	…	…
沖縄 (12)	−	−	−	nc	−	…	…	nc	…	…
（都道府県）										
北海道 (13)	9,550	260	24,800	139	7,940	69	5,480	37	6,630	24
青森 (14)	6	95	6	nc	4	…	…	nc	…	…
岩手 (15)	23	95	22	nc	20	…	…	nc	…	…
宮城 (16)	1	75	1	nc	1	…	…	nc	…	…
秋田 (17)	29	97	28	nc	21	…	…	nc	…	…
山形 (18)	15	88	13	nc	14	…	…	nc	…	…
福島 (19)	37	160	59	nc	22	…	…	nc	…	…
茨城 (20)	44	111	49	nc	42	…	…	nc	…	…
栃木 (21)	6	81	5	nc	5	…	…	nc	…	…
群馬 (22)	138	127	175	nc	122	…	…	nc	…	…
埼玉 (23)	−	−	−	nc	−	…	…	nc	…	…
千葉 (24)	−	−	−	nc	−	…	…	nc	…	…
東京 (25)	−	−	−	nc	−	…	…	nc	…	…
神奈川 (26)	1	67	0	nc	1	…	…	nc	…	…
新潟 (27)	41	84	34	nc	39	…	…	nc	…	…
富山 (28)	8	75	6	nc	8	…	…	nc	…	…
石川 (29)	28	98	27	nc	28	…	…	nc	…	…
福井 (30)	9	88	8	nc	9	…	…	nc	…	…
山梨 (31)	59	79	47	nc	57	…	…	nc	…	…
長野 (32)	219	96	210	nc	213	…	…	nc	…	…
岐阜 (33)	2	82	2	nc	0	…	…	nc	…	…
静岡 (34)	−	−	−	nc	−	…	…	nc	…	…
愛知 (35)	2	90	2	nc	2	…	…	nc	…	…
三重 (36)	−	−	−	nc	−	…	…	nc	…	…
滋賀 (37)	0	60	0	nc	0	…	…	nc	…	…
京都 (38)	3	90	3	nc	3	…	…	nc	…	…
大阪 (39)	−	−	−	nc	−	…	…	nc	…	…
兵庫 (40)	1	77	1	nc	1	…	…	nc	…	…
奈良 (41)	0	88	0	nc	0	…	…	nc	…	…
和歌山 (42)	−	−	−	nc	−	…	…	nc	…	…
鳥取 (43)	3	72	2	nc	3	…	…	nc	…	…
島根 (44)	2	90	2	nc	1	…	…	nc	…	…
岡山 (45)	0	79	0	nc	0	…	…	nc	…	…
広島 (46)	7	57	4	nc	4	…	…	nc	…	…
山口 (47)	−	−	−	nc	−	…	…	nc	…	…
徳島 (48)	1	87	1	nc	1	…	…	nc	…	…
香川 (49)	0	90	0	nc	0	…	…	nc	…	…
愛媛 (50)	3	99	3	nc	2	…	…	nc	…	…
高知 (51)	0	65	0	nc	1	…	…	nc	…	…
福岡 (52)	−	−	−	nc	−	…	…	nc	…	…
佐賀 (53)	−	−	−	nc	−	…	…	nc	…	…
長崎 (54)	−	−	−	nc	−	…	…	nc	…	…
熊本 (55)	−	−	−	nc	−	…	…	nc	…	…
大分 (56)	1	75	1	nc	0	…	…	nc	…	…
宮崎 (57)	−	−	−	nc	−	…	…	nc	…	…
鹿児島 (58)	−	−	−	nc	−	…	…	nc	…	…
沖縄 (59)	−	−	−	nc	−	…	…	nc	…	…

注：1　主産県調査を実施した年産の全国値については、主産県の調査結果から推計したものである。
　　2　平成30年産以降、作付面積は３年、収穫量は６年ごとに全国調査を実施し、全国調査以外の年にあっては主産県調査を実施することとしている。

		30				令和元年産				
収穫量	(参考) 10a当たり 平均収量 対比	作付面積	10a当たり 収量	収穫量	(参考) 10a当たり 平均収量 対比	作付面積	10a当たり 収量	収穫量	(参考) 10a当たり 平均収量 対比	
(11)	(12)	(13)	(14)	(15)	(16)	(17)	(18)	(19)	(20)	
t	%	ha	kg	t	%	ha	kg	t	%	
16,900	**136**	**7,350**	**133**	**9,760**	**73**	**6,860**	**195**	**13,400**	**103**	(1)
16,400	139	6,790	136	9,230	72	6,340	200	12,700	102	(2)
…	nc	556	96	533	nc	…	…	…	nc	(3)
…	nc	68	103	70	nc	…	…	…	nc	(4)
…	nc	80	76	61	nc	…	…	…	nc	(5)
…	nc	391	99	389	nc	…	…	…	nc	(6)
…	nc	2	50	1	nc	…	…	…	nc	(7)
…	nc	4	75	3	nc	…	…	…	nc	(8)
…	nc	8	75	6	nc	…	…	…	nc	(9)
…	nc	3	100	3	nc	…	…	…	nc	(10)
…	nc	−	−	−	nc	…	…	…	nc	(11)
…	nc	−	−	−	nc	…	…	…	nc	(12)
16,400	139	6,790	136	9,230	72	6,340	200	12,700	102	(13)
…	nc	4	99	4	nc	…	…	…	nc	(14)
…	nc	18	87	16	nc	…	…	…	nc	(15)
…	nc	1	76	1	nc	…	…	…	nc	(16)
…	nc	18	81	15	nc	…	…	…	nc	(17)
…	nc	9	78	7	nc	…	…	…	nc	(18)
…	nc	18	148	27	nc	…	…	…	nc	(19)
…	nc	39	103	40	nc	…	…	…	nc	(20)
…	nc	5	80	4	nc	…	…	…	nc	(21)
…	nc	104	119	124	nc	…	…	…	nc	(22)
…	nc	−	−	−	nc	…	…	…	nc	(23)
…	nc	−	−	−	nc	…	…	…	nc	(24)
…	nc	−	−	−	nc	…	…	…	nc	(25)
…	nc	1	96	1	nc	…	…	…	nc	(26)
…	nc	38	71	27	nc	…	…	…	nc	(27)
…	nc	7	75	5	nc	…	…	…	nc	(28)
…	nc	26	92	24	nc	…	…	…	nc	(29)
…	nc	9	56	5	nc	…	…	…	nc	(30)
…	nc	47	91	43	nc	…	…	…	nc	(31)
…	nc	195	91	177	nc	…	…	…	nc	(32)
…	nc	0	79	0	nc	…	…	…	nc	(33)
…	nc	−	−	−	nc	…	…	…	nc	(34)
…	nc	2	68	1	nc	…	…	…	nc	(35)
…	nc	−	−	−	nc	…	…	…	nc	(36)
…	nc	0	80	0	nc	…	…	…	nc	(37)
…	nc	3	68	2	nc	…	…	…	nc	(38)
…	nc	−	−	−	nc	…	…	…	nc	(39)
…	nc	1	58	1	nc	…	…	…	nc	(40)
…	nc	−	−	−	nc	…	…	…	nc	(41)
…	nc	−	−	−	nc	…	…	…	nc	(42)
…	nc	3	70	2	nc	…	…	…	nc	(43)
…	nc	2	93	2	nc	…	…	…	nc	(44)
…	nc	0	58	0	nc	…	…	…	nc	(45)
…	nc	3	65	2	nc	…	…	…	nc	(46)
…	nc	−	−	−	nc	…	…	…	nc	(47)
…	nc	1	88	1	nc	…	…	…	nc	(48)
…	nc	0	90	0	nc	…	…	…	nc	(49)
…	nc	1	108	1	nc	…	…	…	nc	(50)
…	nc	1	80	1	nc	…	…	…	nc	(51)
…	nc	−	−	−	nc	…	…	…	nc	(52)
…	nc	−	−	−	nc	…	…	…	nc	(53)
…	nc	−	−	−	nc	…	…	…	nc	(54)
…	nc	−	−	−	nc	…	…	…	nc	(55)
…	nc	−	−	−	nc	…	…	…	nc	(56)
…	nc	−	−	−	nc	…	…	…	nc	(57)
…	nc	−	−	−	nc	…	…	…	nc	(58)
…	nc	−	−	−	nc	…	…	…	nc	(59)

3　豆類（続き）

(4)　らっかせい

全国農業地域・都道府県	平成27年産 作付面積	10a当たり収量	収穫量	（参考）10a当たり平均収量対比	28 作付面積	10a当たり収量	収穫量	（参考）10a当たり平均収量対比	作付面積	10a当た 収
	(1)	(2)	(3)	(4)	(5)	(6)	(7)	(8)	(9)	(10)
	ha	kg	t	%	ha	kg	t	%	ha	
全国 (1)	**6,700**	**184**	**12,300**	**nc**	**6,550**	**237**	**15,500**	**nc**	**6,420**	**2**
（全国農業地域）										
北海道 (2)	－	－	－	nc	－	…	…	nc	…	
都府県 (3)	6,700	184	12,300	nc	6,550	…	…	nc	…	
東北 (4)	x	x	x	nc	10	…	…	nc	…	
北陸 (5)	28	125	35	nc	28	…	…	nc	…	
関東・東山 (6)	6,270	187	11,700	nc	6,140	…	…	nc	…	
東海 (7)	95	116	110	nc	87	…	…	nc	…	
近畿 (8)	6	100	6	nc	6	…	…	nc	…	
中国 (9)	13	108	14	nc	12	…	…	nc	…	
四国 (10)	16	81	13	nc	16	…	…	nc	…	
九州 (11)	253	133	337	nc	242	…	…	nc	…	
沖縄 (12)	7	153	11	nc	7	…	…	nc	…	
（都道府県）										
北海道 (13)	－	－	－	nc	－	…	…	nc	…	
青森 (14)	x	x	x	nc	x	…	…	nc	…	
岩手 (15)	1	194	2	nc	1	…	…	nc	…	
宮城 (16)	1	166	1	nc	0	…	…	nc	…	
秋田 (17)	0	76	0	nc	0	…	…	nc	…	
山形 (18)	0	100	0	nc	0	…	…	nc	…	
福島 (19)	6	240	14	nc	x	…	…	nc	…	
茨城 (20)	623	243	1,510	81	587	297	1,740	103	561	2
栃木 (21)	96	199	191	nc	88	…	…	nc	…	
群馬 (22)	37	135	50	nc	34	…	…	nc	…	
埼玉 (23)	41	109	45	nc	41	…	…	nc	…	
千葉 (24)	5,240	183	9,590	74	5,170	238	12,300	98	5,080	2
東京 (25)	3	118	4	nc	3	…	…	nc	…	
神奈川 (26)	174	164	285	nc	161	…	…	nc	…	
新潟 (27)	25	124	31	nc	25	…	…	nc	…	
富山 (28)	0	65	0	nc	0	…	…	nc	…	
石川 (29)	1	143	2	nc	1	…	…	nc	…	
福井 (30)	2	82	2	nc	2	…	…	nc	…	
山梨 (31)	43	121	52	nc	41	…	…	nc	…	
長野 (32)	18	98	18	nc	16	…	…	nc	…	
岐阜 (33)	25	92	23	nc	25	…	…	nc	…	
静岡 (34)	26	93	24	nc	19	…	…	nc	…	
愛知 (35)	16	144	23	nc	16	…	…	nc	…	
三重 (36)	28	143	40	nc	27	…	…	nc	…	
滋賀 (37)	3	147	4	nc	3	…	…	nc	…	
京都 (38)	2	60	1	nc	2	…	…	nc	…	
大阪 (39)	－	－	－	nc	－	…	…	nc	…	
兵庫 (40)	1	100	1	nc	1	…	…	nc	…	
奈良 (41)	0	105	0	nc	0	…	…	nc	…	
和歌山 (42)	0	105	0	nc	0	…	…	nc	…	
鳥取 (43)	4	121	5	nc	4	…	…	nc	…	
島根 (44)	0	110	0	nc	0	…	…	nc	…	
岡山 (45)	5	98	5	nc	4	…	…	nc	…	
広島 (46)	4	100	4	nc	4	…	…	nc	…	
山口 (47)	0	90	0	nc	0	…	…	nc	…	
徳島 (48)	1	84	1	nc	0	…	…	nc	…	
香川 (49)	6	105	6	nc	6	…	…	nc	…	
愛媛 (50)	3	94	3	nc	3	…	…	nc	…	
高知 (51)	6	50	3	nc	7	…	…	nc	…	
福岡 (52)	6	92	6	nc	6	…	…	nc	…	
佐賀 (53)	6	85	5	nc	6	…	…	nc	…	
長崎 (54)	37	132	49	nc	34	…	…	nc	…	
熊本 (55)	24	167	40	nc	21	…	…	nc	…	
大分 (56)	27	100	27	nc	27	…	…	nc	…	
宮崎 (57)	46	175	81	nc	46	…	…	nc	…	
鹿児島 (58)	107	121	129	nc	102	…	…	nc	…	
沖縄 (59)	7	153	11	nc	7	…	…	nc	…	

注：1　主産県調査を実施した年産の全国値については、主産県の調査結果から推計したものである。
　　2　平成30年産以降、作付面積は３年、収穫量は６年ごとに全国調査を実施し、全国調査以外の年にあっては主産県調査を実施することとしている。

		30				令和元年産				
収穫量	(参考) 10 a 当たり 平均収量 対比	作付面積	10 a 当たり 収量	収穫量	(参考) 10 a 当たり 平均収量 対比	作付面積	10 a 当たり 収量	収穫量	(参考) 10 a 当たり 平均収量 対比	
(11)	(12)	(13)	(14)	(15)	(16)	(17)	(18)	(19)	(20)	
t	%	ha	kg	t	%	ha	kg	t	%	
15,400	**104**	**6,370**	**245**	**15,600**	**103**	**6,330**	**196**	**12,400**	**83**	(1)
…	nc	3	233	7	nc	…	…	…	nc	(2)
…	nc	6,370	245	15,600	nc	…	…	…	nc	(3)
…	nc	11	219	25	nc	…	…	…	nc	(4)
…	nc	31	94	29	nc	…	…	…	nc	(5)
…	nc	5,980	253	15,100	nc	…	…	…	nc	(6)
…	nc	84	115	97	nc	…	…	…	nc	(7)
…	nc	7	100	7	nc	…	…	…	nc	(8)
…	nc	13	100	13	nc	…	…	…	nc	(9)
…	nc	14	100	14	nc	…	…	…	nc	(10)
…	nc	227	132	300	nc	…	…	…	nc	(11)
…	nc	8	141	11	nc	…	…	…	nc	(12)
…	nc	3	233	7	nc	…	…	…	nc	(13)
…	nc	0	110	0	nc	…	…	…	nc	(14)
…	nc	0	190	1	nc	…	…	…	nc	(15)
…	nc	0	141	0	nc	…	…	…	nc	(16)
…	nc	0	137	0	nc	…	…	…	nc	(17)
…	nc	1	154	2	nc	…	…	…	nc	(18)
…	nc	10	220	22	nc	…	…	…	nc	(19)
1,670	106	544	281	1,530	97	528	263	1,390	92	(20)
…	nc	78	149	116	nc	…	…	…	nc	(21)
…	nc	30	118	35	nc	…	…	…	nc	(22)
…	nc	34	129	44	nc	…	…	…	nc	(23)
12,200	102	5,080	256	13,000	106	5,060	199	10,100	83	(24)
…	nc	3	124	4	nc	…	…	…	nc	(25)
…	nc	159	177	281	nc	…	…	…	nc	(26)
…	nc	25	101	25	nc	…	…	…	nc	(27)
…	nc	3	80	2	nc	…	…	…	nc	(28)
…	nc	1	110	1	nc	…	…	…	nc	(29)
…	nc	2	74	1	nc	…	…	…	nc	(30)
…	nc	39	110	43	nc	…	…	…	nc	(31)
…	nc	13	69	9	nc	…	…	…	nc	(32)
…	nc	25	89	22	nc	…	…	…	nc	(33)
…	nc	18	61	11	nc	…	…	…	nc	(34)
…	nc	16	131	21	nc	…	…	…	nc	(35)
…	nc	25	172	43	nc	…	…	…	nc	(36)
…	nc	3	120	4	nc	…	…	…	nc	(37)
…	nc	2	25	1	nc	…	…	…	nc	(38)
…	nc	−	−	−	nc	…	…	…	nc	(39)
…	nc	1	75	1	nc	…	…	…	nc	(40)
…	nc	1	100	1	nc	…	…	…	nc	(41)
…	nc	0	102	0	nc	…	…	…	nc	(42)
…	nc	4	118	5	nc	…	…	…	nc	(43)
…	nc	0	105	0	nc	…	…	…	nc	(44)
…	nc	4	85	3	nc	…	…	…	nc	(45)
…	nc	4	90	4	nc	…	…	…	nc	(46)
…	nc	1	61	1	nc	…	…	…	nc	(47)
…	nc	0	100	0	nc	…	…	…	nc	(48)
…	nc	6	105	6	nc	…	…	…	nc	(49)
…	nc	3	110	3	nc	…	…	…	nc	(50)
…	nc	5	106	5	nc	…	…	…	nc	(51)
…	nc	5	97	5	nc	…	…	…	nc	(52)
…	nc	4	64	3	nc	…	…	…	nc	(53)
…	nc	33	103	34	nc	…	…	…	nc	(54)
…	nc	19	113	21	nc	…	…	…	nc	(55)
…	nc	25	88	22	nc	…	…	…	nc	(56)
…	nc	37	168	62	nc	…	…	…	nc	(57)
…	nc	104	147	153	nc	…	…	…	nc	(58)
…	nc	8	141	11	nc	…	…	…	nc	(59)

4 そば

全国農業地域・都道府県	平成27年産				28				2	
	作付面積	10a当たり収量	収穫量	(参考)10a当たり平均収量対比	作付面積	10a当たり収量	収穫量	(参考)10a当たり平均収量対比	作付面積	10a当たり収
	(1)	(2)	(3)	(4)	(5)	(6)	(7)	(8)	(9)	(10)
	ha	kg	t	%	ha	kg	t	%	ha	k
全国 (1)	**58,200**	**60**	**34,800**	**105**	**60,600**	**48**	**28,800**	**84**	**62,900**	**5**
(全国農業地域)										
北海道 (2)	20,800	77	16,000	117	21,500	56	12,100	84	22,900	8
都府県 (3)	37,400	50	18,800	96	39,000	43	16,700	83	39,900	4
東北 (4)	15,400	38	5,920	86	16,400	37	6,080	86	16,800	3
北陸 (5)	6,080	48	2,940	112	6,160	36	2,240	82	6,010	2
関東・東山 (6)	10,100	67	6,810	92	10,500	60	6,310	83	11,200	6
東海 (7)	573	32	184	94	547	35	192	103	553	3
近畿 (8)	834	41	343	98	927	45	415	105	921	3
中国 (9)	1,650	42	685	111	1,680	23	390	61	1,690	3
四国 (10)	151	40	61	77	145	37	53	74	142	3
九州 (11)	2,540	74	1,880	114	2,590	38	980	57	2,610	3
沖縄 (12)	52	50	26	111	61	41	25	89	56	5
(都道府県)										
北海道 (13)	20,800	77	16,000	117	21,500	56	12,100	84	22,900	8
青森 (14)	1,540	32	493	110	1,610	19	306	61	1,610	3
岩手 (15)	1,620	60	972	111	1,620	58	940	104	1,760	4
宮城 (16)	647	25	162	71	706	16	113	50	716	1
秋田 (17)	3,110	44	1,370	122	3,550	42	1,490	111	3,730	2
山形 (18)	4,900	33	1,620	77	5,100	36	1,840	88	5,100	3
福島 (19)	3,620	36	1,300	67	3,860	36	1,390	72	3,860	4
茨城 (20)	2,870	69	1,980	93	2,980	70	2,090	95	3,270	5
栃木 (21)	2,100	80	1,680	107	2,250	66	1,490	84	2,490	7
群馬 (22)	467	95	444	109	485	85	412	96	518	8
埼玉 (23)	351	63	221	76	344	60	206	77	347	6
千葉 (24)	95	51	48	80	118	41	48	67	183	3
東京 (25)	10	47	5	70	10	43	4	69	8	5
神奈川 (26)	12	46	6	65	12	16	2	23	16	3
新潟 (27)	1,520	42	638	93	1,480	36	533	80	1,420	3
富山 (28)	547	49	268	123	613	25	153	60	561	2
石川 (29)	288	22	63	96	311	18	56	78	323	2
福井 (30)	3,720	53	1,970	120	3,760	40	1,500	89	3,700	2
山梨 (31)	188	46	86	77	183	44	81	79	184	5
長野 (32)	3,970	59	2,340	83	4,130	48	1,980	73	4,190	5
岐阜 (33)	324	35	113	103	325	36	117	106	317	
静岡 (34)	88	23	20	62	80	35	28	103	81	
愛知 (35)	39	18	7	78	35	28	10	127	36	
三重 (36)	122	36	44	97	107	35	37	95	119	
滋賀 (37)	397	55	218	106	457	65	297	123	487	
京都 (38)	114	43	49	116	122	33	40	85	123	
大阪 (39)	1	58	0	153	1	29	0	71	1	
兵庫 (40)	300	23	69	77	318	22	70	76	283	
奈良 (41)	21	35	7	78	27	31	8	72	25	
和歌山 (42)	1	33	0	89	2	11	0	31	2	
鳥取 (43)	323	39	126	150	326	23	75	79	334	
島根 (44)	642	49	315	136	680	21	143	54	698	
岡山 (45)	224	46	103	110	229	29	66	67	219	
広島 (46)	399	32	128	70	377	25	94	60	366	
山口 (47)	63	21	13	51	63	19	12	51	68	
徳島 (48)	73	56	41	95	69	44	30	76	65	
香川 (49)	24	21	5	58	26	27	7	79	33	
愛媛 (50)	43	25	11	49	41	35	14	71	36	
高知 (51)	11	39	4	122	9	20	2	59	8	
福岡 (52)	44	26	11	79	57	14	8	44	71	
佐賀 (53)	24	51	12	94	29	30	9	57	27	
長崎 (54)	163	51	83	116	168	29	49	63	164	
熊本 (55)	526	61	321	97	577	46	265	74	619	
大分 (56)	276	22	61	56	262	27	71	73	269	
宮崎 (57)	386	91	351	140	351	38	133	54	309	
鹿児島 (58)	1,120	93	1,040	122	1,140	39	445	49	1,150	
沖縄 (59)	52	50	26	111	61	41	25	89	56	

収穫量	（参考）10a当たり平均収量対比	30 作付面積	10a当たり収量	収穫量	（参考）10a当たり平均収量対比	令和元年産 作付面積	10a当たり収量	収穫量	（参考）10a当たり平均収量対比	
(11)	(12)	(13)	(14)	(15)	(16)	(17)	(18)	(19)	(20)	
t	%	ha	kg	t	%	ha	kg	t	%	
34,400	**96**	**63,900**	**45**	**29,000**	**80**	**65,400**	**65**	**42,600**	**120**	(1)
18,300	119	24,400	47	11,400	68	25,200	78	19,700	115	(2)
16,100	78	39,500	45	17,600	94	40,100	57	22,900	124	(3)
5,740	79	16,500	40	6,560	98	16,900	54	9,210	135	(4)
1,530	58	5,520	35	1,920	92	5,350	38	2,020	106	(5)
6,680	83	11,600	62	7,190	87	12,200	71	8,610	106	(6)
200	106	619	26	158	76	569	43	245	126	(7)
346	88	903	23	209	58	919	46	425	112	(8)
510	86	1,620	32	519	107	1,580	31	488	100	(9)
44	67	136	28	38	67	119	45	53	118	(10)
1,000	61	2,560	38	983	70	2,460	75	1,850	150	(11)
31	124	53	62	33	138	51	65	33	135	(12)
18,300	119	24,400	47	11,400	68	25,200	78	19,700	115	(13)
483	97	1,640	37	607	119	1,680	60	1,010	182	(14)
774	79	1,780	60	1,070	113	1,760	83	1,460	148	(15)
86	40	671	22	148	88	650	28	182	122	(16)
1,080	73	3,610	35	1,260	88	3,770	55	2,070	141	(17)
1,580	74	5,040	32	1,610	82	5,260	49	2,580	136	(18)
1,740	90	3,720	50	1,860	104	3,740	51	1,910	111	(19)
1,770	73	3,370	60	2,020	81	3,460	58	2,010	84	(20)
1,920	97	2,700	74	2,000	94	2,960	79	2,340	104	(21)
456	100	558	89	497	102	587	93	546	104	(22)
222	85	342	51	174	75	346	40	138	65	(23)
60	56	197	48	95	84	246	44	108	90	(24)
4	92	7	43	3	80	4	26	1	53	(25)
5	53	21	48	10	84	21	43	9	83	(26)
483	77	1,330	36	479	88	1,240	39	484	103	(27)
151	69	519	37	192	103	511	44	225	122	(28)
84	118	326	12	39	55	308	21	65	111	(29)
814	49	3,350	36	1,210	92	3,300	38	1,250	106	(30)
101	102	188	47	88	92	190	57	108	110	(31)
2,140	77	4,250	54	2,300	87	4,410	76	3,350	129	(32)
95	88	368	29	107	83	346	48	166	137	(33)
28	103	69	22	15	69	81	23	19	72	(34)
12	143	39	8	3	33	34	27	9	113	(35)
65	153	143	23	33	64	108	47	51	131	(36)
224	84	497	25	124	49	529	56	296	110	(37)
31	66	122	20	24	61	121	31	38	100	(38)
0	92	1	25	0	64	1	42	1	124	(39)
82	116	258	21	54	100	241	34	82	148	(40)
8	83	22	30	7	77	24	35	8	92	(41)
1	159	3	7	0	22	3	10	0	32	(42)
87	93	319	32	102	123	312	36	112	129	(43)
244	100	679	31	210	97	684	23	157	72	(44)
64	73	204	36	73	106	198	50	99	143	(45)
92	64	343	32	110	107	313	33	103	118	(46)
23	100	71	34	24	113	73	23	17	79	(47)
27	73	64	35	22	69	45	38	17	79	(48)
8	72	33	22	7	81	34	44	15	163	(49)
7	43	32	24	8	60	34	56	19	156	(50)
2	61	7	20	1	74	6	32	2	128	(51)
26	116	77	51	39	159	84	56	47	175	(52)
15	113	26	45	12	96	32	69	22	157	(53)
75	105	162	52	84	121	157	39	61	91	(54)
343	90	586	58	342	97	591	82	485	141	(55)
81	86	228	41	93	124	228	45	103	141	(56)
93	45	287	28	80	51	262	70	183	135	(57)
368	44	1,190	28	333	48	1,100	86	946	169	(58)
31	124	53	62	33	138	51	65	33	135	(59)

5　かんしょ

全国農業地域・都道府県	平成27年産				28				2	
	作付面積	10a当たり収量	収穫量	(参考) 10a当たり平均収量対比	作付面積	10a当たり収量	収穫量	(参考) 10a当たり平均収量対比	作付面積	10a当たり収量
	(1)	(2)	(3)	(4)	(5)	(6)	(7)	(8)	(9)	(10)
	ha	kg	t	%	ha	kg	t	%	ha	k
全国 (1)	**36,600**	**2,220**	**814,200**	**nc**	**36,000**	**2,390**	**860,700**	**103**	**35,600**	**2,27**
(全国農業地域)										
北海道 (2)	16	…	…	nc	19	…	…	nc	23	1,79
都府県 (3)	36,500	…	…	nc	36,000	…	…	nc	35,600	2,27
東北 (4)	209	…	…	nc	207	…	…	nc	195	1,29
北陸 (5)	686	…	…	nc	685	…	…	nc	672	1,65
関東・東山 (6)	12,300	…	…	nc	12,200	…	…	nc	12,100	2,44
東海 (7)	1,550	…	…	nc	1,470	…	…	nc	1,370	1,36
近畿 (8)	766	…	…	nc	735	…	…	nc	707	1,47
中国 (9)	855	…	…	nc	827	…	…	nc	788	1,33
四国 (10)	2,000	…	…	nc	1,970	…	…	nc	1,910	2,31
九州 (11)	17,900	…	…	nc	17,600	…	…	nc	17,500	2,34
沖縄 (12)	263	…	…	nc	294	…	…	nc	281	1,36
(都道府県)										
北海道 (13)	16	…	…	nc	19	…	…	nc	23	1,79
青森 (14)	1	…	…	nc	2	…	…	nc	2	1,02
岩手 (15)	34	…	…	nc	39	…	…	nc	40	1,11
宮城 (16)	28	…	…	nc	38	…	…	nc	37	1,35
秋田 (17)	45	…	…	nc	38	…	…	nc	33	1,06
山形 (18)	36	…	…	nc	34	…	…	nc	29	1,25
福島 (19)	65	…	…	nc	56	…	…	nc	54	1,55
茨城 (20)	6,700	2,470	165,500	94	6,720	2,560	172,000	98	6,700	2,61
栃木 (21)	153	…	…	nc	144	…	…	nc	143	1,37
群馬 (22)	251	…	…	nc	231	…	…	nc	217	1,42
埼玉 (23)	383	…	…	nc	375	…	…	nc	368	1,54
千葉 (24)	4,240	2,480	105,200	98	4,190	2,470	103,500	98	4,130	2,45
東京 (25)	107	…	…	nc	106	…	…	nc	102	1,49
神奈川 (26)	359	…	…	nc	355	…	…	nc	349	1,50
新潟 (27)	252	…	…	nc	248	…	…	nc	242	1,48
富山 (28)	100	…	…	nc	100	…	…	nc	100	1,34
石川 (29)	219	…	…	nc	214	…	…	nc	213	2,05
福井 (30)	115	…	…	nc	123	…	…	nc	117	1,51
山梨 (31)	39	…	…	nc	37	…	…	nc	36	1,24
長野 (32)	87	…	…	nc	83	…	…	nc	79	1,77
岐阜 (33)	150	…	…	nc	147	…	…	nc	141	1,04
静岡 (34)	661	1,620	10,700	98	625	1,760	11,000	108	582	1,81
愛知 (35)	406	…	…	nc	384	…	…	nc	347	1,23
三重 (36)	330	…	…	nc	317	…	…	nc	299	78
滋賀 (37)	88	…	…	nc	90	…	…	nc	86	1,53
京都 (38)	156	…	…	nc	143	…	…	nc	139	1,56
大阪 (39)	128	…	…	nc	120	…	…	nc	111	1,48
兵庫 (40)	236	…	…	nc	231	…	…	nc	228	1,33
奈良 (41)	90	…	…	nc	86	…	…	nc	80	1,63
和歌山 (42)	68	…	…	nc	65	…	…	nc	63	1,54
鳥取 (43)	171	…	…	nc	169	…	…	nc	167	1,46
島根 (44)	107	…	…	nc	104	…	…	nc	102	1,40
岡山 (45)	157	…	…	nc	148	…	…	nc	144	1,57
広島 (46)	220	…	…	nc	208	…	…	nc	180	1,07
山口 (47)	200	…	…	nc	198	…	…	nc	195	1,27
徳島 (48)	1,130	2,320	26,200	95	1,120	2,550	28,600	108	1,100	2,75
香川 (49)	223	…	…	nc	221	…	…	nc	219	1,51
愛媛 (50)	225	…	…	nc	223	…	…	nc	219	1,49
高知 (51)	419	…	…	nc	402	…	…	nc	374	1,97
福岡 (52)	149	…	…	nc	145	…	…	nc	140	1,45
佐賀 (53)	95	…	…	nc	89	…	…	nc	85	1,96
長崎 (54)	355	…	…	nc	339	…	…	nc	325	1,43
熊本 (55)	1,070	2,220	23,800	98	1,020	2,230	22,700	99	1,000	2,23
大分 (56)	362	…	…	nc	366	…	…	nc	369	2,02
宮崎 (57)	3,440	2,470	85,000	95	3,590	2,570	92,300	100	3,690	2,44
鹿児島 (58)	12,400	2,380	295,100	91	12,000	2,690	322,800	107	11,900	2,37
沖縄 (59)	263	…	…	nc	294	…	…	nc	281	1,36

注：1　主産県調査を実施した年産の全国値については、主産県の調査結果から推計したものである。
　　2　平成29年産以降、作付面積は３年、収穫量は６年ごとに全国調査を実施し、全国調査以外の年にあっては主産県調査を実施することとしている。

		30				令和元年産				
収穫量	(参考) 10 a 当たり 平均収量 対比	作付面積	10 a 当たり 収量	収穫量	(参考) 10 a 当たり 平均収量 対比	作付面積	10 a 当たり 収量	収穫量	(参考) 10 a 当たり 平均収量 対比	
(11)	(12)	(13)	(14)	(15)	(16)	(17)	(18)	(19)	(20)	
t	%	ha	kg	t	%	ha	kg	t	%	
807,100	**99**	**35,700**	**2,230**	**796,500**	**97**	**34,300**	**2,180**	**748,700**	**95**	(1)
412	nc	…	…	…	nc	…	…	…	nc	(2)
806,700	nc	…	…	…	nc	…	…	…	nc	(3)
2,510	nc	…	…	…	nc	…	…	…	nc	(4)
11,100	nc	…	…	…	nc	…	…	…	nc	(5)
295,400	nc	…	…	…	nc	…	…	…	nc	(6)
18,600	nc	…	…	…	nc	…	…	…	nc	(7)
10,400	nc	…	…	…	nc	…	…	…	nc	(8)
10,500	nc	…	…	…	nc	…	…	…	nc	(9)
44,200	nc	…	…	…	nc	…	…	…	nc	(10)
410,100	nc	…	…	…	nc	…	…	…	nc	(11)
3,820	nc	…	…	…	nc	…	…	…	nc	(12)
412	nc	…	…	…	nc	…	…	…	nc	(13)
20	nc	…	…	…	nc	…	…	…	nc	(14)
444	nc	…	…	…	nc	…	…	…	nc	(15)
500	nc	…	…	…	nc	…	…	…	nc	(16)
350	nc	…	…	…	nc	…	…	…	nc	(17)
363	nc	…	…	…	nc	…	…	…	nc	(18)
837	nc	…	…	…	nc	…	…	…	nc	(19)
174,900	102	6,780	2,560	173,600	98	6,860	2,450	168,100	94	(20)
1,960	nc	…	…	…	nc	…	…	…	nc	(21)
3,080	nc	…	…	…	nc	…	…	…	nc	(22)
5,670	nc	…	…	…	nc	…	…	…	nc	(23)
101,200	98	4,090	2,440	99,800	98	4,040	2,320	93,700	94	(24)
1,520	nc	…	…	…	nc	…	…	…	nc	(25)
5,240	nc	…	…	…	nc	…	…	…	nc	(26)
3,580	nc	…	…	…	nc	…	…	…	nc	(27)
1,340	nc	…	…	…	nc	…	…	…	nc	(28)
4,370	nc	…	…	…	nc	…	…	…	nc	(29)
1,770	nc	…	…	…	nc	…	…	…	nc	(30)
446	nc	…	…	…	nc	…	…	…	nc	(31)
1,400	nc	…	…	…	nc	…	…	…	nc	(32)
1,470	nc	…	…	…	nc	…	…	…	nc	(33)
10,500	110	540	1,830	9,880	109	…	…	…	nc	(34)
4,270	85	…	…	…	nc	…	…	…	nc	(35)
2,340	nc	…	…	…	nc	…	…	…	nc	(36)
1,320	nc	…	…	…	nc	…	…	…	nc	(37)
2,170	nc	…	…	…	nc	…	…	…	nc	(38)
1,640	nc	…	…	…	nc	…	…	…	nc	(39)
3,030	nc	…	…	…	nc	…	…	…	nc	(40)
1,300	nc	…	…	…	nc	…	…	…	nc	(41)
972	nc	…	…	…	nc	…	…	…	nc	(42)
2,440	nc	…	…	…	nc	…	…	…	nc	(43)
1,430	nc	…	…	…	nc	…	…	…	nc	(44)
2,260	nc	…	…	…	nc	…	…	…	nc	(45)
1,930	nc	…	…	…	nc	…	…	…	nc	(46)
2,480	nc	…	…	…	nc	…	…	…	nc	(47)
30,300	116	1,090	2,570	28,000	106	1,090	2,500	27,300	101	(48)
3,310	nc	…	…	…	nc	…	…	…	nc	(49)
3,260	nc	…	…	…	nc	…	…	…	nc	(50)
7,370	nc	…	…	…	nc	…	…	…	nc	(51)
2,030	nc	…	…	…	nc	…	…	…	nc	(52)
1,620	nc	…	…	…	nc	…	…	…	nc	(53)
4,650	99	…	…	…	nc	…	…	…	nc	(54)
22,300	100	971	2,270	22,000	101	897	2,150	19,300	96	(55)
7,450	nc	…	…	…	nc	…	…	…	nc	(56)
90,000	96	3,610	2,500	90,300	100	3,360	2,400	80,600	95	(57)
282,000	95	12,100	2,300	278,300	92	11,200	2,330	261,000	95	(58)
3,820	nc	…	…	…	nc	…	…	…	nc	(59)

6　飼料作物

(1)　牧草

全国農業地域・都道府県	平成27年産 作付(栽培)面積	10a当たり収量	収穫量	(参考) 10a当たり平均収量対比	28 作付(栽培)面積	10a当たり収量	収穫量	(参考) 10a当たり平均収量対比	2… 作付(栽培)面積	10a当たり収…
	(1)	(2)	(3)	(4)	(5)	(6)	(7)	(8)	(9)	(10)
	ha	kg	t	%	ha	kg	t	%	ha	k…
全国 (1)	**737,600**	**3,540**	**26,092,000**	**99**	**735,200**	**3,360**	**24,689,000**	**nc**	**728,300**	**3,50…**
(全国農業地域)										
北海道 (2)	540,500	3,340	18,053,000	102	538,500	3,120	16,801,000	95	535,000	3,34…
都府県 (3)	197,100	…	…	nc	196,700	…	…	nc	193,300	3,95…
東北 (4)	87,700	…	…	nc	86,900	…	…	nc	85,300	2,62…
北陸 (5)	3,340	…	…	nc	3,260	…	…	nc	3,160	2,68…
関東・東山 (6)	19,600	…	…	nc	19,500	…	…	nc	19,000	4,32…
東海 (7)	5,260	…	…	nc	5,160	…	…	nc	4,990	3,44…
近畿 (8)	1,390	…	…	nc	1,440	…	…	nc	1,440	3,57…
中国 (9)	9,910	…	…	nc	9,900	…	…	nc	9,830	3,35…
四国 (10)	1,530	…	…	nc	1,450	…	…	nc	1,420	4,31…
九州 (11)	62,600	…	…	nc	63,200	…	…	nc	62,400	5,24…
沖縄 (12)	5,680	10,800	613,400	99	5,730	10,400	595,900	97	5,750	10,50…
(都道府県)										
北海道 (13)	540,500	3,340	18,053,000	102	538,500	3,120	16,801,000	95	535,000	3,34…
青森 (14)	19,600	2,760	541,000	95	19,400	2,790	541,300	98	18,900	2,76…
岩手 (15)	37,000	2,860	1,058,000	97	36,600	2,880	1,054,000	103	36,100	2,75…
宮城 (16)	12,700	…	…	nc	12,600	…	…	nc	12,300	2,10…
秋田 (17)	6,820	…	…	nc	6,730	…	…	nc	6,680	2,91…
山形 (18)	5,080	…	…	nc	4,840	…	…	nc	4,630	2,23…
福島 (19)	6,590	…	…	nc	6,790	…	…	nc	6,660	2,51…
茨城 (20)	1,720	4,820	82,900	101	1,630	4,630	75,500	99	1,600	4,69…
栃木 (21)	6,940	4,180	290,100	97	7,180	4,440	318,800	106	7,080	4,29…
群馬 (22)	3,180	5,440	173,000	104	3,110	5,250	163,300	102	2,940	5,16…
埼玉 (23)	583	…	…	nc	621	…	…	nc	617	2,56…
千葉 (24)	1,150	3,960	45,500	86	1,120	4,470	50,100	101	1,050	4,08…
東京 (25)	82	…	…	nc	81	…	…	nc	79	2,78…
神奈川 (26)	180	…	…	nc	116	…	…	nc	116	4,16…
新潟 (27)	1,520	…	…	nc	1,460	…	…	nc	1,430	2,11…
富山 (28)	641	…	…	nc	600	…	…	nc	592	3,35…
石川 (29)	746	…	…	nc	750	…	…	nc	719	3,46…
福井 (30)	435	…	…	nc	447	…	…	nc	415	2,34…
山梨 (31)	871	…	…	nc	871	…	…	nc	871	4,03…
長野 (32)	4,920	…	…	nc	4,820	…	…	nc	4,690	4,03…
岐阜 (33)	2,730	3,120	85,200	85	2,670	3,480	92,900	99	2,650	3,44…
静岡 (34)	1,470	…	…	nc	1,440	…	…	nc	1,400	3,52…
愛知 (35)	872	4,600	40,100	104	850	4,530	38,500	102	766	3,51…
三重 (36)	192	…	…	nc	206	…	…	nc	180	2,52…
滋賀 (37)	170	…	…	nc	163	…	…	nc	149	4,61…
京都 (38)	156	…	…	nc	160	…	…	nc	163	2,45…
大阪 (39)	x	…	…	nc	2	…	…	nc	x	
兵庫 (40)	958	3,850	36,900	78	1,010	3,160	31,900	68	1,020	3,60…
奈良 (41)	59	…	…	nc	57	…	…	nc	x	3,06…
和歌山 (42)	x	…	…	nc	49	…	…	nc	46	4,39…
鳥取 (43)	2,250	3,280	73,800	102	2,290	3,730	85,400	119	2,290	3,50…
島根 (44)	1,430	3,670	52,500	115	1,420	3,320	47,100	104	1,390	3,06…
岡山 (45)	2,880	…	…	nc	2,870	…	…	nc	2,830	4,00…
広島 (46)	2,080	…	…	nc	2,070	…	…	nc	2,050	2,73…
山口 (47)	1,280	2,900	37,100	84	1,250	2,490	31,100	75	1,270	2,92…
徳島 (48)	311	…	…	nc	302	…	…	nc	300	4,50…
香川 (49)	101	…	…	nc	97	…	…	nc	97	4,65…
愛媛 (50)	659	…	…	nc	629	…	…	nc	607	4,37…
高知 (51)	456	…	…	nc	424	…	…	nc	416	4,01…
福岡 (52)	1,440	…	…	nc	1,490	…	…	nc	1,450	4,51…
佐賀 (53)	1,040	3,430	35,700	70	1,010	3,540	35,800	79	939	3,39…
長崎 (54)	5,610	4,480	251,300	86	5,620	4,670	262,500	93	5,540	4,71…
熊本 (55)	14,300	3,960	566,300	101	14,800	4,040	597,900	103	14,500	4,11…
大分 (56)	5,150	3,970	204,500	86	5,310	4,240	225,100	97	5,110	4,34…
宮崎 (57)	16,100	6,150	990,200	100	16,300	6,080	991,000	100	16,100	6,04…
鹿児島 (58)	19,000	6,700	1,273,000	95	18,700	6,190	1,158,000	89	18,800	5,96…
沖縄 (59)	5,680	10,800	613,400	99	5,730	10,400	595,900	97	5,750	10,5…

注：1　主産県調査を実施した年産の全国値については、主産県の調査結果から推計したものである。
　　2　平成29年産以降、作付面積は３年、収穫量は６年ごとに全国調査を実施し、全国調査以外の年にあっては主産県調査を実施することとしている。

		30				令和元年産				
収穫量	(参考)10a当たり平均収量対比	作付(栽培)面積	10a当たり収量	収穫量	(参考)10a当たり平均収量対比	作付(栽培)面積	10a当たり収量	収穫量	(参考)10a当たり平均収量対比	
(11)	(12)	(13)	(14)	(15)	(16)	(17)	(18)	(19)	(20)	
t	%	ha	kg	t	%	ha	kg	t	%	
25,497,000	**100**	**726,000**	**3,390**	**24,621,000**	**97**	**724,400**	**3,430**	**24,850,000**	**100**	(1)
17,869,000	102	533,600	3,240	17,289,000	99	532,800	3,270	17,423,000	101	(2)
7,628,000	nc	…	…	…	nc	…	…	…	nc	(3)
2,238,000	98	…	…	…	nc	…	…	…	nc	(4)
84,600	91	…	…	…	nc	…	…	…	nc	(5)
820,100	nc	…	…	…	nc	…	…	…	nc	(6)
171,900	95	…	…	…	nc	…	…	…	nc	(7)
51,400	nc	…	…	…	nc	…	…	…	nc	(8)
329,000	97	…	…	…	nc	…	…	…	nc	(9)
61,200	97	…	…	…	nc	…	…	…	nc	(10)
3,268,000	95	…	…	…	nc	…	…	…	nc	(11)
603,800	101	5,840	10,600	619,000	102	5,710	10,600	605,300	101	(12)
17,869,000	102	533,600	3,240	17,289,000	99	532,800	3,270	17,423,000	101	(13)
521,600	99	18,500	2,770	512,500	100	18,200	2,590	471,400	93	(14)
992,800	103	35,900	2,810	1,009,000	111	35,600	2,780	989,700	110	(15)
258,300	87	…	…	…	nc	…	…	…	nc	(16)
194,400	98	…	…	…	nc	…	…	…	nc	(17)
103,200	77	…	…	…	nc	…	…	…	nc	(18)
167,200	110	…	…	…	nc	…	…	…	nc	(19)
75,000	101	1,550	4,270	66,200	92	1,540	4,180	64,400	90	(20)
303,700	104	7,090	3,820	270,800	94	7,470	4,540	339,100	110	(21)
151,700	101	2,930	4,860	142,400	96	2,750	3,880	106,700	77	(22)
15,800	53	…	…	…	nc	…	…	…	nc	(23)
42,800	93	1,020	4,080	41,600	95	969	3,350	32,500	77	(24)
2,200	nc	…	…	…	nc	…	…	…	nc	(25)
4,830	100	…	…	…	nc	…	…	…	nc	(26)
30,200	80	…	…	…	nc	…	…	…	nc	(27)
19,800	109	…	…	…	nc	…	…	…	nc	(28)
24,900	93	…	…	…	nc	…	…	…	nc	(29)
9,710	97	…	…	…	nc	…	…	…	nc	(30)
35,100	96	…	…	…	nc	871	3,620	31,500	nc	(31)
189,000	94	…	…	…	nc	…	…	…	nc	(32)
91,200	100	…	…	…	nc	…	…	…	nc	(33)
49,300	101	…	…	…	nc	…	…	…	nc	(34)
26,900	79	733	3,320	24,300	74	717	3,700	26,500	85	(35)
4,540	85	…	…	…	nc	…	…	…	nc	(36)
6,870	100	…	…	…	nc	…	…	…	nc	(37)
3,990	75	…	…	…	nc	…	…	…	nc	(38)
x	nc	…	…	…	nc	…	…	…	nc	(39)
36,700	83	970	3,420	33,200	84	916	3,580	32,800	94	(40)
x	nc	…	…	…	nc	…	…	…	nc	(41)
2,020	nc	…	…	…	nc	…	…	…	nc	(42)
80,200	112	2,310	3,100	71,600	96	2,260	3,060	69,200	93	(43)
42,500	98	1,400	2,870	40,200	93	1,420	3,040	43,200	100	(44)
113,200	94	…	…	…	nc	…	…	…	nc	(45)
56,000	89	…	…	…	nc	…	…	…	nc	(46)
37,100	91	1,250	2,470	30,900	79	1,250	2,200	27,500	75	(47)
13,500	101	…	…	…	nc	…	…	…	nc	(48)
4,510	99	…	…	…	nc	…	…	…	nc	(49)
26,500	100	…	…	…	nc	…	…	…	nc	(50)
16,700	91	…	…	…	nc	…	…	…	nc	(51)
65,400	83	…	…	…	nc	…	…	…	nc	(52)
31,800	82	910	3,630	33,000	94	903	3,820	34,500	104	(53)
260,900	96	5,560	4,870	270,800	101	5,610	5,020	281,600	105	(54)
596,000	103	14,400	4,120	593,300	102	14,400	4,240	610,600	104	(55)
221,800	103	5,070	4,300	218,000	102	5,080	4,350	221,000	103	(56)
972,400	100	16,000	6,090	974,400	101	15,800	6,200	979,600	102	(57)
1,120,000	87	18,900	4,880	922,300	73	19,000	5,380	1,022,000	83	(58)
603,800	101	5,840	10,600	619,000	102	5,710	10,600	605,300	101	(59)

6　飼料作物（続き）

(2)　青刈りとうもろこし

全国農業地域・都道府県	平成27年産 作付面積	10a当たり収量	収穫量	（参考）10a当たり平均収量対比	28 作付面積	10a当たり収量	収穫量	（参考）10a当たり平均収量対比	2 作付面積	10a当たり収量
	(1)	(2)	(3)	(4)	(5)	(6)	(7)	(8)	(9)	(10)
	ha	kg	t	%	ha	kg	t	%	ha	k
全国 (1)	**92,400**	**5,220**	**4,823,000**	**nc**	**93,400**	**4,560**	**4,255,000**	**nc**	**94,800**	**5,04**
（全国農業地域）										
北海道 (2)	51,300	5,610	2,878,000	103	53,000	4,720	2,502,000	87	55,100	5,45
都府県 (3)	41,100	…	…	nc	40,400	…	…	nc	39,700	4,48
東北 (4)	11,200	…	…	nc	10,900	…	…	nc	10,800	3,92
北陸 (5)	272	…	…	nc	267	…	…	nc	246	3,26
関東・東山 (6)	13,700	…	…	nc	13,700	…	…	nc	13,600	4,84
東海 (7)	849	…	…	nc	834	…	…	nc	829	4,51
近畿 (8)	211	…	…	nc	x	…	…	nc	176	3,24
中国 (9)	1,810	…	…	nc	1,750	…	…	nc	1,720	3,88
四国 (10)	410	…	…	nc	401	…	…	nc	396	5,00
九州 (11)	12,600	…	…	nc	12,300	…	…	nc	12,000	4,66
沖縄 (12)	2	5,850	117	106	1	6,600	66	117	1	7,71
（都道府県）										
北海道 (13)	51,300	5,610	2,878,000	103	53,000	4,720	2,502,000	87	55,100	5,45
青森 (14)	2,000	4,240	84,800	93	1,910	3,590	68,600	80	1,800	3,79
岩手 (15)	5,230	4,320	225,900	97	5,210	4,130	215,200	94	5,170	3,72
宮城 (16)	1,320	…	…	nc	1,180	…	…	nc	1,180	3,89
秋田 (17)	393	…	…	nc	397	…	…	nc	389	4,10
山形 (18)	605	…	…	nc	598	…	…	nc	674	4,22
福島 (19)	1,610	…	…	nc	1,600	…	…	nc	1,560	4,64
茨城 (20)	2,470	5,380	132,900	99	2,470	4,520	111,600	83	2,410	4,82
栃木 (21)	4,500	5,270	237,200	100	4,650	4,830	224,600	94	4,680	4,16
群馬 (22)	2,910	6,010	174,900	103	2,870	5,630	161,600	97	2,830	5,40
埼玉 (23)	254	…	…	nc	268	…	…	nc	257	4,93
千葉 (24)	1,010	5,600	56,600	97	998	5,190	51,800	91	982	5,63
東京 (25)	38	…	…	nc	37	…	…	nc	40	4,62
神奈川 (26)	240	…	…	nc	237	…	…	nc	237	5,44
新潟 (27)	183	…	…	nc	181	…	…	nc	174	2,21
富山 (28)	10	…	…	nc	9	…	…	nc	8	4,80
石川 (29)	53	…	…	nc	51	…	…	nc	46	7,01
福井 (30)	26	…	…	nc	26	…	…	nc	18	3,10
山梨 (31)	166	…	…	nc	162	…	…	nc	158	4,46
長野 (32)	2,140	…	…	nc	2,070	…	…	nc	1,980	5,31
岐阜 (33)	246	3,970	9,770	91	222	4,130	9,170	98	214	4,10
静岡 (34)	336	…	…	nc	353	…	…	nc	356	4,58
愛知 (35)	187	4,200	7,850	92	189	4,400	8,320	100	181	5,28
三重 (36)	80	…	…	nc	70	…	…	nc	78	3,60
滋賀 (37)	31	…	…	nc	32	…	…	nc	11	3,54
京都 (38)	17	…	…	nc	15	…	…	nc	15	2,65
大阪 (39)	x	…	…	nc	x	…	…	nc	x	
兵庫 (40)	158	3,070	4,850	68	151	3,120	4,710	73	146	3,24
奈良 (41)	x	…	…	nc	2	…	…	nc	x	4,69
和歌山 (42)	x	…	…	nc	－	…	…	nc	－	
鳥取 (43)	904	4,340	39,200	104	898	3,690	33,100	90	905	3,40
島根 (44)	71	3,780	2,680	99	68	2,700	1,840	72	67	3,44
岡山 (45)	615	…	…	nc	567	…	…	nc	567	5,03
広島 (46)	208	…	…	nc	205	…	…	nc	170	2,82
山口 (47)	10	2,540	254	64	10	3,070	307	84	8	3,75
徳島 (48)	79	…	…	nc	78	…	…	nc	77	5,06
香川 (49)	25	…	…	nc	25	…	…	nc	22	3,64
愛媛 (50)	298	…	…	nc	289	…	…	nc	289	5,15
高知 (51)	8	…	…	nc	9	…	…	nc	8	3,37
福岡 (52)	61	…	…	nc	66	…	…	nc	69	4,55
佐賀 (53)	15	3,400	510	85	12	3,310	397	84	9	3,46
長崎 (54)	671	4,200	28,200	87	606	4,070	24,700	86	554	4,44
熊本 (55)	3,720	4,150	154,400	90	3,690	4,360	160,900	97	3,600	4,45
大分 (56)	826	3,920	32,400	82	791	4,100	32,400	90	746	4,46
宮崎 (57)	5,040	4,640	233,900	92	4,910	4,280	210,100	87	4,910	5,05
鹿児島 (58)	2,310	4,950	114,300	88	2,270	4,060	92,200	75	2,110	4,28
沖縄 (59)	2	5,850	117	106	1	6,600	66	117	1	7,7

注：1　主産県調査を実施した年産の全国値については、主産県の調査結果から推計したものである。
　　2　平成29年産以降、作付面積は３年、収穫量は６年ごとに全国調査を実施し、全国調査以外の年にあっては主産県調査を実施することとしている。

		30				令和元年産				
収穫量	(参考)10 a 当たり平均収量対比	作付面積	10 a 当たり収量	収穫量	(参考)10 a 当たり平均収量対比	作付面積	10 a 当たり収量	収穫量	(参考)10 a 当たり平均収量対比	
(11)	(12)	(13)	(14)	(15)	(16)	(17)	(18)	(19)	(20)	
t	%	ha	kg	t	%	ha	kg	t	%	
4,782,000	**98**	**94,600**	**4,740**	**4,488,000**	**92**	**94,700**	**5,110**	**4,841,000**	**100**	(1)
3,003,000	100	55,500	4,860	2,697,000	88	56,300	5,530	3,113,000	103	(2)
1,779,000	nc	…	…	…	nc	…	…	…	nc	(3)
423,100	90	…	…	…	nc	…	…	…	nc	(4)
8,010	81	…	…	…	nc	…	…	…	nc	(5)
658,600	nc	…	…	…	nc	…	…	…	nc	(6)
37,400	112	…	…	…	nc	…	…	…	nc	(7)
5,700	nc	…	…	…	nc	…	…	…	nc	(8)
66,700	95	…	…	…	nc	…	…	…	nc	(9)
19,800	102	…	…	…	nc	…	…	…	nc	(10)
559,300	99	…	…	…	nc	…	…	…	nc	(11)
77	125	1	3,590	36	56	1	6,600	66	103	(12)
3,003,000	100	55,500	4,860	2,697,000	88	56,300	5,530	3,113,000	103	(13)
68,200	88	1,680	4,050	68,000	97	1,550	4,340	67,300	103	(14)
192,300	86	5,130	4,010	205,700	93	5,100	4,040	206,000	96	(15)
45,900	91	…	…	…	nc	…	…	…	nc	(16)
15,900	96	…	…	…	nc	…	…	…	nc	(17)
28,400	95	…	…	…	nc	…	…	…	nc	(18)
72,400	101	…	…	…	nc	…	…	…	nc	(19)
116,200	92	2,460	5,000	123,000	94	2,490	4,920	122,500	93	(20)
194,700	83	4,740	5,010	237,500	102	4,850	3,810	184,800	77	(21)
152,800	94	2,770	5,250	145,400	93	2,650	5,090	134,900	91	(22)
12,700	101	…	…	…	nc	…	…	…	nc	(23)
55,300	99	962	5,380	51,800	95	950	4,770	45,300	86	(24)
1,850	nc	…	…	…	nc	…	…	…	nc	(25)
12,900	120	…	…	…	nc	…	…	…	nc	(26)
3,850	55	…	…	…	nc	…	…	…	nc	(27)
384	120	…	…	…	nc	…	…	…	nc	(28)
3,220	161	…	…	…	nc	…	…	…	nc	(29)
558	105	…	…	…	nc	…	…	…	nc	(30)
7,050	90	…	…	…	nc	153	4,690	7,180	nc	(31)
105,100	100	…	…	…	nc	…	…	…	nc	(32)
8,770	99	…	…	…	nc	…	…	…	nc	(33)
16,300	111	…	…	…	nc	…	…	…	nc	(34)
9,560	123	178	4,060	7,230	95	175	4,590	8,030	109	(35)
2,810	134	…	…	…	nc	…	…	…	nc	(36)
389	90	…	…	…	nc	…	…	…	nc	(37)
398	95	…	…	…	nc	…	…	…	nc	(38)
x	nc	…	…	…	nc	…	…	…	nc	(39)
4,730	82	149	2,940	4,380	80	147	3,110	4,570	91	(40)
x	nc	…	…	…	nc	…	…	…	nc	(41)
−	nc	…	…	…	nc	…	…	…	nc	(42)
30,800	84	869	2,900	25,200	73	838	4,120	34,500	104	(43)
2,300	94	66	3,250	2,150	91	65	3,130	2,030	90	(44)
28,500	110	…	…	…	nc	…	…	…	nc	(45)
4,790	100	…	…	…	nc	…	…	…	nc	(46)
300	109	7	3,090	216	91	6	3,100	186	94	(47)
3,850	100	…	…	…	nc	…	…	…	nc	(48)
801	100	…	…	…	nc	…	…	…	nc	(49)
14,900	102	…	…	…	nc	…	…	…	nc	(50)
270	95	…	…	…	nc	…	…	…	nc	(51)
3,140	97	…	…	…	nc	…	…	…	nc	(52)
306	90	9	3,270	294	89	9	3,400	306	96	(53)
24,600	96	524	4,520	23,700	99	465	4,410	20,500	97	(54)
160,200	100	3,410	4,490	153,100	101	3,400	4,460	151,600	102	(55)
32,800	100	729	4,310	31,400	99	700	4,190	29,300	98	(56)
248,000	106	4,810	4,810	231,400	101	4,700	4,750	223,300	100	(57)
90,300	83	2,030	4,050	82,200	81	1,690	5,500	93,000	116	(58)
77	125	1	3,590	36	56	1	6,600	66	103	(59)

6　飼料作物（続き）

(3)　ソルゴー

全国農業地域・都道府県	平成27年産 作付面積	10a当たり収量	収穫量	（参考）10a当たり平均収量対比	28 作付面積	10a当たり収量	収穫量	（参考）10a当たり平均収量対比	2 作付面積	10a当たり収量
	(1)	(2)	(3)	(4)	(5)	(6)	(7)	(8)	(9)	(10)
	ha	kg	t	%	ha	kg	t	%	ha	k
全国 (1)	**15,200**	**4,790**	**728,600**	**88**	**14,800**	**4,430**	**655,300**	**nc**	**14,400**	**4,62**
（全国農業地域）										
北海道 (2)	−	−	−	nc	−	−	−	nc	−	
都府県 (3)	15,200	…	…	nc	14,800	…	…	nc	14,400	4,62
東北 (4)	126	…	…	nc	123	…	…	nc	127	3,58
北陸 (5)	132	…	…	nc	122	…	…	nc	115	4,75
関東・東山 (6)	1,700	…	…	nc	1,620	…	…	nc	1,560	4,59
東海 (7)	676	…	…	nc	649	…	…	nc	615	3,30
近畿 (8)	936	…	…	nc	939	…	…	nc	908	2,57
中国 (9)	1,500	…	…	nc	1,450	…	…	nc	1,400	3,10
四国 (10)	503	…	…	nc	499	…	…	nc	521	4,72
九州 (11)	9,630	…	…	nc	9,330	…	…	nc	9,130	5,15
沖縄 (12)	30	4,900	1,470	78	30	4,940	1,480	94	37	3,32
（都道府県）										
北海道 (13)	−	−	−	nc	−	−	−	nc	−	
青森 (14)	−	−	−	nc	−	−	−	nc	−	
岩手 (15)	11	3,260	359	97	11	2,970	327	88	6	1,55
宮城 (16)	48	…	…	nc	39	…	…	nc	39	2,24
秋田 (17)	−	…	…	nc	0	…	…	nc	−	
山形 (18)	25	…	…	nc	29	…	…	nc	27	3,96
福島 (19)	42	…	…	nc	44	…	…	nc	55	4,57
茨城 (20)	455	4,930	22,400	96	410	4,190	17,200	83	401	4,6
栃木 (21)	307	4,450	13,700	98	307	3,730	11,500	86	299	3,40
群馬 (22)	91	4,560	4,150	86	91	4,350	3,960	86	87	4,91
埼玉 (23)	136	…	…	nc	147	…	…	nc	145	3,08
千葉 (24)	504	6,120	30,800	92	469	6,100	28,600	94	453	5,80
東京 (25)	13	…	…	nc	13	…	…	nc	1	5,4
神奈川 (26)	39	…	…	nc	39	…	…	nc	39	3,47
新潟 (27)	11	…	…	nc	10	…	…	nc	8	3,02
富山 (28)	49	…	…	nc	59	…	…	nc	26	4,0
石川 (29)	60	…	…	nc	41	…	…	nc	66	5,64
福井 (30)	12	…	…	nc	12	…	…	nc	15	3,0
山梨 (31)	5	…	…	nc	3	…	…	nc	2	5,1
長野 (32)	147	…	…	nc	140	…	…	nc	133	4,8
岐阜 (33)	48	4,190	2,010	110	43	3,750	1,610	99	45	3,6
静岡 (34)	158	…	…	nc	164	…	…	nc	162	3,3
愛知 (35)	416	4,350	18,100	104	417	3,770	15,700	90	389	3,2
三重 (36)	54	…	…	nc	25	…	…	nc	19	2,8
滋賀 (37)	41	…	…	nc	48	…	…	nc	27	4,1
京都 (38)	90	…	…	nc	91	…	…	nc	91	2,6
大阪 (39)	−	…	…	nc	−	…	…	nc	−	
兵庫 (40)	794	3,050	24,200	59	789	2,980	23,500	62	778	2,4
奈良 (41)	9	…	…	nc	8	…	…	nc	8	4,9
和歌山 (42)	2	…	…	nc	3	…	…	nc	4	3,1
鳥取 (43)	322	3,220	10,400	97	324	2,880	9,330	90	316	2,5
島根 (44)	200	3,230	6,460	89	189	3,000	5,670	85	179	3,0
岡山 (45)	307	…	…	nc	315	…	…	nc	265	4,4
広島 (46)	206	…	…	nc	202	…	…	nc	209	2,8
山口 (47)	462	2,720	12,600	79	415	2,590	10,700	79	435	2,8
徳島 (48)	98	…	…	nc	98	…	…	nc	98	4,9
香川 (49)	113	…	…	nc	110	…	…	nc	100	4,2
愛媛 (50)	207	…	…	nc	208	…	…	nc	242	4,8
高知 (51)	85	…	…	nc	83	…	…	nc	81	4,8
福岡 (52)	138	…	…	nc	167	…	…	nc	150	5,4
佐賀 (53)	364	3,280	11,900	72	352	3,190	11,200	75	340	3,2
長崎 (54)	2,130	4,800	102,200	89	2,160	4,610	99,600	87	2,170	4,5
熊本 (55)	965	4,880	47,100	84	895	5,330	47,700	95	805	5,4
大分 (56)	912	4,890	44,600	88	899	4,900	44,100	92	855	5,2
宮崎 (57)	3,280	5,530	181,400	95	3,080	5,190	159,900	91	3,070	5,5
鹿児島 (58)	1,840	6,030	111,000	86	1,780	4,780	85,100	71	1,750	5,3
沖縄 (59)	30	4,900	1,470	78	30	4,940	1,480	94	37	3,3

注：1　主産県調査を実施した年産の全国値については、主産県の調査結果から推計したものである。
　　2　平成29年産以降、作付面積は３年、収穫量は６年ごとに全国調査を実施し、全国調査以外の年にあっては主産県調査を実施することとしている。

		30				令和元年産				
収穫量	(参考) 10a当たり 平均収量 対比	作付面積	10a当たり 収量	収穫量	(参考) 10a当たり 平均収量 対比	作付面積	10a当たり 収量	収穫量	(参考) 10a当たり 平均収量 対比	
(11)	(12)	(13)	(14)	(15)	(16)	(17)	(18)	(19)	(20)	
t	%	ha	kg	t	%	ha	kg	t	%	
665,000	**90**	**14,000**	**4,410**	**618,000**	**88**	**13,300**	**4,350**	**578,100**	**90**	(1)
−	nc	x	x	x	x	15	3,640	546	nc	(2)
665,000	nc	…	…	…	nc	…	…	…	nc	(3)
4,550	92	…	…	…	nc	…	…	…	nc	(4)
5,460	87	…	…	…	nc	…	…	…	nc	(5)
71,600	nc	…	…	…	nc	…	…	…	nc	(6)
20,300	83	…	…	…	nc	…	…	…	nc	(7)
23,300	nc	…	…	…	nc	…	…	…	nc	(8)
43,400	89	…	…	…	nc	…	…	…	nc	(9)
24,600	100	…	…	…	nc	…	…	…	nc	(10)
470,500	93	…	…	…	nc	…	…	…	nc	(11)
1,230	65	44	3,000	1,320	61	14	5,890	825	127	(12)
−	nc	x	x	x	x	15	3,640	546	nc	(13)
−	nc	−	−	−	nc	−	−	−	nc	(14)
93	46	3	3,120	94	93	2	3,230	65	96	(15)
874	81	…	…	…	nc	…	…	…	nc	(16)
−	nc	…	…	…	nc	…	…	…	nc	(17)
1,070	87	…	…	…	nc	…	…	…	nc	(18)
2,510	104	…	…	…	nc	…	…	…	nc	(19)
18,400	96	315	4,530	14,300	93	272	4,510	12,300	93	(20)
10,200	81	291	3,460	10,100	85	296	2,080	6,160	52	(21)
4,270	100	88	4,400	3,870	92	76	3,750	2,850	82	(22)
4,470	64	…	…	…	nc	…	…	…	nc	(23)
26,300	91	446	5,910	26,400	95	439	4,220	18,500	69	(24)
54	nc	…	…	…	nc	…	…	…	nc	(25)
1,350	71	…	…	…	nc	…	…	…	nc	(26)
242	80	…	…	…	nc	…	…	…	nc	(27)
1,040	90	…	…	…	nc	…	…	…	nc	(28)
3,720	84	…	…	…	nc	…	…	…	nc	(29)
459	106	…	…	…	nc	…	…	…	nc	(30)
102	90	…	…	…	nc	2	5,360	107	nc	(31)
6,460	98	…	…	…	nc	…	…	…	nc	(32)
1,660	99	…	…	…	nc	…	…	…	nc	(33)
5,350	83	…	…	…	nc	…	…	…	nc	(34)
12,800	81	390	3,030	11,800	77	383	3,880	14,900	100	(35)
536	90	…	…	…	nc	…	…	…	nc	(36)
1,120	90	…	…	…	nc	…	…	…	nc	(37)
2,430	80	…	…	…	nc	…	…	…	nc	(38)
−	nc	…	…	…	nc	…	…	…	nc	(39)
19,200	57	710	2,250	16,000	58	718	2,400	17,200	70	(40)
396	nc	…	…	…	nc	…	…	…	nc	(41)
124	nc	…	…	…	nc	…	…	…	nc	(42)
7,900	81	321	2,100	6,740	70	333	2,860	9,520	99	(43)
5,500	92	184	2,940	5,410	92	177	2,950	5,220	96	(44)
11,700	89	…	…	…	nc	…	…	…	nc	(45)
5,940	100	…	…	…	nc	…	…	…	nc	(46)
12,400	91	435	2,290	9,960	76	408	2,400	9,790	85	(47)
4,800	102	…	…	…	nc	…	…	…	nc	(48)
4,290	96	…	…	…	nc	…	…	…	nc	(49)
11,600	98	…	…	…	nc	…	…	…	nc	(50)
3,940	105	…	…	…	nc	…	…	…	nc	(51)
8,210	87	…	…	…	nc	…	…	…	nc	(52)
11,100	83	329	3,070	10,100	83	333	3,260	10,900	94	(53)
98,100	88	2,140	4,760	101,900	96	2,100	4,060	85,300	83	(54)
43,600	99	768	5,390	41,400	100	744	5,290	39,400	100	(55)
45,100	102	823	5,180	42,600	101	780	5,000	39,000	97	(56)
170,400	99	2,850	5,420	154,500	99	2,780	5,440	151,200	99	(57)
94,000	82	1,840	4,830	88,900	78	1,560	5,190	81,000	90	(58)
1,230	65	44	3,000	1,320	61	14	5,890	825	127	(59)

7　工芸農作物

(1)　茶

ア　茶栽培面積

単位：ha

全国農業地域・都道府県	平成27年	28	29	30	令和元年
	(1)	(2)	(3)	(4)	(5)
全国	**44,000**	**43,100**	**42,400**	**41,500**	**40,600**
（全国農業地域）					
北海道	-	-	…	…	…
都府県	44,000	43,100	…	…	…
東北	x	x	…	…	…
北陸	31	31	…	…	…
関東・東山	2,150	2,110	…	…	…
東海	22,200	21,700	…	…	…
近畿	3,080	3,050	…	…	…
中国	472	458	…	…	…
四国	870	831	…	…	…
九州	15,100	14,900	…	…	…
沖縄	31	30	…	…	…
（都道府県）					
北海道	-	-	…	…	…
青森	x	x	…	…	…
岩手	3	2	…	…	…
宮城	14	14	…	…	…
秋田	x	x	…	…	…
山形	x	x	…	…	…
福島	1	1	…	…	…
茨城	358	353	…	…	…
栃木	66	66	…	…	…
群馬	44	36	…	…	…
埼玉	890	884	871	855	843
千葉	203	194	…	…	…
東京	144	144	…	…	…
神奈川	259	257	…	…	…
新潟	22	22	…	…	…
富山	2	2	…	…	…
石川	5	5	…	…	…
福井	2	2	…	…	…
山梨	113	111	…	…	…
長野	75	69	…	…	…
岐阜	806	734	…	…	…
静岡	17,800	17,400	17,100	16,500	15,900
愛知	555	542	538	521	517
三重	3,040	3,000	2,950	2,880	2,780
滋賀	617	614	…	…	…
京都	1,580	1,580	1,570	1,570	1,560
大阪	-	-	…	…	…
兵庫	127	119	…	…	…
奈良	726	706	701	…	…
和歌山	31	31	…	…	…
鳥取	10	10	…	…	…
島根	194	193	…	…	…
岡山	127	125	…	…	…
広島	61	50	…	…	…
山口	80	80	…	…	…
徳島	254	249	…	…	…
香川	65	59	…	…	…
愛媛	132	131	…	…	…
高知	419	392	…	…	…
福岡	1,560	1,550	1,550	1,540	1,540
佐賀	891	866	841	795	749
長崎	750	750	747	742	737
熊本	1,420	1,350	1,300	1,260	1,220
大分	451	446	…	…	…
宮崎	1,450	1,420	1,410	1,390	1,380
鹿児島	8,610	8,520	8,430	8,410	8,400
沖縄	31	30	…	…	…

注：1　栽培面積は、7月15日現在において調査したものである。
　　2　主産県調査を実施した年の栽培面積の全国値については、主産県の調査結果から推計したものである。
　　3　茶の栽培面積については、平成29年から、調査の範囲を全国から主産県に変更し、6年ごとに全国調査を実施することとした。

イ　生葉収穫量　　ウ　荒茶生産量

全国農業地域・都道府県	イ 生葉収穫量（単位：t）					ウ 荒茶生産量（単位：t）				
	平成27年産	28	29	30	令和元年産	平成27年産	28	29	30	令和元年産
	(1)	(2)	(3)	(4)	(5)	(1)	(2)	(3)	(4)	(5)
全国	…	…	…	…	…	79,500	80,200	82,000	86,300	81,700
主産県計	357,800	364,500	369,800	383,600	357,400	76,400	77,100	78,800	81,500	76,500
（全国農業地域）										
北海道	…	…	…	…	…	…	…	…	…	…
都府県	…	…	…	…	…	…	…	…	…	…
東北	…	…	…	…	…	…	…	…	…	…
北陸	…	…	…	…	…	…	…	…	…	…
関東・東山	…	…	…	…	…	…	…	…	…	…
東海	…	…	…	…	…	…	…	…	…	…
近畿	…	…	…	…	…	…	…	…	…	…
中国	…	…	…	…	…	…	…	…	…	…
四国	…	…	…	…	…	…	…	…	…	…
九州	…	…	…	…	…	…	…	…	…	…
沖縄	…	…	…	…	…	…	…	…	…	…
（都道府県）										
北海道	…	…	…	…	…	…	…	…	…	…
青森	…	…	…	…	…	…	…	…	…	…
岩手	…	…	…	…	…	…	…	…	…	…
宮城	…	…	…	…	…	…	…	…	…	…
秋田	…	…	…	…	…	…	…	…	…	…
山形	…	…	…	…	…	…	…	…	…	…
福島	…	…	…	…	…	…	…	…	…	…
茨城	…	…	…	…	…	…	…	…	…	…
栃木	…	…	…	…	…	…	…	…	…	…
群馬	…	…	…	…	…	…	…	…	…	…
埼玉	2,750	3,060	3,280	4,040	4,020	598	652	698	898	881
千葉	…	…	…	…	…	…	…	…	…	…
東京	…	…	…	…	…	…	…	…	…	…
神奈川	…	…	…	…	…	…	…	…	…	…
新潟	…	…	…	…	…	…	…	…	…	…
富山	…	…	…	…	…	…	…	…	…	…
石川	…	…	…	…	…	…	…	…	…	…
福井	…	…	…	…	…	…	…	…	…	…
山梨	…	…	…	…	…	…	…	…	…	…
長野	…	…	…	…	…	…	…	…	…	…
岐阜	…	…	…	…	…	…	…	…	…	…
静岡	144,400	141,500	140,700	150,500	129,300	31,800	30,700	30,800	33,400	29,500
愛知	4,380	4,460	4,250	4,190	4,020	887	914	880	863	832
三重	32,600	30,500	29,000	30,200	28,600	6,830	6,370	6,130	6,240	5,910
滋賀	…	…	…	…	…	…	…	…	…	…
京都	14,400	14,400	14,200	13,800	13,100	3,190	3,190	3,160	3,070	2,900
大阪	…	…	…	…	…	…	…	…	…	…
兵庫	…	…	…	…	…	…	…	…	…	…
奈良	7,080	7,130	7,060	…	…	1,700	1,720	1,710	…	…
和歌山	…	…	…	…	…	…	…	…	…	…
鳥取	…	…	…	…	…	…	…	…	…	…
島根	…	…	…	…	…	…	…	…	…	…
岡山	…	…	…	…	…	…	…	…	…	…
広島	…	…	…	…	…	…	…	…	…	…
山口	…	…	…	…	…	…	…	…	…	…
徳島	…	…	…	…	…	…	…	…	…	…
香川	…	…	…	…	…	…	…	…	…	…
愛媛	…	…	…	…	…	…	…	…	…	…
高知	…	…	…	…	…	…	…	…	…	…
福岡	9,410	9,220	9,730	9,600	9,310	1,940	1,870	1,920	1,890	1,780
佐賀	5,510	5,490	5,210	5,660	5,530	1,240	1,240	1,170	1,270	1,240
長崎	3,470	3,880	3,580	3,640	3,440	709	775	718	733	693
熊本	5,590	6,250	6,270	6,120	6,150	1,140	1,280	1,290	1,260	1,270
大分	…	…	…	…	…	…	…	…	…	…
宮崎	17,300	17,900	18,000	18,100	16,600	3,620	3,760	3,770	3,800	3,510
鹿児島	110,900	120,700	128,500	137,700	137,300	22,700	24,600	26,600	28,100	28,000
沖縄	…	…	…	…	…	…	…	…	…	…

注：1　主産県調査を実施した年産の荒茶生産量の全国値については、主産県の調査結果から推計したものである。
　　2　平成26年産以降、生葉収穫量及び荒茶生産量は６年ごとに全国調査を実施し、全国調査以外の年にあっては主産県調査を実施することとしている。

7 工芸農作物（続き）

(2) なたね

全国農業地域・都道府県	平成27年産				28				2
	作付面積	10a当たり収量	収穫量	（参考）10a当たり平均収量対比	作付面積	10a当たり収量	収穫量	（参考）10a当たり平均収量対比	作付面積
	(1)	(2)	(3)	(4)	(5)	(6)	(7)	(8)	(9)
	ha	kg	t	%	ha	kg	t	%	ha
全国 (1)	**1,630**	**194**	**3,160**	**152**	**1,980**	**184**	**3,650**	**133**	**1,980**
（全国農業地域）									
北海道 (2)	605	318	1,920	166	884	282	2,490	142	939
都府県 (3)	1,020	122	1,240	136	1,090	106	1,160	119	1,050
東北 (4)	500	178	892	170	595	133	791	132	550
北陸 (5)	x	32	x	78	x	57	x	133	42
関東・東山 (6)	82	89	73	105	66	102	67	116	60
東海 (7)	86	52	45	87	83	82	68	139	103
近畿 (8)	56	79	44	103	x	89	x	114	x
中国 (9)	x	31	x	94	x	28	x	85	27
四国 (10)	x	50	x	200	3	33	1	100	x
九州 (11)	200	77	154	80	207	71	146	81	204
沖縄 (12)	-	-	-	nc	-	-	-	nc	-
（都道府県）									
北海道 (13)	605	318	1,920	166	884	282	2,490	142	939
青森 (14)	249	308	767	183	271	236	640	139	270
岩手 (15)	24	92	22	112	31	90	28	106	33
宮城 (16)	22	55	12	229	47	26	12	100	44
秋田 (17)	72	56	40	124	109	47	51	100	82
山形 (18)	16	50	8	116	23	57	13	130	15
福島 (19)	117	37	43	106	114	41	47	114	106
茨城 (20)	13	74	10	112	12	82	10	121	12
栃木 (21)	15	87	13	134	12	55	7	77	10
群馬 (22)	10	97	10	94	11	91	10	89	11
埼玉 (23)	6	155	10	180	4	151	6	172	5
千葉 (24)	8	39	3	53	7	48	3	69	x
東京 (25)	x	x	x	x	x	x	x	x	x
神奈川 (26)	x	x	x	x	1	50	0	50	1
新潟 (27)	17	19	3	66	14	43	6	159	13
富山 (28)	28	47	13	102	27	62	17	135	25
石川 (29)	x	x	x	x	x	x	x	x	x
福井 (30)	5	9	0	53	x	x	x	x	x
山梨 (31)	3	35	1	152	x	x	x	x	x
長野 (32)	26	96	25	88	18	167	30	158	17
岐阜 (33)	-	-	-	-	-	-	-	-	-
静岡 (34)	6	11	1	37	3	15	0	60	2
愛知 (35)	40	58	23	79	31	97	30	137	38
三重 (36)	40	53	21	102	49	78	38	147	63
滋賀 (37)	30	103	31	106	28	124	35	125	35
京都 (38)	x	x	x	x	x	x	x	x	x
大阪 (39)	x	x	x	x	x	x	x	x	x
兵庫 (40)	22	50	11	94	24	50	12	94	20
奈良 (41)	3	59	2	107	3	56	2	100	2
和歌山 (42)	-	-	-	nc	-	-	-	nc	-
鳥取 (43)	12	10	1	38	9	27	2	113	4
島根 (44)	10	30	3	79	15	40	6	111	12
岡山 (45)	12	48	6	155	10	18	2	51	10
広島 (46)	x	x	x	x	x	x	x	x	-
山口 (47)	1	82	1	104	1	47	0	59	1
徳島 (48)	1	27	0	129	x	x	x	x	x
香川 (49)	x	x	x	x	x	x	x	x	x
愛媛 (50)	x	x	x	x	x	x	x	x	x
高知 (51)	x	x	x	x	x	x	x	x	-
福岡 (52)	43	123	53	84	43	107	46	76	34
佐賀 (53)	12	96	12	229	18	80	14	170	15
長崎 (54)	14	50	7	71	13	54	7	79	12
熊本 (55)	65	60	39	80	59	59	35	82	54
大分 (56)	17	66	11	147	32	40	13	80	45
宮崎 (57)	17	74	13	72	10	68	7	71	9
鹿児島 (58)	32	59	19	49	32	75	24	65	35
沖縄 (59)	-	-	-	nc	-	-	-	nc	-

収穫量	(参考)10a当たり平均収量対比	30 作付面積	10a当たり収量	収穫量	(参考)10a当たり平均収量対比	令和元年産 作付面積	10a当たり収量	収穫量	(参考)10a当たり平均収量対比	
(11)	(12)	(13)	(14)	(15)	(16)	(17)	(18)	(19)	(20)	
t	%	ha	kg	t	%	ha	kg	t	%	
3,670	**143**	**1,920**	**163**	**3,120**	**113**	**1,900**	**217**	**4,130**	**141**	(1)
2,680	133	971	246	2,390	105	1,030	320	3,300	130	(2)
992	106	953	76	728	84	870	96	831	105	(3)
629	102	509	99	505	82	433	112	484	106	(4)
25	133	30	27	8	57	x	38	x	84	(5)
43	78	x	70	x	80	60	87	52	99	(6)
71	108	102	29	30	45	93	49	46	78	(7)
x	111	x	54	x	61	x	104	x	116	(8)
11	124	x	65	x	186	x	70	x	233	(9)
x	100	x	x	x	nc	x	x	x	x	(10)
160	95	198	58	114	72	182	93	170	122	(11)
-	nc	-	-	-	nc	-	-	-	nc	(12)
2,680	133	971	246	2,390	105	1,030	320	3,300	130	(13)
535	108	270	159	429	83	193	197	380	105	(14)
24	85	30	53	16	65	26	69	18	90	(15)
4	35	34	6	2	27	32	3	1	16	(16)
27	70	47	49	23	111	76	41	31	91	(17)
7	104	12	34	4	72	12	45	5	96	(18)
32	81	116	27	31	75	94	52	49	144	(19)
5	61	11	41	5	67	9	40	4	73	(20)
3	44	8	48	4	79	13	63	8	109	(21)
10	93	9	93	8	98	10	100	10	105	(22)
7	142	4	88	4	78	12	68	8	61	(23)
x	x	x	x	x	x	x	x	x	x	(24)
x	x	x	x	x	x	x	x	x	x	(25)
1	115	1	66	0	77	1	187	1	240	(26)
5	117	8	38	3	115	9	67	6	197	(27)
16	131	17	22	4	43	15	36	5	71	(28)
x	x	x	x	x	x	x	x	x	x	(29)
x	x	x	x	x	x	x	x	x	x	(30)
x	x	x	x	x	x	x	x	x	x	(31)
15	77	10	120	12	110	12	157	19	134	(32)
-	-	-	-	-	-	-	-	-	nc	(33)
1	178	4	14	1	54	3	30	1	120	(34)
32	111	42	45	19	56	40	60	24	77	(35)
38	105	56	18	10	33	50	42	21	78	(36)
41	116	32	63	20	58	36	122	44	113	(37)
x	x	x	x	x	x	x	x	x	x	(38)
x	x	x	x	x	x	x	x	x	x	(39)
9	87	16	38	6	76	14	57	8	124	(40)
2	132	2	60	1	97	1	80	1	131	(41)
-	nc	-	-	-	nc	-	-	-	nc	(42)
1	80	4	50	2	227	3	33	1	127	(43)
8	181	9	89	8	207	7	108	8	245	(44)
2	47	4	32	1	128	10	54	5	225	(45)
-	-	-	-	-	-	-	-	-	-	(46)
0	3	x	x	x	x	x	x	x	x	(47)
x	x	x	x	x	x	-	-	-	-	(48)
x	x	-	-	-	-	x	x	x	x	(49)
x	x	x	x	x	x	x	x	x	x	(50)
-	-	-	-	-	-	-	-	-	-	(51)
45	99	35	80	28	62	33	133	44	110	(52)
15	189	20	89	18	144	27	104	28	149	(53)
6	77	10	36	4	60	12	42	5	74	(54)
28	74	58	52	30	80	42	95	40	158	(55)
32	148	36	29	10	55	35	61	21	120	(56)
8	102	7	74	5	85	6	98	6	120	(57)
26	69	32	60	19	59	27	95	26	108	(58)
-	nc	-	-	-	nc	-	-	-	nc	(59)

7　工芸農作物（続き）

(3)　てんさい（北海道）

区分	平成27年産		28		29		30		令和元年産	
	作付面積	収穫量	作付面積	収穫量	作付面積	収穫量	作付面積	収穫量	作付面積	収穫量
	(1) ha	(2) t	(3) ha	(4) t	(5) ha	(6) t	(7) ha	(8) t	(9) ha	(10) t
北海道	58,800	3,925,000	59,700	3,189,000	58,200	3,901,000	57,300	3,611,000	56,700	3,986,000

(4)　さとうきび

区分	平成27年産			28			29		
	栽培面積	収穫面積	収穫量	栽培面積	収穫面積	収穫量	栽培面積	収穫面積	収穫量
	(1) ha	(2) ha	(3) t	(4) ha	(5) ha	(6) t	(7) ha	(8) ha	(9) t
全国	**29,600**	**23,400**	**1,260,000**	**28,800**	**22,900**	**1,574,000**	**28,500**	**23,700**	**1,297,000**
鹿児島	11,900	10,200	505,000	11,400	10,000	636,500	11,100	9,880	528,500
沖縄	17,700	13,200	755,000	17,400	12,900	937,800	17,400	13,800	768,900

区分	30			令和元年産		
	栽培面積	収穫面積	収穫量	栽培面積	収穫面積	収穫量
	(10) ha	(11) ha	(12) t	(13) ha	(14) ha	(15) t
全国	**27,700**	**22,600**	**1,196,000**	**27,200**	**22,100**	**1,174,000**
鹿児島	10,900	9,450	452,900	10,600	9,170	497,800
沖縄	16,800	13,100	742,800	16,600	12,900	676,000

(5)　い（主産県別）

主産県	平成27年産		28		29		30		令和元年産	
	作付面積	収穫量	作付面積	収穫量	作付面積	収穫量	作付面積	収穫量	作付面積	収穫量
	(1) ha	(2) t	(3) ha	(4) t	(5) ha	(6) t	(7) ha	(8) t	(9) ha	(10) t
主産県計	**701**	**7,800**	**643**	**8,340**	**578**	**8,530**	**541**	**7,500**	**476**	**7,130**
福岡	14	165	12	142	10	123	7	83	5	62
熊本	687	7,630	631	8,200	568	8,410	534	7,420	471	7,070

7　工芸農作物（続き）

(6)　こんにゃくいも（全国・主産県別）

全国農業地域・都道府県	平成27年産 栽培面積	収穫面積	10a当たり収量	収穫量	(参考) 10a当たり平均収量対比	28 栽培面積	収穫面積	10a当たり収量	収穫量	(参考) 10a当たり平均収量対比	栽培面積	収穫面積
	(1)	(2)	(3)	(4)	(5)	(6)	(7)	(8)	(9)	(10)	(11)	(12)
	ha	ha	kg	t	%	ha	ha	kg	t	%	ha	ha
全国 (1)	**3,910**	**2,220**	**2,760**	**61,300**	**nc**	**…**	**…**	**…**	**…**	**nc**	**3,860**	**2,33**
主産県計 (2)	**3,490**	**2,000**	**2,920**	**58,300**	**98**	**3,470**	**2,060**	**3,460**	**71,300**	**116**	**3,440**	**2,08**
（全国農業地域）												
北海道 (3)	x	x	x	x	nc	…	…	…	…	nc	…	…
都府県 (4)	3,910	2,220	2,760	61,300	nc	…	…	…	…	nc	…	…
東北 (5)	37	18	1,680	303	nc	…	…	…	…	nc	…	…
北陸 (6)	6	4	675	27	nc	…	…	…	…	nc	…	…
関東・東山 (7)	3,620	2,080	2,890	60,200	nc	…	…	…	…	nc	…	…
東海 (8)	26	18	550	99	nc	…	…	…	…	nc	…	…
近畿 (9)	27	10	510	51	nc	…	…	…	…	nc	…	…
中国 (10)	64	34	1,290	438	nc	…	…	…	…	nc	…	…
四国 (11)	40	16	488	78	nc	…	…	…	…	nc	…	…
九州 (12)	87	33	339	112	nc	…	…	…	…	nc	…	…
沖縄 (13)	-	-	-	-	nc	…	…	…	…	nc	…	…
（都道府県）												
北海道 (14)	x	x	x	x	nc	…	…	…	…	nc	…	…
青森 (15)	1	1	406	2	nc	…	…	…	…	nc	…	…
岩手 (16)	1	1	790	6	nc	…	…	…	…	nc	…	…
宮城 (17)	4	2	1,100	22	nc	…	…	…	…	nc	…	…
秋田 (18)	-	-	-	-	nc	…	…	…	…	nc	…	…
山形 (19)	3	2	1,430	25	nc	…	…	…	…	nc	…	…
福島 (20)	28	12	2,070	248	nc	…	…	…	…	nc	…	…
茨城 (21)	52	37	2,420	895	nc	…	…	…	…	nc	…	…
栃木 (22)	105	68	2,630	1,790	102	99	69	2,610	1,800	102	95	6
群馬 (23)	3,390	1,930	2,930	56,500	98	3,370	1,990	3,490	69,500	117	3,350	2,01
埼玉 (24)	27	18	2,590	466	nc	…	…	…	…	nc	…	…
千葉 (25)	13	9	3,000	270	nc	…	…	…	…	nc	…	…
東京 (26)	1	0	958	3	nc	…	…	…	…	nc	…	…
神奈川 (27)	6	2	520	10	nc	…	…	…	…	nc	…	…
新潟 (28)	6	4	650	26	nc	…	…	…	…	nc	…	…
富山 (29)	0	0	940	0	nc	…	…	…	…	nc	…	…
石川 (30)	0	0	962	1	nc	…	…	…	…	nc	…	…
福井 (31)	0	0	295	0	nc	…	…	…	…	nc	…	…
山梨 (32)	13	7	700	49	nc	…	…	…	…	nc	…	…
長野 (33)	20	11	2,110	232	nc	…	…	…	…	nc	…	…
岐阜 (34)	7	5	840	42	nc	…	…	…	…	nc	…	…
静岡 (35)	7	4	487	19	nc	…	…	…	…	nc	…	…
愛知 (36)	2	1	910	9	nc	…	…	…	…	nc	…	…
三重 (37)	10	8	368	29	nc	…	…	…	…	nc	…	…
滋賀 (38)	7	2	450	9	nc	…	…	…	…	nc	…	…
京都 (39)	3	1	300	3	nc	…	…	…	…	nc	…	…
大阪 (40)	-	-	-	-	nc	…	…	…	…	nc	…	…
兵庫 (41)	4	2	471	8	nc	…	…	…	…	nc	…	…
奈良 (42)	8	3	682	20	nc	…	…	…	…	nc	…	…
和歌山 (43)	5	2	480	11	nc	…	…	…	…	nc	…	…
鳥取 (44)	2	2	774	15	nc	…	…	…	…	nc	…	…
島根 (45)	23	9	474	43	nc	…	…	…	…	nc	…	…
岡山 (46)	3	2	750	15	nc	…	…	…	…	nc	…	…
広島 (47)	32	18	1,920	346	nc	…	…	…	…	nc	…	…
山口 (48)	4	3	617	19	nc	…	…	…	…	nc	…	…
徳島 (49)	16	7	714	50	nc	…	…	…	…	nc	…	…
香川 (50)	0	0	370	0	nc	…	…	…	…	nc	…	…
愛媛 (51)	6	3	338	10	nc	…	…	…	…	nc	…	…
高知 (52)	18	6	300	18	nc	…	…	…	…	nc	…	…
福岡 (53)	32	11	436	48	nc	…	…	…	…	nc	…	…
佐賀 (54)	1	1	241	2	nc	…	…	…	…	nc	…	…
長崎 (55)	1	0	242	1	nc	…	…	…	…	nc	…	…
熊本 (56)	14	6	250	15	nc	…	…	…	…	nc	…	…
大分 (57)	33	12	310	37	nc	…	…	…	…	nc	…	…
宮崎 (58)	4	2	318	6	nc	…	…	…	…	nc	…	…
鹿児島 (59)	2	1	315	3	nc	…	…	…	…	nc	…	…
沖縄 (60)	-	-	-	-	nc	…	…	…	…	nc	…	…

注：1　主産県調査を実施した年産の全国値については、主産県の調査結果から推計したものである。
　　2　平成30年産以降、作付面積は３年、収穫量は６年ごとに全国調査を実施し、全国調査以外の年にあっては、主産県調査を実施することとしている。

29			30					令和元年産					
10 a当たり収量	収穫量	(参考)10 a当たり平均収量対比	栽培面積	収穫面積	10 a当たり収量	収穫量	(参考)10 a当たり平均収量対比	栽培面積	収穫面積	10 a当たり収量	収穫量	(参考)10 a当たり平均収量対比	
(13)	(14)	(15)	(16)	(17)	(18)	(19)	(20)	(21)	(22)	(23)	(24)	(25)	
kg	t	%	ha	ha	kg	t	%	ha	ha	kg	t	%	
2,780	**64,700**	**nc**	**3,700**	**2,160**	**2,590**	**55,900**	**91**	**3,660**	**2,150**	**2,750**	**59,100**	**99**	(1)
2,960	**61,500**	**98**	**3,370**	**1,990**	**2,690**	**53,600**	**89**	**3,330**	**1,960**	**2,890**	**56,700**	**95**	(2)
…	…	nc	x	x	x	x	nc	…	…	…	…	nc	(3)
…	…	nc	3,690	2,160	2,590	55,900	nc	…	…	…	…	nc	(4)
…	…	nc	x	x	1,740	x	nc	…	…	…	…	nc	(5)
…	…	nc	5	4	650	26	nc	…	…	…	…	nc	(6)
…	…	nc	3,460	2,050	2,680	54,900	nc	…	…	…	…	nc	(7)
…	…	nc	22	12	517	62	nc	…	…	…	…	nc	(8)
…	…	nc	x	x	382	x	nc	…	…	…	…	nc	(9)
…	…	nc	59	30	1,450	435	nc	…	…	…	…	nc	(10)
…	…	nc	35	15	667	100	nc	…	…	…	…	nc	(11)
…	…	nc	52	16	338	54	nc	…	…	…	…	nc	(12)
…	…	nc	-	-	-	-	nc	…	…	…	…	nc	(13)
…	…	nc	x	x	x	x	nc	…	…	…	…	nc	(14)
…	…	nc	x	x	x	x	nc	…	…	…	…	nc	(15)
…	…	nc	1	0	875	4	nc	…	…	…	…	nc	(16)
…	…	nc	4	2	1,140	23	nc	…	…	…	…	nc	(17)
…	…	nc	-	-	-	-	nc	…	…	…	…	nc	(18)
…	…	nc	4	3	836	23	nc	…	…	…	…	nc	(19)
…	…	nc	22	11	2,070	228	nc	…	…	…	…	nc	(20)
…	…	nc	40	30	2,550	765	nc	…	…	…	…	nc	(21)
2,710	1,820	106	89	62	2,400	1,490	93	84	57	2,380	1,360	92	(22)
2,970	59,700	97	3,280	1,930	2,700	52,100	89	3,250	1,900	2,910	55,300	96	(23)
…	…	nc	12	8	2,060	165	nc	…	…	…	…	nc	(24)
…	…	nc	10	6	2,700	162	nc	…	…	…	…	nc	(25)
…	…	nc	1	0	785	3	nc	…	…	…	…	nc	(26)
…	…	nc	5	2	490	8	nc	…	…	…	…	nc	(27)
…	…	nc	5	4	600	24	nc	…	…	…	…	nc	(28)
…	…	nc	0	0	906	0	nc	…	…	…	…	nc	(29)
…	…	nc	0	0	842	1	nc	…	…	…	…	nc	(30)
…	…	nc	0	0	217	1	nc	…	…	…	…	nc	(31)
…	…	nc	10	5	1,060	53	nc	…	…	…	…	nc	(32)
…	…	nc	18	10	1,300	130	nc	…	…	…	…	nc	(33)
…	…	nc	7	5	811	41	nc	…	…	…	…	nc	(34)
…	…	nc	5	3	255	8	nc	…	…	…	…	nc	(35)
…	…	nc	2	1	698	7	nc	…	…	…	…	nc	(36)
…	…	nc	8	3	212	6	nc	…	…	…	…	nc	(37)
…	…	nc	6	2	250	5	nc	…	…	…	…	nc	(38)
…	…	nc	3	2	143	3	nc	…	…	…	…	nc	(39)
…	…	nc	x	x	x	x	nc	…	…	…	…	nc	(40)
…	…	nc	3	1	214	3	nc	…	…	…	…	nc	(41)
…	…	nc	8	4	614	25	nc	…	…	…	…	nc	(42)
…	…	nc	5	2	300	5	nc	…	…	…	…	nc	(43)
…	…	nc	3	3	767	23	nc	…	…	…	…	nc	(44)
…	…	nc	22	8	390	31	nc	…	…	…	…	nc	(45)
…	…	nc	2	1	720	7	nc	…	…	…	…	nc	(46)
…	…	nc	32	18	2,080	374	nc	…	…	…	…	nc	(47)
…	…	nc	0	0	376	0	nc	…	…	…	…	nc	(48)
…	…	nc	15	8	1,010	81	nc	…	…	…	…	nc	(49)
…	…	nc	0	0	370	0	nc	…	…	…	…	nc	(50)
…	…	nc	5	3	394	12	nc	…	…	…	…	nc	(51)
…	…	nc	15	4	185	7	nc	…	…	…	…	nc	(52)
…	…	nc	16	5	480	24	nc	…	…	…	…	nc	(53)
…	…	nc	1	1	112	1	nc	…	…	…	…	nc	(54)
…	…	nc	1	0	236	1	nc	…	…	…	…	nc	(55)
…	…	nc	13	5	230	12	nc	…	…	…	…	nc	(56)
…	…	nc	18	4	240	10	nc	…	…	…	…	nc	(57)
…	…	nc	2	1	450	5	nc	…	…	…	…	nc	(58)
…	…	nc	1	0	350	1	nc	…	…	…	…	nc	(59)
…	…	nc	-	-	-	-	nc	…	…	…	…	nc	(60)

V　関連統計表

1　食料需給表

(1)　令和元年度食料需給表（概算値）

類別・品目別	国内生産量	外国貿易 輸入量	外国貿易 輸出量	在庫の増減量	国内消費仕向量	国内消費仕向量 飼料用	種子用	加工用	純旅客用	減耗量	粗食 総数	粗食 一人1年当たり
	(1) 千t	(2) 千t	(3) 千t	(4) 千t	(5) 千t	(6) 千t	(7) 千t	(8) 千t	(9) 千t	(10) 千t	(11) 千t	(12) kg
穀類 (1)	9,456	24,769	121	515	32,977	14,685	74	4,894	43	324	12,957	102.4
					612	612						
米 (2)	8,154	870	121	10	8,281	393	39	288	25	151	7,385	58.5
	(a) (389)				612	612						
	(b) (28)											
小麦 (3)	1,037	5,312	0	26	6,323	630	19	269	18	162	5,225	41.4
大麦 (4)	202	1,689	0	30	1,861	914	5	885	0	2	55	0.4
はだか麦 (5)	20	39	0	16	43	0	1	5	0	1	36	0.3
とうもろこし (6)	0	16,227	0	396	15,831	12,260	2	3,447	0	4	118	0.9
こうりゃん (7)	0	454	0	34	420	420	0	0	0	0	0	0.0
その他の雑穀 (8)	43	178	0	3	218	68	8	0	0	4	138	1.1
いも類 (9)	3,147	1,179	20	0	4,306	7	170	1,161	10	145	2,813	22.3
かんしょ (10)	749	56	13	0	792	2	11	272	2	4	501	4.0
ばれいしょ (11)	2,398	1,123	7	0	3,514	5	159	889	8	141	2,312	18.3
でんぷん (12)	2,511	151	0	19	2,643	0	0	563	7	0	2,073	16.4
豆類 (13)	303	3,645	0	△ 95	4,043	82	11	2,719	3	76	1,152	9.1
大豆 (14)	218	3,359	0	△ 93	3,670	82	8	2,663	3	67	847	6.7
その他の豆類 (15)	85	286	0	△ 2	373	0	3	56	0	9	305	2.4
野菜 (16)	11,660	3,035	20	0	14,675	0	0	0	49	1,539	13,087	103.7
緑黄色野菜 (17)	2,527	1,545	2	0	4,070	0	0	0	13	405	3,652	28.9
その他の野菜 (18)	9,133	1,490	18	0	10,605	0	0	0	36	1,134	9,435	74.8
果実 (19)	2,701	4,466	76	△ 8	7,099	0	0	23	21	1,185	5,870	46.5
みかん (20)	747	0	1	△ 6	752	0	0	0	2	113	637	5.0
りんご (21)	702	595	44	△ 2	1,255	0	0	0	4	126	1,125	8.9
その他の果実 (22)	1,252	3,871	31	0	5,092	0	0	23	15	946	4,108	32.6
肉類 (23)	3,400	3,251	17	81	6,553	0	0	0	21	131	6,401	50.7
牛肉 (24)	471	890	6	16	1,339	0	0	0	4	27	1,308	10.4
豚肉 (25)	1,290	1,397	2	62	2,623	0	0	0	9	52	2,562	20.3
鶏肉 (26)	1,633	915	9	2	2,537	0	0	0	8	51	2,478	19.6
その他の肉 (27)	5	48	0	1	52	0	0	0	0	1	51	0.4
鯨 (28)	1	1	0	0	2	0	0	0	0	0	2	0.0
鶏卵 (29)	2,640	113	10	0	2,743	0	83	0	9	53	2,598	20.6
牛乳及び乳製品 (30)	7,362	5,219	31	150	12,400	29	0	0	40	291	12,040	95.4
		468			468	468						
農家自家用 (31)	44	0	0	0	44	29	0	0	0	0	15	0.1
飲用向け (32)	3,997	0	6	0	3,991	0	0	0	13	40	3,938	31.2
乳製品向け (33)	3,321	5,219	25	150	8,365	0	0	0	27	251	8,087	64.1
魚介類 (34)	3,750	4,210	715	8	7,237	1,560	0	0	18	0	5,659	44.9
生鮮・冷凍 (35)	1,498	959	626	△ 28	1,859	0	0	0	6	0	1,853	14.7
塩干、くん製、その他 (36)	1,477	2,040	57	△ 17	3,477	0	0	0	11	0	3,466	27.5
かん詰 (37)	178	166	5	△ 2	341	0	0	0	1	0	340	2.7
飼肥料 (38)	597	1,045	27	55	1,560	1,560	0	0	0	0	0	0.0
海藻類 (39)	82	46	2	0	126	0	0	21	0	0	105	0.8
砂糖類 (40)											2,254	17.9
油脂類 (41)	2,038	1,156	40	△ 5	3,159	104	0	466	8	15	2,566	20.3
植物油脂 (42)	1,710	1,110	17	△ 17	2,820	0	0	338	8	15	2,459	19.5
動物油脂 (43)	328	46	23	12	339	104	0	128	0	0	107	0.8
みそ (44)	483	1	18	1	465	0	0	0	2	1	462	3.7
しょうゆ (45)	740	2	43	△ 1	700	0	0	0	2	2	696	5.5
その他食料計 (46)	2,324	1,802	1	△ 6	4,131	3,009	0	451	0	27	644	5.1
合計 (47)	…	…	…	…	…	…	…	…	…	…	…	…

資料：農林水産省大臣官房政策課食料安全保障室『食料需給表』

注：1　「国内生産量」は、輸入した原材料により国内で生産された製品を含んでいる。

2　「外国貿易」は、財務省「貿易統計」により計上した。ただし、いわゆる加工食品は生鮮換算して計上している。また、全く国内に流通しないもの、全く食料になり得ないものは計上していない。

3　「在庫の増減量」は当年度末繰越量と当年度始め持越量との差である。

4　「加工用」は食用以外に利用される場合、あるいは栄養分の相当量のロスを生じて他の食品（本表の品目）を生産する場合に計上されている。

5　「純旅客用」は、一時的な訪日外国人による消費分から一時的な出国日本人による消費分を控除した数量で、平成30年度より計上している。

6　「歩留り」は粗食料を純食料（可食の形態）に換算する際の割合であり、当該品目の全体から通常の食習慣において廃棄される部分を除いた可食部の当該品目の全体に対する重量の割合として求めている。

の内訳			一人当たり供給					純食料100ｇ中の栄養成分量			
料	歩留り	純食料	1年当たり数量	1日当たり				熱量	たんぱく質	脂質	
一人1日当たり				数量	熱量	たんぱく質	脂質				
(13)	(14)	(15)	(16)	(17)	(18)	(19)	(20)	(21)	(22)	(23)	
g	%	千ｔ	kg	g	kcal	g	g	kcal	g	g	
279.7	84.7	10,969	86.9	237.5	858.2	18.5	3.0	361.3	7.8	1.3	(1)
159.9	90.6	6,691	53.0	144.9	518.7	8.8	1.3	358.0	6.1	0.9	(2)
		(6,482)	(51.4)	(140.4)	(502.5)	(8.6)	(1.3)				
113.2	78.0	4,076	32.3	88.3	323.9	9.3	1.6	367.0	10.5	1.8	(3)
1.2	46.0	25	0.2	0.5	1.8	0.0	0.0	340.0	6.2	1.3	(4)
0.8	57.0	21	0.2	0.5	1.5	0.0	0.0	340.0	6.2	1.3	(5)
2.6	55.5	66	0.5	1.4	5.1	0.1	0.0	354.1	8.2	2.2	(6)
0.0	75.0	0	0.0	0.0	0.0	0.0	0.0	364.0	9.5	2.6	(7)
3.0	65.2	90	0.7	1.9	7.0	0.2	0.1	360.3	11.8	3.0	(8)
60.9	90.2	2,537	20.1	54.9	47.5	0.8	0.1	86.4	1.5	0.1	(9)
10.8	91.0	456	3.6	9.9	13.2	0.1	0.0	134.0	1.2	0.2	(10)
50.1	90.0	2,081	16.5	45.1	34.2	0.7	0.0	76.0	1.6	0.1	(11)
44.9	100.0	2,073	16.4	44.9	157.8	0.0	0.3	351.4	0.1	0.6	(12)
24.9	96.5	1,112	8.8	24.1	102.2	7.4	4.8	424.4	30.9	20.0	(13)
18.3	100.0	847	6.7	18.3	78.3	6.2	3.8	426.7	33.6	20.6	(14)
6.6	86.9	265	2.1	5.7	23.9	1.3	1.0	417.2	22.2	18.1	(15)
283.4	86.8	11,357	90.0	245.9	73.0	3.0	0.5	29.7	1.2	0.2	(16)
79.1	91.4	3,337	26.4	72.3	21.6	0.9	0.1	30.0	1.2	0.2	(17)
204.3	85.0	8,020	63.6	173.7	51.4	2.2	0.4	29.6	1.2	0.2	(18)
127.1	73.4	4,309	34.2	93.3	62.7	0.8	1.3	67.2	0.9	1.4	(19)
13.8	75.0	478	3.8	10.4	4.6	0.1	0.0	44.0	0.6	0.1	(20)
24.4	85.0	956	7.6	20.7	11.8	0.0	0.0	57.0	0.1	0.2	(21)
89.0	70.0	2,875	22.8	62.3	46.3	0.8	1.2	74.4	1.2	2.0	(22)
138.6	66.0	4,227	33.5	91.5	193.2	17.0	12.8	211.1	18.6	14.0	(23)
28.3	63.0	824	6.5	17.8	50.4	3.0	3.9	282.3	16.8	22.1	(24)
55.5	63.0	1,614	12.8	35.0	80.6	6.3	5.7	230.5	18.1	16.3	(25)
53.7	71.0	1,759	13.9	38.1	61.0	7.6	3.1	160.2	19.8	8.1	(26)
1.1	54.9	28	0.2	0.6	1.2	0.1	0.1	196.5	18.8	12.4	(27)
0.0	100.0	2	0.0	0.0	0.0	0.0	0.0	106.0	24.1	0.4	(28)
56.3	85.0	2,208	17.5	47.8	72.2	5.9	4.9	151.0	12.3	10.3	(29)
260.7	100.0	12,040	95.4	260.7	166.9	8.3	9.1	64.0	3.2	3.5	(30)
0.3	100.0	15	0.1	0.3	0.2	0.0	0.0	64.0	3.2	3.5	(31)
85.3	100.0	3,938	31.2	85.3	54.6	2.7	3.0	64.0	3.2	3.5	(32)
175.1	100.0	8,087	64.1	175.1	112.1	5.6	6.1	64.0	3.2	3.5	(33)
122.5	53.0	2,999	23.8	64.9	94.1	12.7	4.2	144.8	19.5	6.4	(34)
40.1	53.0	982	7.8	21.3	30.8	4.1	1.4	144.8	19.5	6.4	(35)
75.1	53.0	1,837	14.6	39.8	57.6	7.8	2.6	144.8	19.5	6.4	(36)
7.4	53.0	180	1.4	3.9	5.6	0.8	0.3	144.8	19.5	6.4	(37)
0.0	0.0	0	0.0	0.0	0.0	0.0	0.0	144.8	19.5	6.4	(38)
2.3	100.0	105	0.8	2.3	3.4	0.6	0.1	148.3	25.5	2.6	(39)
48.8	100.0	2,254	17.9	48.8	187.2	0.0	0.0	383.4	0.0	0.0	(40)
55.6	71.0	1,822	14.4	39.5	363.7	0.0	39.5	921.8	0.0	100.0	(41)
53.3	71.2	1,750	13.9	37.9	349.0	0.0	37.9	921.0	0.0	100.0	(42)
2.3	68.0	72	0.6	1.6	14.7	0.0	1.6	940.8	0.0	100.0	(43)
10.0	100.0	462	3.7	10.0	19.2	1.3	0.6	192.0	12.5	6.0	(44)
15.1	100.0	696	5.5	15.1	10.7	1.2	0.0	71.0	7.7	0.0	(45)
13.9	89.9	579	4.6	12.5	14.3	0.9	0.6	113.9	6.9	5.0	(46)
…	…	…	…	…	2,426.1	78.5	81.8	…	…	…	(47)

7　「一人当たり供給数量」は、純食料を我が国の令和元年10月１日現在の総人口（126,167千人）で除して得た国民一人当たり平均供給数量である。
8　穀類及び米について、「国内消費仕向量」及び「飼料用」欄の下段の数値は、年度更新等に伴う飼料用の政府売却数量であり、それぞれ外数である。
9　米の純食料以下の（　）内の数値は菓子及び穀粉を含まない主食用の数値である。
米について、「国内生産量」の（　）内の数値は、新規需要米の数量「(a) 飼料用米 (b) 米粉用米」であり、内数である。
10　牛乳及び乳製品の「輸入量」、「国内消費仕向量」及び「飼料用」欄の下段の数値は輸入飼料用乳製品（脱脂粉乳及びホエイパウダー）で外数である。
11　この需給表は、「国内生産量」から「純食料」欄まで「事実のないもの」及び「事実不詳」は全て「０」と表示している。
12　しょうゆの計測単位は「kl」、「l」及び「cc」である。
13　数値には、一部暫定値がある。したがって、これらを含む合計値も暫定値である。

1　食料需給表（続き）

(2)　主要農作物の累年食料需給表

品目・年次別		国内生産量	外国貿易 輸入量	外国貿易 輸出量	在庫の増減量	国内消費仕向量	国内消費仕向量 飼料用	種子用	加工用	純旅客用	減耗量	粗食 総数	粗食 一人1年当たり
		(1)	(2)	(3)	(4)	(5)	(6)	(7)	(8)	(9)	(10)	(11)	(12)
米		千t	千t	千t	千t	千t	千t	千t	千t	千t	千t	千t	kg
平成 22年度	(1)	8,554	831	201	△ 240	9,018	71	42	322		172	8,411	65.7
	(2)					406	406						
23	(3)	8,566	997	171	△ 217	9,018	216	44	373		228	8,157	63.8
	(4)					591	591						
24	(5)	8,692	848	132	358	8,667	170	44	374		162	7,917	62.0
	(6)	(a) (167)				383	383						
	(7)	(b) (33)											
25	(8)	8,718	833	100	266	8,697	111	45	383		163	7,995	62.7
	(9)	(a) (109)				488	488						
	(10)	(b) (20)											
26	(11)	8,628	856	96	△ 78	8,839	504	41	343		159	7,792	61.2
	(12)	(a) (187)				627	627						
	(13)	(b) (18)											
27	(14)	8,429	834	116	△ 411	8,600	472	48	266		156	7,658	60.3
	(15)	(a) (440)				958	958						
	(16)	(b) (23)											
28	(17)	8,550	911	94	△ 186	8,644	507	43	321		155	7,618	60.0
	(18)	(a) (506)				909	909						
	(19)	(b) (19)											
29	(20)	8,324	888	95	△ 162	8,616	501	42	345		155	7,573	59.8
	(21)	(a) (499)				663	663						
	(22)	(b) (28)											
30	(23)	8,208	787	115	△ 41	8,443	431	39	309	39	153	7,472	59.1
	(24)	(a) (427)				478	478						
	(25)	(b) (28)											
令和 元(概)	(26)	8,154	870	121	10	8,281	393	39	288	25	151	7,385	58.5
	(27)	(a) (389)				612	612						
	(28)	(b) (28)											
小　麦													
平成 22年度	(29)	571	5,473	0	△ 340	6,384	508	20	324		166	5,366	41.9
23	(30)	746	6,480	0	525	6,701	819	20	322		169	5,371	42.0
24	(31)	858	6,578	0	269	7,167	1,272	20	322		167	5,386	42.2
25	(32)	812	5,737	0	△ 443	6,992	1,156	20	312		165	5,339	41.9
26	(33)	852	6,016	0	289	6,579	727	20	311		166	5,355	42.1
27	(34)	1,004	5,660	0	81	6,583	780	20	278		165	5,340	42.0
28	(35)	791	5,624	0	△ 206	6,621	801	20	272		166	5,362	42.2
29	(36)	907	5,939	0	269	6,577	735	20	280		166	5,376	42.4
30	(37)	765	5,638	0	△ 107	6,510	803	20	269	28	163	5,227	41.3
令和 元(概)	(38)	1,037	5,312	0	26	6,323	630	19	269	18	162	5,225	41.4
大・はだか麦													
平成 22年度	(39)	161	1,902	0	△ 35	2,098	1,105	4	936		1	52	0.4
23	(40)	172	1,971	0	△ 11	2,154	1,155	4	916		2	77	0.6
24	(41)	172	1,896	0	1	2,067	1,068	4	930		2	63	0.5
25	(42)	183	1,884	0	△ 13	2,080	1,074	4	932		2	68	0.5
26	(43)	170	1,816	0	33	1,953	957	4	919		2	71	0.6
27	(44)	177	1,748	0	△ 19	1,944	919	4	952		2	67	0.5
28	(45)	170	1,824	0	5	1,989	971	5	918		3	92	0.7
29	(46)	185	1,803	0	3	1,985	971	5	919		3	87	0.7
30	(47)	175	1,823	0	19	1,979	954	6	931	0	3	85	0.7
令和 元(概)	(48)	222	1,728	0	46	1,904	914	6	890	0	3	91	0.7
かんしょ													
平成 22年度	(49)	864	65	2	0	927	3	12	348		23	541	4.2
23	(50)	886	71	1	0	956	3	15	342		7	589	4.6
24	(51)	876	72	2	0	946	3	12	344		6	581	4.6
25	(52)	942	78	3	0	1,017	3	12	410		7	585	4.6
26	(53)	887	62	4	0	945	3	9	386		7	540	4.2
27	(54)	814	58	6	0	866	3	11	323		6	523	4.1
28	(55)	861	63	7	0	917	2	11	348		5	551	4.3
29	(56)	807	63	9	0	861	2	10	320		4	525	4.1
30	(57)	797	55	11	0	841	2	10	312	3	4	510	4.0
令和 元(概)	(58)	749	56	13	0	792	2	11	272	2	4	501	4.0
大　豆													
平成 22年度	(59)	223	3,456	0	37	3,642	113	7	2,639		73	810	6.3
23	(60)	219	2,831	0	△ 137	3,187	106	7	2,228		57	789	6.2
24	(61)	236	2,727	0	△ 74	3,037	108	7	2,092		55	775	6.1
25	(62)	200	2,762	0	△ 50	3,012	104	6	2,067		55	780	6.1
26	(63)	232	2,828	0	△ 35	3,095	98	6	2,158		57	776	6.1
27	(64)	243	3,243	0	106	3,380	102	6	2,413		65	794	6.2
28	(65)	238	3,131	0	△ 55	3,424	106	7	2,439		63	809	6.4
29	(66)	253	3,218	0	△ 102	3,573	81	8	2,599		64	821	6.5
30	(67)	211	3,236	0	△ 120	3,567	83	8	2,562	5	65	844	6.7
令和 元(概)	(68)	218	3,359	0	△ 93	3,670	82	8	2,663	3	67	847	6.7

資料：農林水産省大臣官房政策課食料安全保障室『食料需給表』
注：1　年度別食料需給表を品目別に累年表として整理したものである。
　　2　最新年の数値には、一部暫定値がある。したがって、これらを含む合計値も暫定値である。
　　3　米について、「国内消費仕向量」及び「飼料用」欄の下段の数値は、年産更新等に伴う飼料用の政府売却数量であり、それぞれ外数である。
　　　また、国内生産量の（　）内の数値は、新規需要米の数量「(a) 飼料用米 (b) 米粉用米」であり、内数である。

の内訳			一人当たり供給					純食料100ｇ中の栄養成分量			
料	歩留り	純食料	1年当たり	1日当たり				熱量	たんぱく質	脂質	
一人1日当たり			数量	数量	熱量	たんぱく質	脂質				
(13)	(14)	(15)	(16)	(17)	(18)	(19)	(20)	(21)	(22)	(23)	
g	%	千t	kg	g	kcal	g	g	kcal	g	g	
179.9	90.6	7,620	59.5	163.0	580.4	9.9	1.5	356.0	6.1	0.9	(1)
		(7,367)	(57.5)	(157.6)	(561.1)	(9.6)	(1.4)				(2)
174.3	90.6	7,390	57.8	157.9	562.3	9.6	1.4	356.0	6.1	0.9	(3)
		(7,154)	(56.0)	(152.9)	(544.3)	(9.3)	(1.4)				(4)
170.0	90.6	7,173	56.2	154.0	548.3	9.4	1.4	356.0	6.1	0.9	(5)
		(6,949)	(54.5)	(149.2)	(531.2)	(9.1)	(1.3)				(6)
											(7)
171.9	90.6	7,243	56.8	155.7	554.4	9.5	1.4	356.0	6.1	0.9	(8)
		(7,012)	(55.0)	(150.8)	(536.8)	(9.2)	(1.4)				(9)
											(10)
167.8	90.6	7,060	55.5	152.0	544.2	9.3	1.4	358.0	6.1	0.9	(11)
		(6,863)	(53.9)	(147.8)	(529.0)	(9.0)	(1.3)				(12)
											(13)
164.6	90.6	6,938	54.6	149.2	534.0	9.1	1.3	358.0	6.1	0.9	(14)
		(6,752)	(53.1)	(145.2)	(519.6)	(8.9)	(1.3)				(15)
											(16)
164.4	90.6	6,902	54.4	149.0	533.3	9.1	1.3	358.0	6.1	0.9	(17)
		(6,687)	(52.7)	(144.3)	(516.7)	(8.8)	(1.3)				(18)
											(19)
163.7	90.6	6,861	54.1	148.4	531.1	9.0	1.3	358.0	6.1	0.9	(20)
		(6,633)	(52.3)	(143.4)	(513.5)	(8.7)	(1.3)				(21)
											(22)
161.9	90.6	6,770	53.5	146.7	525.2	8.9	1.3	358.0	6.1	0.9	(23)
		(6,545)	(51.8)	(141.8)	(507.7)	(8.7)	(1.3)				(24)
											(25)
159.9	90.6	6,691	53.0	144.9	518.7	8.8	1.3	358.0	6.1	0.9	(26)
		(6,482)	(51.4)	(140.4)	(502.5)	(8.6)	(1.3)				(27)
											(28)
114.8	78.0	4,185	32.7	89.5	329.5	9.8	1.9	368.0	11.0	2.1	(29)
114.8	78.0	4,189	32.8	89.5	329.5	9.8	1.9	368.0	11.0	2.1	(30)
115.7	78.0	4,201	32.9	90.2	332.0	9.9	1.9	368.0	11.0	2.1	(31)
114.8	78.0	4,164	32.7	89.5	329.5	9.8	1.9	368.0	11.0	2.1	(32)
115.3	78.0	4,177	32.8	89.9	330.1	9.4	1.6	367.0	10.5	1.8	(33)
114.8	78.0	4,165	32.8	89.5	328.6	9.4	1.6	367.0	10.5	1.8	(34)
115.7	78.0	4,182	32.9	90.3	331.3	9.5	1.6	367.0	10.5	1.8	(35)
116.2	78.0	4,193	33.1	90.7	332.7	9.5	1.6	367.0	10.5	1.8	(36)
113.3	78.0	4,077	32.2	88.3	324.2	9.3	1.6	367.0	10.5	1.8	(37)
113.2	78.0	4,076	32.3	88.3	323.9	9.3	1.6	367.0	10.5	1.8	(38)
1.1	48.1	25	0.2	0.5	1.8	0.0	0.0	340.0	6.2	1.3	(39)
1.6	46.8	36	0.3	0.8	2.6	0.0	0.0	340.0	6.2	1.3	(40)
1.4	46.0	29	0.2	0.6	2.1	0.0	0.0	340.0	6.2	1.3	(41)
1.5	48.5	33	0.3	0.7	2.4	0.0	0.0	340.0	6.2	1.3	(42)
1.5	47.9	34	0.3	0.7	2.5	0.0	0.0	340.0	6.2	1.3	(43)
1.4	47.8	32	0.3	0.7	2.3	0.0	0.0	340.0	6.2	1.3	(44)
2.0	48.9	45	0.4	0.9	3.3	0.0	0.0	340.0	6.2	1.3	(45)
1.8	49.4	43	0.3	0.9	3.1	0.0	0.0	340.0	6.2	1.3	(46)
1.9	50.6	43	0.4	0.9	3.2	0.0	0.0	340.0	6.2	1.3	(47)
2.0	50.5	46	0.4	1.0	3.3	0.0	0.0	340.0	6.2	1.3	(48)
11.6	90.0	487	3.8	10.4	13.8	0.1	0.0	132.0	1.2	0.2	(49)
12.6	90.0	530	4.1	11.3	15.0	0.1	0.0	132.0	1.2	0.2	(50)
12.5	90.0	523	4.1	11.2	14.8	0.1	0.0	132.0	1.2	0.2	(51)
12.6	90.0	527	4.1	11.3	15.0	0.1	0.0	132.0	1.2	0.2	(52)
11.6	91.0	491	3.9	10.6	14.2	0.1	0.0	134.0	1.2	0.2	(53)
11.2	91.0	476	3.7	10.2	13.7	0.1	0.0	134.0	1.2	0.2	(54)
11.9	91.0	501	3.9	10.8	14.5	0.1	0.0	134.0	1.2	0.2	(55)
11.4	91.0	478	3.8	10.3	13.8	0.1	0.0	134.0	1.2	0.2	(56)
11.1	91.0	464	3.7	10.1	13.5	0.1	0.0	134.0	1.2	0.2	(57)
10.8	91.0	456	3.6	9.9	13.2	0.1	0.0	134.0	1.2	0.2	(58)
17.3	100.0	810	6.3	17.3	73.9	5.8	3.6	426.7	33.6	20.6	(59)
16.9	100.0	789	6.2	16.9	72.0	5.7	3.5	426.7	33.6	20.6	(60)
16.6	100.0	775	6.1	16.6	71.0	5.6	3.4	426.7	33.6	20.6	(61)
16.8	100.0	780	6.1	16.8	71.6	5.6	3.5	426.7	33.6	20.6	(62)
16.7	100.0	776	6.1	16.7	71.3	5.6	3.4	426.7	33.6	20.6	(63)
17.1	100.0	794	6.2	17.1	72.8	5.7	3.5	426.7	33.6	20.6	(64)
17.5	100.0	809	6.4	17.5	74.5	5.9	3.6	426.7	33.6	20.6	(65)
17.8	100.0	821	6.5	17.8	75.7	6.0	3.7	426.7	33.6	20.6	(66)
18.3	100.0	844	6.7	18.3	78.0	6.1	3.8	426.7	33.6	20.6	(67)
18.3	100.0	847	6.7	18.3	78.3	6.2	3.8	426.7	33.6	20.6	(68)

2　食料自給率の推移

単位：%

区分	昭和40年度	50	60	平成7年度	17	22	23	24	25	26	27	28	29	30	令和元年度（概算）
	(1)	(2)	(3)	(4)	(5)	(6)	(7)	(8)	(9)	(10)	(11)	(12)	(13)	(14)	(15)
品目別自給率															
米	95	110	107	104	95	97	96	96	96	97	98	97	96	97	**97**
小麦	28	4	14	7	14	9	11	12	12	13	15	12	14	12	**16**
大麦・はだか麦	73	10	15	8	8	8	8	8	9	9	9	9	9	9	**12**
いも類	100	99	96	87	81	76	75	75	76	78	76	74	74	73	**73**
かんしょ	100	100	100	100	93	93	93	93	93	94	94	94	94	95	**95**
ばれいしょ	100	99	95	83	77	71	70	71	71	73	71	69	69	67	**68**
豆類	25	9	8	5	7	8	9	10	9	10	9	8	9	7	**7**
大豆	11	4	5	2	5	6	7	8	7	7	7	7	7	6	**6**
野菜	100	99	95	85	79	81	79	78	79	79	80	80	79	78	**79**
果実	90	84	77	49	41	38	38	38	40	42	41	41	40	38	**38**
うんしゅうみかん	109	102	106	102	103	95	105	103	103	104	100	100	100	100	**99**
りんご	102	100	97	62	52	58	52	55	55	56	59	60	57	60	**56**
肉類（鯨肉を除く）	90	77	81	57	54	56	54	55	55	55	54	53	52	51	**52**
	(42)	(16)	(13)	(8)	(8)	(7)	(8)	(8)	(8)	(9)	(9)	(8)	(8)	(7)	**(7)**
牛肉	95	81	72	39	43	42	40	42	41	42	40	38	36	36	**35**
	(84)	(43)	(28)	(11)	(12)	(11)	(10)	(11)	(11)	(12)	(12)	(11)	(10)	(10)	**(9)**
豚肉	100	86	86	62	50	53	52	53	54	51	51	50	49	48	**49**
	(31)	(12)	(9)	(7)	(6)	(6)	(6)	(6)	(6)	(7)	(7)	(7)	(6)	(6)	**(6)**
鶏肉	97	97	92	69	67	68	66	66	66	67	66	65	64	64	**64**
	(30)	(13)	(10)	(7)	(8)	(7)	(8)	(8)	(8)	(9)	(9)	(9)	(8)	(8)	**(8)**
鶏卵	100	97	98	96	94	96	95	95	95	95	96	97	96	96	**96**
	(31)	(13)	(10)	(10)	(11)	(10)	(11)	(11)	(11)	(13)	(13)	(13)	(12)	(12)	**(12)**
牛乳・乳製品	86	81	85	72	68	67	65	65	64	63	62	62	60	59	**59**
	(63)	(44)	(43)	(32)	(29)	(28)	(28)	(27)	(27)	(27)	(27)	(27)	(26)	(25)	**(25)**
魚介類	100	99	93	57	51	55	52	52	55	55	55	53	52	55	**52**
うち食用	110	100	86	59	57	62	58	57	60	60	59	56	56	59	**56**
海藻類	88	86	74	68	65	70	62	68	69	67	70	69	69	68	**65**
砂糖類	31	15	33	31	34	26	26	28	29	31	33	28	32	34	**34**
油脂類	31	23	32	15	13	13	13	13	13	13	12	12	13	13	**13**
きのこ類	115	110	102	78	79	86	87	86	87	88	88	88	88	88	**88**
飼料用を含む穀物全体の自給率	62	40	31	30	28	27	28	27	28	29	29	28	28	28	**28**
主食用穀物自給率	80	69	69	65	61	59	59	59	59	60	61	59	59	59	**61**
供給熱量ベースの総合食料自給率	73	54	53	43	40	39	39	39	39	39	39	38	38	37	**38**
生産額ベースの総合食料自給率	86	83	82	74	70	70	67	68	66	64	66	68	66	66	**66**
飼料自給率	55	34	27	26	25	25	26	26	26	27	28	27	26	25	**25**
供給熱量ベースの食料国産率	76	61	61	52	48	47	47	47	47	48	48	46	47	46	**47**
生産額ベースの食料国産率	90	87	85	76	73	74	71	72	71	69	70	71	70	69	**69**

資料：農林水産省大臣官房政策課食料安全保障室『食料需給表』

注：1　米については、国内生産と国産米在庫の取崩しで国内需要に対応している実態を踏まえ、平成10年度から国内生産量に国産米在庫取崩し量を加えた数量を用いて、次式により品目別自給率、穀物自給率及び主食用穀物自給率を算出している。
　　自給率＝国産供給量（国内生産量＋国産米在庫取崩し量）／国内消費仕向量×100（重量ベース）
　　なお、国産米在庫取崩し量は、平成22年度が150千トン、23年度が224千トン、24年度が△371千トン、25年度が△244千トン、26年度が126千トン、27年度が261千トン、28年度が86千トン、29年度が98千トン、30年度が102千トン及び令和元年度が29千トンである。
　　また、飼料用の政府売却がある場合は、国産供給量及び国内消費仕向量から飼料用政府売却数量を除いて算出している。

2　品目別自給率、穀物自給率及び主食用穀物自給率の算出は次式による。
　　自給率＝国内生産量／国内消費仕向量×100（重量ベース）

3　供給熱量ベースの総合食料自給率の算出は次式による。ただし、畜産物については、飼料自給率を考慮して算出している。
　　自給率＝国産供給熱量／国内総供給熱量×100（供給熱量ベース）

4　生産額ベースの総合食料自給率の算出は次式による。ただし、畜産物及び加工食品については、輸入飼料及び輸入食品原料の額を国内生産額から控除して算出している。
　　自給率＝食料の国内生産額／食料の国内消費仕向額×100（生産額ベース）

5　飼料自給率については、ＴＤＮ（可消化養分総量）に換算した数量を用いて算出している。

6　供給熱量ベースの食料国産率の算出は次式による。総合食料自給率と異なり、畜産物について飼料自給率を考慮していない。
　　国産率＝国産供給熱量／国内総供給熱量×100（供給熱量ベース）

7　生産額ベースの食料国産率の算出は次式による。ただし、加工食品については、輸入食品原料の額を国内生産額から控除して算出している。なお、総合食料自給率と異なり、畜産物について輸入飼料の額を控除していない。
　　国産率＝食料の国内生産額／食料の国内消費仕向額×100（生産額ベース）

8　平成28年度以前の食料国産率の推移は、令和２年８月に、遡及して算定を行った。

9　肉類（鯨肉を除く）、牛肉、豚肉、鶏肉、鶏卵、牛乳・乳製品の（　）については、飼料自給率を考慮した値である。

3　米穀の落札銘柄平均価格の推移

(1)　平成９年産から17年産まで

単位：60kg当たり円

年産		第１回	2	3	4	5	6	7	8	9	10	11	12	13	14	15	通年
平成９年産	基準価格	20,090	19,583	19,453	19,452	19,505	19,292	19,453	19,453	-	-	-	-	-	-	-	19,464
	平均価格	(91.2)	(90.6)	(90.1)	(89.3)	(88.7)	(89.2)	(91.4)	(94.3)	-	-	-	-	-	-	-	(90.6)
		18,322	17,747	17,522	17,376	17,307	17,199	17,774	18,350	-	-	-	-	-	-	-	17,625
10	平均価格	18,613	19,748	19,375	18,671	18,082	18,372	18,668	18,858	18,326	17,850	17,770	17,645	15,716	-	-	18,508
11	平均価格	17,285	17,828	17,131	17,048	16,901	16,915	16,756	16,779	16,780	16,798	16,813	16,818	17,103	-	-	16,904
12	平均価格	15,984	16,350	16,070	15,858	15,726	15,831	15,847	15,958	16,018	16,206	16,557	17,223	17,288	-	-	16,084
13	平均価格	16,474	15,734	16,648	16,877	16,149	16,525	16,537	16,135	16,016	15,996	16,183	16,351	16,171	16,098	15,689	16,274
14	平均価格	15,964	15,523	16,338	16,176	15,624	15,969	15,949	15,923	15,769	15,780	16,186	16,648	16,562	17,006	12,905	16,157
15	平均価格	19,229	19,853	23,662	22,810	19,657	20,959	23,537	23,768	22,148	19,939	19,188	18,738	18,723	17,872	-	21,078
16	平均価格	15,221	15,897	16,285	16,000	15,845	15,885	15,584	15,443	15,243	15,368	16,141	-	-	-	-	15,711
17	平均価格	14,718	15,245	15,642	14,944	15,387	15,212	15,145	15,102	15,068	14,783	14,715	14,892	15,014	15,614	14,448	15,128

資料：（財）全国米穀取引・価格形成センター及び農林水産省政策統括官資料による。
注：1　平成９年産の（　）書きは、基準価格に対する平均価格の割合（%）である。
　　2　平成10年産から、入札が値幅制限方式から新たな方式に移行したことに伴い、基準価格が廃止された。
　　3　価格は、平成17年産までが銘柄毎の落札数量で加重平均した価格で平成18年産は、落札銘柄ごとの前年産検査数量実績により加重平均した価格である。
　　4　下線のある価格は、落札が１銘柄のみの価格である。
　　5　平成９年産から平成17年産までは、（財）全国米穀取引・価格形成センターの価格（包装代、消費税等を含まない。）である。

(2)　平成18年産から令和元年産まで

単位：60kg当たり円

年産		8月	9月	10月	11月	12月	1月	2月	3月	4月	5月	6月	7月	8月	通年
平成18年産	平均価格	13,926	14,687	14,763	14,908	14,832	15,095	14,791	14,739	14,232	14,256	14,926	13,731	13,561	14,826
															(15,203)
19	平均価格	-	13,602	13,776	13,819	15,069	15,654	13,781	13,777	14,511*	14,266	14,177	-	-	14,185
															(14,164)
20	平均価格	-	-	-	-	-	15,159	-	-	-	-	-	-	-	15,159
		-	(15,163)	(15,174)	(15,163)	(15,162)	(15,253)	(15,227)	(15,201)	(15,269)	(15,149)	(15,085)	(15,081)	(15,000)	(15,146)
21	平均価格	-	-	-	14,553	14,348	14,723	-	-	-	-	-	-	-	14,693
		-	(15,169)	(14,988)	(14,876)	(14,754)	(14,684)	(14,602)	(14,508)	(14,383)	(14,314)	(14,120)	(14,214)	(14,106)	(14,470)
22	平均価格	-	13,040	12,781	12,630	12,711	12,710	12,687	12,750	12,760	12,807	12,857	12,896	13,283	12,711
23	平均価格	-	15,196	15,154	15,178	15,233	15,273	15,327	15,303	15,374	15,412	15,567	15,643	15,541	15,215
24	平均価格	-	16,650	16,579	16,518	16,540	16,587	16,534	16,534	16,508	16,442	16,293	16,148	16,127	16,501
25	平均価格	-	14,871	14,752	14,637	14,582	14,534	14,501	14,449	14,663	14,467	14,328	14,040	13,684	14,341
26	平均価格	-	12,481	12,215	12,162	12,142	12,078	12,044	11,943	11,921	11,891	12,068	11,949	11,928	11,967
27	平均価格	-	13,178	13,116	13,223	13,245	13,238	13,265	13,252	13,208	13,329	13,265	13,209	13,263	13,175
28	平均価格	-	14,342	14,307	14,350	14,315	14,366	14,319	14,307	14,379	14,455	14,442	14,469	14,458	14,307
29	平均価格	-	15,526	15,501	15,534	15,624	15,596	15,729	15,673	15,779	15,735	15,692	15,666	15,683	15,595
30	平均価格	-	15,763	15,707	15,711	15,696	15,709	15,703	15,722	15,777	15,732	15,702	15,716	15,706	15,688
令和元（速報値）	**平均価格**	**-**	**15,819**	**15,733**	**15,690**	**15,745**	**15,824**	**15,773**	**15,749**	**15,775**	**15,777**	**15,642**	**15,556**	**15,531**	**15,720**

資料：（財）全国米穀取引・価格形成センター及び農林水産省政策統括官資料による。
注：1　価格は、落札銘柄ごとの前年産検査数量実績により加重平均した価格である。
　　2　下線のある価格は、落札が１銘柄のみの価格である。
　　3　平成21年産までは、（財）全国米穀取引・価格形成センターの価格（包装代、消費税等を含まない。）である。
　　4　平成18年産から平成21年産までの（　）書きの数値は、相対取引価格（運賃、包装代及び消費税相当額を含む。）であり、産地銘柄ごとの前年産検査数量ウェイトで加重平均した価格である。
　　5　平成22年産以降は、相対取引価格（運賃、包装代及び消費税相当額を含む。）であり、産地銘柄ごとの前年産検査数量ウェイトで加重平均した価格である。なお、相対取引価格の消費税相当額は、平成26年３月分までは５%、平成26年４月分以降は８%、令和元年10月以降は軽減税率の対象である米穀の品代等は8%、運賃等は10%で算定している。

4　令和元年産うるち米（醸造用米、もち米を除く）の道府県別作付上位品種

（単位：%）

道府県	全国のうるち米作付面積に占める割合	作付順位（道府県のうるち米（醸造用米、もち米を除く）作付面積に占める割合）						3品種合計
		1位		2位		3位		
		品種	割合	品種	割合	品種	割合	
北海道	6.8	ななつぼし	50.5	ゆめぴりか	23.0	きらら３９７	10.0	83.5
青森	3.1	まっしぐら	69.0	つがるロマン	26.8	青天の霹靂	3.6	99.3
岩手	3.8	ひとめぼれ	68.1	あきたこまち	14.5	いわてっこ	4.9	87.4
宮城	4.7	ひとめぼれ	77.3	つや姫	7.2	ササニシキ	6.1	90.6
秋田	5.9	あきたこまち	77.2	めんこいな	8.6	ひとめぼれ	8.3	94.1
山形	4.4	はえぬき	62.6	つや姫	15.0	ひとめぼれ	8.5	86.1
福島	4.5	コシヒカリ	57.4	ひとめぼれ	21.0	天のつぶ	15.2	93.6
茨城	4.7	コシヒカリ	75.5	あきたこまち	12.7	あさひの夢	2.8	90.9
栃木	4.1	コシヒカリ	62.6	あさひの夢	22.2	とちぎの星	10.5	95.2
群馬	1.1	あさひの夢	40.8	コシヒカリ	23.7	ひとめぼれ	13.2	77.7
埼玉	2.3	コシヒカリ	34.2	彩のかがやき	31.7	彩のきずな	16.3	82.3
千葉	3.9	コシヒカリ	62.9	ふさこがね	23.2	ふさおとめ	13.4	99.5
神奈川	0.2	はるみ	44.6	キヌヒカリ	30.7	さとじまん	12.0	87.4
新潟	8.0	コシヒカリ	68.7	こしいぶき	18.0	ゆきん子舞	4.1	90.9
富山	2.5	コシヒカリ	75.1	てんたかく	11.4	てんこもり	7.4	93.9
石川	1.7	コシヒカリ	66.2	ゆめみづほ	20.2	ひゃくまん穀	4.5	90.9
福井	1.7	コシヒカリ	51.9	ハナエチゼン	27.0	あきさかり	9.8	88.8
山梨	0.3	コシヒカリ	73.0	ヒノヒカリ	7.4	あさひの夢	4.5	84.9
長野	2.2	コシヒカリ	80.2	あきたこまち	11.1	風さやか	4.9	96.1
岐阜	1.5	ハツシモ	39.3	コシヒカリ	33.7	あさひの夢	9.7	82.7
静岡	1.1	コシヒカリ	47.0	きぬむすめ	16.1	あいちのかおり	14.5	77.6
愛知	1.9	あいちのかおり	35.3	コシヒカリ	20.6	ミネアサヒ	5.3	61.3
三重	1.9	コシヒカリ	75.8	キヌヒカリ	9.0	みえのゆめ	3.3	88.0
滋賀	2.2	コシヒカリ	35.4	キヌヒカリ	21.0	みずかがみ	10.5	66.9
京都	1.0	コシヒカリ	56.2	キヌヒカリ	20.7	ヒノヒカリ	17.9	94.7
大阪	0.3	ヒノヒカリ	71.2	キヌヒカリ	14.3	きぬむすめ	11.3	96.7
兵庫	2.1	コシヒカリ	44.7	ヒノヒカリ	22.7	キヌヒカリ	17.2	84.6
奈良	0.6	ヒノヒカリ	69.7	ひとめぼれ	10.7	コシヒカリ	8.4	88.8
和歌山	0.4	キヌヒカリ	47.3	きぬむすめ	16.5	コシヒカリ	9.4	73.2
鳥取	0.9	コシヒカリ	40.4	きぬむすめ	29.7	ひとめぼれ	23.5	93.5
島根	1.2	コシヒカリ	57.3	きぬむすめ	30.4	つや姫	7.8	95.5
岡山	2.0	アケボノ	19.2	コシヒカリ	17.1	あきたこまち	16.3	52.6
広島	1.5	コシヒカリ	46.0	あきさかり	14.5	ヒノヒカリ	12.2	72.7
山口	1.3	コシヒカリ	29.9	ひとめぼれ	23.6	ヒノヒカリ	23.0	76.5
徳島	0.8	コシヒカリ	54.9	あきさかり	15.9	キヌヒカリ	14.9	85.7
香川	0.8	コシヒカリ	41.5	ヒノヒカリ	32.4	おいでまい	13.9	87.7
愛媛	0.9	コシヒカリ	31.1	ヒノヒカリ	30.3	あきたこまち	18.2	79.6
高知	0.8	コシヒカリ	54.4	ヒノヒカリ	29.0	にこまる	5.7	89.1
福岡	2.4	夢つくし	40.8	ヒノヒカリ	31.8	元気つくし	18.7	91.4
佐賀	1.4	夢しずく	33.0	さがびより	28.3	ヒノヒカリ	25.3	86.5
長崎	0.8	ヒノヒカリ	59.2	にこまる	20.1	コシヒカリ	11.0	90.2
熊本	2.2	ヒノヒカリ	55.4	森のくまさん	15.0	コシヒカリ	10.9	81.2
大分	1.4	ヒノヒカリ	76.0	ひとめぼれ	11.1	コシヒカリ	3.6	90.7
宮崎	1.1	ヒノヒカリ	57.4	コシヒカリ	36.7	おてんとそだち	1.7	95.9
鹿児島	1.4	ヒノヒカリ	64.2	コシヒカリ	13.7	あきほなみ	12.1	90.0
沖縄	0.05	ひとめぼれ	82.6	ちゅらひかり	13.7	ミルキーサマー	2.8	99.1
合計	100.0							

資料：　公益社団法人米穀安定供給確保支援機構『令和元年産 水稲の品種別作付動向について』

5　令和元年産新規需要米の都道府県別の取組計画認定状況　（確定値）

産地	飼料用米		米粉用米		稲発酵粗飼料用稲（WCS用等）	新市場開拓用米		青刈り稲・わら専用稲（飼料作物として用いられるもの）	合計	
	数量（t）	面積（ha）	数量（t）	面積（ha）	面積（ha）	数量（t）	面積（ha）	面積（ha）	数量（t）	面積（ha）
全国	383,443	72,509	27,975	5,306	42,450	22,518	4,097	114	433,936	124,477
北海道	11,069	1,974	267	50	573	3,296	591		14,631	3,188
青森	27,777	4,765	33	6	652	767	131		28,578	5,554
岩手	19,789	3,724	327	57	1,673	962	177	1	21,077	5,632
宮城	25,878	4,871	383	72	2,053	2,443	442	5	28,705	7,442
秋田	8,931	1,601	2,188	391	1,144	1,433	249	2	12,552	3,388
山形	20,654	3,444	757	124	922	1,015	167	3	22,426	4,661
福島	23,819	4,623	11	2	1,013	367	63	2	24,197	5,703
茨城	40,417	7,707	89	17	527	2,124	400		42,630	8,650
栃木	45,021	8,414	3,506	699	1,620	289	52	1	48,815	10,786
群馬	4,936	1,003	1,661	337	528	68	14		6,665	1,883
埼玉	6,043	1,281	3,718	749	106	145	29		9,905	2,165
千葉	21,595	3,914	177	33	912	75	14		21,847	4,873
東京			0	0					0	0
神奈川	52	10	3	1					55	11
新潟	12,016	2,213	7,779	1,405	383	4,274	777	0	24,069	4,779
富山	7,057	1,301	473	86	432	1,510	274		9,040	2,093
石川	2,915	579	660	119	93	285	53		3,859	844
福井	6,020	1,163	418	80	93	835	157		7,273	1,494
山梨	84	16	40	8	12				124	36
長野	1,488	235	146	23	216	425	68		2,060	541
岐阜	11,015	2,336	130	27	188	365	77		11,510	2,628
静岡	5,830	1,136	69	13	239	7	1		5,906	1,391
愛知	6,385	1,272	358	73	179	104	21		6,846	1,544
三重	8,034	1,613	477	96	249	333	66		8,843	2,024
滋賀	4,934	958	147	29	231	874	168		5,955	1,387
京都	495	99	35	7	114	93	19		623	238
大阪	31	6	25	5					56	11
兵庫	1,559	305	121	24	789	16	3	7	1,696	1,129
奈良	157	30	131	25	38				288	94
和歌山	12	2	2	0	2				14	5
鳥取	3,572	685	2	0	368			0	3,574	1,053
島根	4,122	794	52	10	545	13	3	1	4,187	1,352
岡山	5,679	1,076	435	85	327	18	3	2	6,132	1,493
広島	1,761	332	591	112	552	30	6	0	2,381	1,001
山口	4,477	893	74	15	318	3	1	1	4,555	1,226
徳島	2,218	476	65	14	220	112	24		2,395	734
香川	603	121	49	10	125	11	2	0	663	258
愛媛	1,417	288	20	4	134				1,437	426
高知	3,893	880	65	14	236				3,958	1,130
福岡	9,565	1,969	1,046	209	1,497	33	6		10,645	3,681
佐賀	2,850	558	74	14	1,448	28	5	0	2,951	2,025
長崎	620	128	30	6	1,218				650	1,352
熊本	6,111	1,175	1,156	220	7,757	82	16	52	7,349	9,220
大分	6,946	1,362	49	10	2,458				6,995	3,830
宮崎	2,102	431	95	20	6,625	84	18	35	2,281	7,128
鹿児島	3,497	742	40	8	3,641			2	3,536	4,393
沖縄										

資料：　農林水産省政策統括官資料による。
注：1　新規需要米の取組として認定を受けた令和元年10月15日現在の値。
　　2　ラウンドの関係で合計と内訳が一致しない場合がある。

6　世界各国における農産物の生産量（2018年）

国名		米（もみ） Rice, paddy		小麦 Wheat		大麦 Barley		かんしょ Sweet potatoes	
		収穫面積	収穫量	収穫面積	収穫量	収穫面積	収穫量	収穫面積	収穫量
		(1)	(2)	(3)	(4)	(5)	(6)	(7)	(8)
		千ha	千t	千ha	千t	千ha	千t	千ha	千t
世界計	(1)	167,133	782,000	214,292	734,045	47,929	141,423	8,063	91,945
アフリカ計	(2)	14,243	33,174	10,227	29,290	4,982	8,467	4,600	26,000
エジプト・アラブ共和国	(3)	555	4,900	1,315	8,800	71	114	12	387
エチオピア連邦民主共和国	(4)	47	144	1,749	4,239	970	2,101	216	1,835
ケニア共和国	(5)	26	110	133	337	20	78	64	871
ナイジェリア連邦共和国	(6)	3,346	6,809	83	65	…	…	1,712	4,030
南アフリカ共和国	(7)	1	3	503	1,868	119	422	31	86
スーダン共和国	(8)	9	30	226	595	…	…	17	234
ウガンダ共和国	(9)	93	261	15	24	…	…	363	1,530
ジンバブエ共和国	(10)	0	1	21	41	10	56	1	2
北米計	(11)	1,180	10,170	25,909	83,056	3,196	11,713	58	1,242
カナダ	(12)	…	…	9,881	31,769	2,395	8,380	…	…
アメリカ合衆国	(13)	1,180	10,170	16,028	51,287	800	3,333	58	1,242
中南米計	(14)	4,948	28,594	9,620	30,028	2,056	7,487	288	2,961
アルゼンチン共和国	(15)	198	1,368	5,822	18,518	1,210	5,061	23	339
ブラジル連邦共和国	(16)	1,861	11,749	2,065	5,419	101	330	53	741
コロンビア共和国	(17)	636	3,323	7	11	5	11	…	…
メキシコ合衆国	(18)	45	284	541	2,943	352	1,009	3	67
キューバ共和国	(19)	134	461	…	…	…	…	55	550
アジア計	(20)	146,070	705,393	96,964	328,220	10,084	21,000	2,958	60,714
バングラデシュ人民共和国	(21)	11,910	56,417	351	1,099	0	0	26	247
中華人民共和国	(22)	30,461	214,079	24,269	131,447	375	1,488	2,379	53,246
インド	(23)	44,500	172,580	29,580	99,700	661	1,780	122	1,400
インドネシア共和国	(24)	15,995	83,037	…	…	…	…	91	1,806
イラン・イスラム共和国	(25)	580	1,990	6,700	14,500	1,500	2,800	…	…
日本国	**(26)**	**1,470**	**9,728**	**212**	**765**	**61**	**175**	**36**	**797**
カザフスタン共和国	(27)	101	483	11,354	13,944	2,517	3,971	…	…
大韓民国	(28)	738	5,195	10	38	47	103	22	314
ミャンマー連邦共和国	(29)	6,706	25,418	74	134	…	…	7	63
ネパール連邦民主共和国	(30)	1,470	5,152	707	1,949	25	31	…	…
パキスタン・イスラム共和国	(31)	2,810	10,803	8,797	25,076	58	55	2	13
フィリピン共和国	(32)	4,800	19,066	…	…	…	…	84	526
スリランカ民主社会主義共和国	(33)	1,041	3,930	…	…	…	…	4	43
タイ王国	(34)	10,407	32,192	1	1	13	28	…	…
トルコ共和国	(35)	120	940	7,289	20,000	2,601	7,000	…	…
ベトナム社会主義共和国	(36)	7,571	44,046	…	…	…	…	118	1,375
ヨーロッパ計	(37)	626	4,023	60,611	242,140	23,431	83,123	4	93
オーストリア共和国	(38)	…	…	293	1,371	139	695	…	…
チェコ共和国	(39)	…	…	820	4,418	325	1,606	…	…
デンマーク王国	(40)	…	…	426	2,655	795	3,486	…	…
フィンランド共和国	(41)	…	…	178	495	405	1,336	…	…
フランス共和国	(42)	13	73	5,232	35,798	1,768	11,193	…	…
ドイツ連邦共和国	(43)	…	…	3,036	20,264	1,622	9,584	…	…
ハンガリー	(44)	3	12	1,030	5,246	244	1,141	…	…
イタリア共和国	(45)	230	1,512	1,822	6,933	262	1,010	0	7
オランダ王国	(46)	…	…	112	985	36	253	…	…
ポーランド共和国	(47)	…	…	2,417	9,820	976	3,048	…	…
ルーマニア	(48)	8	43	2,112	10,144	422	1,871	…	…
ロシア連邦	(49)	180	1,038	26,472	72,136	7,874	16,992	…	…
スペイン	(50)	105	808	2,064	7,990	2,569	9,130	2	60
スウェーデン王国	(51)	…	…	373	1,620	361	1,094	…	…
イギリス	(52)	…	…	1,748	13,555	1,138	6,510	…	…
ウクライナ	(53)	13	69	6,620	24,653	2,484	7,349	…	…
オセアニア計	(54)	66	646	10,961	21,312	4,180	9,634	156	935
オーストラリア連邦	(55)	61	635	10,919	20,941	4,124	9,254	2	70
ニュージーランド	(56)	…	…	41	371	56	380	1	11

資料：FAO『FAOSTAT』 2018年（2020年5月1日現在）
注：FAO(国際連合食糧農業機関)統計は、各国から収集した調査結果やFAOが独自に収集・推計した情報により作成したものである。

大豆 Soybeans		らっかせい Groundnuts, with shell		てんさい Sugar beet		さとうきび Sugar cane		
収穫面積	収穫量	収穫面積	収穫量	収穫面積	収穫量	収穫面積	収穫量	
(9)	(10)	(11)	(12)	(13)	(14)	(15)	(16)	
千ha	千t	千ha	千t	千ha	千t	千ha	千t	
124,922	348,712	28,515	45,951	4,809	274,886	26,270	1,907,025	(1)
2,615	3,556	15,658	14,307	275	15,022	1,548	94,925	(2)
15	48	65	237	219	11,223	137	15,243	(3)
40	98	82	144	…	…	15	1,475	(4)
2	2	12	28	…	…	73	5,262	(5)
781	758	2,912	2,887	…	…	92	1,423	(6)
787	1,540	56	57	…	…	286	19,302	(7)
…	…	3,065	2,884	…	…	80	5,903	(8)
48	29	464	242	…	…	59	3,977	(9)
60	90	157	42	…	…	41	3,305	(10)
38,197	130,931	554	2,477	451	30,574	364	31,336	(11)
2,540	7,267	…	…	7	505	…	…	(12)
35,657	123,664	554	2,477	443	30,069	364	31,336	(13)
57,340	171,498	817	1,916	25	2,433	13,556	991,450	(14)
16,318	37,788	444	921	…	…	426	19,040	(15)
34,772	117,888	152	563	…	…	10,042	746,828	(16)
28	77	3	3	1	30	409	36,277	(17)
191	324	52	91	0	1	786	56,842	(18)
…	…	6	6	…	…	494	19,648	(19)
21,075	30,609	11,475	27,225	743	41,744	10,280	751,902	(20)
59	99	38	67	…	…	90	3,639	(21)
7,974	14,194	4,641	17,392	216	12,078	1,415	108,719	(22)
11,400	13,786	4,940	6,695	…	…	4,730	376,900	(23)
724	954	354	457	…	…	417	21,744	(24)
85	210	3	15	88	4,902	101	8,115	(25)
147	**211**	**6**	**16**	**57**	**3,611**	**23**	**1,217**	**(26)**
124	255	0	0	17	505	…	…	(27)
51	89	5	15	…	…	…	…	(28)
143	171	1,029	1,599	…	…	168	10,659	(29)
22	28	…	…	…	…	79	3,558	(30)
0	0	99	97	5	296	1,102	67,174	(31)
0	1	24	29	…	…	438	24,731	(32)
2	3	16	28	…	…	16	645	(33)
32	56	30	32	…	…	1,372	104,361	(34)
33	140	44	174	307	18,900	…	…	(35)
53	81	186	457	…	…	269	17,945	(36)
5,659	12,056	2	5	3,316	185,114	38	2,280	(37)
68	184	…	…	31	2,150	…	…	(38)
15	25	…	…	65	3,724	…	…	(39)
…	…	…	…	34	2,108	…	…	(40)
…	…	…	…	10	355	…	…	(41)
154	400	…	…	485	39,580	38	2,274	(42)
24	59	…	…	414	26,191	…	…	(43)
63	178	0	0	16	942	…	…	(44)
327	1,139	…	…	34	1,941	…	…	(45)
…	…	…	…	85	6,508	…	…	(46)
5	10	…	…	239	14,303	…	…	(47)
169	466	…	…	25	978	…	…	(48)
2,741	4,027	…	…	1,105	42,066	…	…	(49)
1	4	0	1	35	2,871	0	1	(50)
…	…	…	…	31	1,698	…	…	(51)
…	…	…	…	114	7,620	…	…	(52)
1,729	4,461	…	…	275	13,968	…	…	(53)
37	63	10	20	…	…	485	35,131	(54)
37	63	4	15	…	…	443	33,507	(55)
…	…	…	…	…	…	…	…	(56)

[付] 調 査 票

秘	統計法に基づく基幹統計
農林水産省	作　物　統　計

令和　　年 面積調査　実測調査票

（職員記入欄）

調査年	都道府県	管理番号	市町村	単位区番号	階層番号	標本継続年数	母集団　筆面積(a)	
							田	畑

緯度	経度

（調査員記入欄）

調　査　日
月　　日
調 査 員 名

（職員記入欄）

調査結果のデータ入力日
月　　日
調査結果のデータ入力者名

統計法に基づく国の統計調査です。調査票情報の秘密の保護に万全を期します。

SAMPLE

（地域メッシュの空中写真等を表示）

0　(0)　　　(10 cm)　　　(20 cm)

画像著作権 ：

連　絡　先 ：

（電話番号）

入 力 方 向

4151

秘	統計法に基づく基幹統計
農林水産省	作 物 統 計

年 産	都道府県	管理番号	市区町村	客体番号
20				

統計法に基づく国の統計調査です。調査票情報の秘密の保護に万全を期します。

令和　年産

作付面積調査調査票(団体用)

大豆(乾燥子実)用

SAMPLE

○ この調査票は、秘密扱いとし、統計以外の目的に使うことは絶対ありませんので、ありのままを記入してください。
○ 黒色の鉛筆又はシャープペンシルで記入し、間違えた場合は、消しゴムできれいに消してください。
○ 調査及び調査票の記入に当たって、不明な点等がありましたら、下記の「問い合わせ先」にお問い合わせください。

★ 数字は、1マスに1つずつ、枠からはみ出さないように右づめで記入してください。

記入例	8	8	8	9	8	7	6	5	4	0

つなげる　すきまをあける

★ マスが足りない場合は、一番左のマスにまとめて記入してください。

記入例	112	2	3

記入していただいた調査票は　月　日までに提出してください。
調査票の記入及び提出は、インターネットでも可能です。
詳しくは同封の「オンライン調査システム操作ガイド」を御覧ください。

【問い合わせ先】

【1】貴団体で集荷している大豆の作付面積について

記入上の注意
○ 作付面積は単位を「ha」とし、小数点第一位(10a単位)まで記入してください。0.05ha未満の場合は「0.0」と記入してください。
○ 枝豆として未成熟で収穫するもの及び飼料用として青刈りするものは除きます。

単位：ha

作物名		作付面積(田畑計)	田	畑
大豆	前年産			
	本年産	888888.8	888888.8	888888.8

裏面に進んでください。

【 2 】作付面積の増減要因等について

作付面積の主な増減要因（転換作物等）について記入してください。

主な増減地域と増減面積について記入してください。

貴団体において、貴団体に出荷されない管内の作付団地等の状況（作付面積、作付地域等）を把握していれば記入してください。

SAMPLE

⇦ ⇦ ⇦ 入力方向

4	1	4	1

秘
農林水産省

統計法に基づく基幹統計
作物統計

年産				都道府県		管理番号		市区町村			客体番号			
2	0													

統計法に基づく国の統計調査です。調査票情報の秘密の保護に万全を期します。

令和　　年産

作付面積調査調査票(団体用)

果樹及び茶用

SAMPLE

○ この調査票は、秘密扱いとし、統計以外の目的に使うことは絶対ありませんので、ありのままを記入してください。

○ 黒色の鉛筆又はシャープペンシルで記入し、間違えた場合は、消しゴムできれいに消してください。

○ 調査及び調査票の記入に当たって、不明な点等がありましたら、下記の「問い合わせ先」にお問い合わせください。

★ 数字は、1マスに1つずつ、枠からはみ出さないように右づめで記入してください。

記入例				9	8	7	6	5	4	0

つなげる　すきまをあける

★ マスが足りない場合は、一番左のマスにまとめて記入してください。

記入例	11	2	3

記入していただいた調査票は、　　月　　日までに提出してください。
調査票の記入及び提出は、インターネットでも可能です。
詳しくは同封の「オンライン調査システム操作ガイド」を御覧ください。

【問い合わせ先】

【１】貴団体管内の果樹の栽培面積について

単位：ha

作物名		栽培面積	作物名		栽培面積
みかん	前年産		おうとう	前年産	
5000	本年産		5007	本年産	
その他かんきつ類	前年産		うめ	前年産	
5001	本年産		5011	本年産	
りんご	前年産		びわ	前年産	
5002	本年産		5008	本年産	
ぶどう	前年産		かき	前年産	
5003	本年産		5009	本年産	
日本なし	前年産		くり	前年産	
5004	本年産		5010	本年産	
西洋なし	前年産		キウイフルーツ	前年産	
5005	本年産		5013	本年産	
もも	前年産		パインアップル	前年産	
5006	本年産		5014	本年産	
すもも	前年産				
5012	本年産				

【２】貴団体管内の茶の栽培面積について

単位：ha

作物名		栽培面積
茶	前年産	
6000	本年産	

記入上の注意
○　栽培面積は単位を「ha」とし、小数点第一位（10a単位）まで記入してください。
　0.05ha未満の結果は「0.0」と記入してください。
○　貴団体の管内において、集荷・取扱いを行う栽培団地等の栽培面積を記入してください。
○　その他かんきつ類には、みかん以外の全てのかんきつ類の合計面積を記入してください。

SAMPLE

【３】栽培面積の増減要因等について

果樹（茶）ごとの主な増減要因（新植、廃園等）について記入してください。

果樹（茶）ごとの主な増減地域と増減面積について記入してください。

貴団体において、貴団体に出荷されない管内の作付団地等の状況（作付面積、作付地域等）を把握していれば記入してください。

統計法に基づく基幹統計
作物統計

作柄概況・(予想)収穫量調査
水稲作況標本(基準)筆調査票

秘
農林水産省

記入見本 0 1 2 3 4 5 6 7 8 9

調査者氏名	

年産	作物	都道府県	管理番号	作柄表示地帯	作況階層	標本単位区	筆番通し号
西暦	水稲						
2 0 : :	1 1 0	:	:	: /	:	:	:

市町村	旧市町村	農業集落	調査区	経営体	緯度 度 分	経度 度 分	標高 m
:	:	:	:	:	:	:	:

筆種類		地方設定コード								継続年数
標本筆	基準筆	A	B	C	D	E	F	G	H	
①	②	:	:	:	:	:	:	:	:	:

筆の所在地	市町村　大字　小字　地番	氏名
		電話(　　　)
耕作者住所	市町村	農家の刈取り予定日　月　日

1 観察・聞き取り事項

品種			作期				普通作区分			栽植様式						は種期	田植期	出穂期
(品種名)	うるち	もち	早期	普通	一期作	二期作	早生	中生	晩生	機械植え 稚苗	機械植え 中苗	機械植え 成苗	手植え	ばら植え	直まき	月 日	月 日	月 日
: : :	①	②	①	②	③	④	①	②	③	①	②	③	④	⑤	⑥	:	:	:

農家の刈取り期	刈取り時の倒伏程度					農家の刈取り方法				自脱型コンバイン刈取り条数	筆の作付面積	刈遺し筆	肥培管理の良否			選別に使用しているふるい目幅	玄米選別形態
月 日	I	II	III	IV	V	コンバイン 普通型	コンバイン 自脱型	バインダー	手刈り		a		良	普通	不良		
: :	①	②	③	④	⑤	①	②	③	④	:	:	:	①	②	③	: . :	:

(作況基準筆調査のみ)

水管理の実施期日							
間断かん水		中干し		深水管理(　)回		高温時のかけ流し(　)回	
開始期日 月 日	終了期日 月 日	開始期日 月 日	終了期日 月 日	開始期日 月 日	終了期日 月 日	開始期日 月 日	終了期日 月 日
:	:	:	:	:	:	:	:

落水期	施肥期日				10a当たり窒素投入量		
	基肥	追肥			基肥	追肥	
		中間追肥	穂肥	実肥		中間追肥	穂肥
月 日	月 日	月 日	月 日	月 日	(銘柄) kg	(銘柄) kg	(銘柄) kg
:	:	:	:	:	:	:	:

窒素投入量つづき	10a当たり有機質肥料投入量				除草剤散布回数	病害虫防除回数	土性		
追肥 つづき 実肥	たいきゅう肥	緑肥	生わら	その他			砂壌土	壌土	埴壌土
(銘柄) kg	(種類) kg	(種類) kg	kg	(種類) kg	回	回	(砂質系)	(中間)	(粘質系)
:	:	:	:	:	:	:	①	②	③

4211

SAMPLE

2　栽植密度

畝幅・株間測定		畝幅（11けい間の長さ）	株間（11株間の長さ）	1㎡当たり株数（けい長）	刈取り株数
	I	cm	cm	株（cm） .	株
	II			.	
	III			.	
	合計	(1)	(2)		： ： ：
	平均	(3) .	(4) .		
	(5) 1㎡当たり株数 $\frac{10,000}{(3)\times(4)}$ ： ： . ： 株		1㎡当たりけい長 $\frac{10,000}{(3)}$ cm		

3　刈取り調査

刈取り日	月　日	露	有　無

刈取り方法	3㎡当たり整数株刈り ① / 3㎡刈り ②	調製方法	総合選別機 ① / 段ぶるい ②

刈取り試料	全量	縮分重量
未調製生もみ重	： ： ： ： g	
未調製乾燥もみ重	： ： ： ：	g
粗玄米重	： ： ： ：	
玄米重	： ： ： ：	10a当たり換算率 $\frac{(5)\times1,000}{刈取り株数計}$
くず米重	： ： ： ：	
玄米水分	： ： ： . ： %	.

千粒重測定		1回	2回	合計
粗玄米	重量	g .	g .	g .
	粒数	粒	粒	粒
玄米	重量	g .	g .	： ： ： . ： g
	粒数	粒	粒	： ： ： ： ： 粒
くず米	重量	g .	g .	： ： ： . ： g
	粒数	粒	粒	： ： ： ： ： 粒

再選別歩合
： ： ： ： . ： %

段別重量測定	総量	2.20以上	2.10	2.00	1.95	1.90
1回	g	. g	. g	. g	. g	. g
2回	.	.	.	.	.	.
合計	： ： ： ： . ：	： ： ： ： . ：	： ： ： ： . ：	： ： ： ： . ：	： ： ： ： . ：	： ： ： ： . ：

	1.85	1.80	1.75	1.70	1.60	底
1回	.	. g	. g	. g	. g	. g
2回	.	.	.	.	.	.
合計	： ： ： ： . ：	： ： ： ： . ：	： ： ： ： . ：	： ： ： ： . ：	： ： ： ： . ：	： ： ： ： . ：

調査箇所の略図	標本単位区内水稲作付筆数	生育、登熟の特徴
全けい数　n=　けい 間　隔 $\frac{1}{3}$n=　けい ランダムスタート　a =第　けい	筆	

SAMPLE

4 草丈・茎数・穂数・もみ数調査

調査箇所	調査株番号	月　日調査		月　日調査					月　日調査					月　日調査	
		草丈	茎数	全穂(茎)数	無効穂数	有効穂数	全もみ数 最高穂	全もみ数 下・2	全穂(茎)数	無効穂数	有効穂数	全もみ数 最高穂	全もみ数 下・2		
I	1	cm	本	本	本	本	粒	粒	本	本	本	粒	粒		
	2														
	3														
	4														
	5														
	6														
	7														
	8														
	9														
	10														
	小計														
II	1														
	2														
	3														
	4														
	5														
	6														
	7														
	8														
	9														
	10														
	小計														
III	1														
	2														
	3														
	4														
	5														
	6														
	7														
	8														
	9														
	10														
	小計														
合計		(6)	(7)	(8)	(9)	(10)	(11)	(12)	(8)	(9)	(10)	(11)	(12)		
平均(M)		(13)	(14)	(15)	(16)	(17)	(18) $\frac{(11)+(12)}{20}$		(15)	(16)	(17)	(18) $\frac{(11)+(12)}{20}$			
1㎡当たり(M)×(5) ただし(22)=(18)×(21)			(19)	(20)		(21)	(22)	100粒	(20)		(21)	(22)	100粒		

SAMPLE

5　稔実歩合調査（作況基準筆調査のみ）

出穂期後　日調査						(月 日 調査)
(23)____株の有効穂数の合計 本		(24)____株の生穂重 g .			(25)____株の生もみ重 g .	
うち上記の100g（又は50g）ずつ（2回）について調査	回数	比重選により浮いたもみのうち		比重選により沈んだもみのうち		全もみ数
		不稔実もみ数	稔実もみ数	不稔実もみ数	稔実もみ数	
	1回	粒	粒	粒	粒	粒
	2回					
	合計		(イ)	(ロ)	(ハ)	(A)
	(B) 沈下もみ数 (ロ)+(ハ) 粒			(C) 稔実もみ数 (イ)+(ハ) 粒		

(26) 100g調査より____株当たりへの換算率(25)/100 (単位 0.01)		1穂当たり	(31)生穂重 (24)/(23)	g .	1m²当たり	(35)生穂重 (24)*(27)	g
(27) 株当たりより1m²当たりへの換算率(21)/(23)	有効4けた		(32)全もみ数(28)/(23)	粒 .		(36)生もみ重 (25)*(27)	g
(　)株当たり (28) 全もみ数 (A)×(26)	粒		(33)沈下もみ数 (29)/(23)	粒 .		(37)全もみ数 (28)*(27) (100粒)	
(29) 沈下もみ数 (B)×(26)	粒		(34)稔実もみ数 (30)/(23)	粒 .		(38)沈下もみ数 (29)*(27) (100粒)	
(30) 稔実もみ数 (C)×(26)	粒					(39)稔実もみ数 (30)*(27) (100粒)	

(40)沈下もみ数歩合 (38)／(37)	. %	(41)稔実歩合 (39)／(37)	. %

6　被害調査

被害状況	被害の種類	発生時期	損傷項目	損傷程度	見積り被害歩合	平年比較	
						総合	多 並 少
						気象被害	多 並 少
						病害	多 並 少
						虫害	多 並 少

10a当たり基準収量	見積り被害歩合										
	被害総合										
kg											

⇦⇦⇦入力方向

SAMPLE

⇦ ⇦ ⇦ 入 力 方 向

秘
農林水産省

統計法に基づく基幹統計
作 物 統 計

統計法に基づく国の統計調査です。調査票情報の秘密の保護に万全を期します。

年 産	都道府県	管理番号	市区町村	客体番号

令和　　年産

畑作物作付面積調査・収穫量調査調査票（団体用）

陸稲用

○ この調査票は、秘密扱いとし、統計以外の目的に使うことは絶対ありませんので、ありのままを記入してください。
○ 黒色の鉛筆又はシャープペンシルで記入し、間違えた場合は、消しゴムできれいに消してください。
○ 調査及び調査票の記入に当たって、不明な点等がありましたら、下記の「問い合わせ先」にお問い合わせください。

★ 右づめで記入し、マスが足りない場合は一番左のマスにまとめて記入してください。
★ 該当する場合は、記入例のように点線をなぞってください。

記入例	11	9	8	6	5	3
記入例	／	→	／			

つなげる
すきまをあける

記入していただいた調査票は　　月　　日までに提出してください。
調査票の記入及び提出は、インターネットでも可能です。
詳しくは同封の「オンライン調査システム操作ガイド」を御覧ください。

【問い合わせ先】

SAMPLE

【１】貴団体で集荷している作付面積及び集荷量について

記入上の注意
○ 作付面積は単位を「ha」とし、小数点第一位（10a単位）まで記入してください。0.05ha未満の場合は「0.0」と記入してください。
○ 集荷量は単位を「t」とし、整数で記入してください。
○ 陸稲品種を田に作付けしたものは除きます。水稲品種を畑に作付けしたものは陸稲に含めますが、計画的にかんがいを行い栽培するものは除きます。

作物名		作付面積	集荷量	うち検査基準以上
陸稲	前年産	ha	t	t
	本年産	.		

裏面に進んでください。

【 2 】作付面積の増減要因等について

主な増減要因（転換作物等）について記入してください。

主な増減地域と増減面積について記入してください。

貴団体において、貴団体に出荷されない管内の作付団地等の状況（作付面積、作付地域等）を把握していれば記入してください。

SAMPLE

【 3 】収穫量の増減要因等について

前年産と比べた本年産の作柄の良否、被害の多少、主な被害の要因について該当する項目の点線をなぞってください。

作物名	作柄の良否			被害の多少		
	良	並	悪	少	並	多
陸稲						

主な被害の要因（複数回答可）									
高温	低温	日照不足	多雨	少雨	台風	病害	虫害	鳥獣害	その他

被害以外の増減要因（品種、栽培方法などの変化）があれば、記入してください。

入 力 方 向

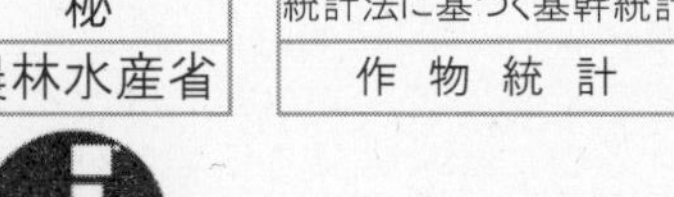

秘
農林水産省

統計法に基づく基幹統計
作 物 統 計

年 産	都道府県	管理番号	市区町村	客体番号

政府統計
統計法に基づく国の統計調査です。調査票情報の秘密の保護に万全を期します。

令和　　年産

畑作物作付面積調査・収穫量調査調査票（団体用）

麦類（子実用）用

○ この調査票は、秘密扱いとし、統計以外の目的に使うことは絶対ありませんので、ありのままを記入してください。
○ 黒色の鉛筆又はシャープペンシルで記入し、間違えた場合は、消しゴムできれいに消してください。
○ 調査及び調査票の記入に当たって、不明な点等がありましたら、下記の「問い合わせ先」にお問い合わせください。

★ 右づめで記入し、マスが足りない場合は一番左のマスにまとめて記入してください。
★ 該当する場合は、記入例のように点線をなぞってください。

記入例	11	9	8	6	5	3
記入例	⁄	→	／			

つなげる
すきまをあける

記入していただいた調査票は、　　月　　日までに提出してください。
調査票の記入及び提出は、インターネットでも可能です。
詳しくは同封の「オンライン調査システム操作ガイド」を御覧ください。

【問い合わせ先】

【１】貴団体で集荷している作付面積及び集荷量について

記入上の注意
○ 作付面積は単位を「ha」とし、小数点第一位（10a単位）まで記入してください。0.05ha未満の場合は「0.0」と記入してください。
○ 集荷量は単位を「t」とし、整数で記入してください。0.5t未満の結果は「0」と記入してください。
○ 主に食用（子実用）とするものについて記入してください。緑肥用や飼料用は含めないでください。
○ 「うち検査基準以上」欄には、1等、2等に加え規格外のうち規格外Aとされたものの合計を記入してください。
○ 検査を受けない場合や、提出日までに検査を受けていない場合などは、集荷された農作物の状態から検査基準以上となる量を見積もって記入してください。

作物名		作付面積（田畑計）	田	畑	集荷量	うち検査基準以上
小麦	前年産	ha	ha	ha	t	t
	本年産	.	.	.		
秋まき（北海道のみ）	前年産	ha			t	t
	本年産	.				
春まき（北海道のみ）	前年産	ha			t	t
	本年産	.				
二条大麦	前年産	ha	ha	ha	t	t
	本年産	.	.	.		
六条大麦	前年産	ha	ha	ha	t	t
	本年産	.	.	.		
はだか麦	前年産	ha	ha	ha	t	t
	本年産	.	.	.		

SAMPLE

裏面に進んでください。

【２】作付面積の増減要因等について

作物ごとの主な増減要因（転換作物等）について記入してください。

作物ごとに主な増減地域と増減面積について記入してください。

貴団体において、貴団体に出荷されない管内の作付団地等の状況（作付面積、作付地域等）を把握していれば記入してください。

SAMPLE

【３】収穫量の増減要因等について

前年産と比べた本年産の作柄の良否、被害の多少、主な被害の要因について該当する項目の点線をなぞってください。

作物名	作柄の良否			被害の多少			主な被害の要因（複数回答可）									
	良	並	悪	少	並	多	高温	低温	日照不足	多雨	少雨	台風	病害	虫害	鳥獣害	その他
小麦																
二条大麦																
六条大麦																
はだか麦																

作物ごとに被害以外の増減要因（品種、栽培方法などの変化）があれば、記入してください。

入力方向

秘
農林水産省

統計法に基づく基幹統計
作物統計

政府統計

統計法に基づく国の統計調査です。調査票情報の秘密の保護に万全を期します。

年産	都道府県	管理番号	市区町村	客体番号

令和　　年産

畑作物収穫量調査調査票（団体用）

大豆（乾燥子実）用

○ この調査票は、秘密扱いとし、統計以外の目的に使うことは絶対ありませんので、ありのままを記入してください。

○ 黒色の鉛筆又はシャープペンシルで記入し、間違えた場合は、消しゴムできれいに消してください。

○ 調査及び調査票の記入に当たって、不明な点等がありましたら、下記の「問い合わせ先」にお問い合わせください。

★ 右づめで記入し、マスが足りない場合は一番左のマスにまとめて記入してください。

記入例 11 9 8 6 5 3　つなげる　すきまをあける

★ 該当する場合は、記入例のように点線をなぞってください。

記入例 ／ → ／

記入していただいた調査票は、　　月　　日までに提出してください。
調査票の記入及び提出は、インターネットでも可能です。
詳しくは同封の「オンライン調査システム操作ガイド」を御覧ください。

【問い合わせ先】

SAMPLE

【１】貴団体で集荷している作付面積及び集荷量について

記入上の注意

○　作付面積は単位を「ha」とし、小数点第一位（10a単位）まで記入してください。0.05ha未満の場合は「0.0」と記入してください。
○　集荷量は単位を「t」とし、整数で記入してください。
○　「うち検査基準以上」欄には、1等、2等、3等に加え特定加工用以上とされたものの合計を記入してください。
○　検査を受けない場合や、提出日までに検査を受けていない場合などは、集荷された農作物の状態から検査基準以上となる量を見積もって記入してください。

作物名		作付面積	集荷量	うち検査基準以上
	前年産	ha	t	t
	本年産	.		
	前年産	ha	t	t
	本年産	.		
	前年産	ha	t	t
	本年産	.		

【２】収穫量の増減要因等について

前年産と比べた本年産の作柄の良否、被害の多少、主な被害の要因について該当する項目の点線をなぞってください。

作物名	作柄の良否			被害の多少			主な被害の要因（複数回答可）									
	良	並	悪	少	並	多	高温	低温	日照不足	多雨	少雨	台風	病害	虫害	鳥獣害	その他

作物ごとに被害以外の増減要因（品種、栽培方法などの変化）があれば、記入してください。

SAMPLE

⇦ ⇦ ⇦ 入力方向

秘
農林水産省

統計法に基づく基幹統計
作物統計

政府統計

統計法に基づく国の統計調査です。調査票情報の秘密の保護に万全を期します。

年産	都道府県	管理番号	市区町村	客体番号

令和　　年産

畑作物作付面積調査・収穫量調査調査票（団体用）

飼料作物、えん麦（緑肥用）、かんしょ、そば、なたね（子実用）用

○ この調査票は、秘密扱いとし、統計以外の目的に使うことは絶対ありませんので、ありのままを記入してください。
○ 黒色の鉛筆又はシャープペンシルで記入し、間違えた場合は、消しゴムできれいに消してください。
○ 調査及び調査票の記入に当たって、不明な点等がありましたら、下記の「問い合わせ先」にお問い合わせください。

★ 右づめで記入し、マスが足りない場合は一番左のマスにまとめて記入してください。
★ 該当する場合は、記入例のように点線をなぞってください。

記入例	11	9	8	6	5	3
記入例	⁄（点線）	➡	／	つなげる		すきまをあける

記入していただいた調査票は、　　月　　日までに提出してください。
調査票の記入及び提出は、インターネットでも可能です。
詳しくは同封の「オンライン調査システム操作ガイド」を御覧ください。

【問い合わせ先】

SAMPLE

【１】貴団体管内の作付（栽培）面積及び集荷量について

記入上の注意
○ 作付（栽培）面積は単位を「ha」とし、小数点第一位（10a単位）まで記入してください。0.05ha未満の場合は「0.0」と記入してください。
○ 集荷量は単位を「t」とし、整数で記入してください。0.5t未満の結果は「0」と記入してください。
○ <作物ごとの注意事項>

作物名		作付（栽培）面積（田畑計）	田	畑	集荷量	うち検査基準以上
	前年産	ha	ha	ha	t	t
	本年産	.	.	.		
	前年産	ha	ha	ha	t	t
	本年産	.	.	.		
	前年産	ha	ha	ha	t	t
	本年産	.	.	.		
	前年産	ha	ha	ha	＼	＼
	本年産	.	.	.	＼	＼
	前年産	ha	ha	ha	＼	＼
	本年産	.	.	.	＼	＼

裏面に進んでください。

【２】作付（栽培）面積の増減要因等について

作物ごとの主な増減要因（転換作物等）について記入してください。

作物ごとに主な増減地域と増減面積について記入してください。

貴団体において、貴団体に出荷されない管内の作付団地等の状況（作付面積、作付地域等）を把握していれば記入してください（飼料作物及びえん麦（緑肥用）については【1】に貴団体で把握している面積を記入していただいているため記入不要です。）。

SAMPLE

【３】収穫量の増減要因等について

前年産と比べた本年産の作柄の良否、被害の多少、主な被害の要因について該当する項目の点線をなぞってください。

作物名	作柄の良否			被害の多少			主な被害の要因（複数回答可）									
	良	並	悪	少	並	多	高温	低温	日照不足	多雨	少雨	台風	病害	虫害	鳥獣害	その他
	/	/	/	/	/	/	/	/	/	/	/	/	/	/	/	/
	/	/	/	/	/	/	/	/	/	/	/	/	/	/	/	/
	/	/	/	/	/	/	/	/	/	/	/	/	/	/	/	/
	/	/	/	/	/	/	/	/	/	/	/	/	/	/	/	/

作物ごとに被害以外の増減要因（品種、栽培方法などの変化）があれば、記入してください。

⇦ ⇦ ⇦ 入力方向

秘
農林水産省

統計法に基づく基幹統計
作物統計

年産	都道府県	管理番号	市区町村	客体番号

統計法に基づく国の統計調査です。調査票情報の秘密の保護に万全を期します。

令和　年産

茶収穫量調査調査票（団体用）

○ この調査票は、秘密扱いとし、統計以外の目的に使うことは絶対ありませんので、ありのままを記入してください。

○ 黒色の鉛筆又はシャープペンシルで記入し、間違えた場合は、消しゴムできれいに消してください。

○ 調査及び調査票の記入に当たって、不明な点等がありましたら、下記の「問い合わせ先」にお問い合わせください。

★ 右づめで記入し、マスが足りない場合は一番左のマスにまとめて記入してください。

★ 該当する場合は、記入例のように点線をなぞってください。

記入例	11	9	8	6	5	8
記入例	⁄		⁄			

つなげる　すきまをあける

記入していただいた調査票は、　月　日までに提出してください。
調査票の記入及び提出は、インターネットでも可能です。
詳しくは同封の「オンライン調査システム操作ガイド」を御覧ください。

【問い合わせ先】

SAMPLE

【１】本年の生産の状況

本年の集荷（処理）状況について教えてください。
必ず、該当する項目の点線を1つなぞってください。

本年、集荷（処理）を行った	⁄
本年、集荷（処理）を行わなかった	⁄

【２】来年以降の作付予定

来年以降の集荷（処理）予定について教えてください。
必ず、該当する項目の点線を1つなぞってください。

来年以降、集荷（処理）を行う予定である	⁄
来年以降、集荷（処理）を行う予定はない	⁄
今のところ未定	⁄

・本年集荷（処理）を行った方は、【３】（裏面）に進んでください。

・本年集荷（処理）を行わなかった方はここで終了となりますので、調査票を提出していただくようお願いします。
御協力ありがとうございました。

【３】貴工場で集荷している茶の生産量と摘採面積について

調査対象　（農林水産省職員があらかじめ記入しております。）

1　年間計	
2　一番茶	

1　年間計にマークのある方は、「年間計」及び「うち一番茶」両方に記入してください。
2　一番茶にマークのある方は、「うち一番茶」のみ記入してください。
3　一番茶の調査をお願いした方は、再度年間計の調査をお願いすることがあります。
　その際は両方にマークがつきます。

※「年間計」とは、冬春番茶、秋冬番茶及び一番茶から四番茶までの合計です。

記入上の注意
○　本年産の貴工場における生葉の処理量及びそれに対応する摘採面積を茶期ごとの合計及びうち一番茶について記入してください。
○　整枝・せん定をかねて刈り取った茶葉についても、荒茶に加工（刈り番茶）される場合は、集荷量、荒茶生産量及び摘採延べ面積に含めてください。
○　摘採延べ面積は、摘採した面積の合計を記入してください。

項目		年間計	うち一番茶
生葉集荷（処理）量	前年産	t	t
	本年産		
荒茶生産量	前年産	kg	kg
	本年産		
摘採実面積	前年産	ha（町）（反）a（畝）	ha（町）（反）a（畝）
	本年産		
摘採延べ面積	前年産	ha（町）（反）a（畝）	
	本年産		

SAMPLE

【４】作柄及び被害の状況について

前年産と比べた本年産の作柄の良否、被害の多少、主な被害の要因について該当する項目の点線をなぞってください。

茶期別	作柄の良否			被害の多少		
	良	並	悪	少	並	多
年間計						
一番茶						

主な被害の要因（複数回答可）									
凍霜害	高温	低温	日照不足	多雨	少雨	台風	病害	虫害	その他

調査はここで終了です。御協力ありがとうございました。

入力方向

秘
農林水産省

統計法に基づく基幹統計
作物統計

年産	都道府県	管理番号	市区町村	客体番号

政府統計

統計法に基づく国の統計調査です。調査票情報の秘密の保護に万全を期します。

令和　　年産

畑作物作付面積調査・収穫量調査調査票（団体用）

てんさい用

○ この調査票は、秘密扱いとし、統計以外の目的に使うことは絶対ありませんので、ありのままを記入してください。
○ 黒色の鉛筆又はシャープペンシルで記入し、間違えた場合は、消しゴムできれいに消してください。
○ 調査及び調査票の記入に当たって、不明な点等がありましたら、下記の「問い合わせ先」にお問い合わせください。

★ 右づめで記入し、マスが足りない場合は一番左のマスにまとめて記入してください。
★ 該当する場合は、記入例のように点線をなぞってください。

記入例　11 9 8 6 5 3　つなげる　すきまをあける

記入例

記入していただいた調査票は、　月　　日までに提出してください。
調査票の記入及び提出は、インターネットでも可能です。
詳しくは同封の「オンライン調査システム操作ガイド」を御覧ください。

【問い合わせ先】

SAMPLE

【１】貴事業場で集荷しているてんさいの作付面積及び集荷量について

記入上の注意
○ 作付面積は単位を「ha」とし、小数点第一位（10a単位）まで記入してください。0.05ha未満の場合は「0.0」と記入してください。
○ 集荷量は単位を「t」とし、整数で記入してください。0.5t未満の結果は「0」と記入してください。

作物名		作付面積	集荷量
てんさい	前年産	ha	t
	本年産	.	

裏面に進んでください。

【２】 作柄及び被害の状況について

１　前年産と比べた本年産の作柄の良否、被害の多少、主な被害の要因について該当する項目の点線をなぞってください。

作物名	作柄の良否			被害の多少		
	良	並	悪	少	並	多
てんさい						

作物名	主な被害の要因（複数回答可）										
	融雪遅れ	高温	低温	日照不足	多雨	少雨	台風	鳥獣害	病害	虫害	その他
てんさい											

２　病害、虫害及びその他については、被害の内容を具体的に記入してください。

〔　　〕

３　作付面積の増減理由や被害以外の収量に影響を及ぼした要因（作付品種の変化など）があれば、記入してください。

SAMPLE

入力方向

秘	統計法に基づく基幹統計
農林水産省	作物統計

年産	都道府県	管理番号	市区町村	客体番号

政府統計

統計法に基づく国の統計調査です。調査票情報の秘密の保護に万全を期します。

令和　年産

畑作物作付面積調査･収穫量調査調査票（団体用）

さとうきび用

○ この調査票は、秘密扱いとし、統計以外の目的に使うことは絶対ありませんので、ありのままを記入してください。
○ 黒色の鉛筆又はシャープペンシルで記入し、間違えた場合は、消しゴムできれいに消してください。
○ 調査及び調査票の記入に当たって、不明な点等がありましたら、下記の「問い合わせ先」にお問い合わせください。

★ 右づめで記入し、マスが足りない場合は一番左のマスにまとめて記入してください。
★ 該当する場合は、記入例のように点線をなぞってください。

記入例	11	9	8	6	5	3
記入例						

つなげる　すきまをあける

記入していただいた調査票は　月　日までに提出してください。
調査票の記入及び提出はインターネットでも可能です。
詳しくは同封の「オンライン調査システム操作ガイド」を御覧ください。

【問い合わせ先】

SAMPLE

【１】貴事業場で集荷しているさとうきびの栽培面積、収穫面積及び集荷量について

記入上の注意
○ 栽培面積及び収穫面積は単位を「ha」で記入してください。
○ 集荷量は単位を「t」とし、整数で記入してください。
○ 栽培面積は、収穫の有無にかかわらず、栽培した全ての面積を記入してください。
○ 収穫面積は、本年に収穫した面積を記入してください。

作型		栽培面積	収穫面積	集荷量
夏植え	前年産	ha	ha	t
	本年産			
春植え	前年産	ha	ha	t
	本年産			
株出し	前年産	ha	ha	t
	本年産			

裏面に進んでください。

【２】 作柄及び被害の状況について

1　前年産と比べた本年産の作柄の良否、被害の多少、主な被害の要因について該当する項目の点線をなぞってください。

作型	作柄の良否			被害の多少		
	良	並	悪	少	並	多
夏植え						
春植え						
株出し						

作型	主な被害の要因(複数回答可)									
	高温	低温	日照不足	多雨	少雨	鳥獣害	台風	病害	虫害	その他
夏植え										
春植え										
株出し										

2　台風、病害、虫害及びその他については、被害の内容を具体的に記入してください。

（　　　　　　　　　　　　　　　　　　　　　　　　　　　　　）

3　栽培(収穫)面積の増減理由や被害以外の収量に影響を及ぼした要因(作付品種の変化など)があれば、記入してください。

SAMPLE

⇦ ⇦ ⇦ 入力方向

秘
農林水産省

統計法に基づく基幹統計
作物統計

都道府県	管理番号	市区町村	旧市区町村	農業集落	調査区	経営体

統計法に基づく国の統計調査です。調査票情報の秘密の保護に万全を期します。

令和　年産

畑作物収穫量調査調査票（経営体用）

○○○用

○ この調査票は、秘密扱いとし、統計以外の目的に使うことは絶対ありませんので、ありのままを記入してください。
○ 黒色の鉛筆又はシャープペンシルで記入し、間違えた場合は、消しゴムできれいに消してください。
○ 調査及び調査票の記入に当たって、不明な点等がありましたら、下記の「問い合わせ先」にお問い合わせください。

★ 右づめで記入し、マスが足りない場合は一番左のマスにまとめて記入してください。
★ 該当する場合は、記入例のように点線をなぞってください。

記入例	11	9	8	6	5	8
記入例						

つなげる　すきまをあける

記入していただいた調査票は　月　日までに提出してください。

【問い合わせ先】

SAMPLE

【１】本年の生産の状況について

本年の作付状況について教えてください。
必ず、該当する項目の点線を1つなぞってください。

本年、作付けを行った	
本年、作付けを行わなかった	

【２】来年以降の作付予定について

来年以降の作付予定について教えてください。
必ず、該当する項目の点線を1つなぞってください。

来年以降、作付予定がある	
来年以降、作付予定はない	
今のところ未定	
農業をやめたため、農作物を作付け（栽培）する予定はない	

・本年作付けを行った方は、【３】（裏面）に進んでください。

・本年作付けを行わなかった方はここで終了となりますので、調査票を提出していただくようお願いします。
御協力ありがとうございました。

本年、作付けを行った方のみ記入してください。

【３】作付面積、出荷量及び自家用等の量について

本年産の作付面積、出荷量及び自家用等の量について記入してください。

記入上の注意

○「作付面積」は、被害等で収穫できなかった面積（収穫量のなかった面積）も含めてください。
また、１年間のうち、同じほ場に複数回作付けした場合（収穫後、同じ作物を新たに植えた場合）は、その延べ面積としてください。

○「収穫量」は、「俵」、「袋」等で把握されている場合は、「kg」に換算して記入してください。
（例：30kg紙袋で150袋出荷した場合→4,500kgと記入）

○「出荷量」は、共同出荷、直売所への出荷、個人販売など、販売先を問わず、販売した全ての量を含めてください。また、販売する予定で保管されている量も「出荷量」に含めてください。

○ 1a、1kgに満たない場合は四捨五入して整数単位で記入してください。
（例：0.4a、0.4kg以下→「0」、0.5a、0.5kg以上→「1」と記入）

○「自家用、無償の贈与、種子用等の量」は、ご家庭で消費したもの、無償で他の方にあげたもの、翌年産の種子用にするものなどを指します。

○「出荷先の割合」は、記入した「出荷量」について該当する出荷先に出荷した割合を％で記入してください。
「直売所・消費者へ直接販売」は、農協の直売所、庭先販売、宅配便、インターネット販売などをいいます。
「その他」は、仲買業者、スーパー、外食産業などを含みます。

作物名	作付面積（借入地を含む。）（町）（反）（畝） ha a	収穫量 出荷量（販売した量及び販売目的で保管している量） t kg	収穫量 自家用、無償の贈与、種子用等の量 t kg

○ 記入した出荷量について該当する出荷先に出荷した割合を記入してください。

SAMPLE

【４】出荷先の割合について

作物名	加工業者	直売所・消費者へ直接販売	市場	農協以外の集出荷団体	農協	その他	合計
	%	%	%	%	%	%	100%
	%	%	%	%	%	%	100%
	%	%	%	%	%	%	100%

【５】作柄及び被害の状況について

前年産と比べた本年産の作柄の良否、被害の多少、主な被害の要因について該当する項目の点線をなぞってください。

作物名	作柄の良否			被害の多少			主な被害の要因（複数回答可）									
	良	並	悪	少	並	多	高温	低温	日照不足	多雨	少雨	台風	病害	虫害	鳥獣害	その他

調査はここで終了です。御協力ありがとうございました。

⇦ ⇦ ⇦ 入力方向

秘
農林水産省

統計法に基づく基幹統計
作物統計

都道府県	管理番号	市区町村	旧市区町村	農業集落	調査区	経営体

統計法に基づく国の統計調査です。調査票情報の秘密の保護に万全を期します。

令和　　年産

飼料作物収穫量調査調査票（経営体用）

○ この調査票は、秘密扱いとし、統計以外の目的に使うことは絶対ありませんので、ありのままを記入してください。
○ 黒色の鉛筆又はシャープペンシルで記入し、間違えた場合は、消しゴムできれいに消してください。
○ 調査及び調査票の記入に当たって、不明な点等がありましたら、下記の「問い合わせ先」にお問い合わせください。

★ 右づめで記入し、マスが足りない場合は一番左のマスにまとめて記入してください。

★ 該当する場合は、記入例のように点線をなぞってください。

記入例 11 9 8 6 5 3

記入例 つなげる すきまをあける

記入していただいた調査票は　　月　　日までに提出してください。

【問い合わせ先】

SAMPLE

【１】本年の生産の状況について

本年の作付（栽培）状況について教えてください。
必ず、該当する項目の点線を1つなぞってください。

本年、作付け（栽培）を行った	／
本年、作付け（栽培）を行わなかった	／

【２】来年以降の作付（栽培）予定について

来年以降の作付（栽培）予定について教えてください。
必ず、該当する項目の点線を1つなぞってください。

来年以降、作付（栽培）予定がある	／
来年以降、作付（栽培）予定はない	／
今のところ未定	／
農業をやめたため、農作物を作付け（栽培）する予定はない	／

・本年作付け（栽培）を行った方は、【３】（次のページ）に進んでください。

・本年作付け（栽培）を行わなかった方はここで終了となりますので、調査票を提出していただくようお願いします。
　御協力ありがとうございました。

本年、作付け（栽培）を行った方のみ記入してください。

【３】牧草について

本年産の作付（栽培）面積について記入してください。

記入上の注意

○ 「作付（栽培）面積」には、牧草専用地、田や畑のほか農地以外での栽培など、牧草の栽培に利用した全ての面積を記入してください。

○ 同じ土地で複数回牧草を収穫した場合であっても、「作付（栽培）面積」は、収穫した延べ面積ではなく、実際の面積（実面積）を記入してください。

○ 牧草とは次のようなものをいいます。
（いね科牧草）
イタリアンライグラス、ハイブリッドライグラス、ペレニアルライグラス、トールフェスク、メドーフェスク、オーチャードグラス、チモシー、レッドトップ、バヒアグラス、ダリスグラス、ローズグラス、リードカナリグラス、スーダングラス、テオシント、その他いね科牧草（ブロームグラス類、ホイートグラス類、ブルーグラス類等）
（豆科牧草）
アルファルファ、クローバー類、セスバニア、その他豆科牧草（ベッチ類、ルーピン類、レスペデザ類等）

○ えん麦、らい麦、大豆等の青刈り作物は牧草には含まれませんのでご注意ください。

○ なお、青刈りとうもろこし、ソルゴーは、本調査票の【4】、【5】でそれぞれ記入をお願いします。

	(町) ha	(反)	(畝) a
作付（栽培）面積			

どちらか分かる方で本年産の収穫量について記入してください。

1 収穫量が重量（生重量）で分かる場合

	t	kg
収穫量計		
1番刈り		
2番刈り		
3番刈り		
4番刈り		

記入上の注意

○ 刈取り時期ごとの収穫量を記入の上、「収穫量計」の欄に合計を記入してください。（刈取り時期ごとに分からない場合は、「収穫量計」のみに記入してください。）

2 生重量で分からない場合

<ラッピング又は梱包を行っている場合>

	個数（個）	1個当たりのおおよその重量 (kg)
ラッピング		
梱包		

<固定サイロを用いている場合>

サイロの容積	㎥
充足率	%

<簡易サイロを用いている場合>

サイロの容積	㎥

記入上の注意

○ ラッピングマシーンを用いている場合は、「ラッピング」欄にラッピング個数及び1個当たりの重量を記入してください。
また、【4】青刈りとうもろこし及び【5】ソルゴーも同様に記入してください。

○ 乾燥後、梱包を行っている場合は、「梱包」欄に梱包個数及び1個当たりの重量を記入してください。

○ 固定サイロとは、塔型サイロ（タワーサイロ）、バンカーサイロなど四方を構築物で固められたものをいいます。
なお、「充足率」は、固定サイロの容積に対する本年の利用割合を記入してください。

○ 簡易サイロを利用した場合は、使用した全てのサイロの容積の合計を記入してください。

SAMPLE

【４】青刈りとうもろこしについて

本年産の作付面積について記入してください。

	(町)(反)(畝) ha a
作付面積	

どちらか分かる方で本年産の収穫量について記入してください。

1　収穫量が重量（生重量）で分かる場合

収穫量	t kg

記入上の注意

○　固定サイロとは、塔型サイロ（タワーサイロ）、バンカーサイロなど四方を構築物で固められたものをいいます。
　なお、「充足率」は、固定サイロの容積に対する本年の利用割合を記入してください。

○　簡易サイロとは、スタックサイロ、バキュームサイロ、バッグサイロなど固定式以外のものをいいます。
　また、L字型バンカーサイロなど固定式でないものは簡易サイロに含めてください。
　なお、簡易サイロを利用した場合は、使用した全てのサイロの容積の合計を記入してください。

2　生重量で分からない場合

<固定サイロを用いている場合>

サイロの容積	㎥
充足率	%

<簡易サイロを用いている場合>

サイロの容積	㎥

<ラッピングを行っている場合>

	個数（個）	１個当たりのおおよその重量
ラッピング		kg

SAMPLE

【５】ソルゴーについて

本年産の作付面積について記入してください。

	(町)(反)(畝) ha a
作付面積	

どちらか分かる方で本年産の収穫量について記入してください。

1　収穫量が重量（生重量）で分かる場合

収穫量	t kg

記入上の注意

○　固定サイロとは、塔型サイロ（タワーサイロ）、バンカーサイロなど四方を構築物で固められたものをいいます。
　なお、「充足率」は、固定サイロの容積に対する本年の利用割合を記入してください。

○　簡易サイロとは、スタックサイロ、バキュームサイロ、バッグサイロなど固定式以外のものをいいます。
　また、L字型バンカーサイロなど固定式でないものは簡易サイロに含めてください。
　なお、簡易サイロを利用した場合は、使用した全てのサイロの容積の合計を記入してください。

2　生重量で分からない場合

<固定サイロを用いている場合>

サイロの容積	㎥
充足率	%

<簡易サイロを用いている場合>

サイロの容積	㎥

<ラッピングを行っている場合>

	個数（個）	１個当たりのおおよその重量
ラッピング		kg

次のページに進んでください。

【６】作柄及び被害の状況について

前年産と比べた本年産の作柄の良否、被害の多少、主な被害の要因について該当する項目の点線をなぞってください。

作物名	作柄の良否			被害の多少		
	良	並	悪	少	並	多
牧草						
青刈りとうもろこし						
ソルゴー						

作物名	主な被害の要因（複数回答可）									
	高温	低温	日照不足	多雨	少雨	台風	病害	虫害	鳥獣害	その他
牧草										
青刈りとうもろこし										
ソルゴー										

調査はここで終了です。御協力ありがとうございました。

⇦ ⇦ ⇦ 入 力 方 向

秘
農林水産省

統計法に基づく基幹統計
作物統計

都道府県	管理番号	市区町村	旧市区町村	農業集落	調査区	経営体

統計法に基づく国の統計調査です。調査票情報の秘密の保護に万全を期します。

令和　年産

畑作物収穫量調査調査票(経営体用)

なたね(子実用)用

○ この調査票は、秘密扱いとし、統計以外の目的に使うことは絶対ありませんので、ありのままを記入してください。
○ 黒色の鉛筆又はシャープペンシルで記入し、間違えた場合は、消しゴムできれいに消してください。
○ 調査及び調査票の記入に当たって、不明な点等がありましたら、下記の「問い合わせ先」にお問い合わせください。

★ 右づめで記入し、マスが足りない場合は一番左のマスにまとめて記入してください。
★ 該当する場合は、記入例のように点線をなぞってください。

記入例	11	9	8	6	5	3
記入例	／	→	／			

つなげる
すきまをあける

記入していただいた調査票は、　月　日までに提出してください。

【問い合わせ先】

SAMPLE

【１】本年の生産の状況について

本年の作付状況について教えてください。
必ず、該当する項目の点線を1つなぞってください。

本年、作付けを行った	／
本年、作付けを行わなかった	／

【２】来年以降の作付予定について

来年以降の作付予定について教えてください。
必ず、該当する項目の点線を1つなぞってください。

来年以降、作付予定がある	／
来年以降、作付予定はない	／
今のところ未定	／
農業をやめたため、農作物を作付け(栽培)する予定はない	／

・本年作付けを行った方は、【３】(裏面)に進んでください。

・本年作付けを行わなかった方はここで終了となりますので、調査票を提出していただくようお願いします。
御協力ありがとうございました。

本年、作付けを行った方のみ記入してください。

【３】作付面積、出荷量及び自家用等の量について

本年産の作付面積、出荷量及び自家用等の量について記入してください。

記入上の注意

○ 子実用（食用として搾油するもの）のみの作付面積及び収穫量を記入してください。
工業用に搾油するもの、菜花や花菜などの野菜として収穫するもの、青刈りするもの、緑肥としてすき込むものなどはいずれも含めないでください。
○「作付面積」は、被害等で収穫できなかった面積（収穫量のなかった面積）も含めてください。
また、１年間のうち、同じほ場に複数回作付けした場合（収穫後、同じ作物を新たに植えた場合）は、その延べ面積としてください。
○「収穫量」は、「俵」、「袋」等で把握されている場合は、「kg」に換算して記入してください。
（例：30kg紙袋で150袋出荷した場合→4,500kgと記入）
○「出荷量」は、共同出荷、直売所への出荷、個人販売など、販売先を問わず、販売した全ての量を含めてください。また、販売する予定で保管されている量も「出荷量」に含めてください。
○ 製油業者に委託し、なたね油を現物で受け取った場合は、なたねの子実に換算した重量を出荷量、自家用等の数量別に記入してください。
○「自家用、無償の贈答用、種子用等の量」は、ご家庭で消費したもの、無償で他の方にあげたもの、翌年産の種子用などを指します。
○ 1a、1kgに満たない場合は四捨五入して整数単位で記入してください。
（例：0.4a、0.4kg以下→「0」、0.5a、0.5kg以上→「1」と記入）
○「出荷先の割合」は、記入した「出荷量」について該当する出荷先に出荷した割合を％で記入してください。
「直売所・消費者へ直接販売」は、農協の直売所、庭先販売、宅配便、インターネット販売などをいいます。
「その他」は、仲買業者、スーパー、外食産業などを含みます。

SAMPLE

作物名	作付面積（借入地を含む。）（町）（反）（畝） ha a	収穫量	
		出荷量（販売した量及び販売目的で保管している量） t kg	自家用、無償の贈答用、種子用等の量 t kg
なたね			

○ 記入した出荷量について該当する出荷先に出荷した割合を記入してください。

【４】出荷先の割合について

作物名	製油業者	直売所・消費者へ直接販売	市場	農協以外の集出荷団体	農協	その他	合計
なたね	%	%	%	%	%	%	100%

【５】作柄及び被害の状況について

前年産と比べた本年産の作柄の良否、被害の多少、主な被害の要因について該当する項目の点線をなぞってください。

作物名	作柄の良否			被害の多少		
	良	並	悪	少	並	多
なたね						

主な被害の要因（複数回答可）									
高温	低温	日照不足	多雨	少雨	台風	病害	虫害	鳥獣害	その他

調査はここで終了です。御協力ありがとうございました。

秘
農林水産省

統計法に基づく基幹統計
作　物　統　計

統計法に基づく国の統計調査です。調査票情報の秘密の保護に万全を期します。

令和　年

被　害　調　査　票

調査筆の種類	標　調　応

作物名	
地域センター等名	
調査者氏名	
調査期日	月　日

筆の所在地	設計単位	作況階層	標本単位区	筆の通し番号
	市町村	大字（町）	小字	地番

SAMPLE

調査箇所										
	被害種類									
	被害発生時の生育段階									
	損傷調査項目									
I	1									
	2									
	3									
	4									
	5									
II	6									
	7									
	8									
	9									
	10									
III	11									
	12									
	13									
	14									
	15									
合計										
平均										
損傷歩合										
見積り（実測）被害歩合	調査項目別									
	被害種類別									
	計									
筆平均見積り被害歩合	被害種類別									
	被害総合									
適用した尺度（番号）										

注：1　この調査票は、標本筆（単位区）の損傷見積り（実測）調査の調査票及び被害調査筆・被害応急調査の損傷調査票として使用する。
2　被害損傷実測調査の損傷調査項目は、被害の種類、被害発生時期などから地方農政局長、北海道農政事務所長、沖縄総合事務局長、地域センターの長等が定める。
3　損傷歩合欄は、損傷項目が損傷歩合を現さないような項目の場合（例えば被害穂数、被害粒数等）は、「平均」についての損傷歩合（例えば被害穂数歩合、被害粒数歩合）を記入する。
4　見積り（実測）被害歩合は、損傷見積り（実測）調査結果に減収推定尺度を適用して決める。
5　見積り（実測）被害歩合の計は、見積り（実測）を行った被害種類を合計した被害歩合とし、筆平均見積り被害歩合の被害総合は、全ての被害を総合して見積った被害歩合とする。
6　調査筆の種類欄の「標」は被害標本筆、「調」は被害調査筆、「応」は被害応急調査筆を示し、該当に○印を付す。
7　調査株数は、1箇所5株とする。

⇦ ⇦ ⇦ 入 力 方 向

4	1	7	1

秘
農林水産省

統計法に基づく国の統計調査です。調査票情報の秘密の保護に万全を期します。

年 産	都道府県	管理番号	市区町村	客体番号
2 0				

令和　　年産　　特定作物統計調査

豆類作付面積調査調査票（団体用）

○ この調査票は、秘密扱いとし、統計以外の目的に使うことは絶対ありませんので、ありのままを記入してください。

○ 黒色の鉛筆又はシャープペンシルで記入し、間違えた場合は、消しゴムできれいに消してください。

○ 調査及び調査票の記入に当たって、不明な点等がありましたら、下記の「問い合わせ先」にお問い合わせください。

★ 数字は、1マスに1つずつ、枠からはみ出さないように右づめで記入してください。

記入例				9	8	7	6	5	4	0

つなげる　すきまをあける

★ マスが足りない場合は、一番左のマスにまとめて記入してください。

記入例	11	2	3

SAMPLE

記入していただいた調査票は、　　月　　日までに提出してください。
調査票の記入及び提出は、インターネットでも可能です。
詳しくは同封の「オンライン調査システム操作ガイド」を御覧ください。

【問い合わせ先】

【１】貴団体で集荷している豆類（乾燥子実）の作付面積について

記入上の注意
○ 作付面積は単位を「ha」とし、小数点第一位（10a単位）まで記入してください。0.05ha未満の場合は「0.0」と記入してください。
○ 乾燥して食用（加工も含む。）にするものの面積を記入してください。
未成熟（完熟期以前）で収穫されるもの（さやいんげん等）については含めないでください。
○ いんげんの種類別の内訳については、北海道のみ記入してください。

単位：ha

作物名		作付面積（田畑計）	田	畑
小豆	前年産			
	本年産			
いんげん	前年産			
	本年産			
金時（北海道のみ）	前年産			
	本年産			
手亡（北海道のみ）	前年産			
	本年産			
らっかせい	前年産			
	本年産			

SAMPLE

【２】作付面積の増減要因等について

作物ごとの主な増減要因（転換作物等）について記入してください。

作物ごとの主な増減地域と増減面積について記入してください。

貴団体において、貴団体に出荷されない管内の作付団地等の状況（作付面積、作付地域等）を把握していれば記入してください。

入力方向

4711

秘
農林水産省

政府統計

統計法に基づく国の統計調査です。調査票情報の秘密の保護に万全を期します。

年産				都道府県		管理番号		市区町村			客体番号			
2	0													

令和　　年産　　特定作物統計調査

豆類収穫量調査調査票（団体用）

○ この調査票は、秘密扱いとし、統計以外の目的に使うことは絶対ありませんので、ありのままを記入してください。

○ 黒色の鉛筆又はシャープペンシルで記入し、間違えた場合は、消しゴムできれいに消してください。

○ 調査及び調査票の記入に当たって、不明な点等がありましたら、下記の「問い合わせ先」にお問い合わせください。

★ 数字は、1マスに1つずつ、枠からはみ出さないように右づめで記入してください。

記入例				9	8	7	6	5	4	0

つなげる　すきまをあける

★ 該当する場合は、記入例のように点線をなぞってください。

記入例	⁄	→	／

★ マスが足りない場合は、一番左のマスにまとめて記入してください。

記入例	11	2	3

SAMPLE

記入していただいた調査票は、　　月　　日までに提出してください。
調査票の記入及び提出は、インターネットでも可能です。
詳しくは同封の「オンライン調査システム操作ガイド」を御覧ください。

【問い合わせ先】

【１】貴団体で集荷している豆類（乾燥子実）の作付面積及び集荷量について

記入上の注意
- ○ 作付面積は単位を「ha」とし、小数点第一位（10a単位）まで記入してください。0.05ha未満の場合は「0.0」と記入してください。
- ○ 乾燥して食用（加工も含む。）にするものを記入してください。未成熟（完熟期以前）で収穫されるもの（さやいんげん等）については含めないでください。
- ○ 小豆及びいんげんの「うち検査基準以上」欄には、3等以上の量を記入してください。
- ○ 検査を受けない場合、調査票の提出日までに検査を受けていない場合などは、集荷された農作物の状態から検査基準以上となる量を見積もって記入してください。
- ○ いんげんの種類別の内訳については、北海道のみ記入してください。

作物名		作付面積	集荷量	うち検査基準以上
小豆	前年産	ha	t	t
	本年産	.		
いんげん	前年産	ha	t	t
	本年産	.		
金時（北海道のみ）	前年産	ha	t	t
	本年産	.		
手亡（北海道のみ）	前年産	ha	t	t
	本年産	.		
らっかせい	前年産	ha	t	t
	本年産	.		

SAMPLE

【２】収穫量の増減要因等について

前年産に比べて本年産の作柄の良否、被害の多少、主な被害の要因について記入してください。
（該当のある場合は、点線を鉛筆などでなぞってください。）

作物名	作柄の良否			被害の多少		
	良	並	悪	少	並	多
小豆	／	／	／	／	／	／
いんげん	／	／	／	／	／	／
らっかせい	／	／	／	／	／	／

主な被害の要因（複数回答可）									
高温	低温	日照不足	多雨	少雨	台風	病害	虫害	鳥獣害	その他
／	／	／	／	／	／	／	／	／	／
／	／	／	／	／	／	／	／	／	／
／	／	／	／	／	／	／	／	／	／

作物ごとに被害以外の増減要因（品種、栽培方法などの変化）があれば、記入してください。

⇦ ⇦ ⇦ 入力方向

秘
農林水産省

統計法に基づく国の統計調査です。調査票情報の秘密の保護に万全を期します。

4741

年産	都道府県	管理番号	市区町村	客体番号
20				

令和　　年産　　特定作物統計調査

こんにゃくいも作付面積調査・収穫量調査票(団体用)

○ この調査票は、秘密扱いとし、統計以外の目的に使うことは絶対ありませんので、ありのままを記入してください。

○ 黒色の鉛筆又はシャープペンシルで記入し、間違えた場合は、消しゴムできれいに消してください。

○ 調査及び調査票の記入に当たって、不明な点等がありましたら、下記の「問い合わせ先」にお問い合わせください。

★ 数字は、1マスに1つずつ、枠からはみ出さないように右づめで記入してください。

記入例	8	8	8	9	8	7	6	5	4	0

つなげる　すきまをあける

★ 該当する場合は、記入例のように点線をなぞってください。

記入例 ／ → ／

★ マスが足りない場合は、一番左のマスにまとめて記入してください。

記入例	11	2	3

SAMPLE

記入していただいた調査票は、　　月　　日までに提出してください。
調査票の記入及び提出は、インターネットでも可能です。
詳しくは同封の「オンライン調査システム操作ガイド」を御覧ください。

【問い合わせ先】

【１】貴団体で集荷しているこんにゃくいもの栽培面積、収穫面積及び集荷量について

記入上の注意
○ 栽培面積及び収穫面積は、小数点第一位（10a単位）まで記入してください。0.05ha未満の場合は「0.0」と記入してください。
○ 集荷量は単位を「t」とし、整数で記入してください。
○ 栽培面積は、出荷の有無にかかわらず、本年栽培した全ての面積を記入してください。
○ 収穫面積は、出荷・販売するために収穫した面積を記入してください。

作物名		栽培面積	うち収穫面積	集荷量
こんにゃくいも	前年産	ha	ha	t
	本年産	.	.	

【２】栽培面積及び収穫面積の増減要因等について

栽培面積及び収穫面積の主な増減要因（転換作物等）について記入してください。

主な増減地域と増減面積について記入してください。

貴団体において、貴団体に出荷されない管内の栽培団地等の状況（栽培面積、栽培地域等）を把握していれば記入してください。

SAMPLE

【３】収穫量の増減要因等について

前年産に比べて本年産の作柄の良否、被害の多少、主な被害の要因について記入してください。
（該当のある場合は、点線を鉛筆などでなぞってください。）

作物名	作柄の良否			被害の多少		
	良	並	悪	少	並	多
こんにゃくいも	/	/	/	/	/	/

主な被害の要因（複数回答可）									
高温	低温	日照不足	多雨	少雨	台風	病害	虫害	鳥獣害	その他
/	/	/	/	/	/	/	/	/	/

被害以外の増減要因（品種、栽培方法などの変化）があれば、記入してください。

入力方向

4761

秘
農林水産省

政府統計

統計法に基づく国の統計調査です。調査票情報の秘密の保護に万全を期します。

年　産		都道府県	管理番号	市区町村	客体番号
2	0				

令和　　年産　　特定作物統計調査

い作付面積調査・収穫量調査票（団体用）

○ この調査票は、秘密扱いとし、統計以外の目的に使うことは絶対ありませんので、ありのままを記入してください。

○ 黒色の鉛筆又はシャープペンシルで記入し、間違えた場合は、消しゴムできれいに消してください。

○ 調査及び調査票の記入に当たって、不明な点等がありましたら、下記の「問い合わせ先」にお問い合わせください。

★ 数字は、1マスに1つずつ、枠からはみ出さないように右づめで記入してください。

記入例				9	8	7	6	5	4	0

つなげる　すきまをあける

★ 該当する場合は、記入例のように点線をなぞってください。

記入例 ⇒ ／

★ マスが足りない場合は、一番左のマスにまとめて記入してください。

記入例	112	3

SAMPLE

記入していただいた調査票は、　月　日までに提出してください。
調査票の記入及び提出は、インターネットでも可能です。
詳しくは同封の「オンライン調査システム操作ガイド」を御覧ください。

【問い合わせ先】

【１】「い」及び畳表の生産農家数について

作物名		い生産農家数	畳表生産農家数
い	前年産	戸	戸
	本年産		

【２】「い」の作付面積、収穫量及び畳表生産量について

記入上の注意
○ 作付面積は単位を「ha」とし、小数点第一位（10a単位）まで記入してください。0.05ha未満の場合は「0.0」と記入してください。

作物名		作付面積	収穫量	畳表生産量
い	前年産	ha	t	千枚
	本年産	.		

SAMPLE

【３】作付面積の増減要因等について

作付面積の主な増減要因について記入してください。

主な増減地域と増減面積について記入してください。

貴団体において、貴団体に出荷されない管内の作付団地等の状況（作付面積、作付地域等）を把握していれば記入してください。

【４】収穫量の増減要因等について

前年産に比べて本年産の作柄の良否、被害の多少、主な被害の要因について記入してください。
（該当のある場合は、点線を鉛筆などでなぞってください。）

作物名	作柄の良否			被害の多少		
	良	並	悪	少	並	多
い	/	/	/	/	/	/

主な被害の要因（複数回答可）									
高温	低温	日照不足	多雨	少雨	台風	病害	虫害	鳥獣害	その他
/	/	/	/	/	/	/	/	/	/

被害以外の増減要因（品種、栽培方法などの変化）があれば、記入してください。

⇦ ⇦ ⇦ 入 力 方 向

4	7	3	1

秘
農林水産省

都道府県	管理番号	市区町村	旧市区町村	農業集落	調査区	経営体

統計法に基づく国の統計調査です。調査票情報の秘密の保護に万全を期します。

令和　　年産 特定作物統計調査

豆類収穫量調査調査票（経営体用）

○ この調査票は、秘密扱いとし、統計以外の目的に使うことは絶対ありませんので、ありのままを記入してください。
○ 黒色の鉛筆又はシャープペンシルで記入し、間違えた場合は、消しゴムできれいに消してください。
○ 調査及び調査票の記入に当たって、不明な点等がありましたら、下記の「問い合わせ先」にお問い合わせください。

★ 右づめで記入し、マスが足りない場合は一番左のマスにまとめて記入してください。
★ 該当する場合は、記入例のように点線をなぞってください。

記入例	11	9	8	6	5	3
記入例	╱	➡	╱			

つなげる　すきまをあける

記入していただいた調査票は　　月　　日までに提出してください。

【問い合わせ先】

SAMPLE

【１】本年の生産の状況について

本年の作付状況について教えてください。該当するもの1つに必ず点線をなぞって選択してください。

本年、作付けを行った	╱
本年、作付けを行わなかった	╱

【２】来年以降の作付予定について

来年以降の作付予定について教えてください。該当するもの1つに必ず点線をなぞって選択してください。

来年以降、作付予定がある	╱
来年以降、作付予定はない	╱
今のところ未定	╱
農業をやめたため、農作物を作付け（栽培）する予定はない	╱

・本年作付けを行った方は、【３】（裏面）に進んでください。

・本年作付けを行わなかった方はここで終了となりますので、調査票を提出していただくようお願いします。
御協力ありがとうございました。

本年、作付けを行った方のみ記入してください。

【３】作付面積、出荷量及び自家用等の量について

本年産の作付面積、出荷量及び自家用等の量について記入してください。

記入上の注意

○「作付面積」は、被害等で収穫できなかった面積（収穫量のなかった面積）も含めてください。
○「収穫量」は、「俵」、「袋」等で把握されている場合は、「kg」に換算して記入してください。
（例：30kg紙袋で150袋出荷した場合→4,500kgと記入）
○「出荷量」は、共同出荷、直売所への出荷、個人販売など、販売先を問わず、販売した全ての量を含めてください。また、販売する予定で保管されている量も「出荷量」に含めてください。
○「自家用、無償の贈答用、種子用等の量」は、ご家庭で消費したもの、無償で他の方にあげたもの、翌年産の種子用などを指します。
○ 乾燥して食用（加工も含む。）にするものを記入してください。
未成熟（完熟期以前）で収穫されるもの（さやいんげん等）については含めないでください。
○ 1a、1kgに満たない場合は四捨五入して整数単位で記入してください。
（例：0.4a、0.4kg以下→「0」、0.5a、0.5kg以上→「1」と記入）
○「出荷先の割合」は、記入した「出荷量」について該当する出荷先に出荷した割合を%で記入してください。
「直売所・消費者へ直接販売」は、農協の直売所、庭先販売、宅配便、インターネット販売などをいいます。
「その他」は、仲買業者、スーパー、外食産業などを含みます。

作物名	作付面積（借入地を含む。）（町）（反）（畝）ha a	収穫量	
		出荷量（販売した量及び販売目的で保管している量）t kg	自家用、無償の贈答用、種子用等の量 t kg
小豆			
いんげん			
らっかせい			

SAMPLE

【４】出荷先の割合について

作物名	加工業者	直売所・消費者へ直接販売	市場	農協以外の集出荷団体	農協	その他	合計
小豆	%	%	%	%	%	%	100%
いんげん	%	%	%	%	%	%	100%
らっかせい	%	%	%	%	%	%	100%

【５】作柄及び被害の状況について

前年産に比べて本年産の作柄の良否、被害の多少、主な被害の要因について該当する項目の点線をなぞってください。

作物名	作柄の良否			被害の多少			主な被害の要因（複数回答可）									
	良	並	悪	少	並	多	高温	低温	日照不足	多雨	少雨	台風	病害	虫害	鳥獣害	その他
小豆	/	/	/	/	/	/	/	/	/	/	/	/	/	/	/	/
いんげん	/	/	/	/	/	/	/	/	/	/	/	/	/	/	/	/
らっかせい	/	/	/	/	/	/	/	/	/	/	/	/	/	/	/	/

調査はここで終了です。御協力ありがとうございました。

⇦ ⇦ ⇦ 入力方向

4	7	5	1

秘
農林水産省

都道府県	管理番号	市区町村	旧市区町村	農業集落	調査区	経営体

統計法に基づく国の統計調査です。調査票情報の秘密の保護に万全を期します。

令和　　年産 特定作物統計調査

こんにゃくいも収穫量調査調査票（経営体用）

○ この調査票は、秘密扱いとし、統計以外の目的に使うことは絶対ありませんので、ありのままを記入してください。
○ 黒色の鉛筆又はシャープペンシルで記入し、間違えた場合は、消しゴムできれいに消してください。
○ 調査及び調査票の記入に当たって、不明な点等がありましたら、下記の「問い合わせ先」にお問い合わせください。

★ 右づめで記入し、マスが足りない場合は一番左のマスにまとめて記入してください。
★ 該当する場合は、記入例のように点線をなぞってください。

記入例	11	9	8	6	5	3

つなげる　すきまをあける

記入例 ⁄ → ／

記入していただいた調査票は、　月　日までに提出してください。

【問い合わせ先】

SAMPLE

【１】本年の生産の状況について

本年の作付状況について教えてください。該当するもの1つに必ず点線をなぞって選択してください。

本年、作付けを行った	⁄
本年、作付けを行わなかった	⁄

【２】来年以降の作付予定について

来年以降の作付予定について教えてください。該当するもの1つに必ず点線をなぞって選択してください。

来年以降、作付予定がある	⁄
来年以降、作付予定はない	⁄
今のところ未定	⁄
農業をやめたため、農作物を作付け（栽培）する予定はない	⁄

・本年作付けを行った方は、【３】（裏面）に進んでください。

・本年作付けを行わなかった方はここで終了となりますので、調査票を提出していただくようお願いします。
　御協力ありがとうございました。

本年、作付けを行った方のみ記入してください。

【３】栽培面積、出荷量及び自家用等の量について

本年産の栽培面積、出荷量及び自家用等の量について記入してください。

記入上の注意

○「栽培面積」は、収穫の有無にかかわらず、栽培した全ての面積を記入してください。
○「収穫面積」は、本年に収穫した面積（自家用も含む。）を記入してください。
なお、翌年の種芋とする目的で掘りとったものの面積は除いてください。
○「収穫量」は、「俵」、「袋」等で把握されている場合は、「kg」に換算して記入してください。
（例：30kg紙袋で150袋出荷した場合→4,500kgと記入）
○「出荷量」は、共同出荷、直売所への出荷、個人販売など、販売先を問わず、販売した全ての量を含めてください。また、販売する予定で保管されている量も「出荷量」に含めてください。
○「自家用、無償の贈答の量」は、ご家庭で消費したもの、無償で他の方にあげたものなどを指します。
○ 1a、1kgに満たない場合は四捨五入して整数単位で記入してください。
（例：0.4a、0.4kg以下→「0」、0.5a、0.5kg以上→「1」と記入）
○「出荷先の割合」は、記入した「出荷量」について該当する出荷先に出荷した割合を％で記入してください。
「直売所・消費者へ直接販売」は、農協の直売所、庭先販売、宅配便、インターネット販売などをいいます。
「その他」は、仲買業者、スーパー、外食産業などを含みます。

作物名	栽培面積 （借入地を含む。） （町）（反）（畝） ha a	収穫量		
		収穫面積 （町）（反）（畝） ha a	出荷量 （販売した量及び販売目的で保管している量） t kg	自家用、 無償の贈答の量 t kg
こんにゃくいも				

○ 記入した出荷量について該当する出荷先に出荷した割合を記入してください。

【４】出荷先の割合について

作物名	加工業者	直売所・消費者へ直接販売	市場	農協以外の集出荷団体	農協	その他	合計
こんにゃくいも	%	%	%	%	%	%	100%

【５】作柄及び被害の状況について

前年産に比べて本年産の作柄の良否、被害の多少、主な被害の要因について該当する項目の点線をなぞってください。

作物名	作柄の良否			被害の多少		
	良	並	悪	少	並	多
こんにゃくいも	/	/	/	/	/	/

主な被害の要因（複数回答可）									
高温	低温	日照不足	多雨	少雨	台風	病害	虫害	鳥獣害	その他
/	/	/	/	/	/	/	/	/	/

調査はここで終了です。御協力ありがとうございました。

SAMPLE

令和元年産作物統計（普通作物・飼料作物・工芸農作物）

令和３年３月　発行　　　定価は表紙に表示してあります。

編集　〒100-8950　東京都千代田区霞が関１－２－１
農林水産省大臣官房統計部

発行　〒141-0031　東京都品川区西五反田7-22-17　TOCビル
一般財団法人　農林統計協会
振替　00190-5-70255　TEL 03(3492)2987

ISBN978-4-541-04359-7　C3061

令和元年産水稲10a当たり収

凡	例
	作付けなし
	399kg以下
	400～449kg
	450～499kg
	500～549kg
	550kg以上

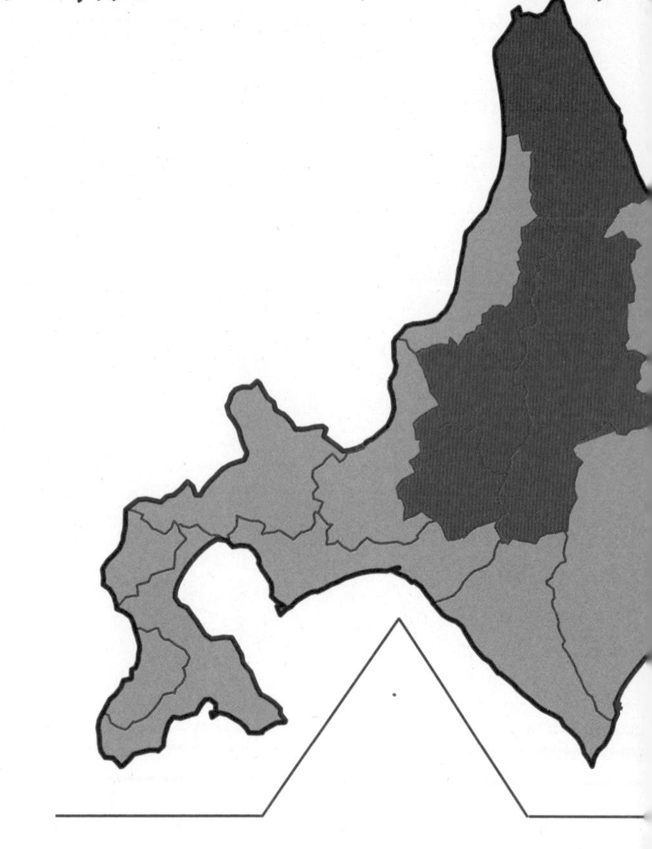

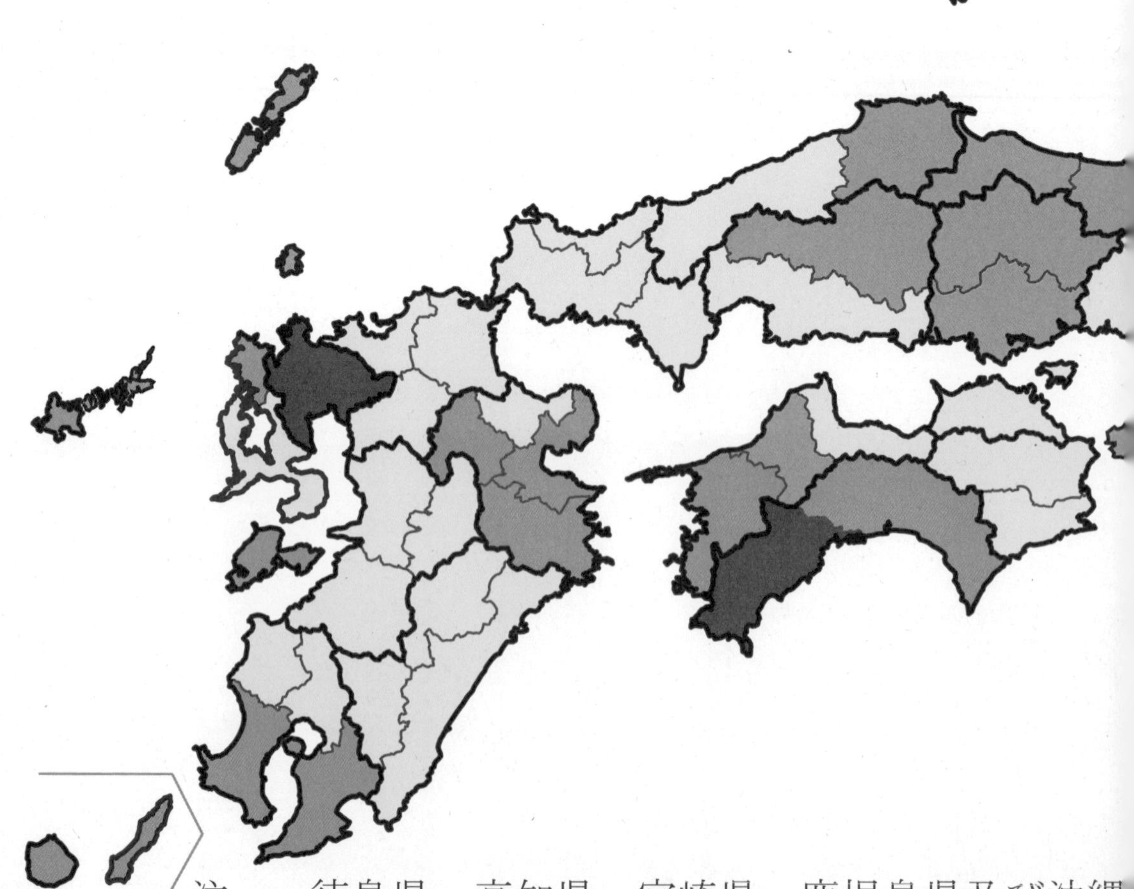

注：　徳島県、高知県、宮崎県、鹿児島県及び沖縄
栽培（第一期稲）、普通栽培（第二期稲）を合